国家科学技术学术著作出版基金资助出版

南海东南部海域地质构造及其油气资源效应研究

刘海龄 等 著

国家自然科学基金项目（41476039、91328205 和 41576068）资助
国家科技支撑计划项目（2006BAB19B02）

科学出版社
北京

内 容 简 介

本书以板块构造理论为指导，通过对大量多道反射地震剖面的构造-地层解释和区域地质、地球物理、地球化学、岩相古地理、古生物、古地磁资料的综合分析，系统阐述南海东南部海域地球物理场与地壳结构特征、前新生代地层-构造特征、新生代沉积特征及演化、新构造特征、含油气盆地形成演化过程；科学地提出古双峰-笔架碰撞造山带概念和研究地区中生代晚期大地构造单元划分方案；首次揭示古双峰-笔架碰撞造山带的形成演化与冈瓦纳古陆北缘碎块裂离-漂移、特提斯消亡、亚洲增生、华南陆缘新生代裂解、南海形成的内在联系；最终预测该海域油气资源前景。

本书可供南海地质构造、海洋地球物理、海洋石油地质、海洋工程地质等方面的有关院校师生、科研院所科技工作者和爱好者参考。

图书在版编目(CIP)数据

南海东南部海域地质构造及其油气资源效应研究 / 刘海龄等著. —北京：科学出版社，2017. 8

ISBN 978-7-03-054112-3

Ⅰ. ①南… Ⅱ. ①刘… Ⅲ. ①南海-海洋地质-地质构造-关系-油气资源-研究 Ⅳ. ①P736. 1②TE155

中国版本图书馆 CIP 数据核字（2017）第 190676 号

责任编辑：王　运　陈姣姣 / 责任校对：张小霞
责任印制：赵　博 / 封面设计：铭轩堂

科学出版社 出版
北京东黄城根北街 16 号
邮政编码：100717
http://www.sciencep.com

北京中科印刷有限公司印刷
科学出版社发行　各地新华书店经销

*

2017 年 8 月第　一　版　开本：787×1092　1/16
2025 年 2 月第二次印刷　印张：15 1/4
字数：360 000

定价：178. 00 元

（如有印装质量问题，我社负责调换）

作 者 名 单

刘海龄　阎　贫　姚永坚　詹文欢　孙龙涛

杨树春　赵俊峰　赵美松　吴朝华　杜云空

前　　言

南海东南部海域发育欧亚板块东南前缘的南沙地块，东面和南面分别毗连太平洋构造域西北前缘和印澳构造域东北前缘。因其复杂的地质环境和良好的自然资源条件，近年来国家对南海东南部海域格外重视，启动了多项研究项目以攻克其基础地质和油气资源等多方面的科学问题。

本书是作者近年来所承担的有关该海域的国家自然科学基金项目和国家科技支撑计划项目部分研究成果的集成。其中国家科技支撑计划项目“南沙海区油气和微生物资源调查技术及应用研究”第二课题“南沙海区油气和微生物资源调查技术及应用研究”的第二子课题“南沙海区油气成盆成藏的构造控制作用”（2006BAB19B02-2）的研究成果集中了三个研究专题的成果精华。这三个专题分别是“礼乐盆地区域地质背景和演化过程分析”“礼乐盆地油气成藏条件分析”与“礼乐盆地油气系统分析及油气资源前景预测”，依次由中国科学院南海海洋研究所、国家海洋局第二海洋研究所和中海石油（中国）有限公司北京研究中心承担。

本书共13章。前言由刘海龄执笔。第一章绪论由刘海龄执笔。第二章礼乐盆地地球物理资料补充采集中第一节多道反射地震探测由阎贫执笔；第二节重力测量由赵俊峰执笔；第三节资料的初步处理中多道发射地震资料初步处理小节由阎贫执笔；重力资料初步处理小节由赵俊峰执笔。第三章礼乐盆地区域地球物理场与地壳结构中第一节重力、磁力场特征与地壳结构特征由赵俊峰执笔；第二节地震地层特征与盆地构造特征由阎贫执笔。第四章礼乐盆地前新生代地质特征由刘海龄执笔。第五章礼乐盆地中-新生代沉积特征及演化中第一节至第三节（礼乐盆地地质构造特征、地震层序界面特征及地质属性、中-新生代地层特征）由刘海龄、姚永坚执笔；第四节新生代沉积相平面展布及演化特征由姚永坚、刘海龄执笔。第六章礼乐地区新构造特征由詹文欢执笔。第七章前新生界冲断-褶皱构造与古双峰-笔架碰撞造山带的发现由刘海龄、赵美松、吴朝华执笔。第八章古双峰-笔架碰撞造山带的古地磁运动学证据由刘海龄、杜云空执笔。第九章古双峰-笔架碰撞造山带的区域地质证据及南沙区域大地构造演化由刘海龄、吴朝华、赵美松执笔。第十章礼乐盆地形成演化及其物理模拟由孙龙涛执笔。第十一章礼乐盆地油气成藏条件分析由刘海龄执笔。第十二章礼乐盆地油气系统分析及油气资源前景预测由杨树春执笔。第十三章主要成果与建议由刘海龄执笔。全书由刘海龄统稿。

本书出版得到了国家自然科学基金项目、国家科技支撑计划项目、国家科学技术学术著作出版基金的资助，在此一并表示诚挚的谢忱。

目　录

第一章 绪 论

南沙群岛海域是世界上公认的海洋资源最丰富的地区之一，初步查明其石油总储量为350亿t，天然气为10万亿m^3。南沙群岛海域是太平洋与印度洋之间的战略交通要道，是中国、日本和韩国等东亚国家的能源和贸易运输大通道，是我国战略防卫前沿阵地和我国海军未来在南海军事活动的重要支撑点，其战略地位十分重要。

第一节 前人对礼乐海域地质调查研究工作概况

菲律宾东盟石油委员会曾在20世纪70年代对巴拉望岛西北地区进行了地球物理调查，其中DD′测线穿过礼乐滩；1976年4月美国阿莫科（Amoco）、菲律宾Salen石油公司在礼乐滩上钻探了桑帕吉塔（Sampaguita）-1井，井深4123.9m，揭露的地层有下白垩统（缺失上白垩统）、古新统—第四系，均为滨、浅海-半深海相碎屑岩和碳酸盐岩沉积，且在古新统砂岩（3150～3160m）中钻获天然气（10.47万m^3/d）和凝析油，在始新统三角洲砂岩中钻获天然气（16.9万m^3/d）；随后，Amoco和Salen等石油公司又在礼乐滩上完成了6口普查井，其中Sampaguita-3A井也见气显示；从1992年开始，菲律宾政府邀请外国石油公司在该区开展地球物理调查，迄今为止，未曾中断。2002年第10期*Offshore*曾报道，斯特林能源公司获得了巴拉望近海礼乐滩地区的勘探许可证，估计在礼乐滩盆地一油气田中赋存有1145亿m^3的天然气，并与菲律宾政府签订了60∶40的产量分成合同（张松举，2003）。这表明在礼乐滩盆地的勘探已取得了一定的进展，并获得了新的油气发现。

Taylor和Hayes（1980，1983）根据南海邻区古地磁及地质资料编制了南海构造演化图，并简述了礼乐地区及邻区的构造发展；Holloway（1982）也专门论述了北巴拉望断块（包括民都洛岛、巴拉望岛北部和礼乐滩）的成因和地质历史。

1982～1983年，联邦德国地质科学和自然资源研究所（BGR）用“Sonne号”调查船在礼乐滩南部海域进行了SO-23和SO-27两个航次近10000km的地质-地球物理综合调查，包括多道地震、重力、磁力和海底拖网取样分析，在地震剖面中识别出5个区域不整合面，并在美济礁附近采集到中三叠统硅质页岩。

1982年，地质矿产部南海地质调查指挥部第二海洋地质调查大队“海洋二号”调查船在开展广州—巴拉望地学断面综合研究时，于南海北部陆坡、礼乐滩地区完成了一条南北向的地震、磁力测量大剖面。剖面南段进入礼乐盆地东北部时，“海洋二号”调查船发现该处有较厚的沉积地层。1993年，第二海洋地质调查大队在南沙海域东南部933工区地质-地球物理路线调查中有4条测线（NS93-1、NS93-2、NS93-3、NS93-4）穿越本区的东南部边缘，证实了礼乐东断裂的存在。1997～1999年，广州海洋地质调查局负责实施“126专项”11课题，并对礼乐盆地等海域进行了综合地球物理路线调查，结合前人的地质、地球物理及地球化学资料，编写了“管辖海域沉积盆地多道地震补充调查研究报告”，阐述了礼乐盆地地层分布及沉积、构造特征，划分和建立了地震层序，并推断了各层的地质时代。为了进一步查清礼乐盆地的地质构造特征和含油气远景，广州海洋地质调查局于2001年在该海域开展了“十五-1”科考地球物理区域概查工作，对盆地的地球物理特征、沉积与构造特征及油气地质条件等进行了综合分析，对油气资源远景做出了初步评价。

1987年，何廉声等在《南海地质地球物理图集（1∶200万）》中初步圈定了盆地的范围，并命名为礼乐滩盆地，其性质属裂离陆块型，面积约3.9万km^2。

1989年，吴进民等在“七五”国家重点科技攻关项目“南海主要盆地地质构造特征及成气条件”报告中取名为礼乐盆地，简要分析了盆地的地层与沉积、构造特征及成气条件，阐述了盆地的形成与演化，认为礼乐盆地的形成经历了早期陆缘张裂（古近纪）、后期陆块漂移（晚新生代）两大发育阶段，属于陆缘张裂-裂离陆块型盆地，并就礼乐地块的性质与来源等地质问题做出了解释。

1997年，李唐根等在“南沙海域地质构造特征及演化历史分析研究”等报告中对礼乐盆地构造特征、沉积特征及油气地质条件等进行了不同程度的研究，为该盆地的进一步研究工作提供了重要的参考资料。

2001年，刘宝明等在“126”专项HY126-03-13-03专题研究报告“我国南沙专属经济区和大陆架油气资源评价”中，论述了盆地的地层与沉积特征，生、储、盖及其组合，并对其油气资源远景做出了初步评价，认为其生油气条件中等，具有一定的油气远景，是南海油气勘探的重要后备基地。

1989~2002年，中国科学院南海海洋研究所先后七次组队，用“实验二号”调查船对南沙海域进行了环境与资源调查。调查中有17条多道地震测线（L1、L2、L3、L4、L5、90n10-2、91N-15、93N-16、94N-1、94N-2、99n-3、99n-4、99n-5、99n-6、99n-7、02n03、02n04）进入该区。中国科学院南海海洋研究所初步圈定了礼乐盆地的范围，并对其地质构造特征及油气资源远景进行了论述（刘海龄等，2002a；阎贫等，2005）。

1999年2~4月全球最大的科学考察船——大洋钻探船“JOIDES·决心号”ODP 184航次首次在南海进行了主题为“东亚季风史在南海的记录及其全球气候意义”的为期两个月的钻探考察。第二个航次为2014年1月26日~3月30日开展的“国际大洋发现计划”IODP 349航次。该航次是新十年科学大洋钻探——国际大洋发现计划的第一个航次，其主题是“南海张裂过程及其对晚中生代以来东南亚构造、气候和深部地幔过程的启示”。2017年2月开始进行的南海第三次钻探航次的主题为“南海岩石圈破裂过程”。深钻探对揭示研究区深部地质特征起到了十分重要的作用。

中国地质调查局广州海洋地质调查局于2015年编绘并出版了新的《南海地质地球物理图系（1∶200万）》，包含地形图、地貌图、三维地形图、底质图、空间重力异常图、布格重力异常图、磁异常平面图、磁异常剖面平面图、莫霍面深度图、新生界厚度图、地质图、海区沉积基岩图、中-新生代沉积盆地分布图、大地构造格架图共14幅图种，为研究区地质与资源研究提供了丰富的区域地质-地球物理资料。

2016年结题的“中国海及邻域地质地球物理系列图”项目，由中山大学蔡周荣、中国科学院南海海洋研究所刘海龄和青岛海洋地质研究所朱晓青等科研人员，在综合分析收集资料的基础上，开展了中国海域及邻区新构造期差异升降运动、断裂活动、岩浆活动、地震活动、地热、应力场及地质灾害等新构造类型的调查和编图工作，并计划出版《中国海域地质地球物理系列图新构造地质图（1∶100 万）》。

纵观前人的研究工作，其调查研究主要集中在研究区新生代以来的地质过程，对新生代地质过程的资源效应及前新生代地质过程尚缺乏系统的认识。这给本书的研究留下了较大的探索空间。

第二节　本书对礼乐海域新增地质调研工作概况

我国以南沙群岛为重点的南海战略进入了维护主权和资源开发的新阶段，迫切需要服务于这一新的南海战略的科技数据支撑。

为了服务于国家南海战略和科学探索，本书以南沙群岛礼乐滩海区为重点区域，以维护主权权益、加快资源开发、确保国防安全为目标，开展一系列调查研究工作，以解决南沙群岛及其邻近海区环境、生态、资源重大科学与技术问题，为国家南海战略提供科技支撑。已完成的具体研究目标、研究内容和实际调查工作如下：

本书研究工作的主要目标是通过收集以往南沙群岛礼乐盆地及其邻近海区的地质-地球物理资料，补充和重新采集部分地球物理资料（图 1.1），进行综合分析解释，阐明礼

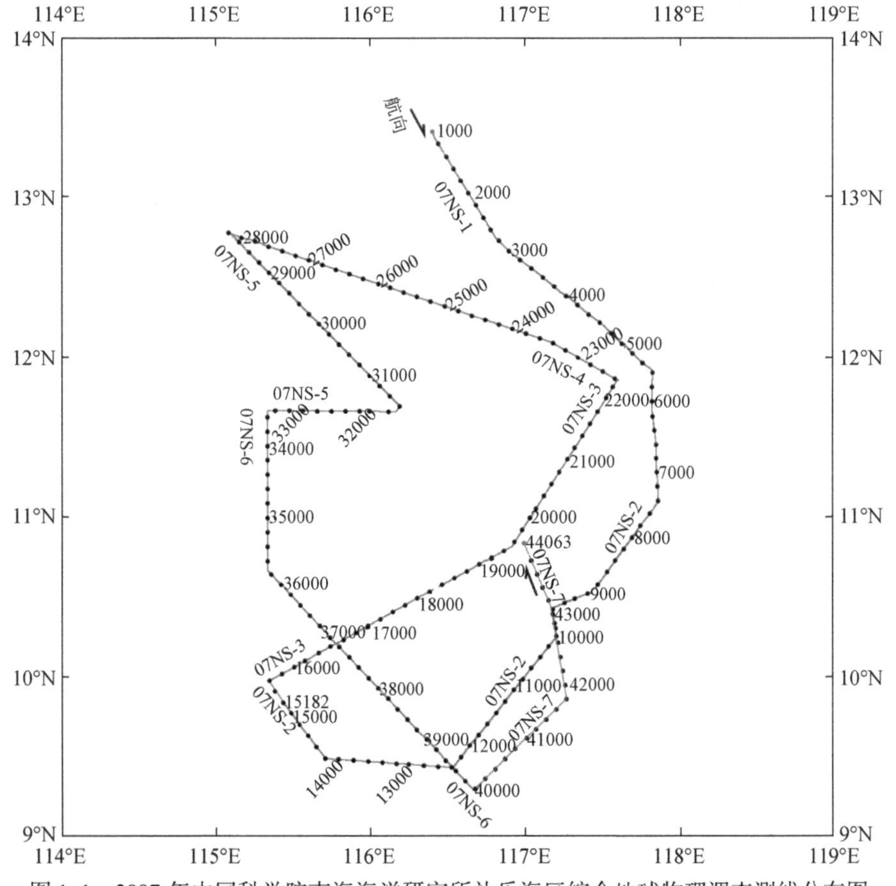

图 1.1　2007 年中国科学院南海海洋研究所礼乐海区综合地球物理调查测线分布图

乐盆地的区域构造属性、盆地地质构造特征，揭示盆地的沉积体系、基底地质特征，研究盆地油气地质条件，评价油气资源前景，提出礼乐盆地的油气成藏模式。

针对研究目标，已开展的研究工作的主要内容是：以礼乐盆地为重点，在充分利用地球物理、地质构造资料，并对其进行综合研究的基础上，系统地分析南沙群岛新生代构造，特别是对新生代地堑-半地堑构造进行深入的研究，并对现有的典型地震剖面进行精细的地震地层学和层序地层学解释，分析南沙群岛海区古近系的时空分布特征和岩相特征，按照构造对沉积的控制规律，为重点含油气盆地的圈定与分析，以及含油气系统的研究提供较为准确的烃源岩地层资料，深化油气形成理论的认识。具体包括如下几个方面：

(1) 进行礼乐盆地区域地质背景和演化过程分析。分析礼乐盆地及其相邻的南沙群岛海区的地壳性质，盆地形成的区域地质、大地构造背景及演化过程，结合重磁震联合反演，研究沉积基底。

(2) 进行礼乐盆地油气成藏条件分析。结合区域地质、构造和层序地层等研究，应用含油气系统理论和方法，对礼乐盆地地层分布、沉积环境、油气生成、运移和聚集的时空配置等进行综合分析，预测油气分布的有利区带。

(3) 进行礼乐盆地油气系统分析及油气资源前景预测。在上述研究资料的基础上，充分利用盆地模拟、油气成藏过程模拟等软件技术，研究盆地沉降史、热演化史，油气生成、运移、聚集和圈闭形成等油气成藏作用，以及构造演化对油气聚集的控制作用，探讨油气藏的形成机制，深化研究区资源潜力的认识。

同时，完成了一系列的实际工作。主要包括以下几个方面：

(1) 针对礼乐盆地的油气资源前景，对礼乐盆地进行了地球物理调查和构造分析，结合历史资料，评估了礼乐盆地的油气分布，并对油气形成理论做出了创新。

(2) 选择1～2条骨干剖面（200km），进行了盆地模拟和构造分析。

(3) 完成了1个航次的海上地球物理调查研究，新完成地球物理实测测线约2200km，测线包括07NS-1、07NS-2、07NS-3、07NS-4、07NS-5、07NS-6、07NS-7（图1.1）。

第二章　礼乐盆地地球物理资料补充采集

第一节　多道反射地震探测

南沙群岛地震调查时间为2007年7月6～27日，测线总长2203km，有效测线总长2153km（图1.1），超过计划2000km。调查采用“实验二号”调查船载的DFS-V地震仪，3支气枪组合容量为$2200in^3$①，48道记录，记录长度为8～10s。原始记录为SEGB格式，现场作业转记为FOCUS内部格式文件＊.dsk，存储于硬盘。

施工期间虽遭遇严重风浪，部分记录噪声较大，但大部分记录质量较好（图2.1），显示出较清晰的海底地层结构和海山地貌。

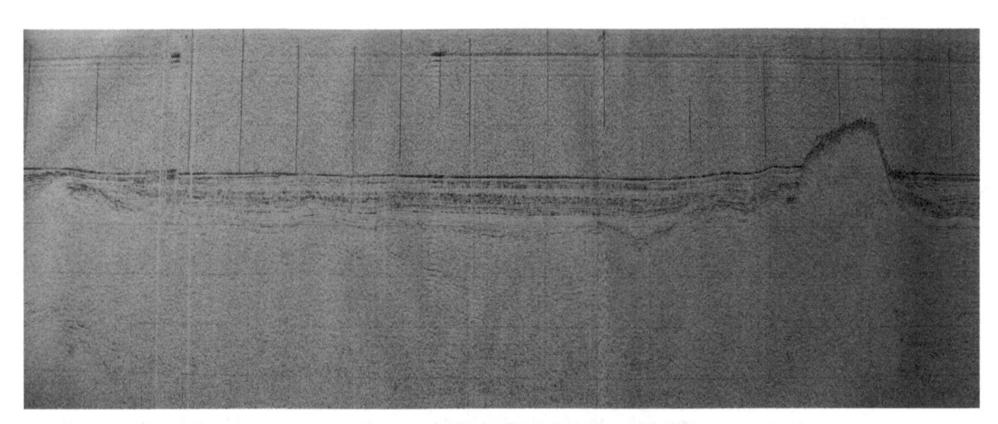

图2.1　近道监控记录剖面片段

第二节　重 力 测 量

一、测量仪器

本航次重力测量使用德国Bodenseewerk公司生产的KSS-30型海洋重力仪，该仪器性能稳定，测量精度较高，可以满足本航次科研考察任务的要求。该仪器出厂时的技术指标见表2.1。

---

①　$1in^3=1.63871\times10^{-5}m^3$。

表 2.1 德国 Bodenseewerk 公司生产的 KSS-30 型海洋重力仪技术指标表

作业时海况条件	外界的垂直加速度/mGal *	测量精度/mGal
平静海况	<15000	0.5
恶劣海况	15000 ~ 80000	1.0
非常恶劣海况	80000 ~ 200000	2.0
船转弯或转弯补偿	15000 ~ 80000	2.5

注：仪器零点漂移<3mGal/月；仪器测量范围 10000mGal 以上

* $1Gal = 1cm/s^2$

经过近几年来多个航次的动态检测，该仪器的实测精度见表 2.2，该精度量级已经可以满足正常科研考察任务的需求。

表 2.2 KSS-30 型海洋重力仪实测精度表

海况条件	交叉点重力差所得的测量精度/mGal	备注
一般海况	±1.62	—
中等海况	±2.01	7 级阵风
恶劣海况	±2.67	8 级以上阵风

二、对基点

为了校正仪器本身固有的漂移误差，重力测量规范要求在航次前后都要进行对基点的工作，其目的是消除后期重力资料处理时重力仪掉格带来的读数误差。本航次对基点工作所使用的重力基点为中国科学院南海海洋研究所新洲码头的重力基准点。该重力基准点是中国科学院南海海洋研究所于 1985 年因海洋重力测量需要与国际基准网点（香港皇家天文台重力基准网点 09724B、J7902）联测的重力基准点之一，联测精度达到国家规定的补充重力基准网点的要求，即小于±0.2mGal。

根据重力测量规范要求，航次前、后对基点的持续时间一般至少需要潮汐起伏一个周期，即至少 24h，以消除潮汐的影响。在本航次前、后均按要求对基点的持续时间超过 24h，但未同步观测潮汐，以潮汐最大幅值 2m 计，估计会因此造成±0.6mGal 的额外误差，这在以后的对基点工作中应注意改进。

三、测量结果

图 2.2 是本书对南沙群岛 2007 年航次实测重力测线位置图。由于航次初期仪器故障，重力测量只在原设计测线的 4 号线、5 号线、6 号线、7 号线进行，分成 9 段剖面（图 2.2 中箭头所示为剖面的方向），分别编号为 07LY03A、07LY03B、07LY04、07LY05A、07LY05B、07LY05C、07LY05D、07LY06A、07LY06B，共计实测重力测线 1460km，基本完成预定重力测量指标。

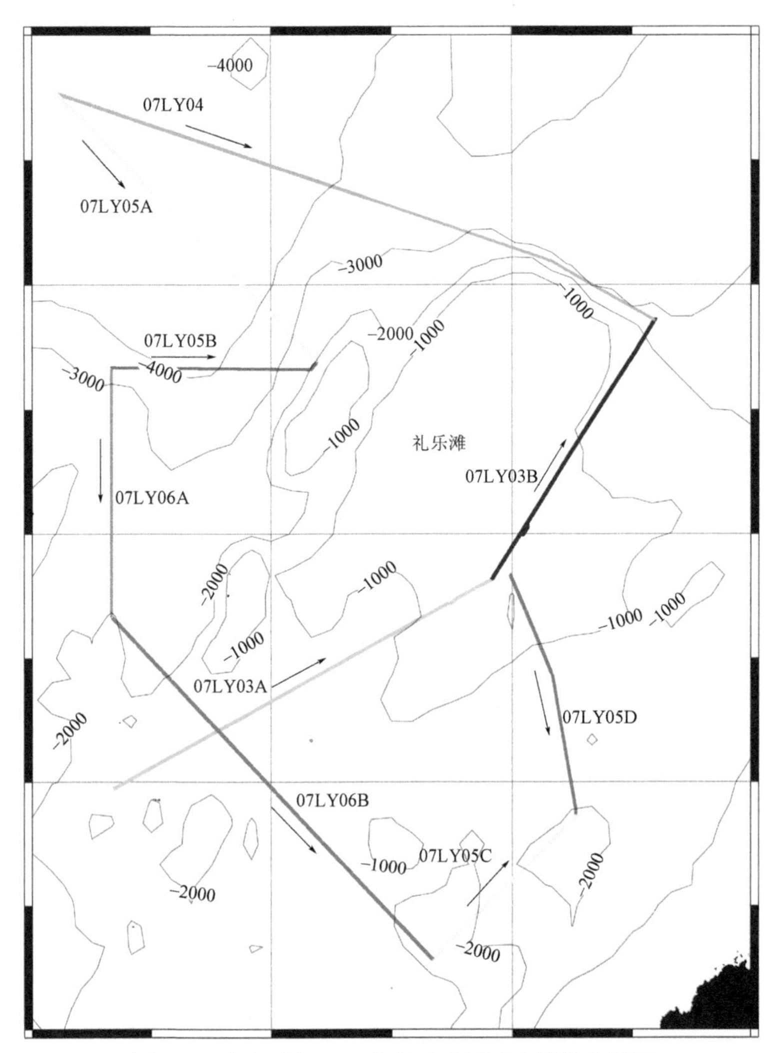

图 2.2　南沙群岛 2007 年航次实测重力测线位置图

第三节　资料的初步处理

一、多道反射地震资料初步处理

地震资料处理利用专业单位处理设备，处理软件为 ProMax。基本处理流程如下：

第一步，定义观测系统。记录道数为 48 道，道间距为 25m，炮间距为 50m，记录长度为 8s，采样间隔为 2ms，处理重采样间隔为 4ms，最小偏移距为 210m，覆盖次数为 12。气枪和电缆平均深度分别为 10m 和 15m。

第二步，静校正。静校正包括气枪和电缆平均深度分别为 10m 和 15m 时的延迟 16ms，以及气枪延迟约 114ms，三项合计需做 130ms 的下拉静校正。

第三步，预处理。预处理包括坏炮剔除、漏炮位置编辑、增益恢复、初至切除和带通滤波，重点在漏炮补位，以消除停炮、磁带机故障和转记过程中的文件丢失对空间位置的影响。

第四步，速度分析。速度分析包括 CDP 分选、道集形成、相关速度分析、二维滤波。速度分析取相邻 3 个 CDP 道集。

第五步，多次波压制。多次波压制首先采用近道切除。二维速度滤波则通过在速度谱上选择低速点切除完成。由于电缆较短，中深层和深水区速度分辨率很低，速度谱采用多点叠加以压制干扰。有效压制多次波成为处理的主要难点。

第六步，动校正、叠加、偏移和修饰处理。偏移速度选为叠加速度的 85% ~95% 。

通过处理，大部分剖面反射层次丰富且分明，基底清楚（图 2. 3）。

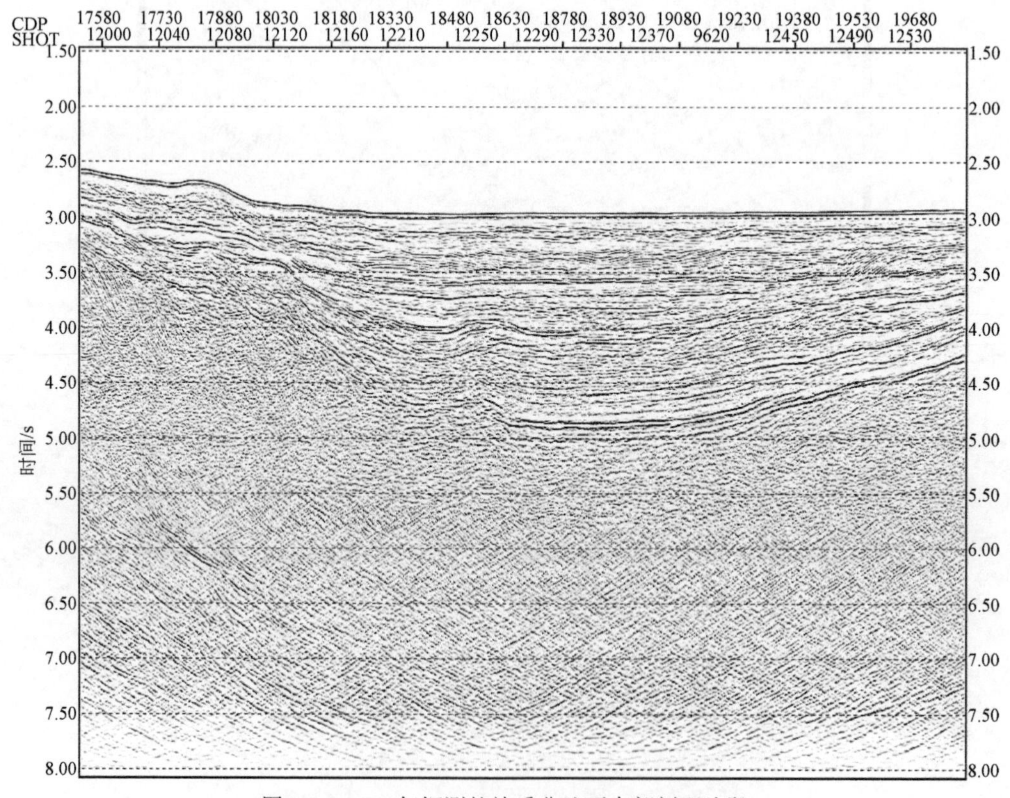

图 2. 3　2007 年探测的礼乐盆地西南部剖面片段

二、重力资料初步处理

重力测量的原始数据格式主要包含三部分：卫导数据、水深数据、重力读数。卫导数据主要包括时间、经纬度、航速、航向等数据；水深数据由连接重力仪的测深仪器测得，主要用于后期计算布格重力异常，在海洋重力测量中并不是很常用，人们所采用的重力数据均没有水深资料，空置为0；重力读数是重力仪测得的相对重力变化值。

对实测的原始重力数据进行初步的整理，包括剔除跳变数据、删除空置项、删除重复信息等，可得到能够用于各项校正的重力数据，其格式如下：

时间					经纬度				航速、航向		相对重力值	
7	201	6	2	3	12	35.516	115	38.467	289	5.3	-1931.5	-3.7
7	201	6	2	9	12	35.518	115	38.459	285.89	5.6	-1931.5	-3.7
7	201	6	2	14	12	35.521	115	38.452	291.29	4.8	-1931.5	-3.7
7	201	6	2	20	12	35.524	115	38.443	288.39	5.5	-1931.5	-3.7

对2007年礼乐航次所采集的重力数据采用卡西尼（Cassinis，1930）重力正常场公式和IGSN71（1971）国际重力基准网系统进行统一归算，重力数据的常规处理主要包括以下几项校正：

第一项，延时校正。海洋重力测量中重力仪的读数往往有一定时间的延迟，即显示或记录的读数不是即时点位的重力值，而是刚刚走过的某点位的重力值。延时的长短视各重力仪而异，本航次采用的中国科学院南海海洋研究所购置的德制KSS-30型海洋重力仪的延时经多次试验约为79s，以平均航速5kn（节）计算，79s的行程大约为203m，也就是说，我们在某点测得的重力值是此前203m处而不是此处的重力值，因此这个校正是必需的。

实际做校正时，我们先建立一个时间–实测重力值的数据序列，然后把所有时间减去延时时间即79s，最后根据新的时间序列从定位数据段中提取相应的经纬度、航速、航向等数据，结合实测重力值就组成了延时校正后的重力数据。

第二项，漂移校正。根据航次前、后对基点的数据，计算出两次基点测量的平均值，然后根据实测重力值的时间将两次基点测量的差值线性分配到每个测量点上。漂移校正俗称掉格校正，它可以消除重力仪因自然掉格带来的系统误差，这个误差可以达到>3.5mGal/月，2007年航次实测的漂移数达到4.0mGal/月左右。

第三项，正常场校正。重力正常场指的是地球大地水准面理论椭球体的正常重力场，通常的重力测量关心的是测区范围内偏离正常重力场的重力异常值，因此必须从实测重力测量中去除正常重力场的因素，这就是正常场校正。

采用不同的椭球体参数会得到不同的正常场校正公式，我们采用的是卡西尼公式（Cassinis，1930）：

$$r_0 = 978049(1 + 0.005288\sin^2\varphi - 0.0000059\sin^2 2\varphi) \tag{2.1}$$

式中，φ 为测站的地球纬度。

第四项，高度校正。陆地重力测量是很注意地形和高度校正的。而进行海洋重力测量时，因为大多数的海洋重力仪都安放在船的中央，并且与海平面高度一致（这样有利于海洋重力仪的平稳），所以通常不需要进行高度校正。

一般，高度校正公式为

$$\varepsilon_F = 0.3086h \ (\text{mGal}) \tag{2.2}$$

式中，h 为海拔，m。

第五项，厄特维斯改正。厄特维斯改正对于动态重力测量工作是必需的，它主要用于消除由测量仪器速度及方向变化带来的重力读数影响。改正量 δ_{EC} 由式（2.3）计算得到：

$$\delta_{EC}=7.499\times V\times\sin A\times\cos\Phi+0.004V^2\ (\text{mGal}) \tag{2.3}$$

式中，V 为船速，kn[①]；A 为船的真实航行方位角；Φ 为地理纬度。

厄特维斯改正是海洋重力测量中引起误差最主要的因素，如果该项改正不恰当，测量的误差会较大。该项改正关键在于正确测定航行体的航速和航向，它们的误差可能会在很大程度上影响重力异常计算的最终结果。根据理论计算，假设航速为10kn，航速误差为0.1kn，则造成的厄特维斯改正量 δ_{EC} 最大值可达0.758mGal；假设航速为10kn，航向误差为1°，折合为0.0174rad，则造成的厄特维斯改正量 δ_{EC} 最大值可达1.3mGal。由此可见，准确地确定航速、航向对厄特维斯改正至关重要。

经过以上5项校正即可得到海洋重力研究中常用的自由空间重力异常。对于实测重力资料，由于KSS-30型海洋重力仪本身已经做了正常场校正和厄特维斯改正，且不需要做高度校正，因此，只需对测得的重力异常数据做延时校正和飘移校正即可。

第六项，布格改正。布格改正实质上是地形改正，可分为全布格改正和简单布格改正。全布格改正是考虑周围整个水层对测点的重力作用而进行改正。简单布格改正简化了整个水层的重力作用，把测点对应位置的水深视为无限延伸的平板水层，用来代替整个水层，计算无限延伸的平板重力作用来代替整个水层的重力作用。其计算公式为

$$\varepsilon_B=0.0686h\ (\text{mGal}) \tag{2.4}$$

式中，h 为测点处水深，m。

前述自由空间重力异常经过布格改正即可得到布格重力异常，二者均是海洋地球物理研究的重要基础数据。

本书中2007年航次实测重力资料经初步处理后得到的自由空间异常图如图2.4所示，共4线9段约1460km（图中箭头所示为剖面的方向，各段位置如图2.2所示）。

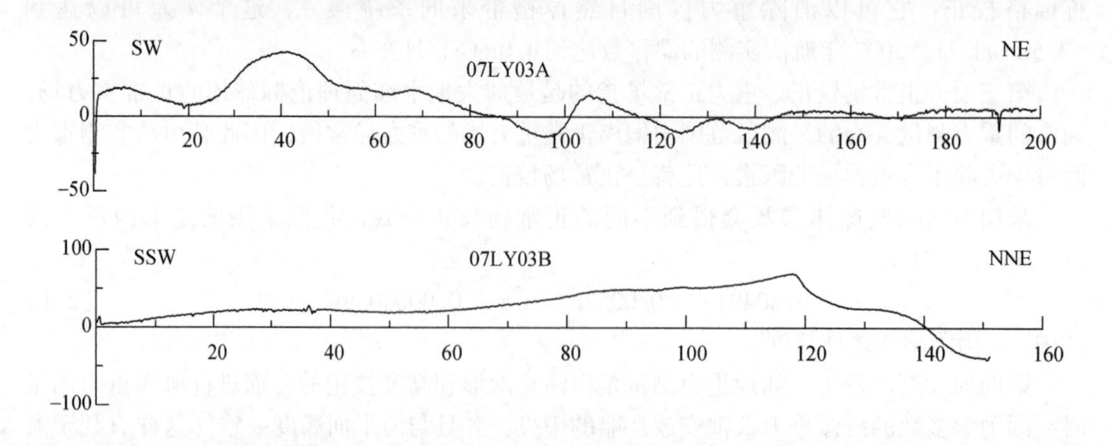

① 1kn=1.852km/h。

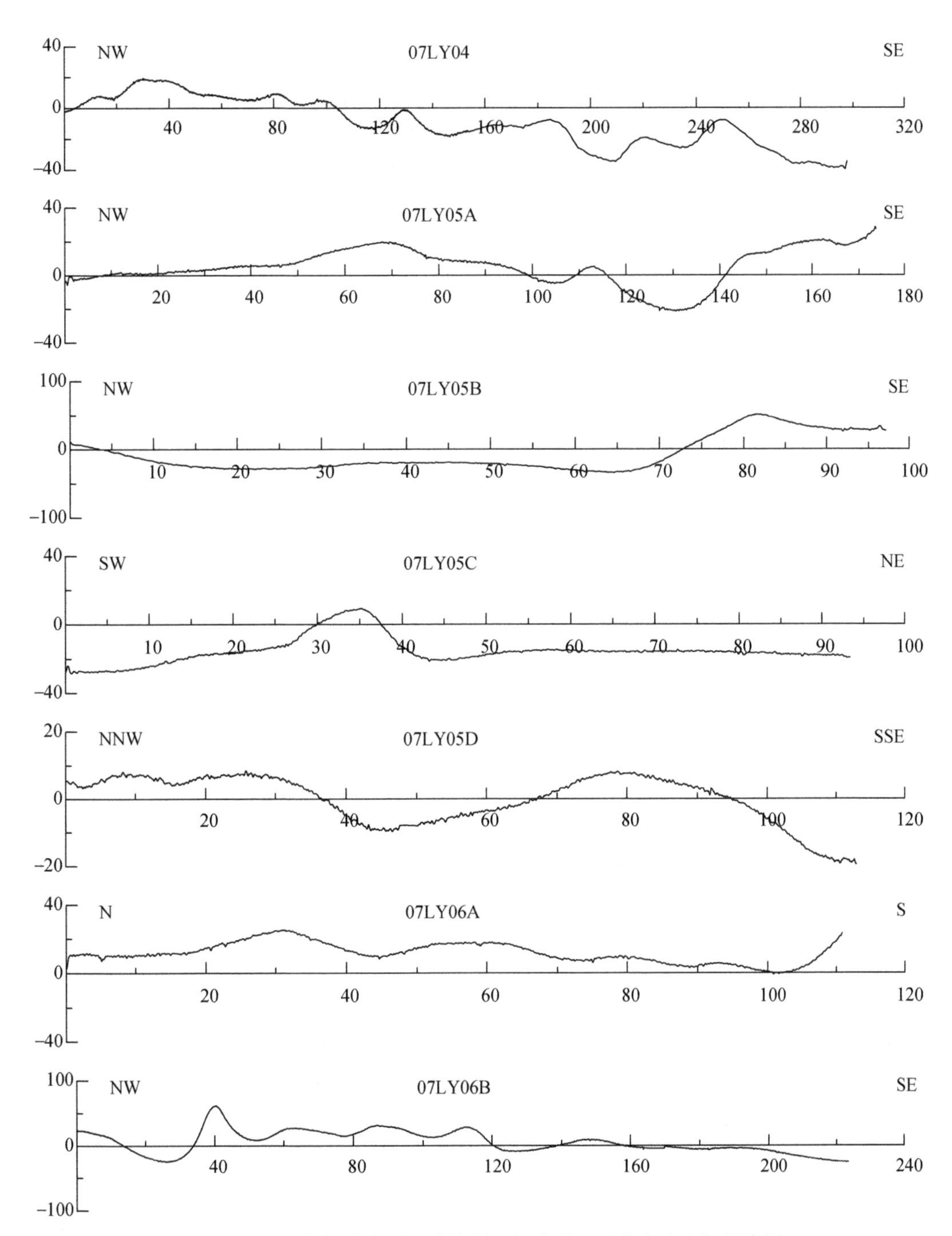

图 2.4　2007 年航次实测重力资料经初步处理后的自由空间异常图

纵坐标为重力异常值，单位为 mGal；横坐标为距剖面起点的距离，单位为 km

第三章　礼乐盆地区域地球物理场与地壳结构

第一节　重力、磁力场特征与地壳结构特征

本章重点对2007年航次重力资料做了处理及解释，计算了各剖面重力基底埋深及莫霍面埋深，并对其起伏特征做了详细研究，对其反映的地壳结构及断裂体系特征进行了对比分析，认为整个礼乐地块表现为一个相对比较独立的部分，其北部及东北部均为深大断裂阻断，表现为显著的洋陆边界重力边缘效应，表明其过渡带变化非常急剧；其西南及南部也存在重力梯度带，但不太明显，表明其过渡带变化比较平缓。对其磁力异常特征的研究表明，礼乐地块磁力异常与四周有较大差别，且其深源场和浅源场形态及延伸方向均不一致，这佐证了渐新世以来礼乐地块可能是从南海北缘、中沙地块及西沙地块裂离出来的推断。

一、重力场特征及其构造意义

如前所述，2007年航次重力测量成功获取重力异常剖面4条9段共约1460km，经过各种校正后获取自由空间重力异常。我们将各重力剖面形态与其地质构造背景进行对比并做出了初步的解释；反演计算各剖面重力基底及莫霍面深度并分析了其构造背景；结合收集的本区域重力资料对全区重力场特征进行了总结和描述，并对该区地壳结构和断裂进行了识别和解释。

（一）各段重力剖面的初步解释

07LY03A剖面从形态上明显分为两段，其西段为中间高、两侧低的正异常区(图2.4)，形态比较简单，且位于礼乐滩NE向延长线上，推测其为礼乐滩NE向基底隆起带的自然延伸。其东段为接近于零值的平缓异常区，地形变化平缓，可能是基底起伏平缓变化引起的。

07LY03B剖面整体形态非常单一，为一平缓变化的重力高异常区，峰值达到90mGal左右(图2.4)，是本航次几条重力剖面中的最高值，反映了礼乐滩主体的重力基底隆起。但在其最北端，出现一个快速变化的重力梯度带，在约30km范围内重力异常由+90mGal降低到-40mGal左右，变化达130mGal，该段在地形上与水深快速变化带吻合，可能反映的是礼乐滩东北部洋陆交界带处的重力边缘效应，这种效应在很多洋陆壳边界带上都存在。

07LY04剖面形态比较复杂，其最西端为一单峰状正异常（图2.4），幅值小于

20mGal，向东则为一系列震荡起伏的负值异常，由于它与推测的礼乐滩北部和东北部断裂带走向多处重合，因此可能反映了沿断裂带走向上重力的一些变化。

07LY05A 剖面西段与 07LY04 剖面西段类似，为一宽缓变化的单峰状正异常(图 2.4)。其东段逐渐靠近礼乐滩处表现出一个急剧变化的重力梯度带，推测其反映的是礼乐滩北缘洋陆壳边界的重力边缘效应。

07LY05B 剖面形态与地形关系显而易见。其整体表现为宽缓变化的负值异常(图 2.4)，而在接近礼乐滩处有一个比较明显的重力梯度带，推测也是重力边缘效应造成的。

07LY05C 剖面位于测区的最南端，整体表现为一个宽缓变化的约-20mGal 的负值异常，仅在 30 ~ 40km 处有一个单峰状重力异常（图 2.2、图 2.4)，其位置正好对应于蓬勃暗沙，显然应该是蓬勃暗沙基底隆起引起的。

07LY05D 剖面形态类似马鞍形，变化比较平缓（图 2.4)。其北端正异常区对应礼乐滩南缘，南部正异常区对应棕滩，最南端异常显著下探，可能对应南沙海槽的基底凹陷区。该剖面有可能存在两个重力梯度带。

07LY06A 剖面整体属于重力正值异常区，起伏变化平缓（图 2.4)，位于南海南缘陆坡区大渊滩附近，其正值重力异常可能是大渊滩基底隆起的自然延伸引起的。

07LY06B 剖面可分为三段：北端为一急剧变化的重力梯度带，变化范围为-30 ~ +70mGal（图 2.4)，与大渊滩断裂位置一致，推测应为该断裂引起的；中部为一缓慢起伏的正值重力异常区，为 20 ~ 30mGal，位于礼乐滩 NE 向延长线上，推测其与 07LY03A 剖面西段一样，是礼乐滩 NE 向基底隆起的自然延伸；南端为接近于零值的平缓变化区，最南端接近南沙海槽处异常开始下探。

（二）各剖面重力基底及莫霍面特征

首先，采用插值切割场法分离区域场和局部场，经过反复试验，选取适当的切割半径及迭代次数，使分离后的区域场近似代表深部莫霍面的重力效应，分离后的局部场近似代表浅部重力基底的重力效应。图 3.1 是 07LY04 剖面场分离效果图，场分离的效果相当好。

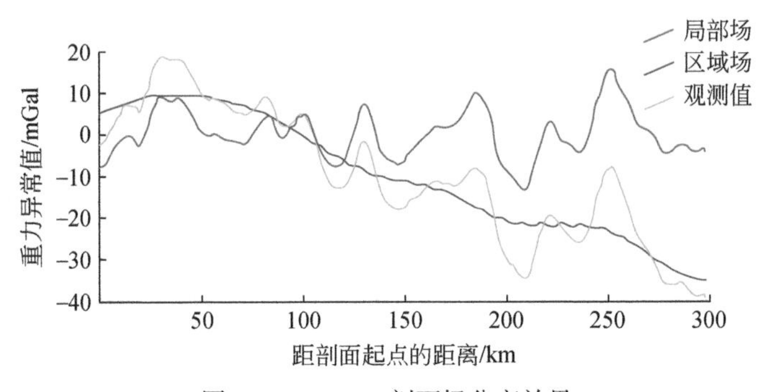

图 3.1　07LY04 剖面场分离效果

然后，采用单一密度界面频率域直接反演法，由分离后的区域场反演莫霍面的深度，以及分离后的局部场反演重力基底的深度，反演程序采用中国地质大学 2000 年的海洋重磁资料处理系统（GMDPS）。根据所收集的南海南部部分密度资料，反演中取沉积层密度为2.54g/cm³，地壳平均密度为2.74g/cm³，上地幔密度为3.19g/cm³，各剖面最终反演的重力基底及莫霍面埋深如图3.2所示，图中红线为重力基底，黑线为莫霍面深度。

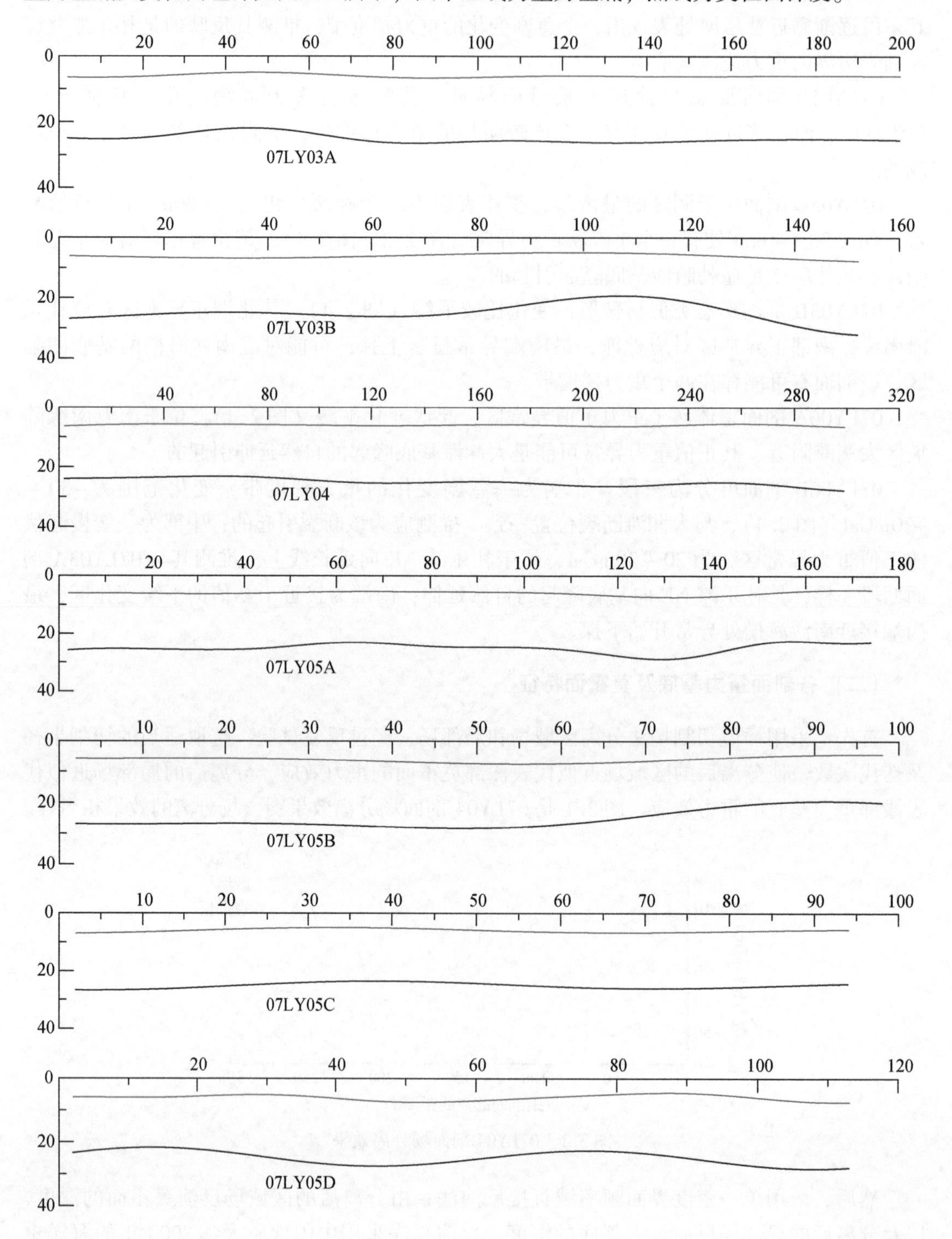

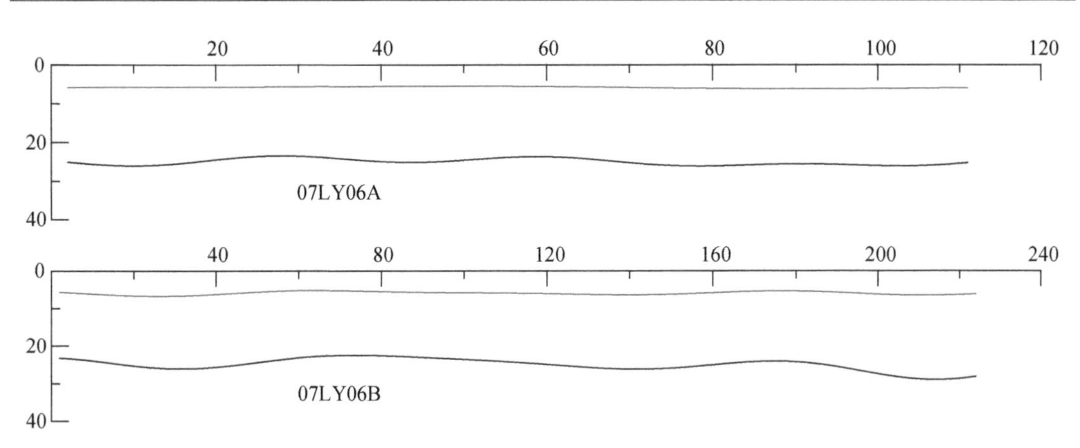

图 3.2　2007 年礼乐盆地各剖面最终反演的重力基底及莫霍面埋深

纵坐标为深度，单位为 km；横坐标为距剖面起点的距离，单位为 km

由于实测测线较稀、分布不均，且主要测线 07LY05 因在礼乐滩中航行困难而未能完成，因此很难对其基底状况形成系统完整的认识，但可以得到其基本的形态。礼乐滩 NE 向基底隆起带在多条剖面均有明显反映，而且其向西南的自然延伸也很明显，尽管从地形上很难看出。此外，在礼乐滩北部和东北部边缘，重力基底的梯度带与重力异常的梯度带可以很好地对应，同时与南海海盆南缘断裂的分布有良好的对应关系。在西南和南部边缘，也有不太明显的基底梯度带，这表明，礼乐滩西南及南部边缘也可能存在断裂接触带。莫霍面深度由海到陆逐渐变深，礼乐滩中部没有实测资料，但根据莫霍面的变化趋势、礼乐滩的构造形成年代及重力均衡原理，推测莫霍面最深处在礼乐滩中部，可能超过 30km。

（三）区域重力场特征及地壳结构

总的来看，本区重力异常在礼乐滩北部和东北部边缘出现明显的重力梯度带，如 07LY03B、07LY04、07LY05A 和 07LY05B 等剖面，均出现靠礼乐滩一侧为正、靠洋壳一侧为负的明显重力梯度带，而且该梯度带走向及分布与地形上划分的洋、陆壳边界基本上是一致的。根据苏达权等（1990）的计算，这应该是洋陆交界带的一种边缘效应，且反映该处存在深大断裂带。根据宋海斌等（2002）的南海断裂分布推断图，可知礼乐滩北部及东北部的断裂带应该是南海海盆南缘断裂带的一部分。该断裂带在礼乐滩东北部形成一个近似直角的转折，从其形态及西南次海盆两侧断裂带分布规律看，它可能是渐新世前礼乐地块与西沙地块及中沙地块或东沙地块南缘的毗邻带，其 NE 向为主断裂，与其成直角的部分可能是裂离时形成的转换断层。礼乐滩在其西南及南部边缘也有不太明显的重力梯度带，可能反映了该地块与南沙地块拼合时形成的挤压变形及断裂破碎带。

二、区域磁场特征

本书选用中国科学院南海海洋研究所 1989 年及 2002 年实测数据对测区磁场特征进行了一些初步研究工作。

礼乐滩海区主要发现三类不同形态的磁异常：①尖峰状磁异常，其波长短，变化幅度大，通常北翼高，南翼低且存在次级干扰，可能与基性或超基性的海山分布有关；②宽缓的低值负磁异常，其波长长，变化幅度较小，且两翼基本对称，少有次级干扰，可能与南海中央海盆及其延伸有关；③巨大的负磁异常，幅值较高，且次级干扰严重，可能与磁性基底内的岩性变化有关。总体来看，它与邻近的海区有较大差别，这可能是其主要磁性层形成时与周边构造环境不同造成的。

本书选取了穿越礼乐滩地块的几条主要剖面做了不同高度的上延处理，目的是研究不同深度处磁性层的分布特征。结果表明，在上延 10km 后其异常形态基本稳定下来，这表明，整个测区区域场的场源深度应该在 10km 以下，礼乐滩及其邻区是一个埋藏较深且规模较大的磁性体，其周边多是一些串珠状的浅源磁性体，可能是一些断裂或海山的反映。

张毅祥等（1996）对化极后的磁异常采用对数功率谱方法分离深源场（区域场）和浅源场（局部场），结果发现其浅层磁异常和深层磁异常在形态和延伸方向上都有比较大的差别，这表明其深部和浅部在形成时具有不同的构造背景，这是否从另一个侧面佐证了礼乐地块是渐新世以来从南海北部陆缘（可能是中沙地块及西沙地块或珠二拗陷南缘）裂离出来后拼接在南沙地块上呢？这个问题值得进一步探讨。

对于重磁部分的研究，本书原计划结合收集的热流资料对深部热源体分布做一些工作，但由于收集不到沿测线比较完整的热流资料而无法开展，这是一个很大的遗憾。另外，由于缺少可靠的钻井及采样等第一手物性数据，重磁转换计算磁源重力异常的工作也无法系统地开展，希望今后可以补足相关的工作。

第二节　地震地层特征与盆地构造特征

一、礼乐盆地

南沙海区礼乐盆地中生界埋深较大（图 3.3）。由于该区地震资料采集所用的地震电缆普遍较短，常规处理获得的地震剖面下部的中生界反射模糊。采用精细速度谱处理技术

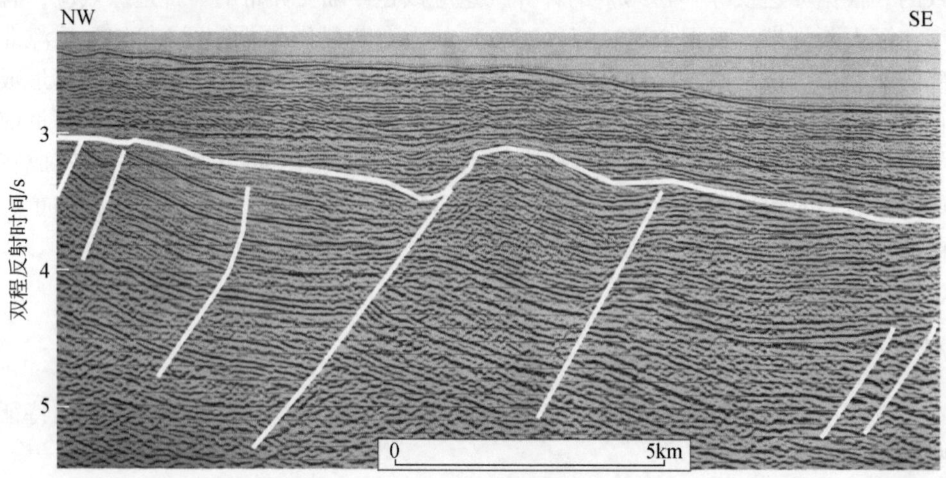

图 3.3　礼乐滩南缘的叠瓦状块断地层

后，中生界反射面貌得到改善。新试验测线显示，礼乐地区中生界埋深起伏不平，受挤压和断裂活动影响明显，地层内部反射层状结构保持清晰（图3.4）。另据拖网资料显示，礼乐及周边地区中生界变质程度较低，岩层储集条件比潮汕拗陷条件好。

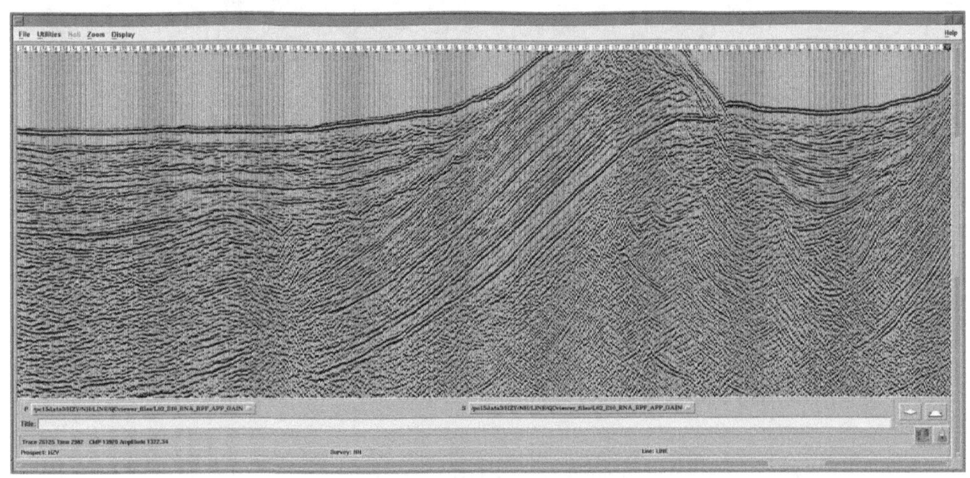

图3.4　礼乐滩西南部的断崖构造

中生代沉积可能出露至海底

根据菲律宾的钻探研究，礼乐盆地与其东侧的西北巴拉望盆地相连（图3.5），油气地质条件相近，都具有中生代晚白垩世浅海沉积，最老的沉积可能有晚三叠世，具有油气生储能力。目前这两个盆地的主力生油层和储油层是始新统—中新统的浊积岩和礁灰岩。

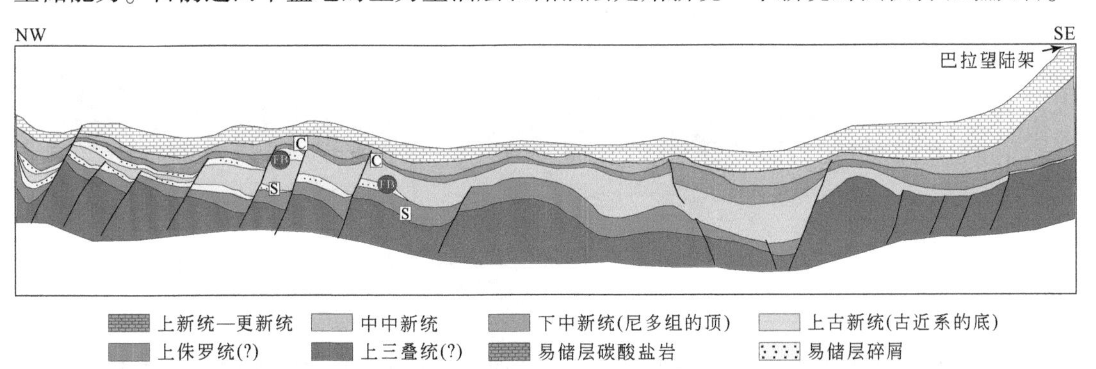

图3.5　西北巴拉望盆地的石油系统简要成藏概念图（修改自 Hinz and Schlüter，1985）

C. 碳酸盐岩（Carbonate）；FB. 断块（Fault Block）；S. 矿岩（Sandstone）

礼乐盆地的浅水滩区见有大量新生代晚期生物礁构造，时代可能晚于中中新世。这些生物礁构造屏蔽了地震波，造成下伏地层识别困难。该区下伏地层可能包含大量中中新世以前的生物礁构造，具有油气生储能力。在浅水滩区东南斜坡区出现明显的滑塌构造，其中晚期滑塌构造明显，可能也有中中新世以前的滑塌构造。礼乐滩西南斜坡区存在断背斜和披覆背斜（图3.6），可能具有浊积砂岩，形成良好的构造圈闭。

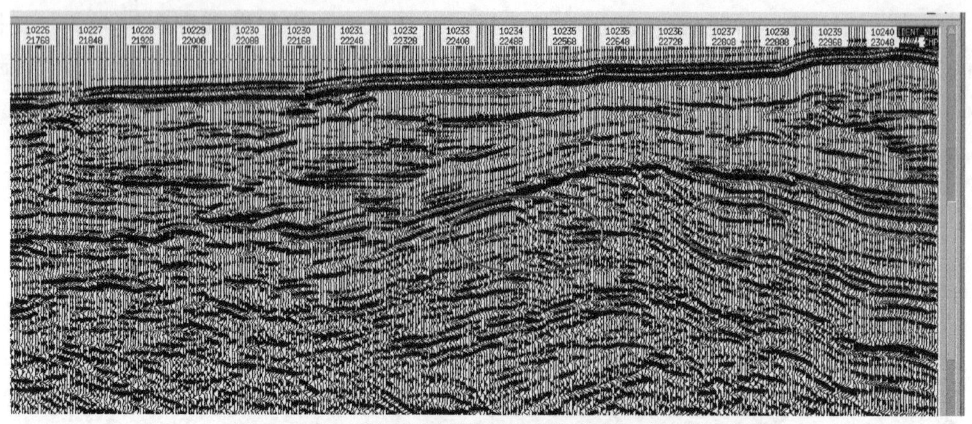

图 3.6　礼乐滩西南斜坡区存在断背斜和披覆背斜

二、南沙海槽区的深地震探测

德国联邦地球科学与自然资源研究所（BGR）采用多道地震和海底地震仪在南沙海槽区进行了深地震探测（Franke *et al.*，2008）。测线从马来西亚沙巴西北陆架进入南沙海槽深水区。深地震资料反演表明，南沙海槽区具有减薄的陆壳，在陆坡增生楔内可能有残留的洋壳块体（图 3.7）。尽管该处没有明显的现代地震活动，但晚期的挤压构造活动明显，

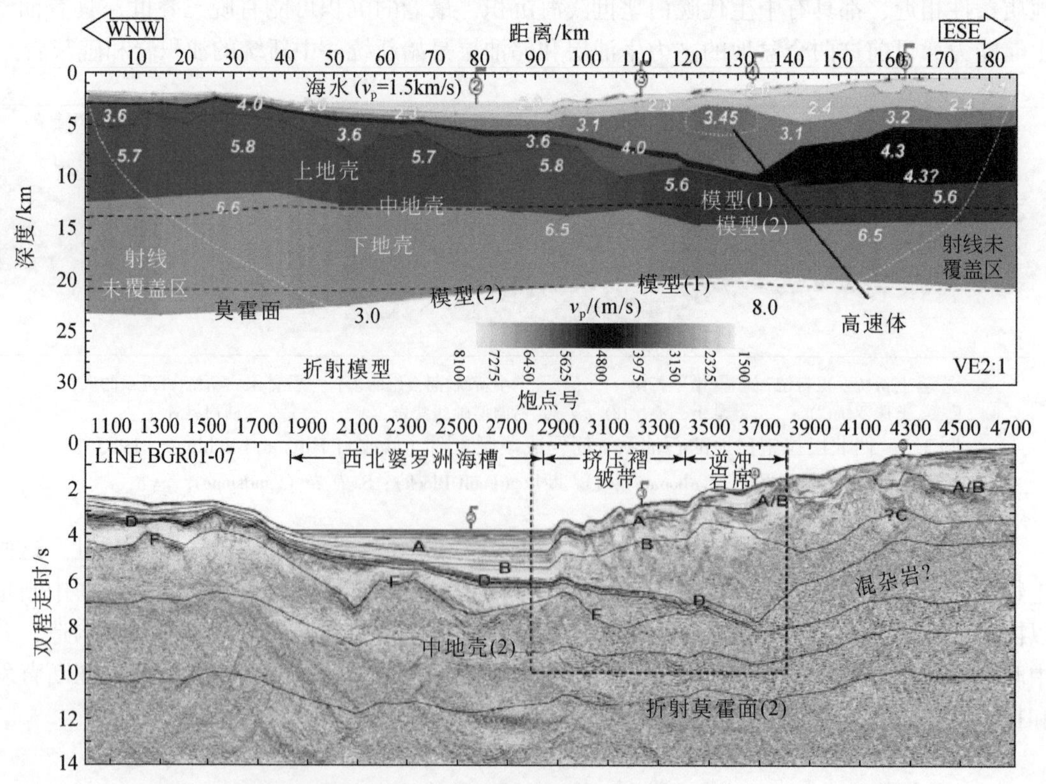

图 3.7　穿越南沙海槽区地质剖面与地震剖面（修改自 Franke *et al.*，2008）

A、B、C、D、F 地震反射界面对应的地质时代分别为 3.6Ma、10Ma、16Ma、17～33Ma、中生界的顶

说明该区存在韧性挤压。这一特性是否延续到礼乐滩东南部值得注意。

三、中央海盆区的走滑断裂

利用新的2′×2′卫星测高获得的水深数据发现，除了在南海中央海盆扩张脊附近分布有高耸、断续的近EW向海山链外，在南海深海平原上还存在一些NW向的连续线状凸起特征（Yan *et al.*，2008）（图3.8）。这些线状特征高约500m，宽10～30km，绵延数百千米至近千千米。反射地震数据显示，这些海底线状隆起实际上是宽50～100km的走滑断裂带，在该断裂带内还有一些低幅和隐伏褶皱，它们代表了海盆内部的压性走滑断裂带，反映了海盆扩张停止后台湾-吕宋岛弧向西的构造挤压应力对南海海盆的持续作用。其中一条穿过116°E的NNW向断裂带，构成了中央海盆与西南海盆的边界断裂。该断裂到达礼乐滩海区西侧，可能是礼乐盆地的西界。该断裂具有明显的走滑挤压特点，很可能造成礼乐盆地的走滑挤压，这有利于礼乐盆地形成圈闭。

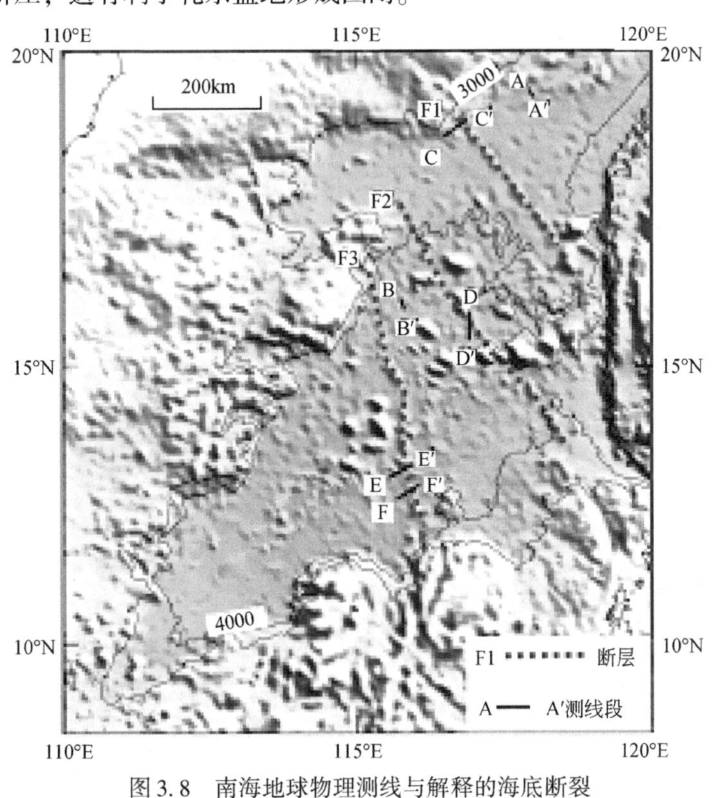

图3.8 南海地球物理测线与解释的海底断裂

四、与东沙海区的对比

（一）东沙海区区域特点

根据Taylor和Hayes（1980）的研究，南沙礼乐地块是随着南海扩张漂移到目前的位置，而此前应与南海北部陆缘相连。东沙海区是南海北部陆缘中生界发育最明显的区域。东沙海区（郝沪军等，2001）与礼乐滩海区都具有较厚的中生界；东沙海区的南部边界以火山侵入带为界（图 3.9），地形和沉积结构发生突变；礼乐滩盆地的北界以大型北倾构造断裂为界，地形和沉积结构也发生突变，向北进入南海洋盆。东沙海区与礼乐滩海区都见有巨厚的新生代中期以来的生物礁发育，反映两区长期保持在水下高位状态。东沙海区生物礁在新生代晚期面积迅速减小，反映东沙海区后期沉降速率大，而礼乐滩海区生物礁十分发育，显示该区仍保持较缓的沉降。

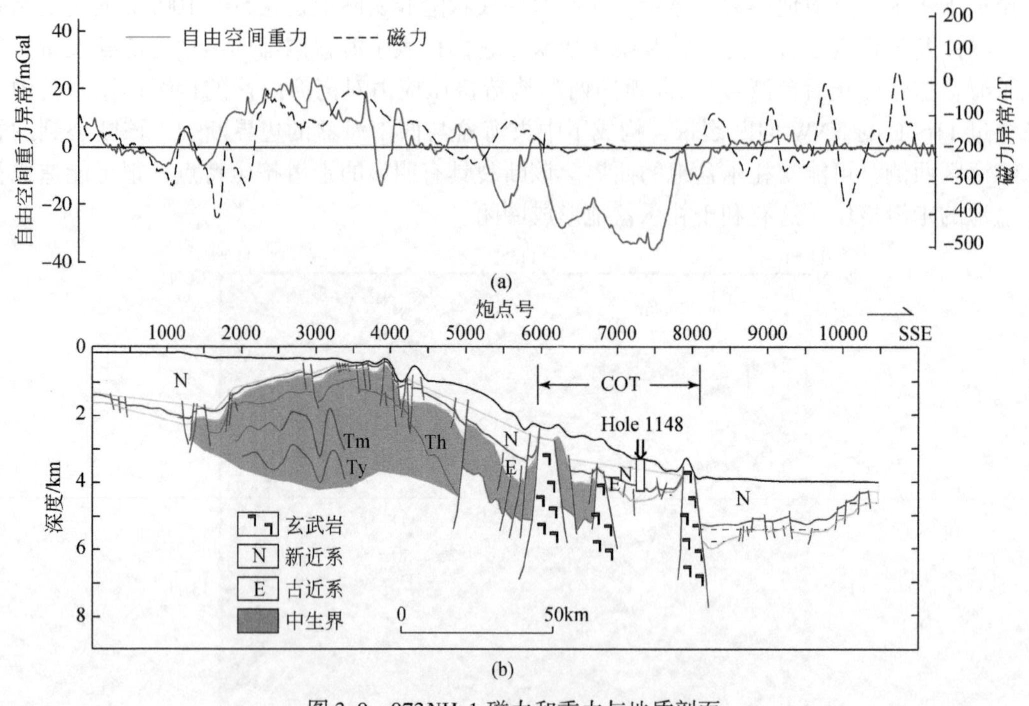

图 3.9　973NH-1 磁力和重力与地质剖面

（a）磁力和重力剖面；（b）地质剖面。COT. 洋陆边界带

（二）中生界速度与含油气性

潮汕拗陷是以中生界为主的沉积拗陷，被认为是南海油气勘探的重要勘探领域（郝沪军等，2001）。地震资料对比表明东沙海区潮汕拗陷具有新生界和中生界上、下两个构造层。钻探揭示，前新生代地层中存在着海相的侏罗系和白垩系。中侏罗世克拉梭粉和桫椤孢孢粉组合反映的是热带-亚热带沿海地区植被，滨海沼泽环境发育。晚侏罗世—早白垩世南海北部的海洋沉积环境发生了海水由浅到深的重大变化，形成了深海环境。地震速度研究表明，潮汕拗陷新生界地震速度普遍为 2.5km/s 以下，而拗陷东北部的中生界地震速度普遍较高，达到 4.5 ~ 5.5km/s，两者之间速度跳跃大。偏高的地震速度指示该区中生界成岩度高，岩石可能致密，含油气性低。对新采集地震资料的折射波分析表明，拗陷西南部的中生界顶部的地震速度相对较低，一般为 3.5 ~ 4.2km/s，成岩度中等，岩石可能保留了一定的孔隙度，仍然具有较好的含油气性（吕修亚等，2009）。

第四章　礼乐盆地前新生代地质特征

南沙群岛及其邻近海区位于东亚陆缘的南段、我国南海的南部海域。在区域地质上，该区隶属于典型的新生代微板块——南沙微板块，南面与加里曼丹-南巴拉望俯冲-碰撞构造区直接相连，北隔南海深海洋盆扩张脊与华南陆缘伸展-离散构造区相望，西以红河-越东-万纳拉分走滑-转换断裂带为界与印支-巽他右旋走滑-拉分构造区相邻，东以马尼拉-内格勒斯海沟为界与吕宋-棉兰老左旋走滑-会聚构造区相伴（Liu *et al.*，1999，2004b；刘海龄，1999a，1999b，1999c）。在南沙微板块内可划分南海南部深海盆、郑和隆起区、南薇-安渡-礼乐中生代沉降区、曾母-西北巴拉望新生代沉降区等构造单元（刘海龄等，1998，2001）（图4.1）。在地质历史上，该区为古特提斯和古太平洋构造域与中、新特提斯和太平洋构造域演化、发展的重要地段（刘海龄等，2002a）。前人就该海域新生代的构造区划（金庆焕和李唐根，2000）、新生代的构造运动和演化（杨树康等，1991；杨树康和刘海龄，1994；刘海龄，1996；姚永坚等，2002；刘海龄等，2004b；阎贫等，2005）作了较系统的研究，对南沙地壳结晶基底之上的构造地层提出了三分方案（周效中等，1991；姜绍仁和周效中，1993；周效中和姜绍仁，1994；姜绍仁等，1996；刘海龄，2002），称前古近纪沉积地层为下构造层，对南沙群岛前新生代基底的构造特征、围区前新生代大地构造格架进行了初步的讨论（钟建强，1997；Liu *et al.*，2001，2004a，2006；刘海龄等，2004a，2004b，2006）。但对于该海域在前新生代重要演化阶段之一的中生代所形成的岩相古地理和构造变形的基本特征及其古大地构造位置等基本地质问题至今仍缺乏系统的研究。回答这些基本地质问题对完整地认识该地区的岩石圈地壳演化历史、开辟残留中生代海相盆地油气资源勘探新领域，具有极为重要的意义。本章在研究中国科学院南沙综合科学考察队近20多年来所获得的综合地球物理资料的基础上，结合钻井和拖网岩石取样资料，拟对南沙海区中生代地层-构造的基本格局进行初步分析，并结合围区中生界的对比研究结果，探讨该海区中生界的岩相古地理特征及其大地构造意义。

为了了解南中国海南部南沙群岛陆架-陆坡区中生代地层发育情况，笔者通过综合分析该海区钻井、拖网及1987年以来采集的20000多千米的多道反射地震勘探等资料，得到了对该区中生界基本特征的如下新认识：在空间分布上，南沙群岛的中生界具有从北部的郑和-礼乐隆起南缘向南增厚的趋势；在沉积岩相方面，该区东部三叠纪时为深海相，侏罗纪时为浅海与三角洲相，白垩纪时为浅海-内浅海相，往西南部中生代的海水深度有变深的趋势；在中-新生代变形上，南沙群岛西部的曾母盆地，中生界为复式的、非协调性的褶皱，南沙群岛中部多为舒缓褶皱，东部仅在近巴拉望海槽地带出现小幅度的褶皱。结合围区中生界及特提斯构造域的发育特征，笔者认为南沙地块上的海相中生界在大地构造上属于残留在中特提斯洋北部减薄陆缘地壳上的中特提斯期海相沉积地层，是该海域油气资源勘探不可忽视的对象。

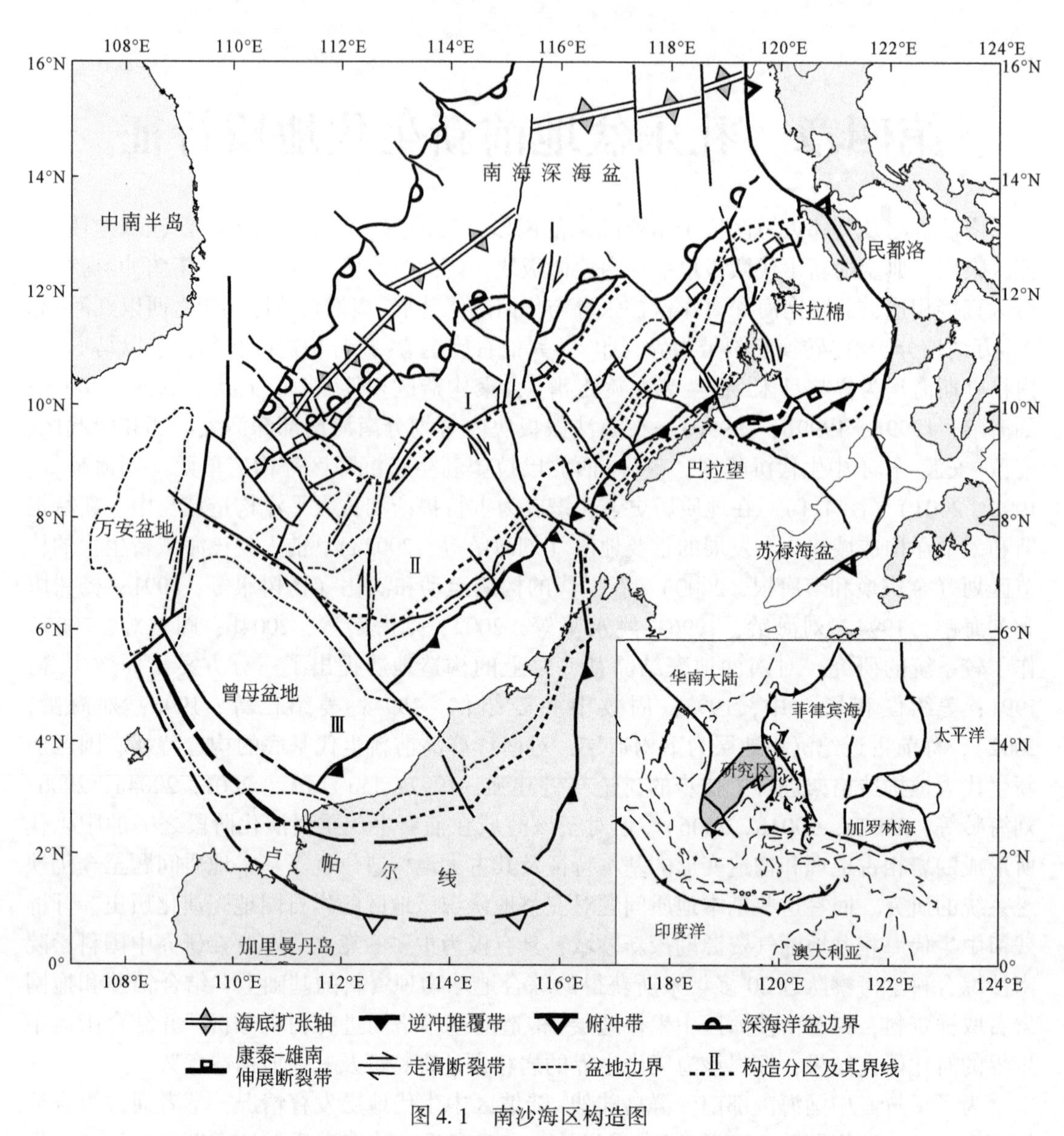

图 4.1 南沙海区构造图

Ⅰ. 郑和隆起区；Ⅱ. 南薇-安渡-礼乐中生代沉降区；Ⅲ. 曾母-西北巴拉望新生代沉降区

第一节 南沙海区中生界时空展布的基本特征

南沙海区主要发育广泛的新生界，但近年来的地质地球物理综合调查发现该海域还广泛发育中生界，这对南沙前新生代地质研究具有重要意义。因此，现据最新资料，对南沙海区中生界时空展布的基本特征进行初步分析。

约80万km^2的南沙海域，除了在西南边缘曾母暗沙-万安滩西一带陆架区、东部的礼乐滩-巴拉望一带及南面沙捞越近岸海区有一些石油探井或拖网取样（表4.1，图4.2）对南沙中生界直接有所揭示外，南沙腹地的大部分岛礁海区迄今尚缺乏直接的揭露，图4.3

为现有钻井和拖网揭示的中生代地层和岩浆岩分布图。因而对岩性地层概貌的了解主要是通过地震剖面资料、联井对比解释和系统的闭合分析，从而得到如图4.4所示的南沙海区中生界展布特征。

表4.1　南沙群岛及邻近海区部分钻井、拖网样的岩性与年代表

序号	样品号	经度/°E	纬度/°N	水深/m	取样深度/m	岩性与时代/Ma
钻井						
1	Busuanga-1	119.968333	12.635000	83.2	745.8	E_3^3或更老的尼多（Nido）组灰岩
2	Malajon-1	119.622000	12.213333	62.5	2349.1	J_3-K_1变质砂岩和千枚岩，上覆白垩系Catalat组
3	Nalaut-1	119.566667	12.066667	68.0	1446.0	N_1^1灰岩和砂岩（与Nido组相当）
4	San Martin A-1x	119.171833	12.016333	332.2	941.9	E_2或更老（前Nido组）砂岩
5	Galoc-1	119.301500	11.983833	321.6	3347.9，3703.0	Nido组灰岩底部的E_2^3灰岩夹硬石膏，覆于变质粉砂岩（前Nido组）之上；3703m处岩心地质年代为白垩纪
6	South Galoc-1	119.301167	11.938166	224.6	2362.3	N_1^1（Galoc组）灰岩
7	Calamian-1	119.358833	11.886167	39.9	2713.9	N_1^1（Nido组）灰岩，上覆厚层N_1^1-N_1^2粉砂-黏土岩
8	Linapacan-B1	119.276167	11.816166			
9	Linapacan A-1A	119.278833	11.780333	35.1	823.8	渐新统（?）Galoc组灰岩
10	Matinloc-2	119.021667	11.487167	25.6	2440.0	
11	Matinloc-3	119.016667	11.458333			
12	Tara-1	119.066833	11.444333	80.2	2166.8	N_1^1/ E_3^3灰岩，夹火山凝灰岩
13	Libro-1	119.062000	11.430333	82.9	1585.0	N_1^1（Nido组）灰岩，上覆N_1^1-N_1^2薄层碎屑岩和钙质页岩
14	Destacado A-1x	118.828500	11.446167	538.6	3236.5	K_1（?）粉砂质钙质页岩和前Nido组砂岩
15	Pandan-1	119.003333	11.437167	74.6	2501.0	N_1^1（Nido组）灰岩，上覆N_1^1-N_1^2粉砂质黏土岩、钙质页岩
16	S. Pandan-1	118.989667	11.410333	67.6	2621.0	N_1^1（Nido组）灰岩，上覆N_1^1-N_1^2粗碎屑岩、粉砂质黏土岩和页岩
17	Batas-1	118.928333	11.338333	83.5	2432.3	N_1^1（Nido组）灰岩，上覆粗碎屑岩火成砾岩
18	Cadlao-1	118.996500	11.320500	94.8	3191.2	J_3黏土岩和凝灰岩、P_1灰岩含纺锤虫（井底），岩石埋深2807m
19	Caverna-1	119.014500	11.303500			
20	Cadlao-2	118.314333	11.320500		1988.8	N_1^1复礁体
21	Signal Head-1	119.078333	11.191667	73.6	1438.6	N_1^1（Nido组）灰岩，上覆N_1^1-N_1^2黏土岩，页岩
22	Signal Head-2	119.07000	11.183333			

续表

序号	样品号	经度/°E	纬度/°N	水深/m	取样深度/m	岩性与时代/Ma
23	Custodio-1	118.908333	11.173333	83.8	1432.0	N_1^1（Nido组）灰岩，上覆N_1^1-N_1^2厚层碎屑岩和页岩
24	Guntao-1	118.943833	11.130667	95.4	2235.1	K_2或更老的（J_3）灰岩含放射虫和几丁虫，岩石埋深1327m
25	N. Nido-1	118.922833	11.085333	94.5	2308.8	E灰岩（Nido组或更老）
26	Nido-1	118.875500	11.055333	113.4	2773.7	N_1^1（Nido组）灰岩，下伏K_1浅海碎屑岩
27	Pagasa-1	118.850667	11.011667	39.9	2295.0	N_1^1（Nido组）灰岩，上覆厚层N_1^1-N_1^2页岩、黏土岩、粉砂岩
28	South Nido-1	118.832667	11.038667	43.0	2359.9	E_3-N_1^1（Nido组）灰岩
29	Nido 2x-1	118.822000	11.040833	44.5	4130.6	前N_1（?）-K（?）灰岩
30	Nido I-X-1	118.838333	11.066667	65.5		N_1^1（Nido组）灰岩，上覆N_1^1-N_1^2粉砂质黏土岩、钙质页岩
31	Enterprise Point A-1x	118.649167	11.169833	609.0	1958.3	N_1^1-N_1^2（Nido组）灰岩
32	Boayan 1/1A	118.559500	10.669167	93.7	3095.2	N_1灰岩和角砾岩，下伏厚逾1000m的火山岩序列
33	Cacnipa-1	118.597500	10.648167	76.2	2775.8	火山岩，上覆N_1^1（Nido组）灰岩
34	Catalat-1	118.709667	10.629167	79.6	4266.6	E_3-N_1^1（Nido组）灰岩，下伏K_2变质页岩
35	Cacbolo-1	118.545000	10.526167	39.6	3815.5	古近系黑色页岩
36	P 296-1x	118.463333	10.432167		3025.4	
37	Signal-1	118.322000	10.244167		3526.5	E_2-N_1^1灰岩
38	Buenavista-1	118.256667	10.198333		4211.0	
39	Penascosa-1（佩那斯科萨-1）	118.063667	9.922833	60.0	4207.2	K_1黏土岩，深海页岩，50~44Ma，E_1^3-E_2^2
40	Anepehan A-1x	118.001833	9.926833	442.9	2269.2	N_1^1（Nido组）灰岩
41	Santiago A X-1	117.873833	9.712833	381.0	3230.4	N_1^1（Nido组）灰岩
42	West-Palawan-1	117.683333	9.520000			
43	Albion Head-1	117.786833	9.518000	9.2	3776.5	N_1^1-N_1^2黏土-粉砂岩，火山碎屑岩，再造的（reworked）白垩系/始新统
44	Aboabo A-1x	117.604000	9.387333	42.1	3699.6	交替的E_2逆冲岩片和N_1^2沉积岩
45	Paragua-1x	117.152000	8.850167	86.0	2640.1	N_1^1（Pagasa组）页岩
46	Kamonga-1	117.037167	8.543667	86.9	1635.3	K、E_1、E_2和N_1碎屑岩外来混杂体
47	Murex-1	116.967167	8.537000	62.3	2524.1	N_1混杂岩
48	SW Palawan-1	116.810000	8.288667	107.0	2181.5	N_1^1黏土岩，角砾岩
49	Secam	117.012167	8.176667	0.0	2096.4	E_2页岩/石灰岩（Crocker组）
50	Paz-1	116.808500	8.072833	73.5	1791.6	N_1^2黏土岩夹再造E_2
51	Sigumay-1x	116.952833	8.003833	岸上	1505.0	E_2页岩和砂岩（Crocker组）
52	Likas-1	116.712333	7.721500	1981	1670.7	E_1^3黏土岩

续表

序号	样品号	经度/°E	纬度/°N	水深/m	取样深度/m	岩性与时代/Ma
53	Kalutan-1	116.707333	7.614333	109.7	1889.1	E_2^2深水泥岩（Crocker组）
54	Balambanga-1	116.742333	7.517167			
55	Kudat-1	116.524333	7.181167	69.9	2391.3	E_2^2泥岩（? Crocker组）
56	Kindu	116.380000	7.195000			
57	Dudar-1	116.217333	7.110333	102.1	2846.5	N_1^1碎屑岩
58	Bonanza	116.300000	7.065000			
59	Tekuyong-1	116.306333	7.050833	57.1	2751.6	
60	Gaya-1	115.527333	6.604333	139.6	741.9	N_2^2深水碎屑岩
61	Kinarut-1	115.297833	6.365667	180.7	3049.5	N_1^2深水砂岩
62	Nosong-1	114.891167	5.872500	100.3	2537.0	N_2^1/N_2^2页岩和砂
63	Sampaguita-1	116.619167	10.438000	79.9	4032.4	K_1砂岩，近岸浅海相，粉砂岩、泥岩、砂岩和砾岩夹煤线。砾岩成分为石英、长石、中性熔岩、石英闪长岩、凝灰岩等。岩石埋深3353m
64	Sampaguita-2	116.655167	10.423500		3586.9	
65	Sampaguita-3	116.643667	10.468667			
66	Kalamansi-1	116.891333	10.518500	50.3	4365.9	K粉砂岩（Albian-Aptian）
67	Reed Bank-B1	116.866000	10.878167		3734.4	N_1^1灰岩
68	Reed Bank-A1	116.702167	10.974000		2776.1	K_2浅海相碎屑岩
69	Paly-1	120.206333	10.432667	149.6	1921.1	E_3-N_1^1砂岩和砾岩，2098m，K
70	Dumaran-1（杜马蓝-1）	119.939500	10.326833	130.0	2033.0	K_2（?）砂岩、页岩和粉砂岩，厚度为1129m。2143m以下下伏蛇纹石化橄榄岩，岩石埋深914m
71	Roxas-1	119.644667	10.078500	100.0	1912.1	K_2砂岩、页岩和粉砂岩
72	Ilog-1	122.637333	10.201167	57.0	1676.0	N_1^2（?）砾质火山岩
73	ODP Site 769	121.294667	8.785333	3644.0	376.9	N_1^1晚期块状黏土，下伏非层状粗粒凝灰岩和火山砾岩
74	ODP Site 771	120.679667	8.678167	2859.0	304.1	N_1^1早期半远洋泥灰岩，上覆被玄武熔岩流覆盖的火山碎屑岩层
75	ODP Site 768	121.219667	8.000667	4395.5	1268.5	N_1^1早期深褐色黏土岩，与多孔状玄武岩之上的凝灰岩互层
76	Sulu Sea 333-1	118.551667	6.668333	107.3	3984.0	（?）E_3^2（?）Crocker组
77	Sulu Sea 389-1	118.415000	6.477500	82.3	3571.6	N_1^1砂岩/粉砂岩
78	Clotilde-1	118.463667	6.204000	76.5	2182.4	N_1^3早期煤层，下伏侵入岩
79	Sulu Sea 409-1	118.888333	6.054667	102.4	4488.8	N_1^{1-2}砂岩和黏土岩
80	Sentry Bank	119.287500	5.673667	22.3	3013.2	N_1^1 Segama群砂岩，下伏E_2^3火山碎屑岩
81	Sulu Sea A-1	117.947000	7.286167	75.0	2525.6	（?）E_3半咸水到浅海沉积物
82	Sulu Sea B-1	118.125500	7.458333	29.0	2180.0	N_1^1砂岩

续表

序号	样品号	经度/°E	纬度/°N	水深/m	取样深度/m	岩性与时代/Ma
83	Coral-1	117.987167	8.261667	116.4	2945.9	N_1^1钙质黏土岩和页岩
84	ODP Site 767	123.503333	4.791667	4916.0	786.5	E_2^2黏土岩，下伏玄武岩
85	ODP Site 770	123.668500	5.144833	4516.2	529.5	E_2^2晚期砂质黏土岩和粉砂质黏土岩，下伏6个熔岩单元
86	AY-1x	109.468889	5.618889		2811.0	54.6±2.7Ma（K/Ar）E_1火山集块岩，岩石埋深2811m
87	AP-1X	109.616681	5.516969		4199.0	79.3Ma（K/Ar）K_2深成岩，岩石埋深4199m
88	Bamal Marine-1	111.336278	5.027722		3062.0	E_3碎屑岩
89	Paus NE-2	108.933333	4.453611		1426.0	K-E_2（?）千枚岩、板岩
90	Kurau Marine-1	111.394778	4.359250		3304.0	E_3碎屑岩
91	Paus S-1	108.895556	4.139167		2564.0	K-E_2黑云母千枚岩
92	Tenggiri Marine1	111.145611	3.995833		2864.0	E_2碎屑岩、千枚岩，岩石埋深2854m
93	Ranai-1	109.097222	3.931667		2335.0	E_2千枚状砂岩，凝灰质粉砂岩
94	Panda-1	109.2755556	3.594444		2456.0	(Mz) -E_2（?）片岩
95	J-5-1	111.277528	3.823388		2054.0	E_2千枚岩
96	CC-1x	109.717500	2.937778		1328.0	(E_2)，Pre-R变质火山岩、千枚岩、变质沉积岩，岩石埋深1320m
97	CC-2x	109.760000	2.913055		2162.0	Pre-R变质沉积岩
98	CB-1x	109.626111	2.786389		1844.0	Pre-R［K（?）E_2］变质沉积岩
99	04-B-1x	108.988889	8.627778			Pre-R火山岩
100	04-B-2x	108.923889	8.627222			Pre-R火山岩
101	Dai Hung 2（DH-2）	108.690000	8.486111			109±5Ma，Pre-R花岗闪长岩，岩石埋深3685m
102	Dua-1x	108.428889	7.439444	4013.0		K花岗岩
103	Dua 12-B-1x	108.267500	7.500278	3889.0		花岗岩
104	Dua 12-c-1x	108.022222	7.521389	3587.0		花岗岩
105	AS-1x	108.424167	6.847778			129±7Ma，K_1花岗闪长岩，岩石埋深1726m
106	CIPTA-A	108.655278	6.022222			K变质沉积岩
107	CIPTA-B	108.548611	6.303611			花岗闪长岩
108	AT-1x	108.648611	5.485000			80±2.4Ma，K_2花岗闪长岩，岩石埋深1768m
109	WT-67				3552.3	108±3Ma，K_1黑云母花岗岩
110	WT-91				3540.8	149±5Ma，J_3黑云母花岗闪长岩
111	WT-810				3540.8	135±4Ma，K_1角闪黑云母闪长岩
112	WT-402				3594.1	108±4Ma，K_1黑云母花岗岩
113	Dragon-3				3548.3	159±5Ma，J_3黑云微斜花岗岩
114	Dragon-9				2597.0	178±5Ma，J_2黑云母花岗岩

续表

序号	样品号	经度/°E	纬度/°N	水深/m	取样深度/m	岩性与时代/Ma
115	Dragon-1					花岗岩
116	Dragon-2					闪长岩
117	Dragon-6					花岗岩
118	Dragon-7					花岗闪长岩
119	Dragonax 15G-1x	108.362778	10.424722		2955.0	花岗岩
120	Dragonax 15C-1x	108.303889	9.966944		3262.0	花岗岩
121	Bavi				3364.0	花岗闪长岩
122	Tamdao				3391.5	97±3Ma，K_{1-2}花岗岩
123	Mangcau 04-A-1x				3262.0	花岗岩
124	Mia 04-B-1x				2411.0	闪长岩
125	BB-1				3311.0	角闪石辉长岩
126	BB-2				2805.7	109±5Ma，K_1微斜-黑云-角闪花岗岩
127	BB-3				3533.1	105±5Ma，K_1微斜-黑云-角闪花岗岩
128	Mia 28-A-1x				1618.0	闪长岩
129	Mia 29-A-1x				1516.0	闪长岩
130	AY-1x				2811.0	E_1火山岩
131	TD-1				3392.0	97±3Ma，K_2/ K_1浅色斑状石英闪长岩
132	两兄弟群岛					70±3Ma，K_2花岗岩
133	28-A-1x	106.866839	7.397306		1504.0	石英闪长岩
134	29-A-1x	106.800906	6.981756		1618.0	Pre-R 沉积岩
135	S. E. Tuna-1	109.509167	3.666389		2590.0	E_2千枚岩，岩石埋深2590m
136		109.483333	1.950000			75±5Ma，K_2花岗岩
137		109.716667	1.616667			75.6±4Ma，K_2花岗岩
138	Ranal-1				2305.0	K-E_2变质岩
139	WT				3325.0	K/J 海相沉积
140	04-A-1x				2412.0	Mz
141	DHG-1x				3333.0	Mz
142	GNT1	108.303833	9.966944			J_3 灰岩
143	CFC-1	（台西南盆地）				Mz
144	PK-2	108.933333	4.453611			千枚岩、板岩，K-E_2，岩石埋深1426m
145	CTA-1	116.716667	10.966667			碎屑岩（钻厚622m），K_1，岩石埋深2155m
146	Likas-1	117.083333	8.033333			深海相灰绿色页岩夹粉砂岩，58Ma，K_2-E_1
147	Cipta-A	108.655200	6.022303			沉积变质岩，K，岩石埋深2233.2m
148	ODP184-Site 1143 (SCS-9)	113.285000	9.362000	2772	井深820	N_1^1中部，17Ma

续表

序号	样品号	经度/°E	纬度/°N	水深/m	取样深度/m	岩性与时代/Ma
149	ODP184-Site 1144 (SCS-1)	117.419000	20.053000	2037	井深 610	Q_p/N_2，1.23Ma
150	ODP184-Site 1145 (SCS-2)	117.631000	19.584000	3175	井深 760	N_1^1，17Ma
151	ODP184-Site 1146 (SCS-4)	116.272833	19.456667	2092	井深 950	E_3^1，29.2Ma
152	ODP184-Site 1147 (SCS-5E)	116.554667	18.835167	3246	井深 86	
153	ODP184-Site 1148 (SCS-5C)	116.565667	18.836167	3294	井深 853	T_7，31.8Ma，标志破裂不整合
154	SCS-3C	115.011833	19.971333		井深	
155	SCS-5D	115.854000	19.336667		井深	
			拖网			
1	V36D10	115.600000	14.000000	1580～1800		3.49Ma 碱性玄武岩①
2	D1	111.966667	13.366667			0.4Ma 强碱性玄武岩②
3	D3	111.166667	9.950000			4.3Ma 强碱性玄武岩②
4	SO23-23	115.866667	9.900000	1900～1700		T_3-J_1 蚀变橄榄辉长岩及流纹凝灰岩③
5	SO27-24	115.833333	9.883333	2100		T_2（?）蚀变闪长岩及流纹凝灰岩③
6	SO23-36	116.583333	12.100000	2373		多孔玄武岩③
7	SO23-37	116.616667	12.083333	3227～3043		0.4Ma 多孔玄武岩③
8	SO23-38	118.300000	11.733333	1610～1356		0.5Ma 橄榄玄武岩③
9	SO23-40	118.816667	12.350000	1050～765		2.7Ma 多孔斑状玄武岩③
10	SO23-15	119.366667	8.166667	3312		14.7Ma 斑状安山岩③
11	宪北海山	116.500000	16.667000			38.72±1.25Ma 拉斑玄武岩④
12	宪北海山	116.500000	16.667000			15.26～22.90Ma 碱性玄武岩⑤
13	玳瑁海山	116.983333	17.617000			13.95Ma 石英拉斑玄武岩⑥
14	珍贝海山	116.500000	14.800000			9.7Ma 橄榄拉斑玄武岩⑥
15	中南海山	115.583333	14.000000			3.5Ma 碱性玄武岩⑦
16	NS99-17	110.348000	5.595333	200～250		含（滨海/海滩氧化环境）铁泥质结核的淤泥⑧⑨
17	NS99-52	113.320000～113.374000	10.158000～10.126000	825～2700		E_2^2-E_3，半深海（外陆架或陆坡）相礁灰岩和钙质磷块岩⑧⑨
18	NS99-57	111.477000～111.518000	9.273000～9.237000	307～1650		N_1^{1-2}，强溶蚀的、含有孔虫（浅水环境）的灰岩，生物礁成因⑧⑨
19	SO8-18	114.942233	11.783700	2700		斜长花岗岩，157.8±1.0Ma、159.1±1.6Ma，激光剥蚀等离子体质谱（LA-ICPMS）⑩
20	SO8-32	114.076800	11.472017	3100		二长花岗岩，153.6±0.3Ma、127.2±0.2Ma，激光剥蚀等离子体质谱（LA-ICPMS）。656.7Ma 残余锆石核（?）⑩
21	1yDG	114.066667	11.483333	3000		细粒黑云母花岗岩，109.7Ma、114.2Ma，全岩 Ar-Ar、K-Ar。120Ma（锆石、离子探针）⑪
22	2yDG	114.943333	11.783333	2800		石英变质沉积岩⑪
23	3yDG	114.333333	13.466667	4000		花岗闪长岩⑪
24		112.908333	16.567167			岩浆岩
25		115.120500	20.216333			岩浆岩

注：钻孔资料引自 AAPG Bulletin。①Taylor and Hayes，1983；②Bellon and Rangin，1991；③Kudrass *et al.*，1986；④李兆麟和梁德华，1991；⑤梁德华和李扬，1991；⑥邹和平，1993；⑦王贤觉等，1984；⑧施小斌等，1999；⑨周蒂等，2002；⑩鄢全树等，2008；⑪邱燕等，2008。取样深度（m）和井深均指井内海底之下的深度

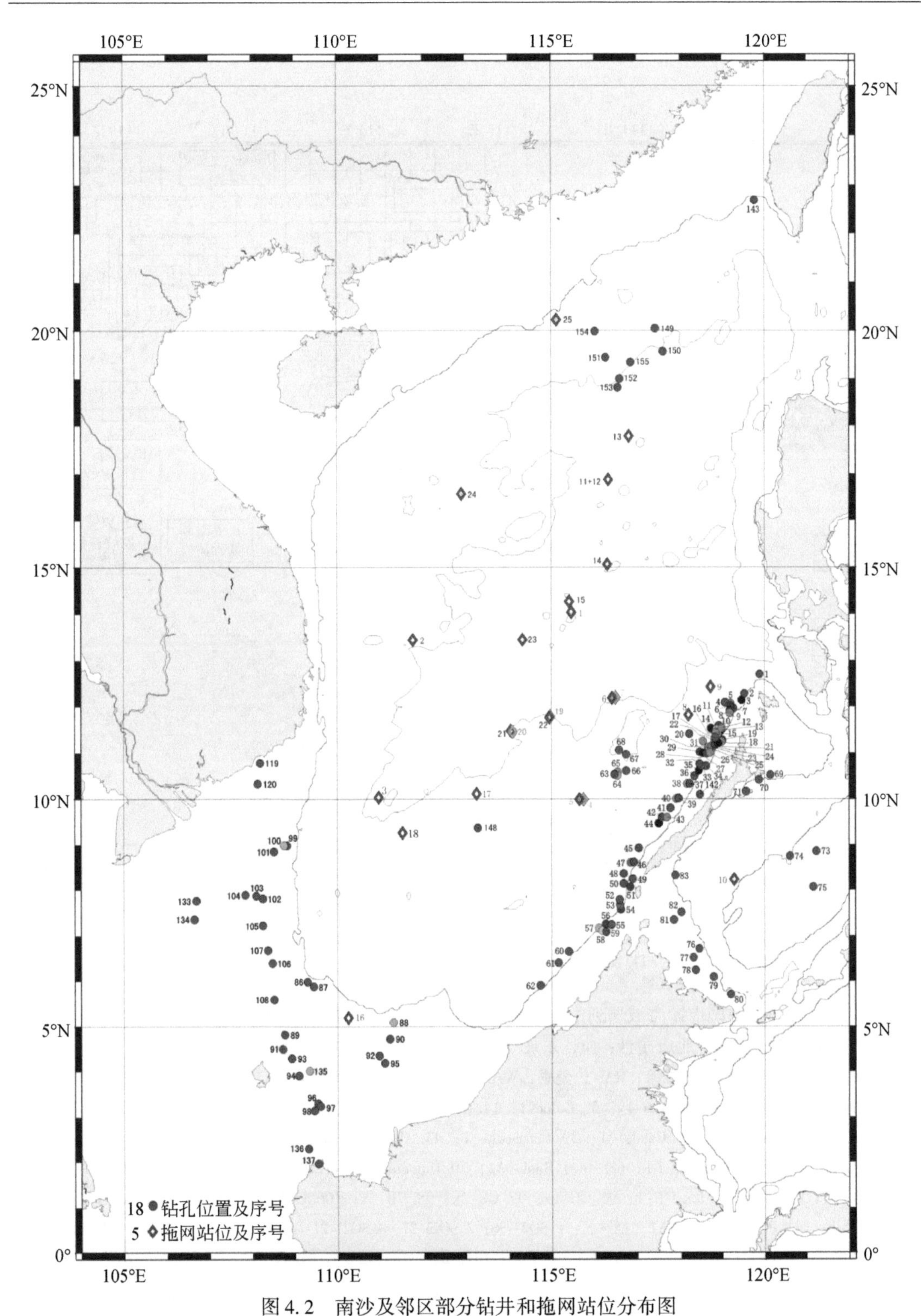

图 4.2　南沙及邻区部分钻井和拖网站位分布图

图中钻井和拖网站位编号对应的名称同表4.1。不同颜色的钻孔或拖网符号仅为区别其不同位置

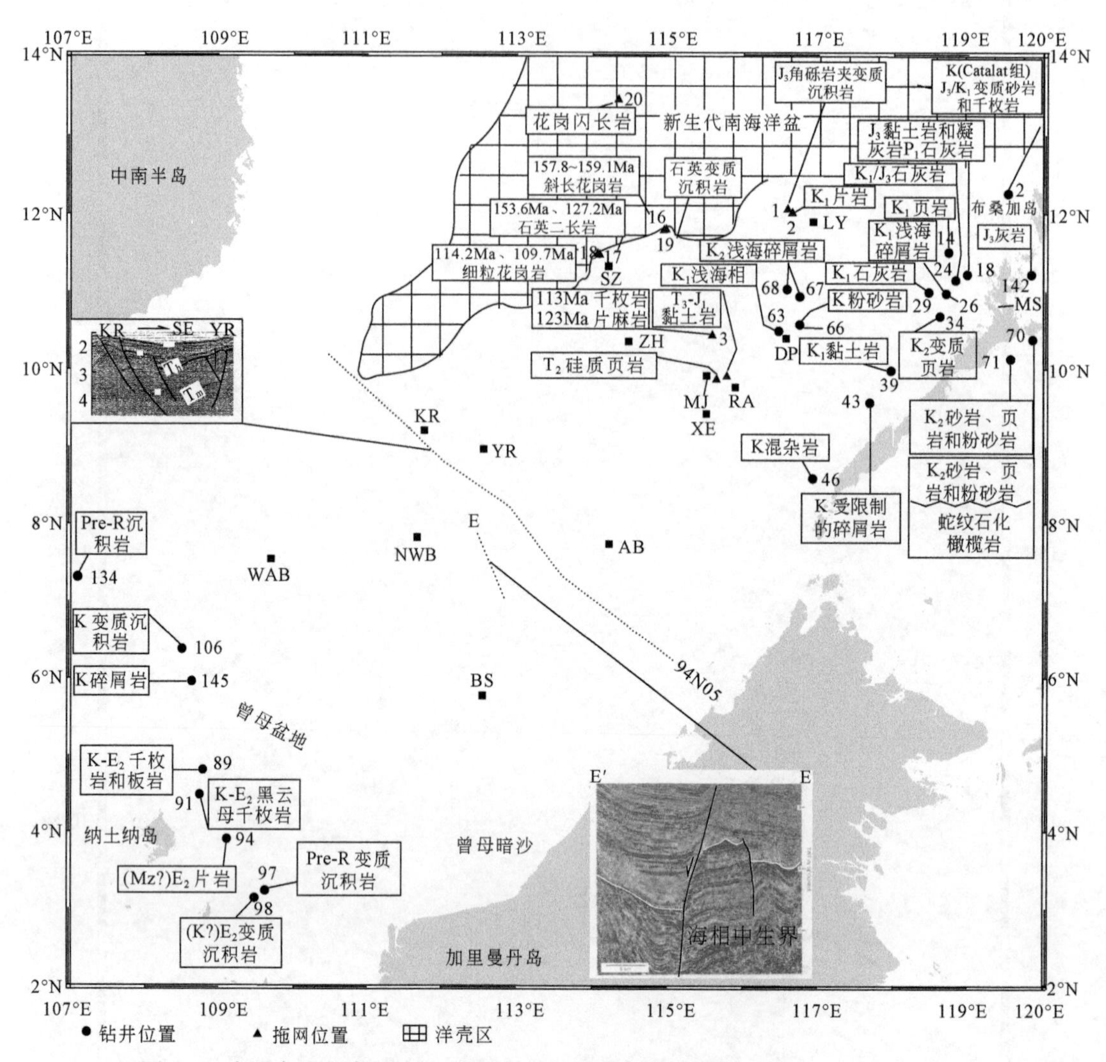

图 4.3　中国南沙海域遇到中生界的钻井和拖网站位分布图（据 Liu *et al.*，2011）

岛礁名：AB. 安渡滩；BS. 北康暗沙；DP. 东坡（Pennsylvania）礁；KR. 康泰礁；LY. 礼乐滩；MJ. 美济礁；MS. Malampaya 海峡；NWB. 南薇滩；RA. 仁爱礁；WAB. 万安滩；XE. 仙娥礁；YR. 尹庆群礁；ZH. 郑和群礁. 钻井名：2. Malajon-1；4. San Martin A-1x；5. Galoc-1；14. Destacado A-1x；18. Cadlao-1；24. Guntao-1；25. N. Nido-1；26. Nido-1；29. Nido 2x-1；34. Catalat-1；39. Penascosa-1；43. Albion Head-1；46. Kamonga-1；63. Sampaguita-1；66. Kalamansi-1；67. Reed Bank-B1；68. Reed Bank-A1；70. Dumaran-1；71. Roxas-1；87. AP-1X；89. Paus NE-2；91. Paus S-1；94. Panda-1；95. J-5-1；96. CC-1x；97. CC-2x；98. CB-1x；106. CIPTA-A；134. 29-A-1x；142. GNT1；143. CFC-1；144. PK-2；145. CTA1。拖网名：1. SO23-36；2. SO23-37；3. SO27-21；4. SO23-23；5. SO27-24；19. SO8-18；20. SO8-32；21. 1yDG；22. 2yDG；23. 3yDG

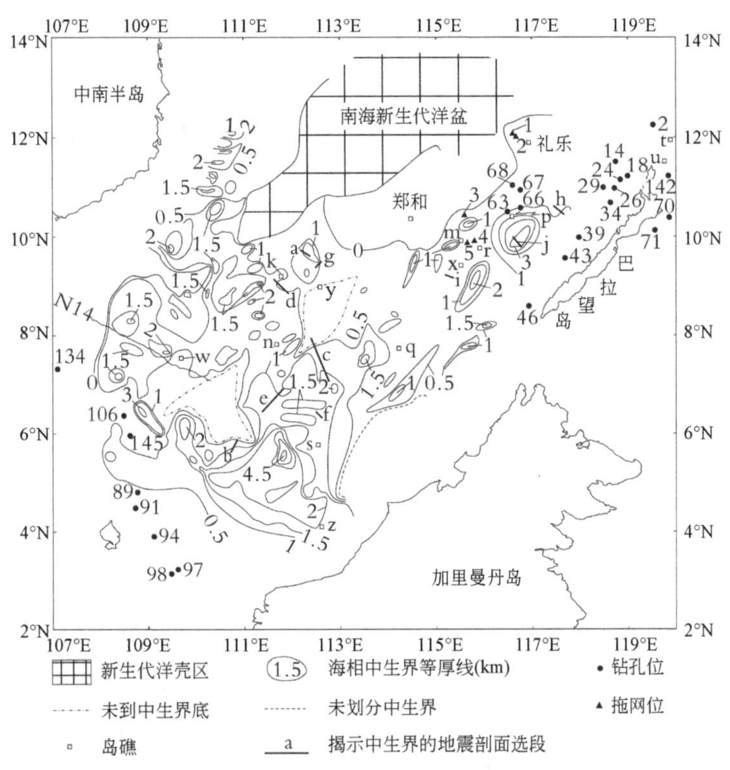

图 4.4　南沙海区中生界等厚图

a～j 为显示有中生界的地震剖面选段编号。N14 为图 4.6 地震剖面位置。钻井名及地层：2. Malajon-1，J_3-K_1 变质砂岩和千枚岩，上覆角度不整合的 Catalat 组（K）；14. Destacado A-1x，K_1（?）粉砂质钙质页岩；18. Cadlao-1，J_3 黏土岩和凝灰岩、P_1 灰岩；24. Guntao-1，K_2/J_3 灰岩；26. Nido-1，K_1 浅海碎屑岩；29. Nido 2x-1，K（?）灰岩；34. Catalat-1，K_2 变质页岩；39. Penascosa-1，K_1 黏土岩；43. Albion Head-1，再造 K 碎屑岩；46. Kamonga-1，K 碎屑外来混杂体；63. Sampaguita-1，K_1 近岸浅海相砂岩；66. Kalamansi-1，K 粉砂岩；67. Reed Bank-B1，N_1^1 灰岩；68. Reed Bank-A1，K_2 浅海相碎屑岩；70. Dumaran-1，K_2（?）砂岩、页岩和粉砂岩角度不整合覆于蛇纹石化橄榄岩之上；71. Roxas-1，K_2 砂岩、页岩和粉砂岩；89. Paus NE-2，K-E_2（?）千枚岩和板岩；91. Paus S-1，K-E_2 黑云母千枚岩；94. Panda-1，（Mz）-E_2（?）片岩；97. CC-2x，Pre-R 变质沉积岩；98. CB-1x，K（?）-E_2 变质沉积岩；106. CIPTA-A，K 变质沉积岩；134. 29-A-1x，Pre-R 沉积岩；142. GNT1，J_3 灰岩；145. CTA1，K 碎屑岩。拖网站名及地层：1. SO23-36，J_3 变质沉积岩、氧化锰胶结细砾岩；2. SO23-37，K_1 片岩；3. SO27-21，113Ma 千枚岩、123Ma 片麻岩；4. SO23-23，T_3-J_1 海相粉砂岩；5. SO27-24，T_2 硅质页岩。岛礁名：k. 康泰滩；m. 美济礁；n. 南薇滩；p. 东坡礁；q. 安渡滩；r. 仁爱礁；s. 北康暗沙；t. 布桑加岛；u. 利纳帕坎岛；w. 万安滩；x. 仙娥礁；y. 尹庆群岛；z. 曾母暗沙

南沙海区中生界在空间上的厚度变化特征如图 4.4 所示。在南沙西南部的曾母盆地海区中，中生界厚度等值线大体呈 NW 至近 EW 走向，厚度一般为 1～2km，埋深较大。在曾母盆地中部因埋深过大，在震测剖面上未能划分中生界。在南薇滩–安渡滩–礼乐滩一带的南部，中生界等厚线则明显呈现出近 NE 向的展布，厚度一般为 1～1.5km，往北部有减薄的趋势，在郑和隆起难以划分，甚至缺失。因而总的分布趋势是在郑和–礼乐隆起南缘向南增厚。

年代上，由钻孔和拖网样品的年代分析结果可知，南沙海区中生界在时间上的分布特征是，除早三叠世和中侏罗世外，中生代其余各年代地层均已被发现。中生界不整合地覆于更老的古生界之上，直接可见的有南沙地块东部 Cadlao-1 井的上侏罗统黏土岩和凝灰岩不整合地覆盖在下二叠统灰岩之上。该下二叠统的中、下部以早二叠世早期的燧石、硅质碎屑岩、长石杂砂岩为主；上部为早二叠世晚期的碳酸盐岩。同时，在巴拉望岛北端陆上的巴奎特附近出露二叠纪的 Bacuit 组和二叠纪—三叠纪的 Minilog 灰岩，在乌卢根断裂以东、塔纳巴格至伊南特一片及杜马兰（Dumaran）岛上甚至出露了更老的岩石，即石炭纪的片岩和千枚岩（Almasco *et al.*，2000）。在南沙海区东北部礼乐滩-北巴拉望海区，“Sonne 号”调查船在礼乐盆地西南部的仙娥礁、仁爱礁等处采获的拖网样品分别有中三叠世的灰黑色纹层状硅质页岩、晚三叠世—早侏罗世的纹层状硅质页岩与滨浅海相三角洲相砂泥岩。其中仙娥礁北部的硅质页岩可与卡拉棉群岛出露的中三叠统下部燧石条带和放射虫岩，如布桑加（Busuanga）岛南面科龙（Coron）岛上的三叠纪科龙灰岩、利纳帕坎（Linapacan）岛上和巴拉望岛东北端的三叠纪 Liminangcong 燧石（Almasco *et al.*，2000）进行对比，属深海相。礼乐滩北坡拖网（SO23-36）得到晚侏罗世的变质沉积岩和氧化锰胶结细砾岩，其角闪石的钾-氩年龄为 146Ma（J_3）（Kudrass *et al.*，1986）。礼乐盆地东北部的 Guntao-1 井钻遇的晚侏罗世灰岩含放射虫、几丁虫等化石，为浅海沉积。类似地，邻近该井东侧的 Cadlao-1 井钻遇晚侏罗世的黏土岩、凝灰岩及砂页岩，含内环粉属化石，反映了内浅海相沉积。布桑加岛西部陆架的 Malajon-1 井则钻遇晚侏罗世至早白垩世的变质砂岩和千枚岩，上覆白垩系 Catalat 组地层。布桑加岛及其南面的库利昂（Culion）岛出露的是反映更深水的晚侏罗世布桑加燧石。完成于礼乐滩南翼的 Sampaguita-1、Kalamansi-1、Reed Bank-A1 等井均揭露到早白垩世浅海相碎屑岩（砂岩、粉砂岩），为近岸浅海相沉积。而位于礼乐滩西南面的 Penascosa-1 井揭示的则为早白垩世黑色页岩，属深海相沉积。

在南薇-安渡地区，迄今为止尚未进行过任何钻探。中国科学院南沙综合科学考察队在该海域拖获的仅有的 3 个岩样上亦只反映了始新世海相地层的存在。因而对该区中生代地层的研究主要依赖于地震剖面资料。按照由陆及海、由边缘到腹地的原则，从过井剖面出发，逐条追踪、对比，一步步引向南薇-安渡-郑和腹地。经过对比分析，将该区多处多道反射地震剖面上可见的发育在新生代地层之下的一套具有褶皱变形层状结构的地震层序初步解释为海相的中生界［图 4.4b、d ~ g、i 和图 4.5（a）］。其内部虽可作更细的分层，但限于测线过稀，时代上总体以中生代对待。该层序与礼乐滩最靠近 Sampaguita-1 井的地震剖面上的早白垩世地层［图 4.4c、h 和图 4.5（b）］相比，两者均为平行层状反射结构，但前者视频率较高，连续性较差，层次密集，顶底均为角度不整合面，应包含有比早白垩世更早的地层。其地震相特征十分类似于南海北缘东沙隆起东南侧潮汕拗陷新生代沉积基底上部的反射结构特征。据研究（郝沪军等，2001），潮汕拗陷基底中的这套沉积层被认为是晚三叠世至早白垩世滨浅海-广海相沉积，发生过强烈褶皱、大型逆冲推覆和剥蚀，被水平状的中新世—第四纪地层直接覆盖。在华南大陆粤中-粤东地区地表也发育有晚三叠世—早白垩世海相沉积层（广东省地质矿产局，1988，1996；陈汉宗等，2003）。这说明中生代广东-南沙地区存在广泛的海相沉积环境。

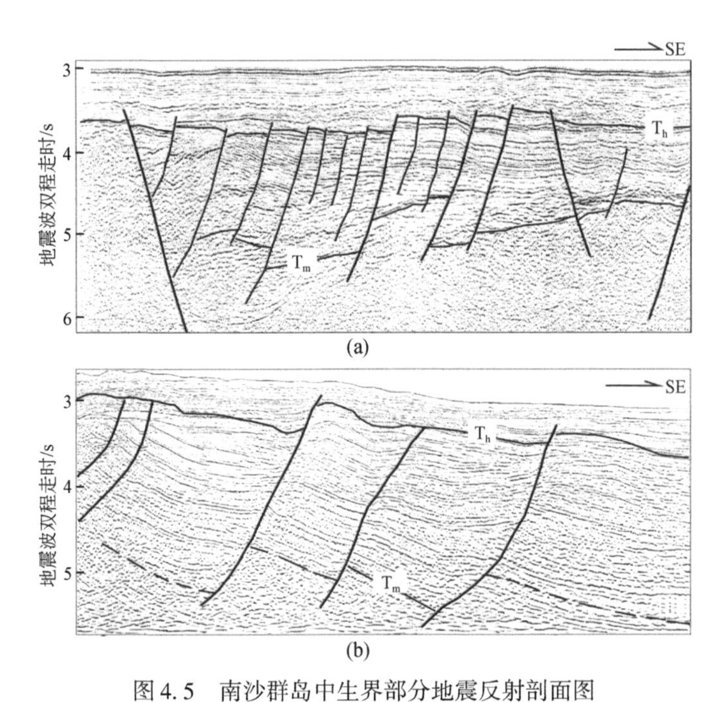

图 4.5　南沙群岛中生界部分地震反射剖面图

T_h、T_m 分别为中生界的顶底反射界面。(a) 和 (b) 剖面段的位置见图 4.4 中的 a 和 j。(a) 测线 94n7-2，SP6000～6500；(b) 测线 L1，SP2200～3000

第二节　南沙海区中生界岩相特征概要

关于南沙海区中生代地层的岩相基本特征，根据前述数口钻于礼乐-北巴拉望海区的钻孔和拖网样品情况，以及分布于全区的地震剖面来看，可概述于下。

三叠纪时，巴拉望岛北部到卡拉棉群岛为深海相，因为这里可见放射虫燧石、中三叠世牙形石、晚三叠世有孔虫。礼乐滩西南缘的仁爱礁、美济礁一片亦为深海相，在那里拖网见到硅质页岩、中-晚三叠世双壳类化石印模。从礼乐滩南缘 Sampaguita-1 井西侧擦肩而过的 L1 地震剖面［图 4.5（b）］显示该套地层的地震相特征是：视频率较低，连续性较好，层次较稀，厚度稳定，顶部见明显的角度不整合面，地层整体向南—东南倾斜，被一系列新生代反向伸展正断层掀斜。科龙岛北部存在已确认为晚三叠世反映亚热带干燥古气候的鲕状灰岩（Holloway，1982），该灰岩向西可与拉萨地块、印度地块北缘同期地层中的鲕状灰岩对比，向东可与琉球群岛同期地层中的钙质鲕粒（颜佳新和周蒂，2002）对比。据此可以认为，包括卡拉棉在内的南沙地块在晚三叠世应位于印支地块以南的中纬度地区。

侏罗纪时，仙娥礁、仁爱礁、美济礁、卡拉棉群岛一片为浅海与三角洲相，其依据是在那里采获了棕色薄层含双壳类化石与植物（羊齿）化石的粉砂岩。卡拉棉群岛、科龙岛等几个岛上见产早侏罗世有孔虫化石的灰岩。布桑加岛上的露头和北巴拉望陆架卡得劳 1 井见晚侏罗世内环粉属等孢粉（Fontaine *et al.*，1983），利纳帕坎岛、伊利岛和伊莫利奎

(Imorique) 岛上的露头和北巴拉望陆架 Guntao-1 井中含晚侏罗世藻类、有孔虫、放射虫等化石，这些均可为证。南薇盆地一片，从地震相特征来看，它的中生代地层为高频、细密、倾斜层状地震相，不同于礼乐盆地中生代地层的地震相（低频、较稀疏），故可推测晚三叠世—早侏罗世南薇一带为深水的泥、页岩沉积环境。西南次海盆东南盆缘新生代沉积基底折射波速度的研究结果也说明存在中生代地层（Wang *et al.*，2016）。

白垩纪时，礼乐盆地、北巴拉望盆地为浅海-内浅海沉积环境。礼乐盆地的 Reed Bank-A1 井、Reed Bank-B1 井和 Sampaguita-1 井与巴拉望盆地的 Catalat-1 井、Jing 3 井和 Nido-1 井均钻遇早白垩世近岸浅海相的碎屑岩沉积。往西南海水逐渐变深。西巴拉望盆地的 Penascosa-1 井已见早白垩世深海相黑灰色页岩。

南薇-郑和-礼乐一带新生代与中生代沉积层均很薄，中生代基底岩系被晚渐新世—现代的浅海层状碳酸盐岩及生物礁超覆，这表明白垩纪以后中生代基底曾一度长期隆起，遭受剥蚀。类似于西沙现在的情形，在那里，新近系—第四系珊瑚礁灰岩直接覆盖于前古生界（最大可能晚于6.27亿年、早于侵入其中的158Ma花岗岩，最晚应是中侏罗世）基岩之上，西沙-中沙-东沙与南薇-郑和-礼乐-民都洛西部很有可能曾为同一隆起整体。

根据上述岩相特征，结合全南沙海区中生界的分布状况不难看出，中生代南沙海区，从礼乐盆地、北巴拉望盆地、西巴拉望盆地一直往西南到安渡、南薇、南沙海槽、曾母盆地，均为海相环境，海水从 NE 向 SW 变深，同属一个海盆——古南海，中特提斯的一部分。

第三节　南沙海区中生界构造特征

从中生界的空间展布特征来看，中生界厚度等值线所呈现出来的优势走向既概略反映了中生代构造格局，也反映了后期新生代构造的改造作用。在曾母盆地，根据多条地震剖面的对比分析可得，中生界的褶皱作用明显，其褶皱轴走向从西往东，由 NW、NWW 向变为近 EW 向。从 N14 地震剖面东南段可以看出（图4.6），中生界的褶皱作用至少发生过两次，一次是在新生代之前，另一次是在新生代期间。在万纳（万安滩-纳土纳）断裂带以东两者似乎表现出非协调性，但在万纳断裂带以西，中生界与新生界进行了相互同步的褶皱变形。在褶皱形式上，曾母盆地中生界为复式褶皱，褶皱变形程度似乎比东面的南薇-安渡和礼乐-北巴拉望两地区都要强烈。在南薇-安渡区，中生界多为舒缓褶皱。根据地震剖面间的对比可得，褶皱轴向大致为 NE 向，褶皱的翼部多被新生代 NE 向的相向倾滑的控堑断裂切割从而断陷成为新生代继承性盆地的基底，使中生界厚度等值线表现出 NE 向的优势方向。沿褶皱轴向多有 NW 向或近 NS 向走滑断裂的断错。中生界厚度较大的地段多出现在宽缓的向斜翼部。背斜顶部剥蚀明显。在南薇西、南薇东、安渡等盆地内中生界的分布较为稳定，厚度一般为1~1.5km，表现为拗陷沉积形式。在礼乐-北巴拉望地区，中生界的褶皱变形似乎比西部曾母盆地及南薇-安渡区都要弱，仅在近巴拉望海槽地带出现小幅度的褶皱，但在新生代表现出较强烈的倾向 N 或 NW 的倾滑掀斜断陷作用。

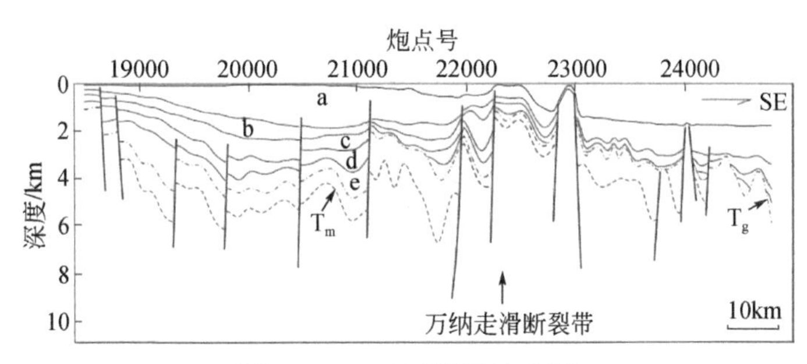

图4.6　N14地震剖面解释图

T_g、T_m 分别为中生界的顶底反射界面。a. N_2-Q；b. N_1^3；c. N_1^{1+2}；d. E_2^3-E_3；e. K_2-E_2^2。剖面位置见图4.4

第四节　南沙海区中生界形成背景分析

南沙海相中生界的发育不是一个孤立的事件，而是更大区域意义上的特提斯构造域的反映。近年来，随着石油地质勘探研究的快速发展，对特提斯域的油气勘探活动在不断向纵深发展，勘探范围从新特提斯域扩展到古特提斯域（叶和飞等，2000），特提斯域几乎成了油气资源的标志。长期以来，对东特提斯在南海地区延展状况的研究因南沙群岛岛礁区中生代地层的分布情况不清而一直处于“瓶颈”状态。

结合南沙围区中生代海相地层的发育规律不难判断，南沙中生界发育于中特提斯的构造环境之中，是东特提斯多岛弧盆体系（multi arc basin system）的一部分，而且从卡拉棉群岛的布桑加岛在晚三叠世—晚侏罗世这一较长时间跨度内均发育放射虫化石现象来看，这里很可能紧邻中生代洋区，即古南海-中特提斯的一部分（图4.7、图4.8）。

南沙中特提斯是在古特提斯期沉积之上发育起来的。后者在石炭纪或略早的时候就已经沿亚洲大陆东南边缘出现了海盆。可以用来说明这一点的是，在中巴拉望可见到变质长石砂岩的沉积基底，其上不整合地覆盖有片岩。在民都洛西南部上新世Punso砾岩中发现石炭纪角质珊瑚（*Gshelia* sp.）。更值得注意的是，在马兰帕亚（Malampaya）海峡群的变质岩中见到了该地区最老的原地化石。该群的中下部由Bacuit组（其燧石中发现二叠纪中期的牙形石）和Minilog组（完全由灰岩组成，含中二叠世纺锤虫属）组成（Hashimoto，1984）。如果考虑Bacuit组顶层伴有滑坍和层次破碎现象的混乱建造特征以及Bacuit燧石下面层组所产的三叶虫，可以推断，在二叠纪中期的灰岩沉积之前，曾有一个腹地隆起的时期，该隆起基底顶面由高含硬绿泥石的千枚岩或片岩组成。结合西沙前寒武纪高变质的花岗片麻岩，可进一步推断：民都洛-卡拉棉-北巴拉望-礼乐-郑和-南薇一带的前中生代结晶基底应与西沙-中沙-东沙等地的结晶基底相近，都可视为琼南地块的范畴，类似于前人所称的南海地台。

南沙前新生代海相地层是研究东南亚特提斯的关键部位，东北可通东沙隆起-台西南盆地-东海盆地的中生界，西南可连沙巴、沙捞越及马来半岛等地。在东沙地区，陆坡坡脚KD17号拖网站测得的辉长岩Sm-Nd年龄为134Ma（早白垩世），基底具有反映褶皱冲

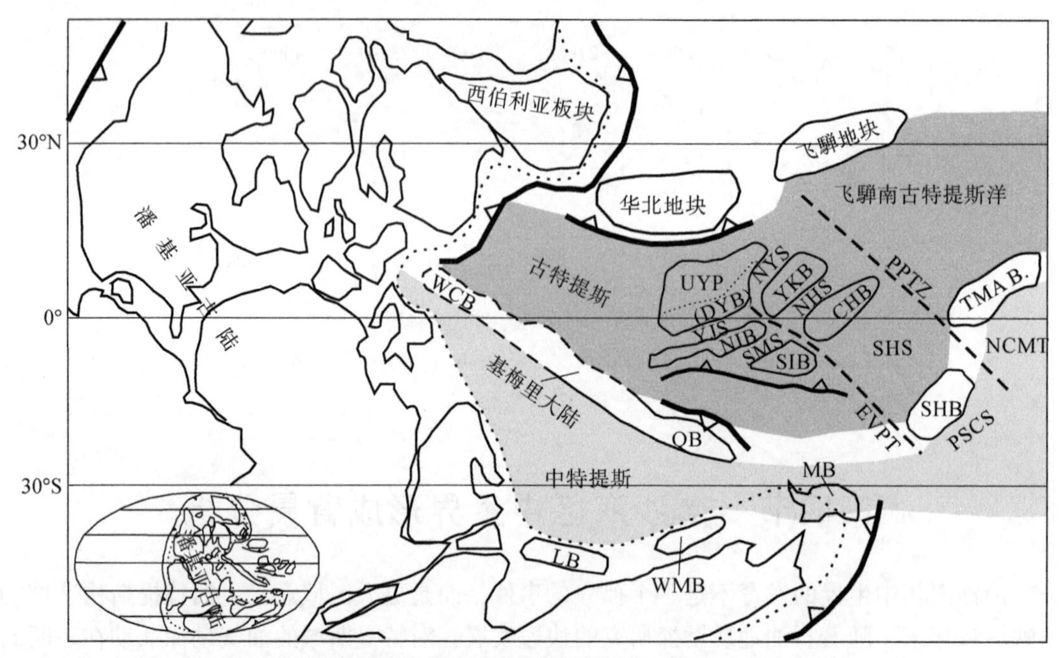

图 4.7　南海前新生代基底与特提斯的关系（据 Liu *et al.*，2011）

依次发育在扬子地块、云开地块、琼中地块和琼南地块之间的云开北海盆、琼北海盆和琼南海盆均为古特提斯多岛-洋（即多-沟-弧-盆）系统东延的重要组成部分。古南中国海属于中特提斯的东延段。CHB. 琼中地块；DYB. 大瑶山地块；EVPT. 越东古转换断层；LB. 拉萨地块；MB. 马来亚地块；NCMT. 北秩父（Chichibu）中特提斯洋；NHS. 琼北古特提斯次海盆；NIB. 北印支（Indochina）地块；NYS. 北云开古特提斯次海盆；PPTZ. 菲律宾（Philippine）古转换带；PSCS. 古南中国中特提斯海盆；QB. 羌塘地块；SHB. 琼南地块；SHS. 琼南古特提斯主洋盆；SMS. 马江（Song Ma）古特提斯次海盆；SIB. 南印支（Indochina）地块；TMA. Tamba-Mino-Ashio 地体群；UYP. 上扬子（Upper Yangtze）板块；WCB. 西基梅里地块；YJS. 右江古特提斯次海盆；YKB. 云开地块

断的反射结构，为早白垩世岩浆-褶皱基底。东沙隆起的最新地震资料及重新处理的资料显示，东沙隆起薄薄的古近系和新近系之下分布有巨厚的沉积层，其层速度高达 4200～5400m/s（苏乃容等，1995），远大于已知的新生界的层速度（2700～3400m/s），它们可能为三叠系地层（葛建党，2000），中生代东沙地区与北部的珠一拗陷、南部的珠二拗陷和潮汕拗陷以及台西南盆地互相贯通，成为广泛的特提斯海相沉积区，但究竟将其归属于中特提斯还是古特提斯残留海盆在中生代的继续沉积，后文将进一步讨论。在潮汕拗陷中，中生界与上覆新生界之间呈明显的角度不整合关系，其地震震相显示为大倾角、已变形的平行反射结构。在台湾陆上北港地区的 PK-2 井长石砂岩中发现的早侏罗世菊石 Hongkongites 等化石和早白垩世阿普第期（Aptian）的菊石 Philloceratid 科（Huang and Chen，1987），可与香港、西藏对比。粤中的小坪组（T_3）、金鸡组（J_1）、福建的大坑组与文宾山组（T_3）、台湾的玉里组（T_2）均是该时期海相沉积。南沙以南和以西地区，也广见中特提斯期沉积建造的残留。Aitchison（1994）在沙巴 Ayer 中新世泥岩基质混杂岩的燧石岩块中发现了早白垩世的放射虫动物群化石。在沙捞越西部 Lubok Antu 混杂堆积燧石块中发现了与大洋有关的晚侏罗世晚期、早白垩世早期的放射虫（Jasin，1996；Schluter *et*

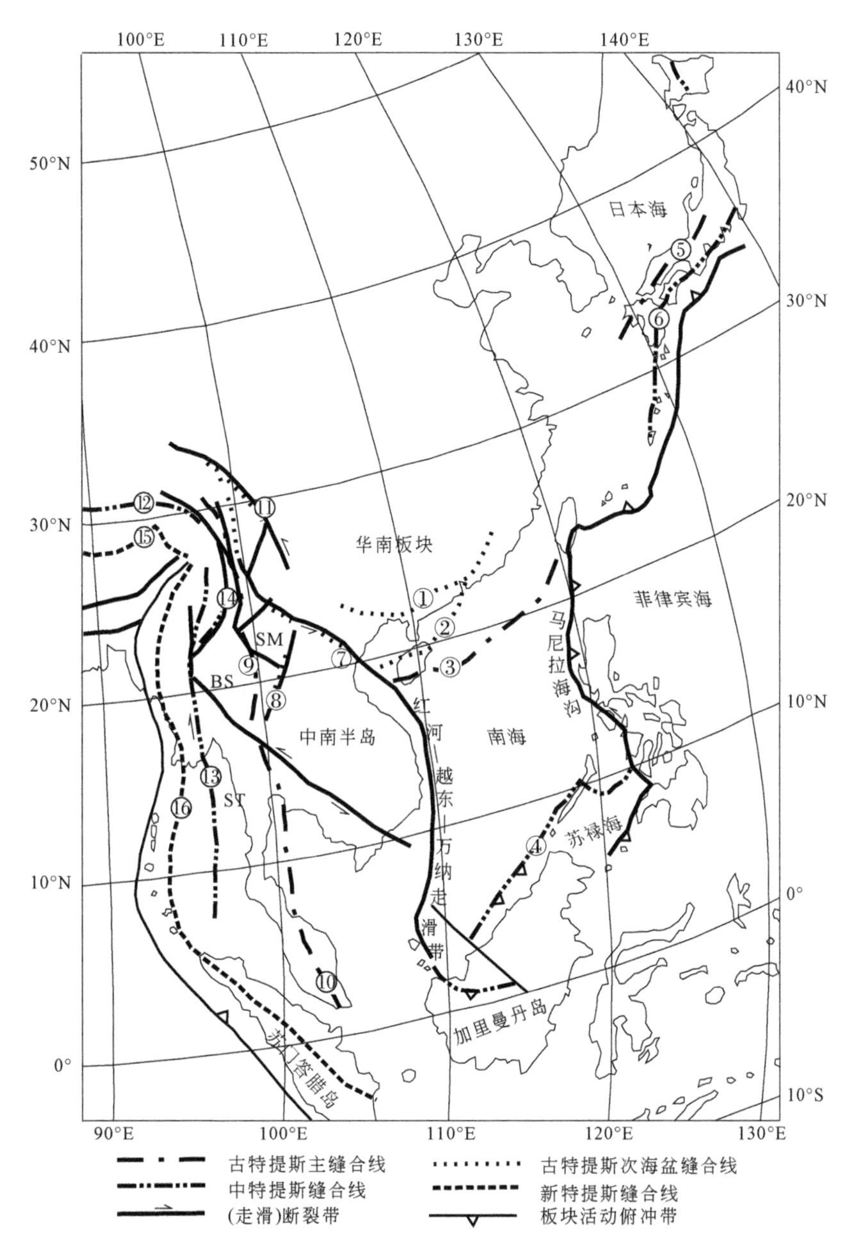

图 4.8　南海及邻区特提斯遗迹分布图（据刘海龄等，2006，略有修改）

部分资料据 Ichikawa（1990）、Metcalfe（1996）和钟大赉等（1998）。

缝合带：①云开北；②琼北；③琼南；④卢帕尔-八仙-库约；⑤飞驒（Hida）；⑥巴措佐（Butsozo）构造线；⑦金沙江-墨江-马江；⑧难河-乌达腊迪（Nan-Uttaradit）；⑨碧土-昌宁-孟连；⑩劳勿-文冬（Raub-Bentong）；⑪甘孜-理塘；⑫斑公河-怒江；⑬密支那（Myitkyina）；⑭潞西；⑮雅鲁藏布江；⑯那加-沃伊拉（Naiga-Woyla）。地块：BS. 保山；SM. 思茅；ST. 掸泰

al.，1996）。此大洋究竟是中特提斯主洋的反映，还是西太平洋的反映，还没有一致的意见。笔者根据上述南沙地块中生界的发育特征及周围的区域地质情况，认为此大洋可能是中特提斯的延续，且与西太平洋有明显的连通（图 4.8）。当时的特提斯-印度洋板块与东

面古西太平洋的伊佐奈岐（Izanagi）-太平洋板块之间应是以南北向的转换断层相接，两者均大体向北推移，伊佐奈岐板块即在此过程中消亡。该转换断层可能就是现今马尼拉-内格罗斯海沟的前身，它长期活动、深切岩石圈，是岩石圈的薄弱地带，在距今40Ma前随着西菲律宾海板块的北移和旋转、南海-苏禄海的形成，受到向W—NWW的挤压走滑作用而转变为东倾的被动俯冲带（刘海龄等，2002a）。它的东盘向北的推移作用不仅使三郡带与琼南-寿丰缝合带发生了左行错位，还使西南日本外带侏罗纪—早白垩世地体群中所反映的中特提斯［如中特提斯的分支北秩父洋（Northern chichibu ocean)］缝合带(图4.8中的⑥)与南沙-北巴拉望地块南缘象征中特提斯（古南海）残迹的八仙-库约俯冲-碰撞缝合带（图4.8中的④）之间也发生左行错位。

从南沙往西，在泰国湾盆地东部多处钻遇T、T_3、J/K海相地层。种种现象表明研究区内中特提斯存在的可能性，其形成大致始于晚二叠世。古南海作为中特提斯在南海地区的表现，于此时期随着琼南地块（包括三亚、西沙、中沙、南沙等次级地块）（刘海龄等，2003，2004a，2004b，2004c）向北漂离冈瓦纳大陆而打开，其大部分洋壳随现代南海的海底扩张而消减，向南俯冲最终消亡于加里曼丹-南巴拉望岛北缘之下，仅仅残存一南沙海槽。南沙地块上的海相中生界则是残留在中特提斯北部减薄的陆缘地壳上的中特提斯期海相沉积地层。

综上所述，南沙海区广泛发育中生界，其地层岩相以海相为主，空间分布上的总趋势是从郑和-礼乐隆起南缘向南增厚，古水深变大，时间上至少从三叠纪开始出现深海相沉积，经历侏罗纪深-浅海相，一直发育到早白垩世的浅海相。南沙海区中生界的形成主要受中特提斯（古南海）的控制，是特提斯东延段的重要组成部分。前新生代残留海相盆地常有很好的油气资源潜力（刘光鼎等，1999)，南沙海相中生界与油气资源应有较好的联系，值得深入考察研究。

第五章　礼乐盆地中-新生代沉积特征及演化

礼乐盆地位于南沙群岛东北边缘的礼乐滩附近，范围在115°08′E～118°30′E、9°00′N～12°20′N［图5.1（a）］，其北邻中央海盆，西北与大渊滩相邻，西南连接美济礁隆起，东以海马滩隆起为界，总体呈NE—SW向展布，面积约5.5万km^2，主体位于大陆坡上，水深变化在0～2000m。礼乐盆地海底地形起伏变化大，盆地内分布有众多的珊瑚礁、滩及海山、海丘、槽谷、断陷台地。

礼乐盆地虽是南海南部海域开展油气勘查活动较早的地区之一，但与周缘陆架区相比，由于海底地形地貌复杂、工作难度大、勘探程度低，一直未取得油气的重大突破。礼乐盆地是南海发育中、新生界的一个叠合盆地，具有独特的地质构造特征。目前针对盆地基础地质和油气地质的研究成果较少，仅在研究南海海盆、南沙地块及巴拉望地块的构造演化、南海中生界的文献中或多或少涉及礼乐盆地的地层及构造特征与演化，主要研究者包括Taylor和Hayes（1980，1983）、Holloway（1982）、Kudrass等（1986）、Zhou等（1995）、Hutchison（2004）。对礼乐盆地的地层和沉积特征（Taylor and Hayes，1980，1983；周效中等，1991；Schluter *et al.*，1996；张莉等，2003；夏戡原等，2004；Yan and Liu，2004）、构造特征（姚伯初，1995，1998b；夏戡原，1996；金庆焕和李唐根，2000；姚永坚等，2002；刘海龄等，2002a，2002b；Hutchison，2004；吴世敏等，2004；姚伯初等，2004；高红芳等，2005；周蒂等，2005；孙龙涛等，2008）等方面已有了初步的认识。但对盆地中、新生界识别和标定，以及不整合面定年等方面存有争议，仍未系统开展过沉积充填历史和控制因素的研究，主力烃源岩时代尚不清楚，这些问题都涉及盆地油气资源潜力和勘探远景的评价。

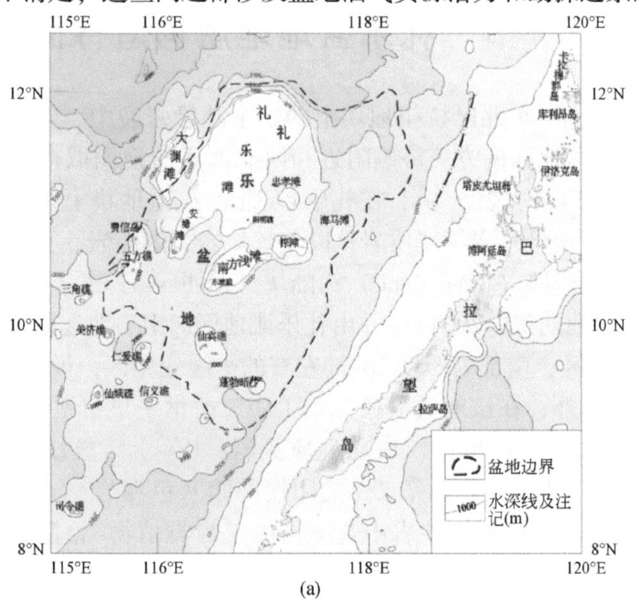

(a)

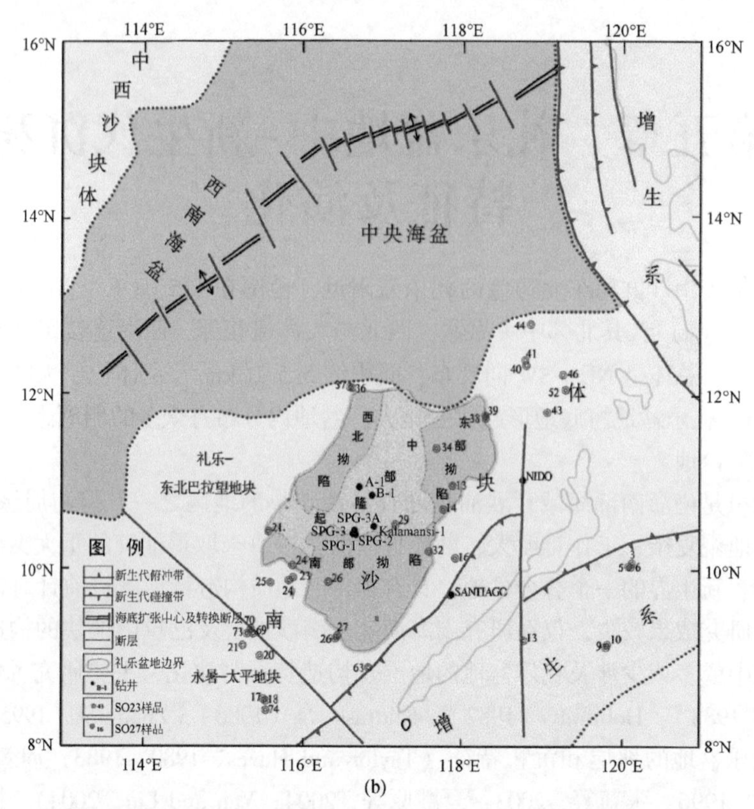

图 5.1　礼乐盆地地理位置和大地构造背景图（海底扩张中心位置据 Briais *et al.*，1993）

本章基于二维多道地震剖面精细解释［图 5.1（b）］，结合区域地质及钻井、拖网采样资料，从时空上分析礼乐盆地新生代沉积特征及演化历史，为今后的油气勘探和评价提供依据。

第一节　礼乐盆地地质构造特征

礼乐盆地是位于礼乐-东北巴拉望地块上的一个陆缘张裂中、新生代叠合盆地。据德国“Sonne”船在礼乐盆地西南方美济礁附近和西北海区的拖网取样结果和盆地钻井资料揭示［图5.1（b）、表4.1、表5.1］，在礼乐-东北巴拉望地块上采集到中三叠世—早白垩世片麻岩、石榴子石云母片岩等变质岩，以及辉长岩、闪长岩、英安岩、流纹岩和硅质页岩，这些岩石证实礼乐滩（Reed Bank）为陆块（Kudrass *et al.*，1986）。礼乐盆地地壳厚度为 14 ~ 24km（姚伯初等，2004），并由礼乐滩地区向南、北逐渐递减，其北部为厚度小于 14km 的中央海盆区，南部为厚度 20km 左右的平缓变化区，说明礼乐-东北巴拉望地块主体为减薄陆壳。另外，在该地块上还沉积了中三叠世—早白垩世的滨浅海-半深海相地层。中三叠统为半深海相灰黑色纹层状硅质页岩；中-上三叠统为浅海相含海燕蛤属（*Halobia*）和鱼鳞蛤属（*Daonella*）等双壳类印模的暗灰色泥岩；上三叠统—下侏罗统为三角洲-浅海相砂泥岩，三角洲相砂岩中含丰富的羊齿类植物-格脉蕨属（*Clathropteris*）、苏铁杉属（*Podozamites*）等碎片（Kudrass *et al.*，1986）；上侏罗统—下白垩统为三角洲-

滨浅海相含煤碎屑岩或半深海相页岩。该套地层也广泛分布于粤东、闽南地区，故有学者认为在中生代时礼乐-东北巴拉望地块处于华南大陆边缘（Taylor and Hayes，1980；姚伯初，1995；夏戡原等，2004），与闽、粤、台基底类似，由中生代沉积岩和变质岩并混合有酸性到基性的喷出岩和侵入岩组成。这种推测的正确性和中生代礼乐-东北巴拉望地块大地构造上的归属性均值得进一步探讨。

表5.1　礼乐盆地前新生代钻井或拖网采样数据表（据 Kudrass *et al.*，1986）

钻孔或采样站号	取样深度/m	岩性	年龄/Ma	时代	备注
A-1	2155	浅海碎屑岩		K_1	礼乐滩
Sampaguita-1	3353	浅海碎屑岩		K_1	礼乐滩
SO23-36	2373	角砾岩、变质沉积岩、玄武岩	146	J_3	礼乐滩西北
SO23-37	3227～3043	泥灰岩、玄武岩、石榴子石云母片岩	113	K_1	礼乐滩西北
SO23-23	1900～1700	砂和粉砂岩、页岩、蚀变橄榄辉长岩和火山岩	341～258	T_3-J_1	礼乐滩西南
SO27-21	2040～1877	副片麻岩、石英千枚岩	124～113	K_1	礼乐滩西南
SO27-24	2100	蚀变闪长岩、硅质页岩、流纹质凝灰岩		T_2	礼乐滩西南

礼乐盆地由南部坳陷、东部坳陷、西北坳陷和中部隆起4个二级构造单元组成（图5.2）。盆地内断层十分发育但岩浆活动较弱。断层主要有NE—NNE、NW、近SN和近EW向4组，

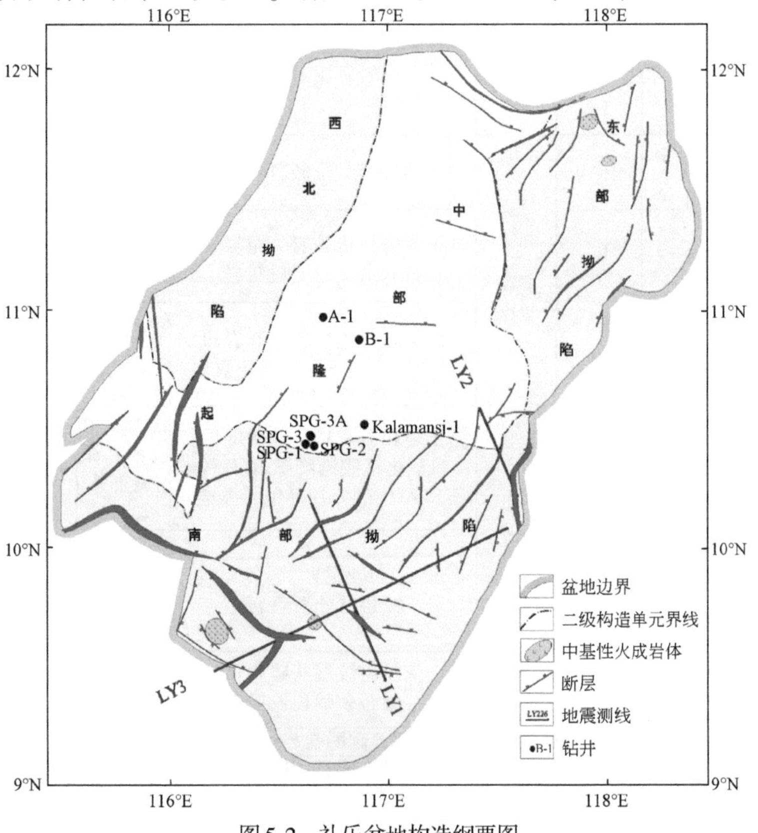

图5.2　礼乐盆地构造纲要图

其规模大小不一，多数具有生长断层的性质。岩浆岩零星分布，主要沿断层上升盘产出，以中基性岩为主，属新生代晚期的产物，多数岩体刺穿海底并形成海山或海丘，但规模较小。

礼乐盆地具有复杂和特殊的地质条件，中-新生代的构造演化经历了前新生代的古南海北部被动陆缘期、古新世—早渐新世裂谷期、晚渐新世—早中新世漂移沉降期（断拗期）、中中新世—第四纪区域沉降期 4 个阶段（图 5.3），不同构造演化阶段控制盆地中-

地层年代			地震反射层	岩性描述	沉积环境	构造演化阶段
地层名称		代号				
第四系		Q	T_{20}	砂、泥相和台地碳酸盐岩、生物礁	三角洲-滨浅海-半深海	区域沉降
上新统		N_2	T_{30}			
中新统	上	N_1^3	T_{32}			
	中	N_1^2	T_{40}			
	下	N_1^1	T_{60}	碎屑岩、台地及隆起上的碳酸盐岩和生物礁	边缘海：三角洲-滨浅海-半深海	漂移沉降
渐新统	上	E_3^2	T_{70}			
	下	E_3^1		砂岩、泥岩互层		裂谷
始新统	上	E_2^3	T_{80}			
	中-下	E_2^{1-2}		含钙页岩、粉砂岩、砂岩	浅海-半深海	
古新统		E_1	T_{gc}	含砾砂岩、粉砂岩、泥岩、含化石致密白垩质灰岩	三角洲至滨浅海	
下白垩统		K_1^1	T_{m1}	砂页岩、集块岩、砾岩和砂岩，含薄煤层；黑色页岩	内浅海；深海	古南海北部被动陆缘
上侏罗统		J_3	T_{m2}	黏土岩和凝灰岩、变质沉积岩和氧化锰胶结细砾岩(角闪石K-Ar年龄为146Ma)、灰岩	浅海；内浅海；深海(布桑加岛)	
下(-中?)侏罗统		$J_{1(-2?)}$	T_{m3}	砂泥岩；纹层状硅质页岩	滨浅海-三角洲	
上三叠统		T_3	T_g			
(下?-)中三叠统		$T_{(1?-)2}$	T_m	灰黑色纹层状硅质页岩、燧石条带和放射虫岩	半深海-深海	
二叠系	上	P_2		碳酸盐岩		
	下	P_1		灰岩、燧石、硅质碎屑岩、长石杂砂岩		
石炭系		C		片岩和千枚岩(Dumaran岛)		

图 5.3　南海东南海域地层综合柱状简图

新生代沉积展布和地层发育特征。

第二节　地震层序界面特征及地质属性

地震层序划分结果的正确与否，直接影响到油气资源的评价。为了尽可能合理、可靠地划分层序界面，主要遵循以下原则：

（1）以地震剖面上特殊的反射波终止形式，即顶超（toplap）、削截（truncation）、上超（onlap）及部分下超（downlap）为划分层序的主要依据。

（2）在地震剖面上尽可能详细地识别各种不整合关系及其限定的层序。

（3）以骨干测网的水平叠加剖面为主，充分利用附近的偏移剖面和精细处理剖面，多方位研究波组特征，以求将不同测线的典型现象尽可能综合统一到骨干剖面上。

（4）利用特征突出、可大范围追踪对比的地震波组，控制并提高纵向上地震层序划分和横向上对比的可靠性。

（5）利用可获得的钻井和拖网资料确定各地震层序的地质属性。

结合钻井和拖网资料，在礼乐盆地地震剖面中共解释 T_m、T_g、T_{m3}、T_{m2}、T_{m1}、T_{gc}、T_{70}、T_{60}、T_{40}、T_{32}、T_{30}、T_{20} 12 个地震层序界面（图 5.4 ~ 图 5.6）。盆地内主要地震层序界面的不整合特征差异较大，且破裂不整合前后与南海北部既有相似性又有差异性（表 5.2），礼乐盆地不整合面明显受构造作用与海平面升降的控制（图 5.3）。

T_m（?）界面为大套倾斜、平行反射体的下界面，尤以南部坳陷最为典型（图 5.4 ~ 图 5.6），一般界面不清楚。礼乐滩上 Sampaguita-1 井、A-1 井和拖网资料（表 5.1）已证实礼乐盆地发育中生代地层，T_m 可能为中生界底面，地震剖面显示盆内隆起之下中生界较厚。

T_{gc}为新生界底面，对应燕山运动末期的礼乐运动，在南海北部为神狐运动（姚伯初，1998a；姚伯初等，2004）。地震剖面上表现为中-低频、中-强振幅、中连续-断续的反射；在隆起或高部位，同相轴粗糙，界面下部绕射强烈（图 5.4 ~ 图 5.6），具风化剥蚀面反射特征，为张裂不整合面（rifting unconformity）。

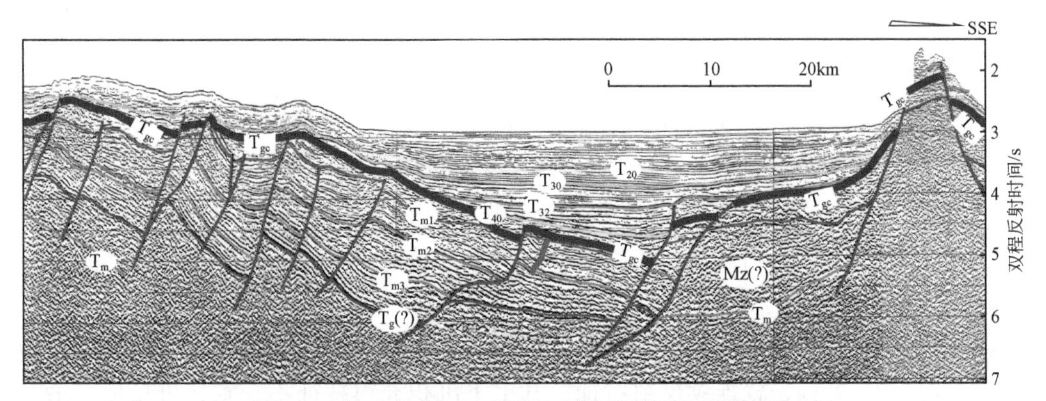

图 5.4　礼乐盆地 LY1 测线地震层序界面解释剖面图

测线位置见图 5.2。T_{gc}为新生界底面

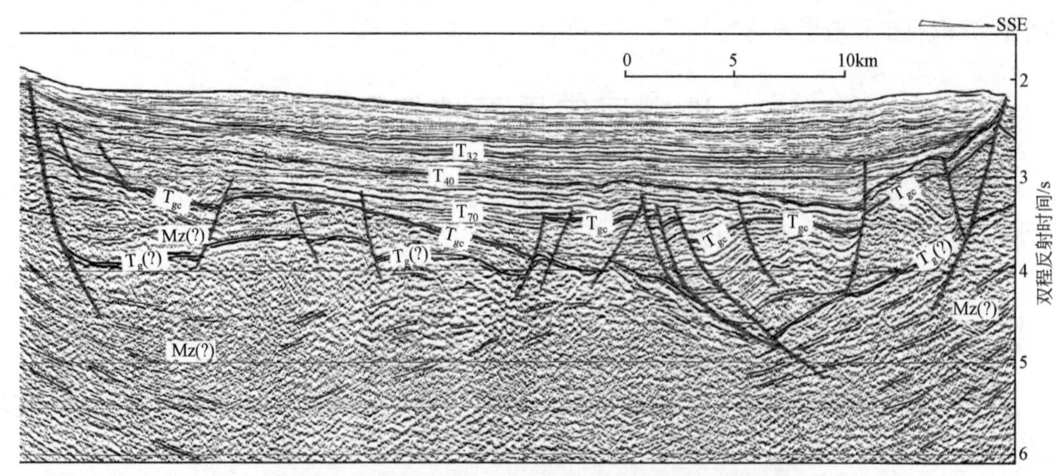

图 5.5　礼乐盆地 LY2 测线地震层序界面解释剖面图

测线位置见图 5.2。T_{gc}为新生界底面

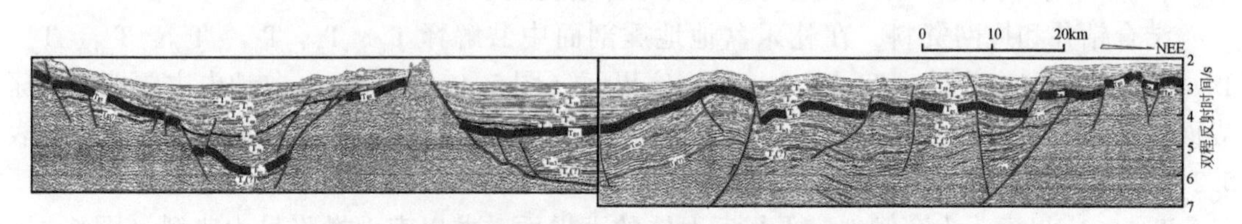

图 5.6　礼乐盆地 LY3 测线地震层序界面解释剖面图

测线位置见图 5.2。T_{gc}为新生界底面

表 5.2　礼乐盆地与南海北部（珠江口盆地）不整合面特征与构造事件对比

盆地名称	破裂前				破裂后				
	应力场	盆地结构	物源方向	沉积环境	盆地结构	物源方向	南海扩张界面特征（30Ma）	南海扩张脊跃迁界面特征（23Ma）	南海扩张结束界面特征（16Ma）
南海北部	NW—SE向伸展	裂谷	华南陆缘为主，物源丰富	陆相-海陆过渡相-海相	断拗-拗陷	华南陆缘为主，物源丰富	T_{70}不整合特征明显	T_{60}不整合特征明显	T_{40}不整合特征不明显
礼乐盆地				以海相为主	断拗-拗陷	巴拉望岛为主，物源缺乏	T_{70}不整合特征较明显	T_{60}不整合特征不明显	T_{40}不整合特征明显

在 T_{gc} 至 T_m 之间的中生界内部发育 T_{m3}、T_{m2}、T_{m1} 3 个地震反射界面，其中 T_{m3} 在地震剖面上表现为中-低频、较连续反射特征，其上下沉积充填特征不一致，可见地层沿其下切的特点（图 5.4、图 5.6 中段），主要分布在断陷内，是一区域不整合面。

T_{70}为早渐新世和晚渐新世分界面，对应于南海运动，为南海中央海盆 30Ma 海底扩张开始（孙龙涛等，2008）。地震剖面上多表现为低频、较连续的双相位强反射特征，其产状大体与T_{60}界面平行，界面之下见削截现象，之上呈上超充填的特征（图5.4～图5.6），是裂谷期沉积结束之后分布范围较广的分离不整合面（break-up unconformity）（姚伯初等，2004）。

T_{60}为古近纪和新近纪分界面，与23.8Ma南海海底扩张脊跃迁构造事件有关。在南海北部表现为沉积环境和物源突变面（邵磊等，2007，2008），对应白云运动（庞雄等，2007），不整合面特征清楚。在礼乐盆地，地震剖面上呈中-低连续、强-弱反射，在拗陷区上下反射层多呈假整合-整合接触，不整合面特征不明显。

T_{40}为早中新世和中中新世分界面，在整个南海南部及东南亚地区不整合特征突出，在国外称为绿色不整合（green unconformity）或中中新世不整合（MMU）（Hutchison，2004），该界面记录了16.4～15.5Ma南海海底扩张运动的终止，在南海南部对应南沙运动，与婆罗洲地区沙巴造山运动相当（Hall *et al.*，2008）。在地震剖面上不整合面特征明显，界面表现为强烈削蚀、扭曲，是变形前后两大套地层的分界面；上覆反射层未变形或轻微变形，具明显的上超充填现象，下伏反射层已发生不同程度褶皱变形，顶部地层常遭受剥蚀（图5.4～图5.6），多数断层截至T_{40}界面。该界面在南海北部不整合特征不明显。

T_{32}为中中新世和晚中新世分界面，在区域上对应菲律宾-太平洋板块向NWW俯冲以及台湾弧陆碰撞的结束，在南海表现为沉积速率最快和海平面快速上升，在南海北部对应东沙运动，且不整合面特征清楚。在礼乐盆地，T_{32}界面上下反射层未变形或轻微变形，往往表现为上超尖灭，偶有削截，局部不整合面特征较明显。

T_{30}、T_{20}分别为晚中新世和上新世、上新世和第四纪分界面，主要受海平面变化的控制，其中T_{30}界面为晚中新世时全球最大海平面下降事件。在地震剖面上，T_{30}、T_{20}两界面反射波连续性较好、能量较强，界面较平直、稳定，断层破坏微弱。

第三节　中-新生代地层特征

礼乐盆地已有钻井10多口，其中Sampaguita-1井钻探深度最大、揭露地层最完整，钻深为4125m（Taylor and Hayes，1980，1983），揭露到674m厚的下白垩统，但未见底（图5.7）。根据地震地层、国外钻井及拖网资料所揭示的化石带、岩性和沉积环境等综合分析，礼乐盆地主要沉积了一套以三角洲相-滨海、浅海相-半深海相碎屑岩和碳酸盐岩沉积序列为特征的中、新生代地层。礼乐盆地中生界包括上侏罗统—下白垩统、上三叠统—下侏罗统和中三叠统三套地层，礼乐滩东南部下白垩统和侏罗系残留厚度最大超过5000m（Taylor and Hayes，1980）。

礼乐盆地新生界发育齐全，由下至上跨越了上古新统、下-中始新统、上始新统—下渐新统、上渐新统—下中新统、中中新统—第四系（图5.3）。新生代地层特征如下：

上古新统海相碎屑岩沉积。在Sampaguita-1井剖面上不整合覆盖于下白垩统之上，下部为约30m厚的陆架致密白垩质灰岩，上部为280m厚的三角洲相碎屑岩，由含砾砂岩、粉砂岩和泥岩组成，碎屑成分为石英岩、凝灰岩、放射虫泥岩和燧石，属三角洲-滨海相（图5.7）。“Sonne号”调查船在盆地西南侧仙娥礁西南斜坡上采到灰绿色粉砂岩和细砂

系	统		厚度/m	年龄/Ma	岩性剖面	岩性简述	沉积环境
第四系						白色-浅黄色碳酸盐岩	内浅海
新近系	上新统						
	中新统	上					
		中					
		下					
古近系	渐新统	上	2164	28			
		下	476			砂泥岩互层	边缘海
	始新统	上	2640	38.4			
		中				灰绿色-棕色钙质页岩	深海
		下	502 3142	49			
	古新统		309 3451	65		含砾砂岩、泥岩，底部见陆架灰岩，见气显示	三角洲-滨海
白垩系			674 4125			粉砂岩，页岩夹煤、砂岩、集块岩	边缘海

图 5.7　Sampaguita-1 井地层综合柱状图（据 Taylor and Hayes，1983，略有修改）

岩，其中含大量晚古新世浮游有孔虫和颗石藻，底栖有孔虫组合（Midway 动物群）表明为外浅海沉积环境。在隆起或构造高部位可能缺失该套地层，如礼乐滩 A-1 井下-中始新统地层不整合于下伏白垩系之上（夏戡原等，2004）。Sampaguita-1 井古新统砂岩段已产出天然气，且该段砂岩分选好、埋深适中，可成为礼乐盆地主要的储集层。

下-中始新统海相碎屑岩沉积。在 Sampaguita-1 井剖面上阳明组假整合于下伏古新统之上，岩性为半深海环境沉积的灰绿色-褐色含钙页岩，含微量海绿石和黄铁矿，偶见粉砂岩、砂岩，钻厚约502m。礼乐盆地古新统—中始新统以海相碎屑岩沉积为主，自下而上岩性由粗变细，其泥、页岩因富含有机质可成为盆地最好的源岩。

上始新统—下渐新统海相碎屑岩。在Sampaguita-1井剖面上忠孝组不整合于下伏地层之上，由灰绿色至红色的泥岩、砂质泥岩及松散砂岩组成，动植物群化石稀少，为滨、浅海相沉积环境，钻遇厚度为476m。Sampaguita-1井在上始新统—下渐新统砂岩中产出天然气，是盆地主要的储集层。但动植物群匮乏，致使该套地层缺乏有机质而不能成为良好的烃源岩。

上渐新统—下中新统海相地层。拖网取样资料表明，在礼乐盆地南部仙宾礁西北斜坡处为浅灰绿色粉砂岩，其中含丰富硅质海绵骨针和少量放射虫、浮游有孔虫等超微化石，经鉴定属NP24带，沉积环境为半深海相。在礼乐滩周围的礁滩、暗沙斜坡上拖网显示为含大量有孔虫等浅水动物群组合的碳酸盐岩。Sampaguita-1井也有相同揭示，为白色-浅黄色灰岩，厚度约200m。

中中新统到现在发育的海相地层。在礼乐滩周围的礁滩、暗沙斜坡上“Sonne号”调查船拖网采集到浅水碳酸盐岩，其中部分发现N3—N5带的有孔虫化石，属早中新世早期沉积（Kudrass *et al.*，1986），上中新统半深海相泥岩直接覆盖在碳酸盐岩之上，采集到上新统—第四系浅棕色、灰绿色黏土，表明晚中新世以来盆地凹陷地区以较深水碎屑岩沉积为主。Sampaguita-1井上渐新统—第四系未分，不整合于下伏地层上的内浅海-亚滨海潮滩相白色-浅黄色碳酸盐岩，自上而下由灰岩、白云岩化灰岩过渡到底部的白云岩，白云岩呈砂糖状，孔隙度很大，当钻井通过时曾遇到漏失现象，钻遇厚度约2164m。

第四节　新生代沉积相平面展布及演化特征

礼乐盆地新生代沉积特征以晚渐新世（30Ma）为界限，其前后古地理格局、沉积相分布特征和沉积演化过程明显不同，这一沉积环境变化与南海构造演化密切相关（Yao *et al.*，2012）。

一、古新世—早渐新世沉积演化特征

钻井和拖网资料、区域构造演化、沉积厚度分布特征表明，晚渐新世（30Ma）以前，礼乐盆地可能与华南大陆南缘的东沙以东的陆坡区连为一体，一直到台湾一带，构成一规模较大的南海北部古近纪的陆缘沉降带，形成北陆南海的古地理格局，海侵由南向北扩展，呈现多物源区，主体物源来自盆地西北部华南大陆且物源较丰富，形成古新统—下渐新统一套以海相陆缘碎屑岩为主的地层，反映了一个完整的海进—海退沉积旋回，属于裂谷期发育阶段，沉积、沉降中心主要位于盆地南部拗陷和西北拗陷，为烃源岩及砂岩储层发育的有利时期。

（一）古新世—中始新世

西北巴拉望陆架和礼乐滩的钻井资料（Sales *et al.*，1997）证实，晚白垩世—古新世

早期，礼乐盆地和西北巴拉望整体出露水面处于剥蚀状态。晚古新世，受到区域伸张作用影响，礼乐盆地开始下沉并接受沉积，沉积充填明显受断层的控制（图 5.6）。整体上，礼乐盆地由北往南、从西向东接受一套海陆过渡三角洲-滨海、浅海相的以碎屑岩为主的沉积，底部局部沉积白垩质灰岩（图 5.3）。

早-中始新世，Sampaguita-1 井和拖网资料显示该时期的沉积物主要为含钙页岩，反映盆地沉积水体明显加深，为稳定的浅海-半深海相沉积，沉积范围扩大。沉积相分布图（图 5.8）也反映出这一特点，三角洲体系明显向北萎缩，由西北往东南，含砂量 Ps 值逐渐变小（图 5.9），岩性变细，依次发育滨浅海偏砂相、浅海砂泥相及浅海-半深海偏泥相沉积。

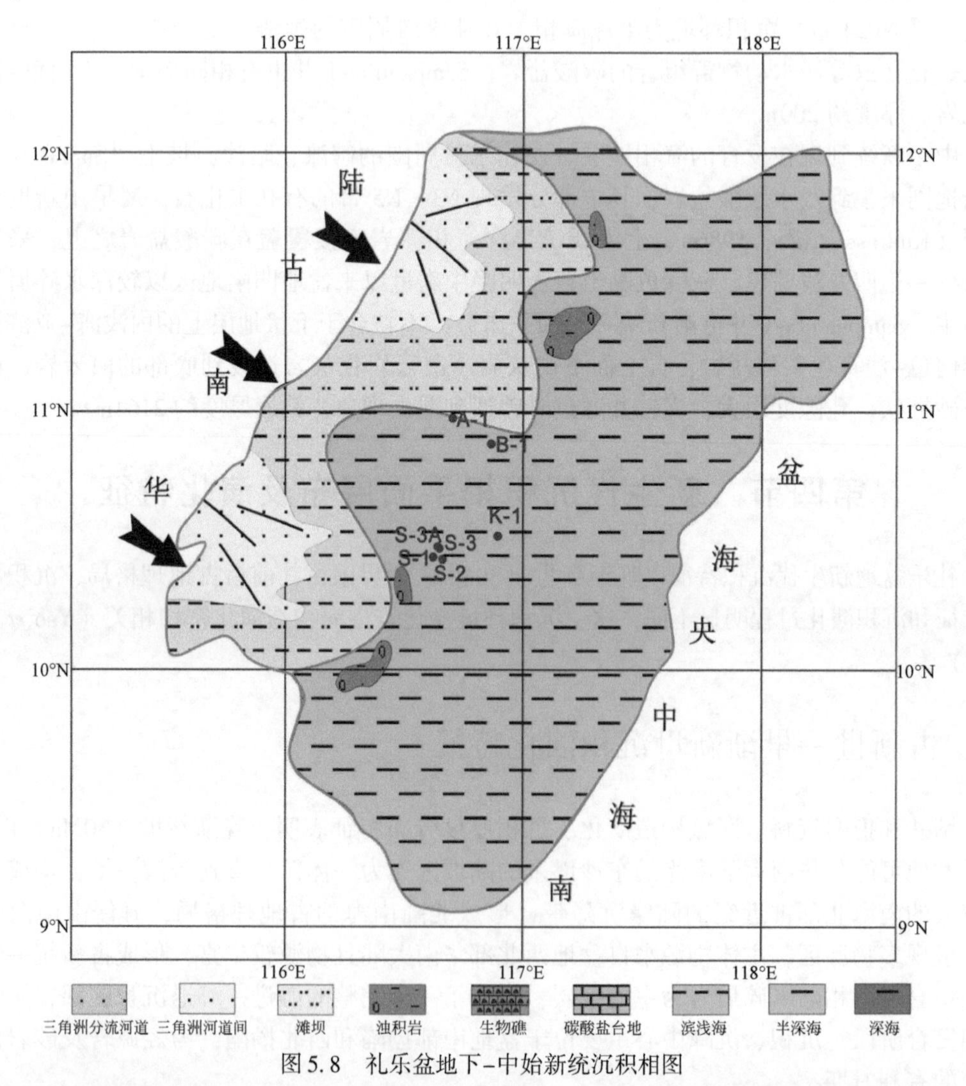

图 5.8　礼乐盆地下-中始新统沉积相图

古新统—中始新统地层厚度变化基本上反映了盆地新生界基底的特征及盆地裂谷期发育阶段的一套海侵旋回沉积，主要为三角洲-滨海-浅海-半深海相沉积，具有南厚北薄、

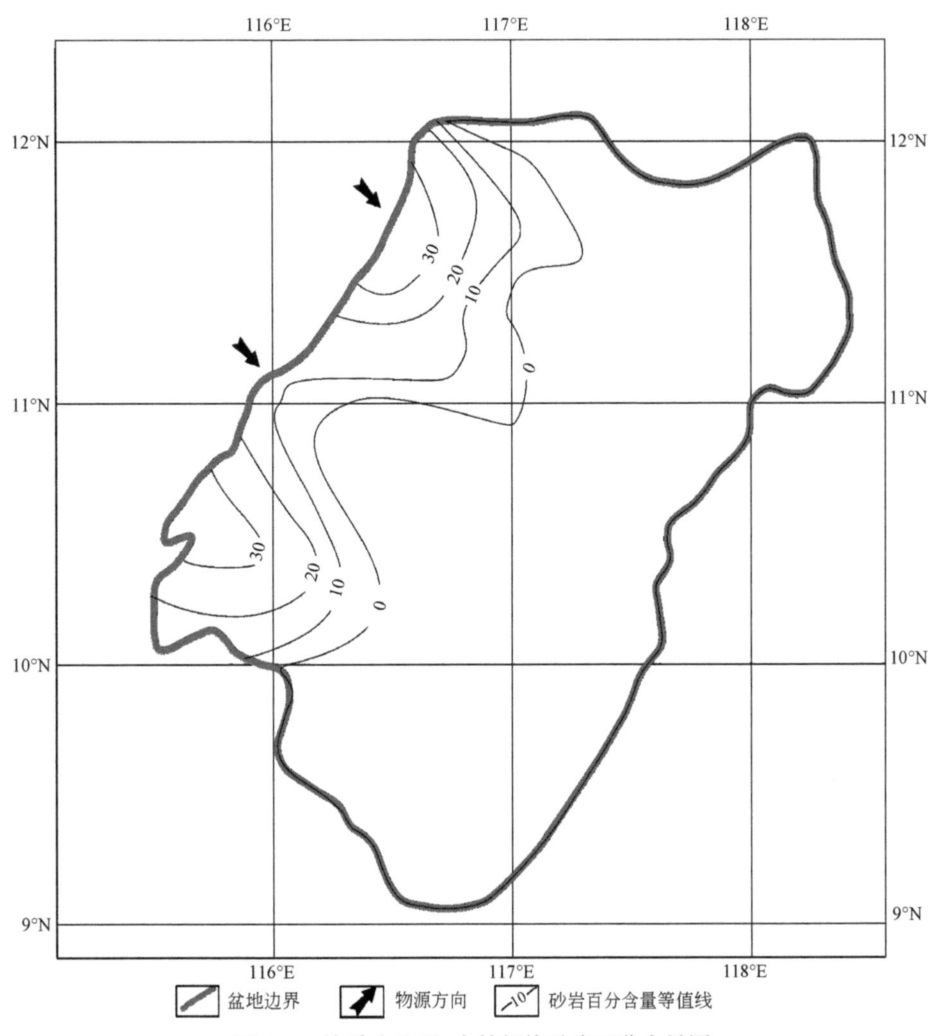

图5.9　礼乐盆地下-中始新统砂岩百分含量图

西厚东薄的特点，沉积中心位于南部坳陷北部和西北坳陷，为烃源岩发育最有利的时期。中始新世末，西卫运动致使礼乐盆地抬升并遭受剥蚀（图5.6、图5.7），海平面下降。

（二）晚始新世—早渐新世

晚始新世—早渐新世，礼乐盆地位于南海北部稳定的被动大陆边缘，钻井钻遇该套地层为海退型沉积。

晚始新世，海水较浅但海侵范围扩大，盆地沉积充填至早渐新世达到高峰，凹陷逐渐连成一体，主要物源依然来自西北部的华南大陆，盆地由西北往东南接受一套滨海泛滥平原和三角洲相、浅海-半深海相大陆边缘碎屑沉积（图5.10、图5.11），但沉积仍受断层控制，属于裂谷期，沉积中心向南迁移，主体位于南部坳陷，砂岩是盆地重要的储层。

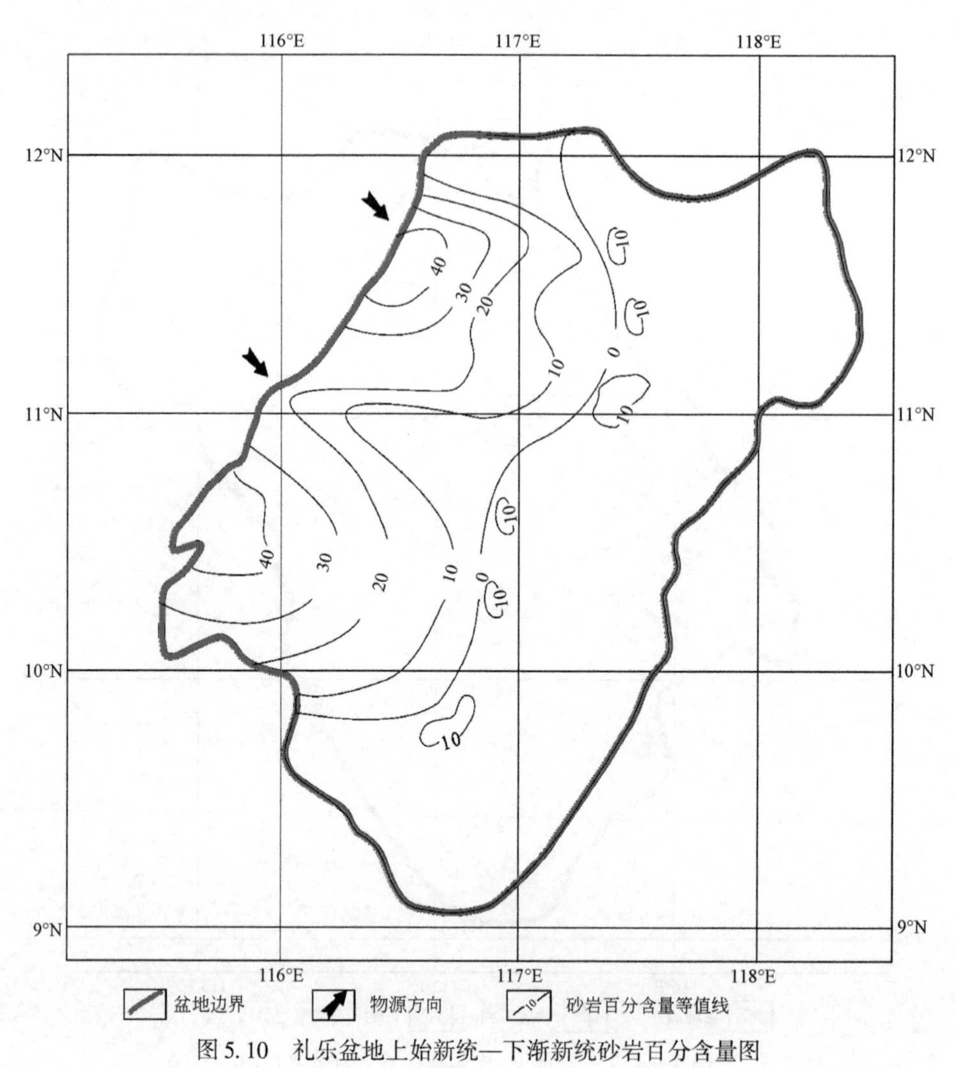

图 5.10　礼乐盆地上始新统—下渐新统砂岩百分含量图

二、晚渐新世—第四纪沉积演化特征

晚渐新世（30Ma）之后，随着南海中央海盆扩张的开始，南海运动致使礼乐盆地抬升和海平面下降（图 5.4 ~ 图 5.6）。礼乐-东北巴拉望地块从华南陆缘裂离向南漂移，礼乐盆地进入断拗和拗陷发育阶段，断层活动明显减弱。早中新世，随着南海中央海盆扩张结束，礼乐盆地定位于现今的南沙群岛东北部。在这个过程中，礼乐盆地沉积环境发生了明显的变化，呈现南高北低、南浅北深的古地理格局，沉积物源主要来自盆地东南部的巴拉望地区。由于物源较为匮乏，盆地总体处于欠补偿的沉积状态，发育一套滨、浅海-半深海、深海相碎屑岩和碳酸盐岩混合沉积，沉积厚度分布稳定，是盆地碳酸盐岩和生物礁储层形成时期。

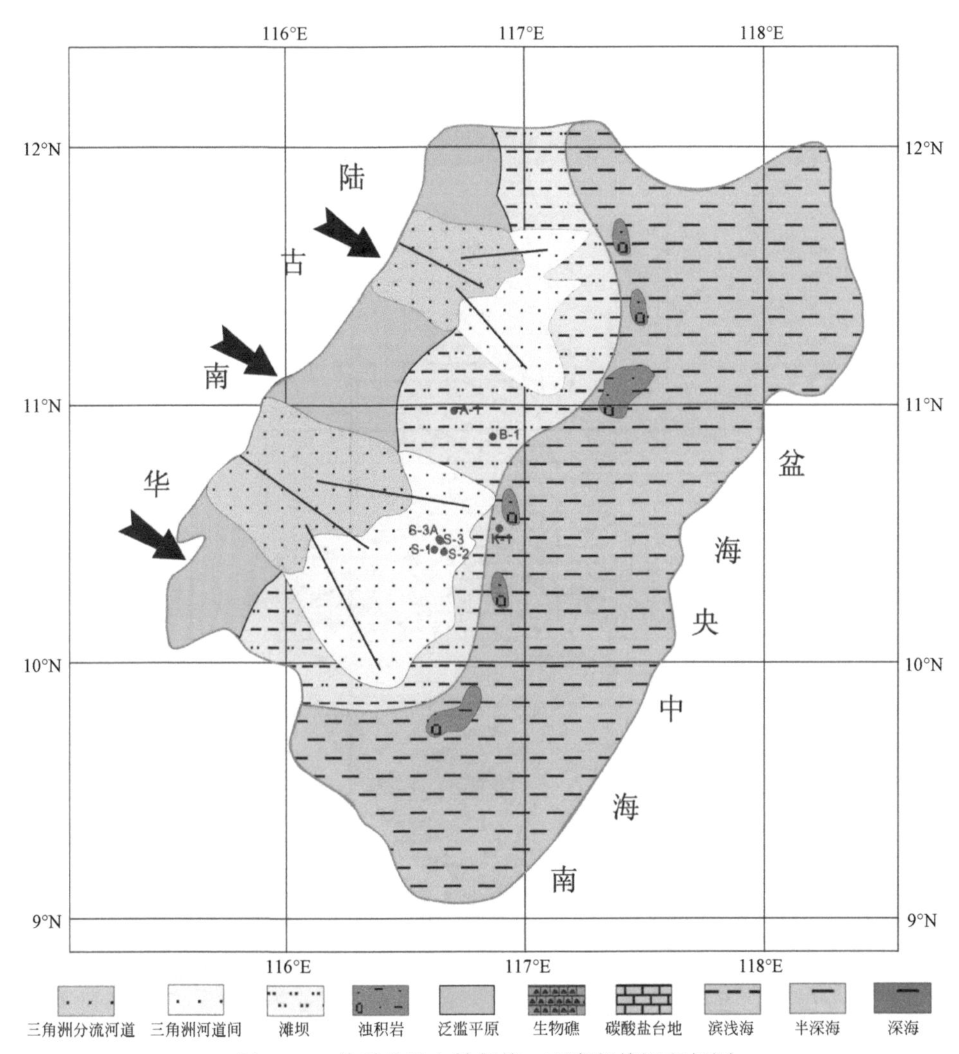

图 5.11　礼乐盆地上始新统—下渐新统沉积相图

（一）晚渐新世—早中新世

晚渐新世—早中新世，礼乐盆地以滨、浅海相碳酸盐岩和碎屑岩沉积序列为主，在盆地中部隆起、构造部位地区广泛发育碳酸盐岩和生物礁体，在拗陷中主要为浅海-半深海碎屑岩系（图 5.12）。由于物源方向的改变，盆地三角洲的方向及形态均发生明显的变化，形成与前期反向的三角洲体系，即三角洲体系位于东南部和东北部。半深海的位置由东北至东南方向转换为正北与西南方向。盆地沉积、沉降中心位于南部拗陷，为碳酸盐岩储层发育的时期。

（二）中-晚中新世

早中新世末（16.4Ma），礼乐盆地结束漂移，由于受到南沙运动的作用，其之前的地层遭受强烈挤压褶皱变形和抬升剥蚀（图 5.4）。之后，海平面快速上升，到晚中新世达

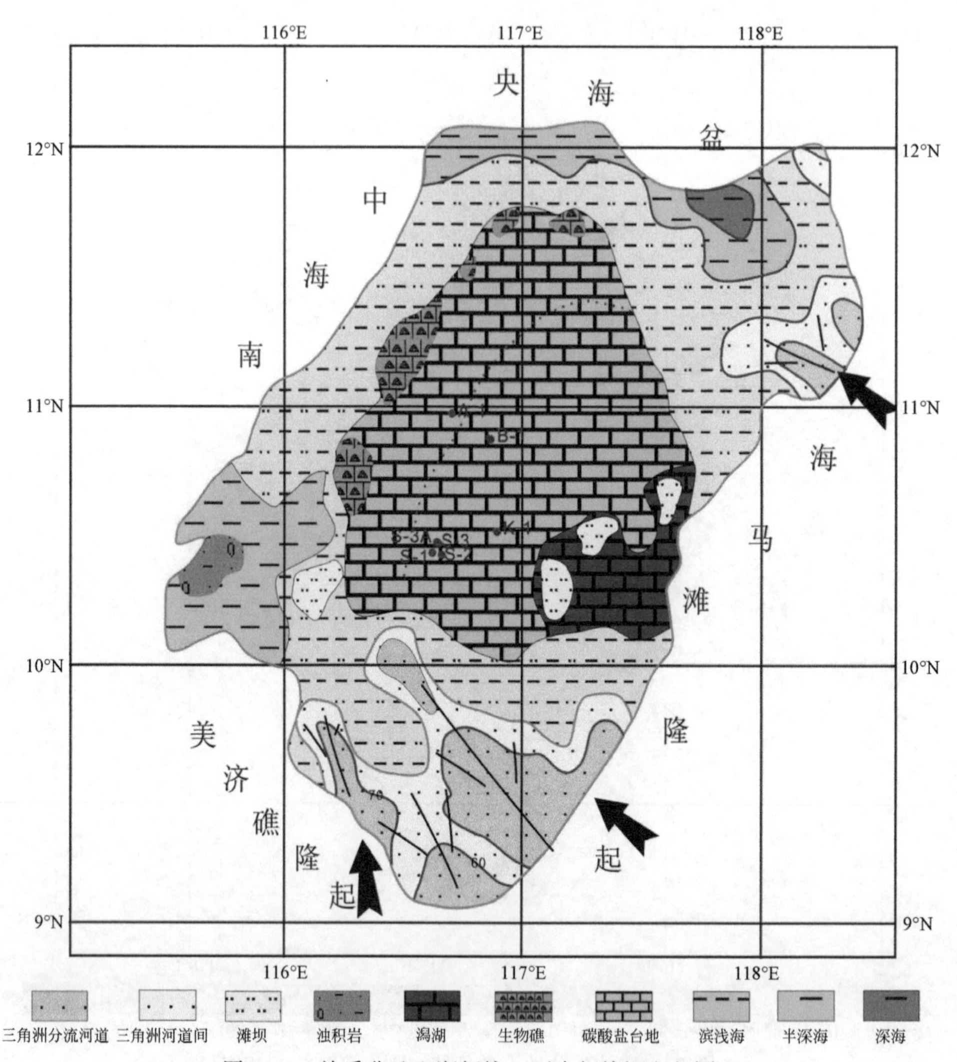

图 5.12 礼乐盆地上渐新统—下中新统沉积相图

到最大，盆地整体进入区域沉降阶段，具有明显的填平补齐现象。

中-晚中新世，礼乐盆地继承早中新世沉积格局，沉积、沉降中心没有发生明显迁移，但海水变深，其北和西北部半深海和深海沉积环境扩大，而隆起上碳酸盐岩和生物礁分布范围缩小，盆地主要发育一套浅海-半深海、深海砂泥相和台地碳酸盐岩、生物礁相地层，只在东南角发育三角洲分流河道和三角洲河道间（图 5.13）。

（三）上新世—第四纪

上新世以来，礼乐盆地沉积格局基本与晚中新世一样，其沉积作用主要受海平面控制。主要接受一套滨浅海-半深海相沉积（图 5.14），隆起仍以碳酸盐岩和生物礁沉积为主，凹陷则为碎屑岩沉积。

综上所述，礼乐盆地是南海发育较完整的一个中、新生代叠合盆地，具有复杂的新生

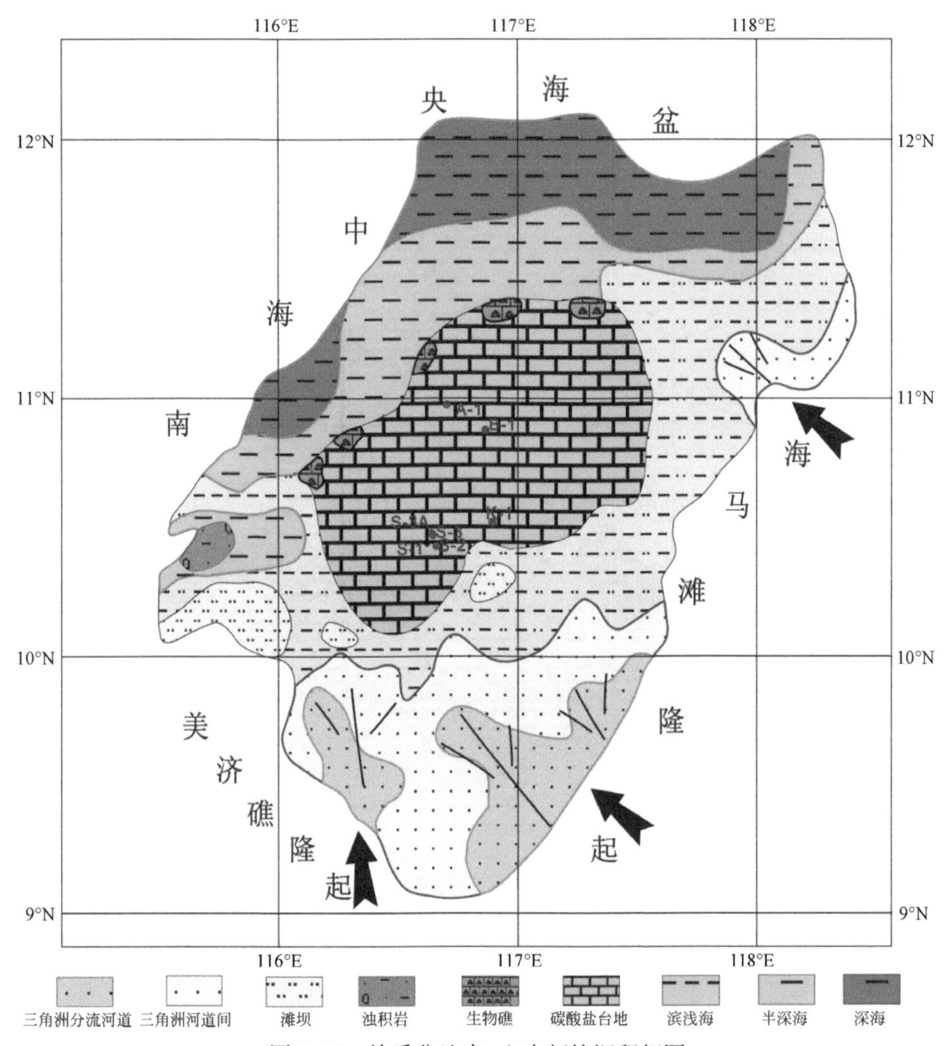

图 5.13　礼乐盆地中-上中新统沉积相图

代沉积和变形地质历史。通过对地震波特征追踪识别，结合钻井和拖网资料及区域地质的综合分析，在二维地震剖面上解释出的 12 个地震层序界面均是南海区域构造事件以及海平面变化的具体表现，其中 T_{70}、T_{40}界面分别对应于南海海底扩张开始和结束，时代为晚渐新世和早中新世末。礼乐盆地主要发育一套以海相碎屑岩和碳酸盐岩沉积序列为特征的新生代地层，其沉积演化历史记录了南海海底扩张过程的各种沉积响应，而南海海底扩张演化、海平面和物源的变化控制了礼乐盆地新生代的沉积充填作用。30Ma 前，盆地位于华南大陆边缘，呈现北陆南海、北高南低的古地理格局，物源丰富，接受一套古新统—下渐新统以海相碎屑岩为主的沉积，反映一个完整海进—海退沉积旋回，属于裂谷阶段产物；地层具有南厚北薄、西厚东薄的特点，沉积和沉降中心位于南部坳陷和西北坳陷，有向南部迁移的趋势，为烃源岩发育最有利的时期。30Ma 后，随着古南海消亡和新南海的海底扩张，礼乐-东北巴拉望地块裂离华南大陆向南漂移，于早中新世末（16.4Ma）与南巴拉望地块碰撞，礼乐盆地定位于现今南海东南部，其古地理格局发生明显的变化，呈现北深南浅、北低南高的特征，由于远离物源，盆地处于欠补偿的沉积状态，经历多次海进—海退沉积旋回，晚渐新世—第四纪发育一套滨浅海-半深海、深海相碎屑岩和碳酸盐岩系混合沉积，也是盆地碳酸盐岩储层主要形成时期，属于断拗和拗陷阶段的产物；地层具有南厚北薄的特征，沉积和沉降中心具有继承性，主要位于南部拗陷。

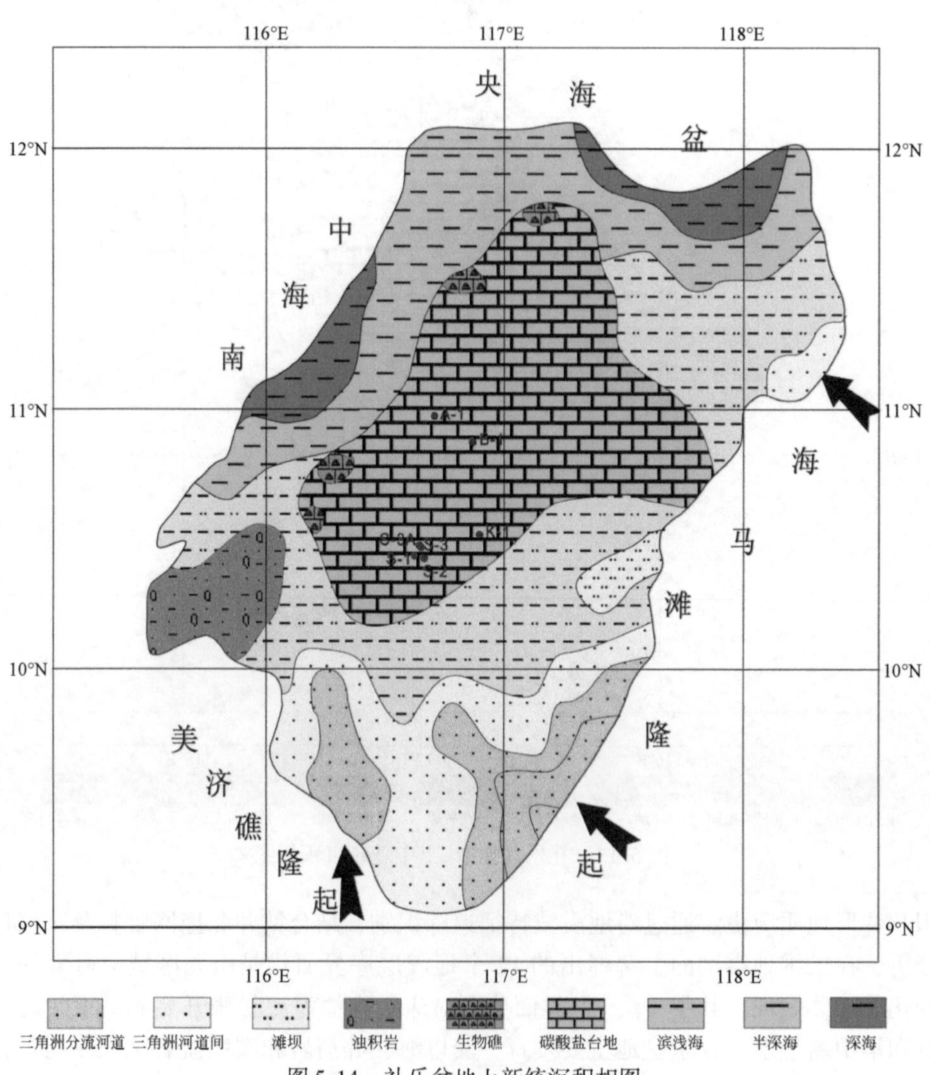

图 5.14　礼乐盆地上新统沉积相图

第六章　礼乐地区新构造特征

礼乐地区位于欧亚、太平洋、印澳三大板块的结合处，新构造运动之前的基底较复杂。对该区基底的研究，前人已做了大量工作。受技术和研究手段的限制，对礼乐地区大部分基底的研究仍处于以推测为主的状态。然而，前新生代基底的形成过程，不仅反映了三大板块的相互作用和演化，而且还制约着礼乐地区新构造运动的时限及其演化。自1945年新构造运动提出以来，这一概念在研究时空范围上已有很大发展。在时间上，原意是把新近纪末期以来的大地构造运动称为新构造运动，而现在它几乎包括整个新生代的地壳构造运动；在空间上，它已从大陆延伸到海洋。本书根据中国科学院南海海洋研究所在礼乐地区所做的地球物理研究，并结合前人的研究成果（Taylor and Hayes，1983；金翔龙等，1989；姚伯初等，1994b；刘光勋，1995；Thomas and Wong，1999；丁国瑜，2004），对该区地壳升降运动、断裂活动、火山活动及地震活动等新构造运动特征及其形成机制进行初步探讨。

第一节　新构造运动起始之前地层和岩石特征

一、北部地区

北部地区包括西沙群岛、中沙群岛和北部陆缘等，以南海海盆为过渡带而与南沙群岛分开（图6.1）。西永1井于井深1251m处钻遇前寒武纪花岗片麻岩和黑云母二长片麻岩，其同位素测年为627Ma，后期贯入岩脉的同位素测年为77Ma；基底表层见28m厚的风化壳（金庆焕，1989）；中新统—第四系沉积呈不整合接触直接覆盖其上。据钻井和物探资料，南海南、北陆缘均发育晚三叠世以后的盖层沉积。北部陆缘的前新生代基底为中生代沉积地层、岩浆岩，以及海西期、加里东期变质岩。岩浆岩分布面积较广，岩浆活动比较强烈，中-新生代沉积中的层状火山物质比较丰富，而南部陆缘已识别的岩浆岩分布面积比较局限，岩浆活动比较贫乏，沉积物中的火山物质较少。北部陆缘的磁力异常分带明显，总体异常值较高，而南部陆缘的磁异常值基本上为低值负异常。这种现象可能是南部陆缘为汇聚边缘，地壳总体在压应力作用下缺乏岩浆活动通道所致（Hayes *et al.*，1995）。南海的南北陆缘均发育三套构造层，下构造层和上构造层的沉积均为滨浅海相沉积，但中构造层差异很大，北部陆缘为陆相沉积，而南部陆缘为海相沉积（刘光鼎，1992）。因此，下构造层由北往南，沉积相带由陆相河湖沉积到滨-浅海相至半深海和深海相洋壳沉积。说明在晚始新世以前，现今的南海海盆尚未形成，南北陆缘是连在一起的，同属华南-印支大陆的一部分，在始新世时，北部陆缘处于陆内裂谷环境，而南沙地区处于华南-印支陆缘，与当时的加里曼丹之间为古南海所隔。

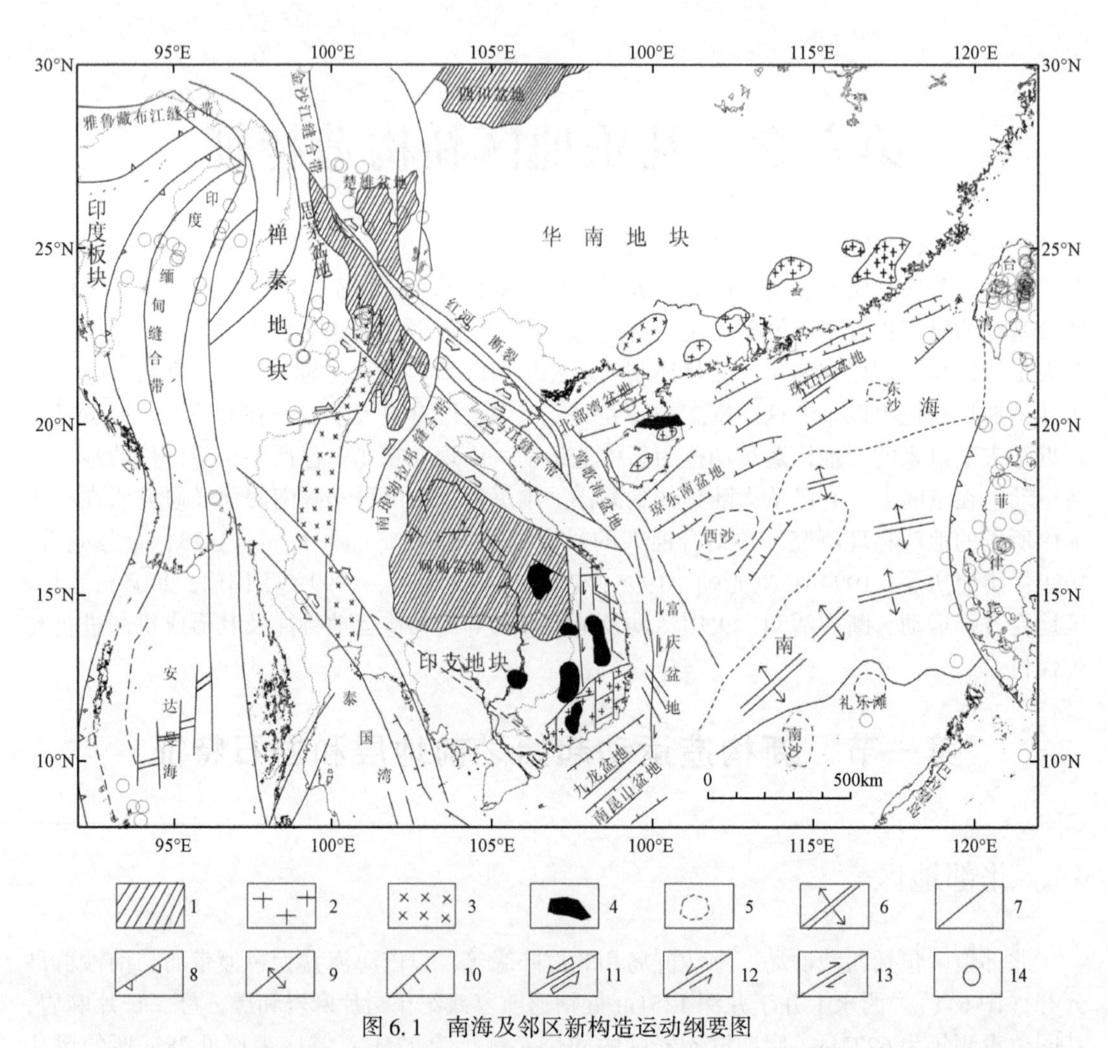

图 6.1　南海及邻区新构造运动纲要图

1. 中生代盆地；2. 白垩纪花岗岩；3. 早古生代—三叠纪花岗岩带；4. 晚中新世—第四纪玄武岩；5. 群岛或水下高地；6. 扩张脊；7. 主缝合带；8. 古近纪和新近纪推覆或俯冲带；9. 褶皱；10. 正断层；11. 始新世—早渐新世走滑运动；12. 晚渐新世—中新世走滑运动；13. 上新世—第四纪走滑运动；14. 大于 6 级地震震中分布。底图采用 GMT 制作，其他构造形迹据郭令智等（2001）

二、东部地区

东部地区是指包括北巴拉望在内的西南菲律宾，零星出露有上古生界—中生界变质岩系，为石炭系—二叠系，下部为角闪片岩、片麻岩及由细碧岩和基性火山岩经变质形成的绿片岩，上部为云母片岩、片麻岩、板岩、砂岩和大理岩，与上覆层呈不整合接触。卡拉棉及北巴拉望、民都洛中三叠统—上侏罗统为碎屑岩组成的复理石夹硅质岩及凝灰岩，上部有含锰沉积，厚度为 6500 ~ 10 000m（Lee and Lawer，1995）。下白垩统缺失，上白垩统下部为硬砂岩、页岩、长石砂岩及熔岩流，上部为细碧熔岩、硅质岩及硬砂岩，并见以橄榄岩为主的基性-超基性岩侵入体。

三、西部地区

西部地区包括纳土纳群岛、巽他陆架和越南南部。纳土纳岛见有燕山晚期—喜马拉雅早期的花岗岩和基性-超基性岩；西纳土纳盆地钻遇中生代岩浆岩和变质岩；东纳土纳含油气区钻遇的基底为白垩系变质岩、岩浆岩和古近系古新统—始新统千枚岩，为古晋带和西布带的延伸部分；昆仑盆地钻遇石英闪长岩和前古近系变质岩；湄公河盆地钻遇前新生代地层，并发育白垩纪变质的侵入岩和喷出岩（角闪岩）、石英岩、石英闪长岩及安山岩。据大叻地块出露的地层推测，基底为中生代沉积岩系及中、酸性喷发岩系，伴有以花岗岩为主的大型侵入体。

四、南部地区

西部地区包括加里曼丹西北部及其沿岸，新构造运动起始之前出露最老的为晚古生代变质岩系，三叠系与下伏地层呈不整合接触，由复理石建造和火山岩系组成。侏罗系—白垩系不整合覆盖于三叠系之上，下部为灰岩、泥岩、砂岩、砾岩、放射虫硅质岩和熔岩、凝灰岩夹蛇绿岩，厚3000m左右。在古晋带以南，分布有早白垩世晚期（116～110Ma）和晚白垩世（92.4～85Ma）的安山岩、流纹岩及云英闪长岩的火成岩，它们构成一条岩浆岩带。白垩纪末期，俯冲-碰撞褶皱隆起，并有大规模花岗岩侵入。在古晋带西北侧的伊兰山脉和卡普阿斯山脉一带，晚白垩世—始新世为拉让群蛇绿岩建造，厚度大于15km。始新世末，强烈的构造变动使其形成紧密的褶皱和浅变质，形成这一地区的变质基底（Briais *et al.*，1993）。

据Sampaguita-1井资料，下白垩统厚954m（未钻穿），为固结坚硬的砂岩、粉砂岩和页岩，夹一些薄煤层和褐煤层，岩性变化大，属滨-浅海相沉积；其中，页岩为绿灰色，含钙，坚硬易脆，间夹暗灰色致密含碳质的粉砂岩。1982年和1983年“Sonne号”调查船在礼乐滩北坡（SO23-36和SO23-37）取得中-晚侏罗世—早白垩世变质岩（石英岩、片理化角闪岩、石榴子石云母片岩等），在礼乐滩西南捷胜滩西侧（SO27-21）取得下白垩统片麻岩和千枚岩，在美济礁东侧谷壁上（SO27-24和SO23-23）取得三叠纪黑色硅质页岩和晚三叠世—早白垩世的砂岩、粉砂岩和泥岩（Hinz and Schlüter，1985）。据现有资料，巴拉望北部为晚古生代—中生代变质岩、沉积岩和酸性深成岩，最老的为晚古生代片岩、千枚岩、板岩和石英岩；上覆二叠系中部的角砾化和褶曲的砂岩夹凝灰岩、板岩和灰岩、中三叠统含牙形石燧石层，未见确切的侏罗系和白垩系，但有古近系和新近系灰岩（Paut灰岩，时代为始新世—上新世）。在巴拉望岛，乌卢根湾断裂以北由含有变质沉积岩和酸性侵入岩的强烈变形的晚古生代褶皱杂岩层组成，以南则由白垩纪—古近纪蛇绿岩建造组成。综上所述，礼乐滩和西北巴拉望的基底特征与南海北部及台湾西部的基底特征相似或相同。因此，在中生代末期（甚至延续至始新世末期），该基底可能与南海北部基底连在一起而组成统一的华南陆缘。在曾母盆地，前新生界与下构造层相当。从地震剖面上可见，下构造层与中构造层以 T_h 反射界面为界，两者呈不整合接触。T_h 反射界面在大多数地区反射波特征呈杂乱反射或无反射结构，层序难以辨认，在 N6A 剖面东段可追踪到该层，但底界不清（夏戡原，1996）。该套层序受到强烈褶皱，倾角陡；在盆地西南部，已有钻井钻遇前古近系基底，为千枚岩和变质沉积岩。由此推测，曾母盆地南部地区的基底与加里曼丹西北部及其沿岸的前新生代基底相似。

南沙海区除了在西南端的纳土纳东侧钻遇晚白垩世—始新世的千枚岩外，其余大部分地区的基底年代较老。在曾母盆地西部钻遇中生代岩浆岩，在礼乐滩钻遇早白垩世地层，在礼乐滩西南采获大量未变质的晚三叠世—早侏罗世地层。而出露于南沙东部北巴拉望岛的变质杂岩为含纺锤虫䗴科化石的二叠纪灰岩覆盖，变质杂岩的时代应为前二叠纪。在美济礁与仁爱礁之间采获的含羊齿植物化石的晚三叠世砂岩中的黑云母 K-Ar 年龄为 340 ~ 260Ma（夏戡原，1996），显示这些矿物碎屑来源于前石炭纪的结晶基岩。据地震资料显示，在南沙北缘双子群礁、道明群礁地区，可能出露这套变质岩系。因此，推测南沙海区的基底为中生代岩浆岩及年代更老的变质岩。大部分地区的前新生代沉积为稳定型沉积。

南沙海槽的地震剖面清晰可见，中中新世台地灰岩以下的地层向南插入文莱滨外陆缘区之下。磁性基底下界面埋深也显示从西北往东南倾斜。滨-浅海相古新世—始新世沉积而成的中构造层连片分布。渐新世时，南沙海槽的大部分地区曾上升为陆地并遭受剥蚀，造成不少地段的中构造层变薄甚至缺失。而后，由于加里曼丹逆时针方向旋转和逆冲推覆，在重力均衡的作用下，导致推覆带以北强烈沉降，形成南沙海槽。一般位于两个前新生代基底组成的地块的聚敛带之上，如曾母盆地、文莱-沙巴盆地。在本区则位于造山构造相带北侧，即西北加里曼丹与南沙之间，呈向南突出的弧形。陆陆碰撞后在南侧造山相带和北侧的台地之间形成前陆盆地。前陆盆地的早期沉积为 E_3-Q 上构造层的磨拉石建造，与下伏中构造层呈不整合接触。

第二节　新构造运动起始时限

礼乐地区新构造运动发生在中中新世末至晚中新世（N_1^2/ N_1^3）之间，此时深部应力场进行调整（图 6.2）(Tapponnier *et al.*, 1986；Zoback and Zoback, 1989；詹文欢，1993, 1995；詹文欢等，2007；詹美珍等，2007；张殿广等，2009)，地壳挤压隆升，遭受剥蚀，南海及邻域由原来的低山丘陵、河流湖泊地貌经剥蚀侵蚀作用，发育为较平坦的准平原地貌阶段，孕育着南海新构造运动的到来。

中中新世晚期的米里运动使东北加里曼丹的地层强烈褶皱，在早喜马拉雅俯冲增生褶皱带的外侧形成了米里俯冲增生褶皱带。上新世末至更新世初的台湾运动使米里褶皱带的新近系地层发生平缓褶皱并有花岗岩侵入，该次运动波及了整个曾母盆地，使曾母盆地的上新统及其以下地层发生轻微变形，与上覆第四纪地层呈角度不整合接触（图 6.3）。

东北加里曼丹在始新世末受早喜马拉雅运动的影响，遭受强烈挤压褶皱，并伴有逆冲断裂的出现，使古洋壳的残留物质与俯冲带复理石，以及基性、超基性火山岩等发生叠瓦状逆冲活动，时代在中中新世与上新世之间。在这期间，南菲律宾-巴拉望地块与吕宋地块碰撞，导致班乃岛和民都洛岛地层遭受强烈的挤压，形成 NNW—NW 向伴生的逆冲断

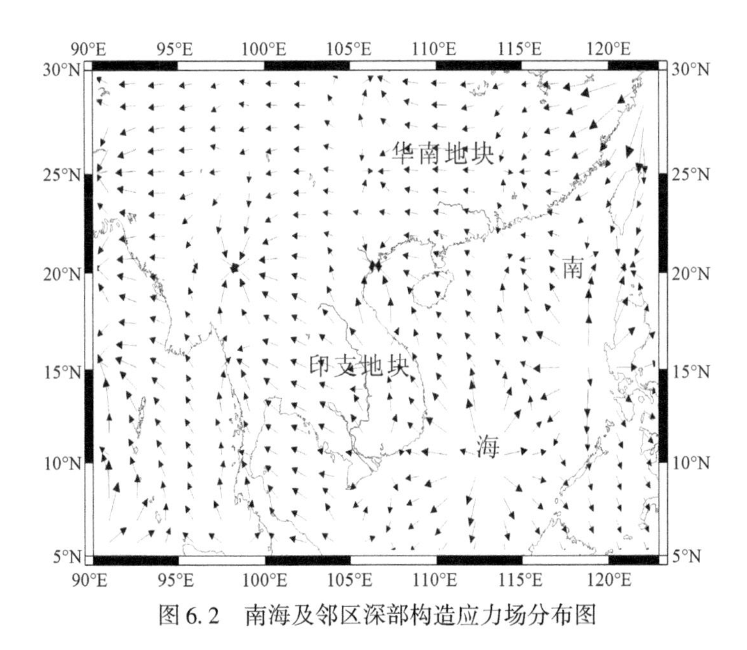

图 6.2　南海及邻区深部构造应力场分布图

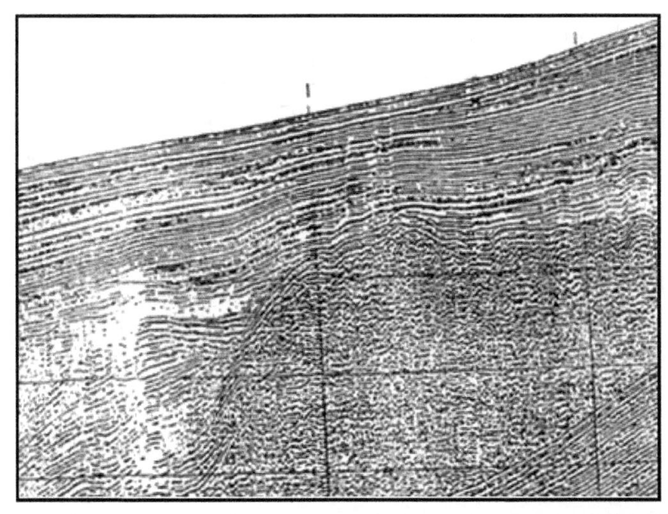

图 6.3　南海曾母盆地下构造层地震反射波反映的角度不整合接触特征

层。在班乃岛西部中生代的含蓝闪石片岩向西逆冲到早、中中新世沉积层之上，并被上覆上新世—更新世变形沉积层不整合覆盖。民都洛岛的 NW 向冲断层中，亦见白垩系—古近系逆冲到中新统之上。另外，班乃岛以南的宿务岛、内格罗斯岛、保和岛等中新世地层也形成 NNE 走向的逆冲断层，在宿务岛见到沿 NNE 向断层，白垩系逆冲到中新统之上。

根据地震反射资料分析，南沙海槽东南侧，在早中新世碳酸盐台地灰岩之上，被一套外来的中中新世以后形成的杂岩体逆掩推覆，该推覆体内部存在一系列向下可延伸至碳酸盐台地灰岩顶面的逆冲断层，均向南东倾斜，使地层呈叠瓦状叠覆，而且变形紧密，构成了多个宽度在 3 ~ 15km 的叠瓦状推覆体。

在南海北部沿海地区，发生于中中新世末至晚中新世（N_1^2/ N_1^3）之间的构造变动事件，表现为中新世末地层直接为第四系所覆盖。同时在中中新世末至晚中新世（N_1^2/ N_1^3）之间见有中-基性岩浆活动，并有玄武岩、安山岩、流纹岩和粗面岩喷出。如三水盆地、西樵山、河源盆地、雷琼盆地、广州南郊等地。在中中新世，华南沿海普遍隆起上升的同时，发生断裂和断块活动。在南海北部海域中中新世末至晚中新世（N_1^2/ N_1^3）之间的构造变动事件波及许多新生代盆地。北部湾盆地表现为中新统下洋组不整合（地震剖面为 T_2）覆盖于下渐新统涠洲组之上。莺歌海盆地、琼东南盆地和珠江口盆地地震剖面表现 T_5不整合，NEE 向断裂强烈拉张，中性及基性火山熔岩有多次喷发。台西盆地也出现区域不整合，延续时间较长，结束于中中新世晚期南海东北部邻域该期构造变动十分强烈，在台湾岛弧断褶带，发生于中中新世末至晚中新世（N_1^2/ N_1^3）之间的构造变动事件，主要见于脊梁山南部的中新世砾岩不整合于始新统毕禄山组之上，缺失始新统顶部和渐新统。该次运动伴随有岩浆活动，断裂发生强烈拉张。

南海南部和东南部中中新世末至晚中新世（N_1^2/ N_1^3）之间的构造变动事件，在时间上比北部稍早，亦十分普遍。在礼乐盆地、曾母盆地出现该时段的不整合界面。在沙巴-文莱盆地古近系穆卢组与中新统塞塔普组之间呈不整合接触，穆卢组上部地层缺失。

早中新世，曾母盆地总体拗陷，广泛海侵的同时加里曼丹岛逐渐隆升，为曾母盆地提供了丰富的物源，古拉让河在巴林基安地区入海形成了大型的向海推进的河控三角洲。在整个曾母盆地充填发育过程中，早中新世为最大海侵时期，其沉积稳定且广泛分布。

中中新世，盆地开始新的断陷，构造沉降加速，平面上自加里曼丹岛往北，依次发育滨岸平原相、三角洲相、浅海碎屑岩亚相、浅海碳酸盐岩亚相。在台地边缘，还发育浅海碎屑岩与碳酸盐岩过渡亚相。在剖面上，碎屑岩地层形成两个海退为主的旋回，在碳酸盐岩台地上表现为一个海进到海退的完整旋回。中中新世末的构造运动在南沙地区有强烈反映，表现为前期地层的总体变形并上升隆起遭受剥蚀。

从岩石圈动力学环境分析，该次构造变动事件，是由于太平洋板块在始新世中期前后由 NW 向转变为 NWW 向俯冲，40Ma 前，印澳板块与欧亚板块碰撞，极大地改变了全球地质构造演化进程，一方面洋壳在岛弧海沟的俯冲，沿着俯冲带产生次生热隆升；另一方面陆陆碰撞导致青藏高原褶皱隆升，地壳增厚和缩短，莫霍面下降和上地幔物质向东和东南方向蠕散，由于靠洋一侧有消减带的挤压阻隔，因而在陆缘产生过剩堆积，造成地幔上隆、地壳减薄，南海陆缘地幔物质产生 SN 向扩张，NEE、EW 向断裂形成，陆缘裂谷和“类洋壳”出现，大量基性岩浆喷出，裂离地块向南漂移，南海的演化进程从而进入一个崭新时期——新构造阶段。

第三节　地壳升降运动

礼乐地块属断块隆起区，分别被 NW 向巴拉巴克湾弱活动断裂和礼乐滩东北向弱活动断裂、NE 向九章弱活动断裂和南沙海槽北缘中活动断裂所围限，并形成长约 350km、宽约 250km 的矩形断块。地貌上为海底高原，分布有浅滩和暗礁。浅滩以礼乐滩为最大，面积达 $9\times10^4km^2$，其表面除发育珊瑚礁外，一般较平整。区内沟谷较发育，在 1994 年航次的浅层剖面 L1、L2 及 L5 上都有反映。空间重力异常呈 NE 向正异常带，为 25 ~ 100mGal，是南沙群岛及其邻近海区空间重力异常最高的地区；布格重力异常值为 50 ~ 125mGal；磁场表现为正值背景上的次级正负异常。该区地震反射层大体上可分三套，最顶层呈席状，内部反射层次清楚，由上而下逐渐变差，底部出现断续反射波，推测为侵蚀面的反映。地层厚度变化较大，最大达 2km。据 Sampaguita-1 井揭露，下白垩统下部为砂岩、砾岩夹火山集块岩、熔岩、凝灰岩，上部为粉砂岩、页岩夹煤层，属滨海相和内浅海相，含有早白垩世珊瑚化石（与台西南盆地早白垩世地层可对比）；古新统为陆架灰岩、砾岩、砂质页岩、砂岩和粉砂岩互层；下始新统为放射虫页岩夹粉砂岩，厚 520m；上始新统—下渐新统为砂质页岩和粉砂岩为主的滨海、浅海相，厚 480m；上渐新统—第四系为一套内浅海、亚滨海潮滩相的灰岩，厚 2160m，与下伏地层呈不整合接触。区内历史上没有强震记录，也未见第四纪火山活动，可见数条 NE 向微活动断裂分布在不同的断阶上。礼乐地区的地壳升降运动主要表现在如下几个方面。

一、断扩运动

断扩运动分布于南沙北缘海盆，表现为陆缘地壳破裂、地幔上隆、地壳减薄、地幔物质上涌形成类洋壳、陆壳块体沿张裂带两侧产生扩张移动。该深海盆是南海中央海盆的最南部位。在该南部海盆中又可细分为西南海盆及狭义的南海盆两部分，它们的分界为中南海山链一线，即中南暗沙与其西南邻的龙南海山直至双子群礁北缘的陆坡脊的连线。从双子群礁至礼乐滩一线，下陆坡是以陡坡下降至 2500m 级的深水台阶后再以稍缓的坡度降至 4000m 以深的南海南部深海平原。这一陡坡在 L2 测线上见于 28°48′；在 N15-2 测线上为 19°45′，在陆坡上通常有高出海盆底 3000m 以上的高山。

二、断块构造

断块构造分布于南沙地块内部，根据近几年笔者对礼乐滩海域进行的电火花剖面反映，礼乐滩东南缘的浅水礁纵向上呈二层结构。上层为平行反射结构，连续性较好，厚 32 ~ 56m，属稳定内浅海环境，为全新世海侵以来的海相沉积，基底面起伏不平，呈岩溶地形特征，是晚更新世低海面时出露水面遭受侵蚀剥蚀而成；下层为杂乱反射结构，厚度大于 100m，为固结礁灰岩沉积。浅水礁横向上反映出 4 个台阶面，水深分别为 30m、50m、60m 和 70m，这些台阶面均有遭受侵蚀剥蚀痕迹，说明这些礁体形成后曾出露水面，以后间歇性下沉而形成不同深度的台阶面，这些现象均表明礼东滩及其周缘断块运动十分显著。

三、断块掀斜构造

在礼乐地区西侧的拗陷区，南北两侧均为断裂所控制，新生代沉积层向东南倾斜，东南侧现在处于水深 500m 以下的沉没礁表面，可清晰见到丘峰状礁，反映东南侧沉降率大于西北侧，是断块差异运动造成的断块掀斜构造。

四、断阶与重力断阶滑动

在礼东滩西北侧，2000m 水深范围内可见四级断阶（图 6.4），水深分别为 1740m、1350m、765m 和 300m。礼东滩的东缘也见有向东南陷落的两级断阶，落差达 300m，其上被后期 100～200m 沉积物覆盖。另外，南海西南海盆南缘的断裂带也是由断阶组成的断裂带，它向海盆逐级陷落，构成醒目的重力断阶构造带。

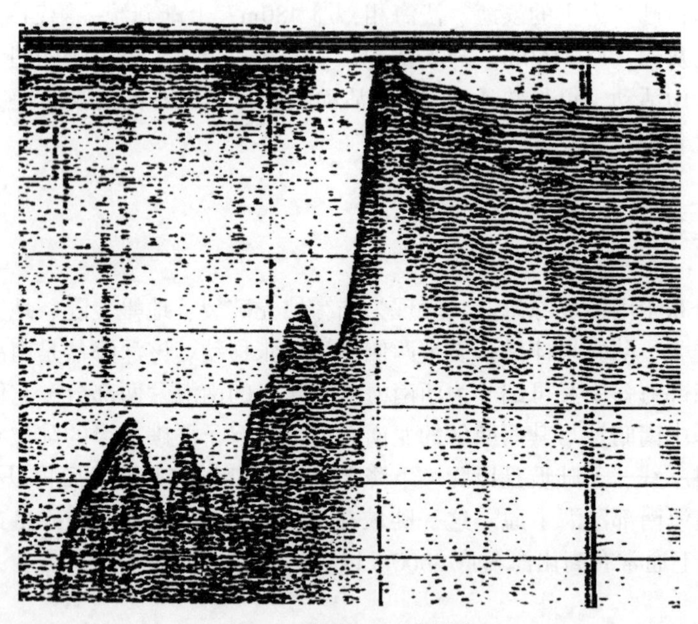

图 6.4　礼乐地区的断阶

中-晚渐新世—早中新世（距今 33～16Ma），礼乐-北巴拉望地块与南海北部陆缘发生分离，地幔物质沿近 EW 向的裂离-扩张中心涌出，南海海盆出现，礼乐地块向南漂移并顺时针旋转 25°。南海北部陆缘强烈活动，南海北部和西部地堑带内的 NEE 和 NWW 向断裂基本控制了断陷、断隆的展布，形成了一系列南断北超或北断南超的掀斜断陷盆地，盆内堆积了晚渐新世—早中新世的滨-浅海相沉积。与此同时，古南海向南消减，菲律宾岛弧带地层强烈褶皱，中酸性和中基性岩浆大规模侵入-喷发，岛弧隆起。随着菲律宾弧的发育和不断加积-增生，南海周缘的边界条件逐渐发生改变。

强烈下沉阶段，发生于渐新世—早中新世（距今 37～16.5Ma）。在印澳板块和太平洋板块的推挤作用下，加里曼丹地块发生持续逆时针旋转，使廷贾断裂和卢帕尔-东纳土纳断裂之间的地区发生剪切拉张，形成一系列早期的 NW 向断裂、断阶、断隆及走滑拉张盆地。早中新世末—中中新世，礼乐地块与巴拉望地块沿陆坡拼贴，沙巴海槽向南消减，渐新统—下中新统强烈褶皱，克罗克山脉发生中酸性花岗闪长岩侵入，俯冲带向北后退和均衡沉降而转为南沙海槽发育阶段。

相对稳定阶段，发生于中-晚中新世（距今 16.5～5.2Ma）。早中新世末，曾母盆地东南缘受沙捞越抬升影响，局部发生沉积间断。中中新世初期以后，曾母盆地处于相对稳定阶段，这个过程一直延续到晚中新世末。该发育期的构造沉降幅度约0.5km，平均构造沉降速率约40m/Ma，仅为强烈构造沉降期的40%。不论是在沉积拗陷，还是在拗陷间的隆起，这一时期的构造沉降幅度都是较为一致的，说明曾母盆地该时期以整体缓慢沉降为主，构造活动相对平静，这个特征暗示，盆地沉降可能是由于岩石圈冷却收缩和重力调整引起的。由于盆地缓慢沉降，中中新世时海底地形已较为平缓，从而形成一套沉积厚度较稳定，广泛发育的浅海相至半深海相碎屑岩和生物礁碳酸盐岩。中中新世晚期，受“米里运动”影响，曾母盆地南部地区可能出现一定程度的沉积间断。晚中新世时，陆架区以发育生物礁及碳酸盐沉积为主，陆坡区以接受泥岩或页岩沉积为主，沉积厚度为0.5～1km。

该阶段印度板块与欧亚板块会聚和碰撞，产生向东和向东南蠕散的地幔流，伊佐奈岐-太平洋中脊向东亚大陆的东南缘消减，洋脊在仰冲板块之下阻挡向东南蠕散的地幔流，促使地幔隆升，高热流上升地面，地壳减薄、裂离，产生2～3次扩张作用。第一次扩张发生于白垩纪末—中始新世（126～63Ma）为NW—SE向扩张，古南海形成；第二次扩张发生于晚渐新世—中中新世（32～17Ma），扩张轴位于15°N附近，为SN向拉张，南海海盆形成，开始有南沙雏形；第三次扩张发生于中新世（15.1Ma），属海盆西南部的NW—SE向微型扩张。南海的扩张奠定了现代陆缘海的地貌格局，使南海北部变为蠕散型陆缘；东部为仰冲型挤压陆缘；南部（南沙地区）为聚敛型陆缘；西部为张剪性陆缘。南海中央海盆为微型扩张盆地。在大地构造上南海新生代的陆缘扩张作用称为陆缘海型活化。

南沙北缘海盆基底是陆缘地壳破裂、地幔上隆、地壳减薄、地幔物质上涌而形成的类洋壳，陆壳块体沿张裂带两侧产生扩张移动。晚渐新世开始在18°N附近发生陆缘扩张，西沙海槽东部地区为初始的残留扩张脊，并以11～10序列的对称状磁异常为标志。随后在早中新世扩张脊南移至15°N附近位置上，经历了幔隆、张裂、裂谷和类洋壳产生的过程，由于扩张速度为2.5～2.9mm/a的不对称扩张，形成南海中央海盆，至晚中新世扩张停止，在中央海盆北纬15°附近的链状海山为残留扩张脊，残留扩张脊以东南侧的5～7序列，西北侧的5～10序列磁异常条带为特征。

第四节　断裂活动

海上探测表明（图6.5），南海南部礼乐滩及其邻域的活动断裂主要有NE和NW向两组（图6.6）。其中，大多数是NE向断裂，晚白垩世—始新世礼乐地块位于当时的华南东南部陆缘，受张性构造运动影响，导致NW—SE和NWW—SEE向的拉伸，形成以张性为主的断裂，强烈活动于晚白垩世—始新世，新近纪以来继承性活动，现今活动性中等至弱。早中新世，礼乐地块与加里曼丹-西南巴拉望地块发生碰撞，菲律宾和加里曼丹岛向北迁移，逆时针旋转，形成以压性左旋断裂为主的NW向断裂，NW向断裂主要分布在巴拉望附近的海域，强烈活动于古近纪和新近纪，第四纪为继承性活动，为弱活动断裂。SN向断裂在礼乐滩及其邻近区域较少，主要是走滑断裂。

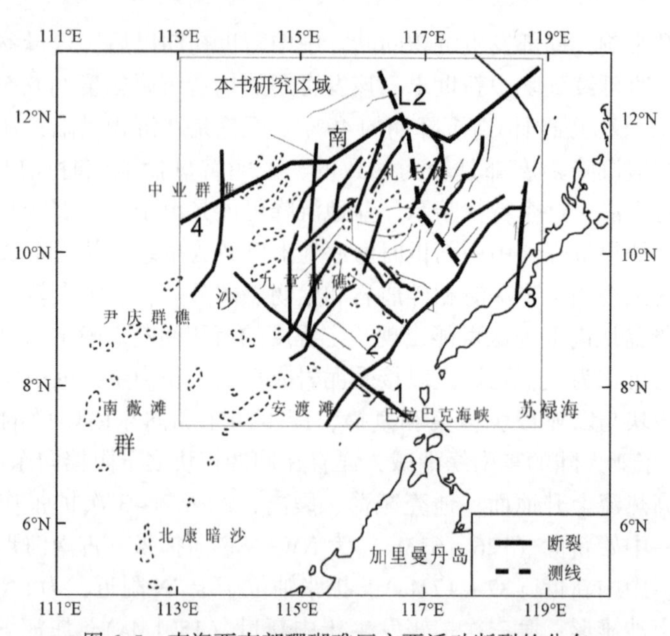

图 6.5　南海西南部珊瑚礁区主要活动断裂的分布

1. 巴拉巴克断裂；2. 南沙海槽；3. 乌卢甘湾断裂；4. 海盆南缘断裂

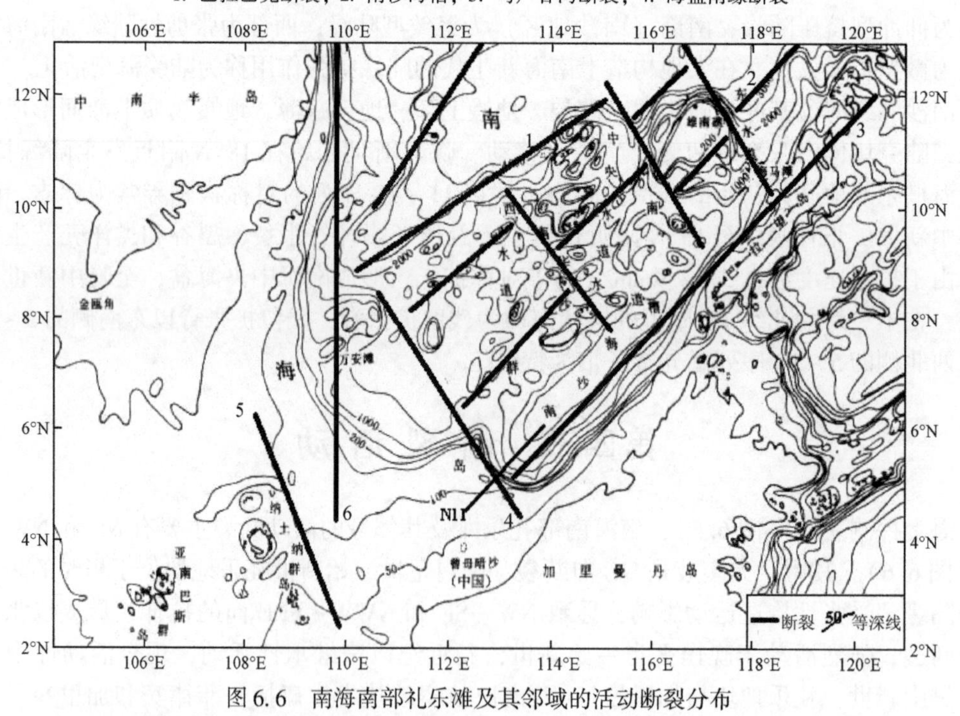

图 6.6　南海南部礼乐滩及其邻域的活动断裂分布

1. 海盆南缘断裂；2. 礼乐北缘断裂；3. 南沙海槽南缘断裂；4. 廷贾断裂；5. 纳士纳断裂；6. 越东断裂

一、NE 向断裂系

该断裂带是晚白垩世—早古新世，在华南东南陆缘 NW—SE 向和 NWW—SEE 向的拉伸环境下形成断裂，强烈活动于晚白垩世—早古新世，新近纪以来继承性活动，且第四纪仍在活动，属于中活动断裂带。

（一）海盆南缘活动断裂带

海盆南缘断裂带是中央海盆与礼乐-东北巴拉望地块的分界线，呈锯齿状展布，北侧是洋壳，南侧为陆壳。该断裂带东南侧布格重力异常降低，西北侧布格重力异常升高，沿断裂带形成一条明显的布格重力异常梯度带，其两侧重磁异常面貌各不相同，在重力和磁力异常平面等值线图上呈一系列“串珠状”的异常特征。根据过中央海盆和礼乐滩的测线 L2 浅层地震剖面图（图 6.7），结合重力异常和磁异常分析，该断裂带南北两侧地貌反差明显，垂直落差达到 2400m 以上，走向 N65°E，长达数千千米，由 4 条以上断裂组成张性的断阶状正断裂。

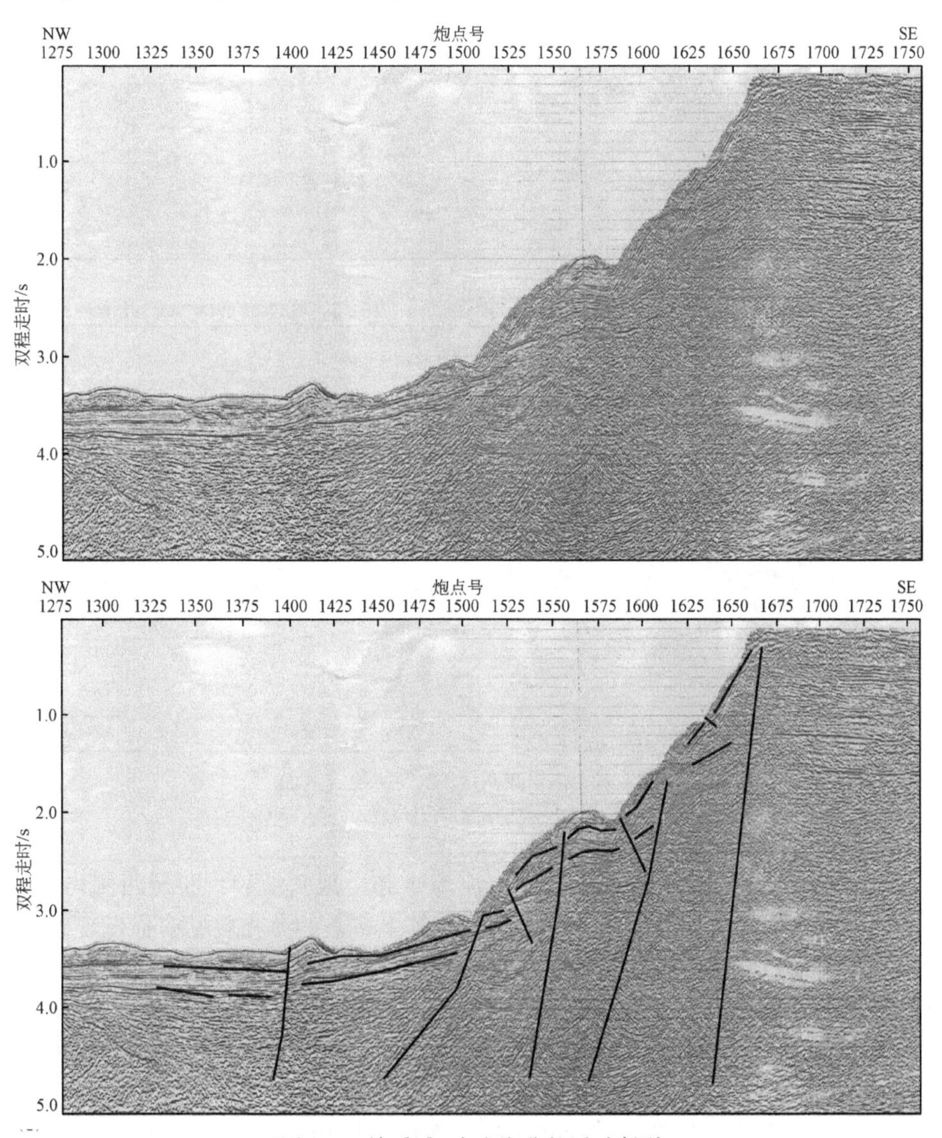

图 6.7　礼乐滩-中央海盆的活动断裂

剖面位置见图 6.5 中 L2 测线北部

（二）礼乐滩内部活动断裂带

活动断裂特别是切割第四纪的活动断裂的缓慢移动会造成灾害性的影响。在礼乐滩内部海区 L2 浅层地震剖面中见有多处张裂型断裂（图 6.8）。

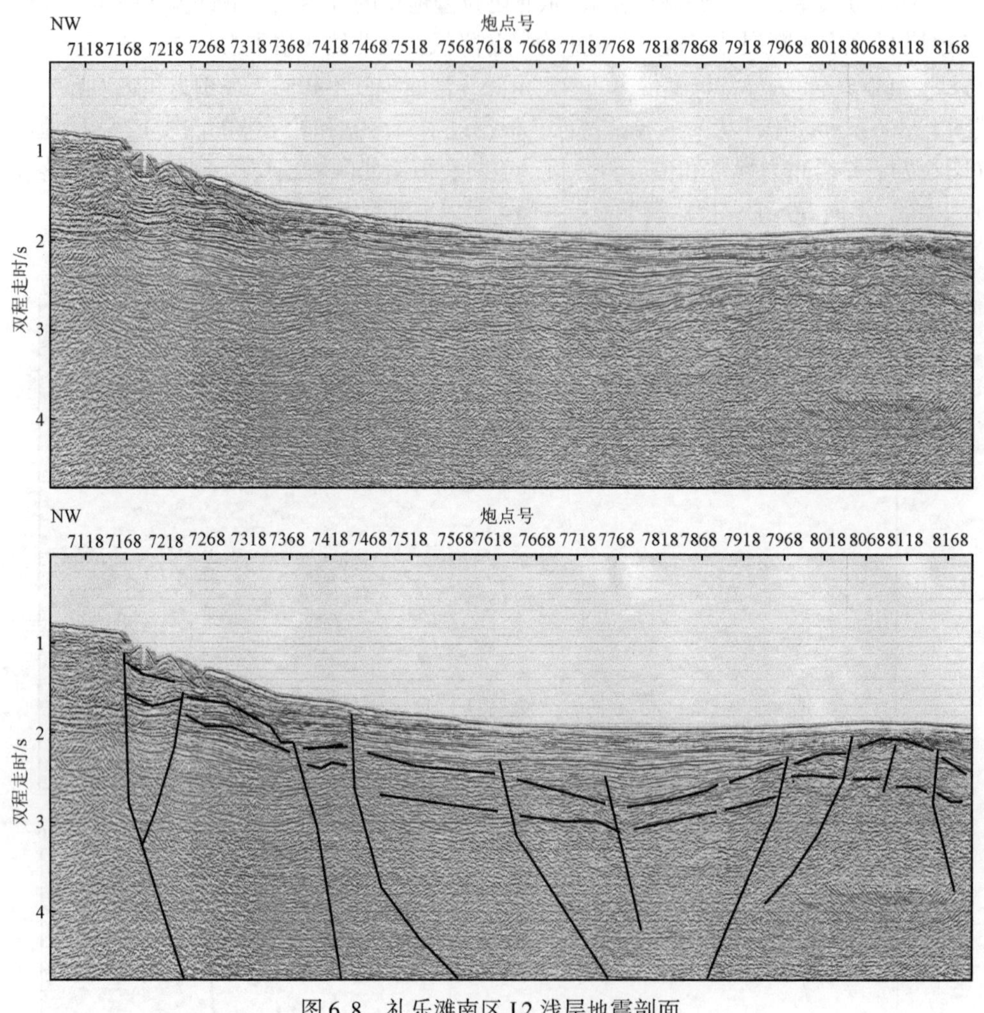

图 6.8　礼乐滩南区 L2 浅层地震剖面

剖面位置见图 6.5 中 L2 测线南部

在珊瑚礁区大部分是 NE 向正断层，组成地堑和半地堑地貌，断裂两侧均为礁平台，地貌反差强烈，垂直落差达几十米至一千多米，其上覆盖的海相层见有拖曳现象，形成于晚白垩世—早古新世华南东南陆缘的张裂运动，故大多是继承新近纪以来的继承性活动断裂，活动性弱。该区域内发育海槽及海谷。大渊滩和礼乐滩之间发育长约 600km 的深海槽，走向 NE，是由一系列阶梯状陷落的正断层组成，这里的垂直落差达到 1000km 以上，切穿顶部海相层。该断裂带形成于晚白垩世—早古新世华南东南陆缘向 NW 方向拉伸的张裂运动，第四纪仍有活动，是弱活动断裂带。在礼乐滩内，存在一个宽约 5km 的海底槽谷，为正断层，水深从50m突变至近200m，由断裂经过之处受海流侵蚀而形成，活动程度较低，是微活动断裂带。在忠孝滩及其附近区域发育小型冲刷槽谷，由切穿顶部海相层的正断层组成，近代活动程度低，是微活动断裂。礼乐滩东部断裂带在浅层地震剖面上均有反映，表现为地貌反差强烈，水深从90m突变至170m，为正断层，是一条弱活动断裂带。该地区未见地震纪录，为微至弱活动断裂带。

（三）南沙海槽活动断裂带

该断裂带位于南沙海槽并延伸至巴拉望岛西北海域，由一系列阶梯状正断层组成，走向N35°E，长达千余千米，地形反差强烈，垂直落差达1500～2000m。南沙海槽是重力低值区，重力异常从正重力异常变为负重力异常，沿断裂带出现一条重力异常变化较大的重力异常梯度带，在空间异常上表现为明显的负异常梯度带和一系列串珠状的负异常。在地震剖面上见有两个大型的岩浆侵入构造，其中之一切穿海底，岩浆侵入活动明显。位于本书研究区域的南沙海槽北段的分支断裂长约250km，由数条NE向的正断层组成，均切割了晚白垩世—晚中新世地层，部分甚至切穿上新世地层，沿断裂带曾有火山活动发生。该断裂带是早中新世礼乐-东北巴拉望地块与加里曼丹-西南巴拉望地块碰撞产生的俯冲带，主要活动于古近纪和新近纪，第四纪仍有活动，近代有一次6级地震纪录，是中活动断裂带。

二、NW向断裂系

（一）巴拉望岛附近海域NW向断裂带

该断裂位于巴拉望岛西北侧海域，主要是早中新世礼乐-东北巴拉望地块与加里曼丹-西南巴拉望地块碰撞产生的张性断裂，切割至基底。巴拉望岛北面海域NW向断裂发生弧形拐弯。这个时期加里曼丹的抬升和逆时针旋转造成该断裂具有左旋走滑的性质，主要活动期在古近纪，至今仍有左旋剪切活动，是弱活动断裂带。

该断裂穿过巴拉巴克岛，是礼乐-东北巴拉望地块与永暑-太平地块的边界，呈N45°W走向，长达500km，是一条具有走滑性质的断裂带，由一系列左旋剪切的阶梯状陷落正断层组成，切割至白垩纪以下地层，上至晚中新世。沿该断裂带出现一条分割不同重力异常类型的异常带。早中新世礼乐-东北巴拉望地块与其南侧增生楔的碰撞形成了该断裂带，主要活动在古近纪，无地震活动纪录，无火山活动，近代活动性较弱，属于弱活动断裂带。

（二）乌卢根湾断裂带

乌卢根湾断裂带穿过巴拉望岛，为东巴拉望盆地与西巴拉望盆地的分界线，呈N25°W走向，长约500km，地形反差明显，在地震剖面中反映切割中新世以下地层。该断裂带形成于早中新世礼乐-东北巴拉望地块与加里曼丹-西南巴拉望地块的碰撞，强烈活动于古近纪晚期，受到加里曼丹岛抬升和逆时针旋转的挤压作用，在早中新世以后表现为左旋剪切，具有走滑性质，近代活动性减弱，地震活动少，是弱活动断裂带。

在晚白垩世，南沙礼乐地块与华南东南陆缘碰撞和缝合。晚白垩世—早古新世，太平洋板块向欧亚板块俯冲的方向发生改变，其俯冲速率均降低，导致中国东南部陆缘区域构造应力场由挤压变为拉张，并形成了一系列 NE—NEE 向的张性断裂，产生地堑和半地堑。晚始新世，南沙地块向东南方向运动，而印澳板块继续向北俯冲挤压，礼乐-东北巴拉望地块脱离华南东南陆缘向南运动，南海发生扩张，产生 SN 向的应力场，推动礼乐-东北巴拉望地块向东南方向运动，在早中新世时与加里曼丹-西南巴拉望地块碰撞，形成 NW 向断裂。早中新世以后，加里曼丹发生强烈抬升和逆时针旋转，使该区大多数 NW 向断裂处在一个向西的侧压应力场中，推动该地块向西运动，导致 NW 向断裂产生左旋走滑，至今仍有左旋剪切。在新生代期间，印度板块和澳大利亚板块先后向北运动，之后作为一个统一的板块向 NNW 向俯冲，此时南海南部主要受到 SN 向挤压应力的作用，形成 SN 向走滑断裂。

第五节　火山活动

南沙群岛礼乐滩附近海区的火山活动也较弱，分布有 3 个第四纪死火山口，分别位于西卫滩北缘 5km，万安滩南 80km 和南通礁附近。南沙群岛西北的越东海岸秋岛曾在 1923 年发生一次火山喷发活动，属活火山口。另外沿断裂带有岩浆侵入活动，形成一些小型的火山。这些火山和火山口为珊瑚礁的发育提供了地质基础，如果火山重复喷发则对珊瑚礁有破坏作用。图 6.9 是礼乐滩西南部东坡礁的海底火山活动。

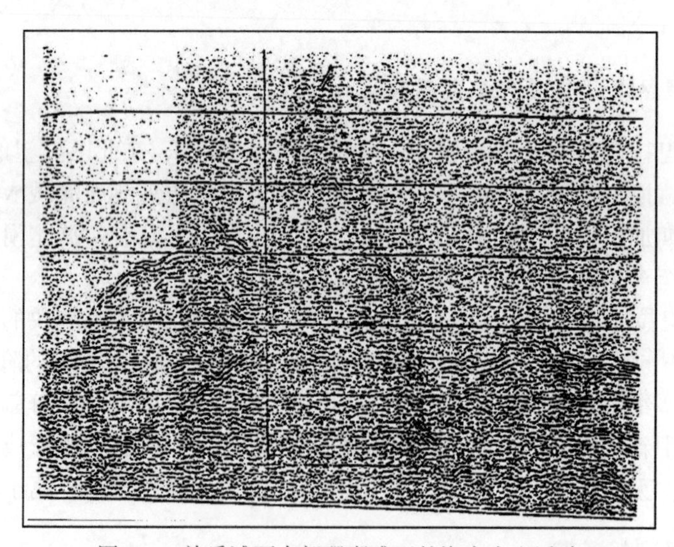

图 6.9　礼乐滩西南部珊瑚礁区的海底火山活动

构造运动的特点是在南海海域普遍区域性抬升和剥蚀，并伴随断裂活动和大量岩浆活动（图 6.10），在北部形成破裂性不整合面；在中国台湾、菲律宾和西北加里曼丹岛弧地区除了表现区域性抬升和剥蚀作用外，尚有地层变形、褶曲和变质作用，形成挤压性不整合面。反映出在同一动力学机制下，东部和南部岛弧为地块碰撞或俯冲消减作用产生强烈挤压背景下所形成；在南海北部则表现为地幔上升，在热隆起背景上产生张裂。

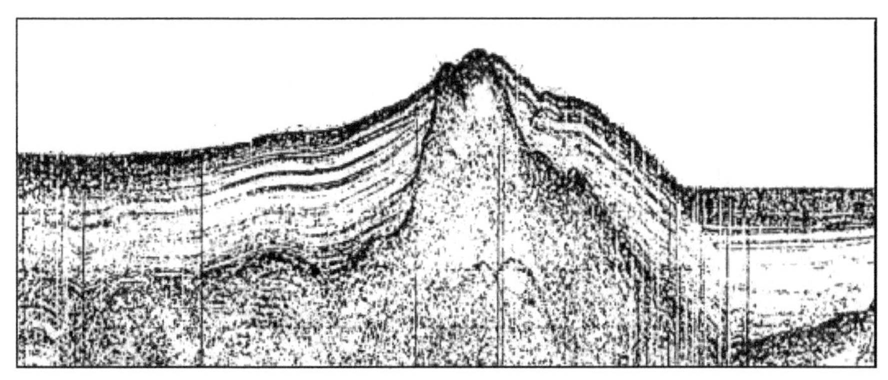

图 6.10　南海海域新构造运动所伴随的岩浆活动

第六节　地 震 活 动

南沙群岛礼乐滩海域地震活动较为平静，只在邻近海域的皇路礁附近（7.0°N、114°E）曾发生过 1 次震级为 6 级的地震（1930 年 7 月 21 日），另外在南沙群岛以北的中央海盆有一些地震记录，曾发生过 4.5 ~ 6 级地震 2 次，3.0 ~ 4.4 级地震 4 次，<3 级地震 10 次以上，近年有小震记录。根据南海西南部及邻区 1964 ~ 1998 年的地震记录，发现南海西缘断裂带两端区域地震活动明显强于中部，陆侧地震活动强于海上。北端地震多集中于海南岛及红河断裂带上，断裂带中段不仅地震数目少，震级小而且分散，震级多在 0 ~ 3 级。由此可见南海西缘断裂带两侧目前活动较弱，断裂呈拉张走滑状态，两侧块体相对稳定。

综上所述，通过对南海地区中中新世末至晚中新世（N_1^2/N_1^3）之间的构造变动事件的对比研究，可以看出有下列差异性特征。

（1）时间和强度的差异性。在时间和强度上由南向北、由东向西逐步推迟，其构造变动逐步增强。南部海域大都发生在中中新世早期，延续时间长；北部海域大多发生在中中新世末至晚中新世之间，延续时间较短；东部和东北部海域发生于中中新世早期，延续时间较长；西部海域则发生于晚中新世末期，延续时间短。反映出构造变动由挤压俯冲型岛弧地区向南海陆缘扩张区和沿海逐步推进，东部及南部发生时间早，延续时间长，西北部则相反，发生时间晚，延续时间短。

（2）沉积相和沉积建造的差异性。沉积相产生突变，海水是由南东向北西方向逐步推进，南海北部经过构造抬升变动出现短暂海退和剥蚀作用之后海水入侵，由河湖相转变为滨海相含煤建造、浅海相砂岩建造，它们不整合覆盖在前中中新世陆相或前新生代地层和侵入岩之上。南海南部大面积抬升，由深海相至半深海相沉积逐步转变为浅海相、滨海相或三角洲相沉积。

区域性抬升结果使南海北部前期起伏的低山丘陵、河湖地貌遭受强烈剥蚀作用，成为低平的准平原地貌。而南海南部由前期起伏较大的深海至半深海的大陆坡或深海拗陷地貌转变为浅海和滨海平原的平缓地貌。据反射地震和钻井资料分析，整个南海大陆边缘经历或长或短的侵蚀期，侵蚀面以下的中、新生界的残留盆地，侵蚀面以上地层缺失下中新统。对南海地区新生代地层不整合进行区域性对比分析，得出本区新构造运动具有明显的脉动性或旋回性。南海新生代地层不整合事件经区域性对比较普遍。构造隆升的不整合面一般伴随有褶皱、断裂、岩浆活动和变质作用，而水动型的下降一般仅是表现海进的过程和露出地表部分遭受剥蚀、沉积缺失、以后的海侵沉积与下伏地层多为平行不整合或局部角度不整合接触。上述地壳运动在南海及邻域的表现是在强度上具有东强西弱；在应力性质方面具有东挤西张，或先挤后张；在时间上具有东早西晚，自东向西波动递进的特点；这些特征反映出该区新构造运动是在全球构造统一构造应力场作用下的幕式运动或称脉动性与多旋回性，因而它并不是毫无内在联系的地壳运动。

第七章 前新生界冲断-褶皱构造与古双峰-笔架碰撞造山带的发现

第一节 南海南缘冲断-褶皱构造地震剖面特征及分带性

一、南海南缘冲断-褶皱构造地震剖面特征

根据前人的研究观点（金庆焕和李唐根，2000；万玲等，2004），南海南部南沙海域内的构造区划由西向东可划分为曾母地块、永暑太平地块、礼乐地块等。其中礼乐地块为一减薄的陆壳，其新生代沉积地层相对较薄，中生代地层埋深较浅，且有 Reed Bank A-1 井、Reed Bank B-1 井及 Sampaguita-1 井等直接钻遇中生界，因此本书中选取礼乐地块处的地震剖面进行分析研究。选取的地震剖面为 LY-6 测线及 NH973-02 测线。其地理位置如图 7.1 所示，图中钻井及拖网岩性特征见表 4.1。

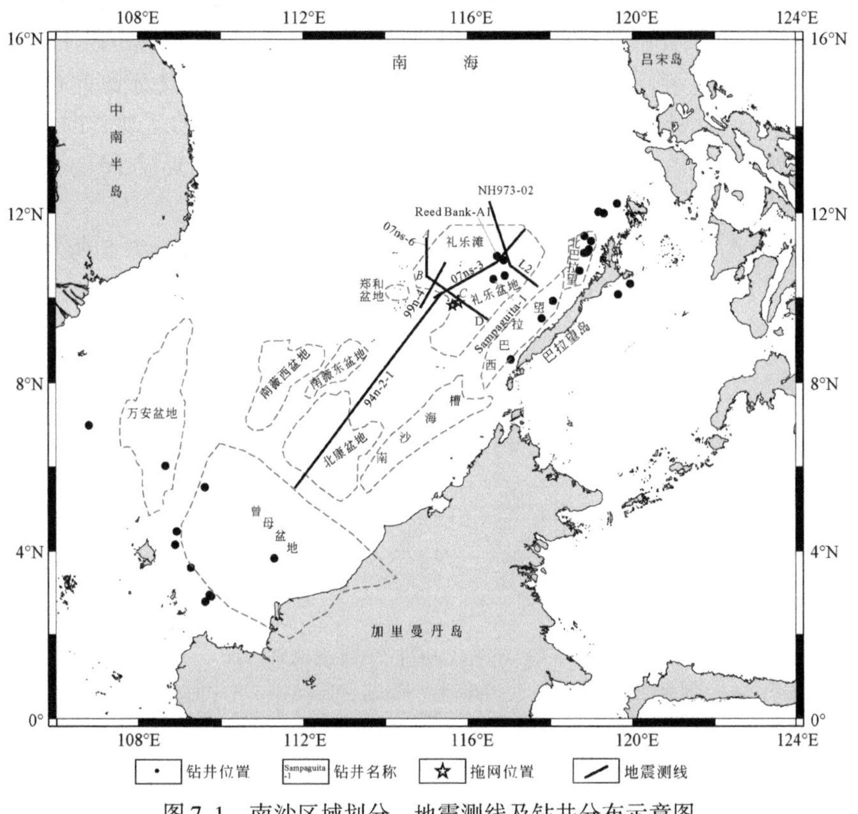

图 7.1 南沙区域划分、地震测线及钻井分布示意图

LY-6测线位于南沙礼乐地块的东南部，其地理位置如图7.1所示。本书将其划分为三个部分，分别为图7.1中的*AB*、*BC*、*CD*段。

LY-6测线的*AB*段（图7.2），走向为近SN向，对其进行地震剖面分析解释，划分出T_g为中生代地层与新生代地层的分界面，新生代沉积地层较薄，T_g界面埋深较浅，本书在对新生界的层序解释中，划分出T_{40}界面，T_{40}之后本区构造活动趋于稳定，为大规模的海相披覆沉积。本段中的中生代地层破裂严重，在地震剖面上同向轴连续性较好，断裂发育强烈且呈多米诺骨牌式排列，其南端存在岩体侵入活动。

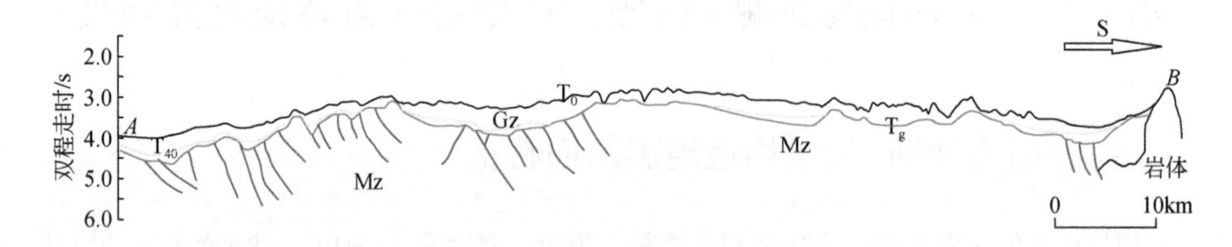

图7.2　LY-6测线*AB*段地震剖面解释图

剖面位置见图7.1；T_g为新生界底面

LY-6测线的*BC*段，走向为NW—SE向，其地理位置如图7.1所示。本段地震剖面中的中生界地震相反射特征较为明显，对其中生代地层进行了重点的地层描述、划分及解释（图7.3、图7.4）。中、新生代地层之间呈角度不整合接触亦是划分本段中T_g界面的主要依据，T_g之上发育广泛的新生代海相地层沉积，地震剖面显示亦存在岩体侵入，中生代地层受构造活动影响褶皱变形强烈，受强烈挤压作用影响发育逆冲推覆构造（图7.4，位置见图7.3中线框处）。值得注意的是，此逆冲推覆构造的运动方向为由北向南冲断-推覆，表明在中生代时期，礼乐地块处受到过来自其N—NW方向的强有力的应力挤压。

LY-6测线的*CD*段，走向为NW—SE向，地震剖面解释如图7.5所示。剖面中显示存在岩体侵入，T_g界面埋深自西北向南东方向逐渐加深，并呈现出一系列半地堑构造。

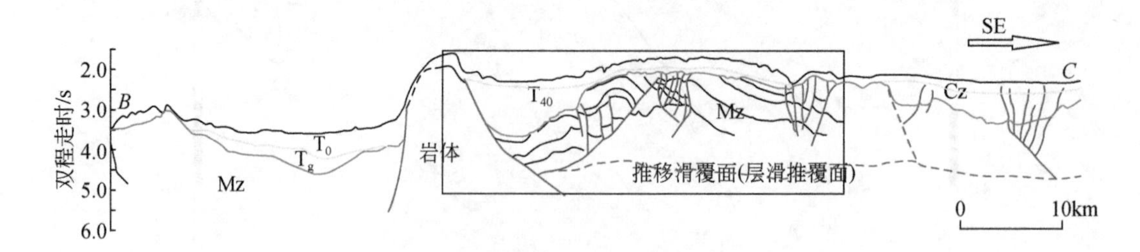

图7.3　LY-6测线*BC*段地震剖面解释图

剖面位置见图7.1；T_g为新生界底面，相当于图5.3中的T_{gc}

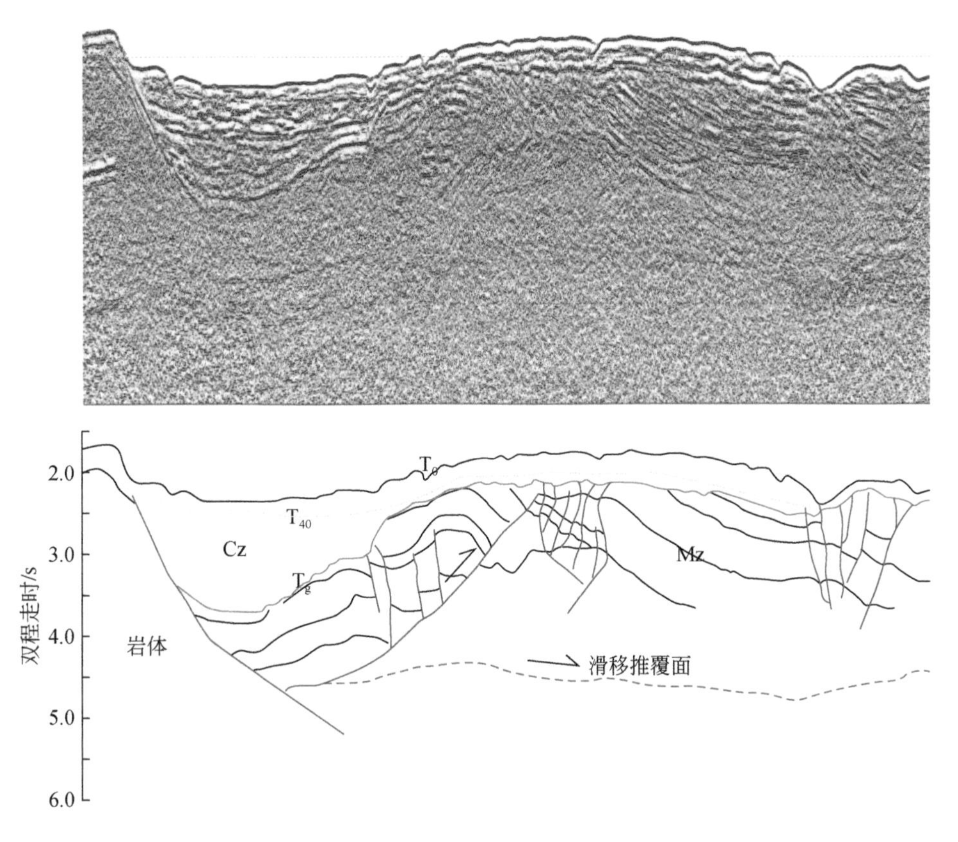

图 7.4　LY-6 测线 *BC* 段局部放大图

剖面位置见图 7.3 中的矩形框。T_g 为新生界底面，相当于图 5.3 中的 T_{gc}

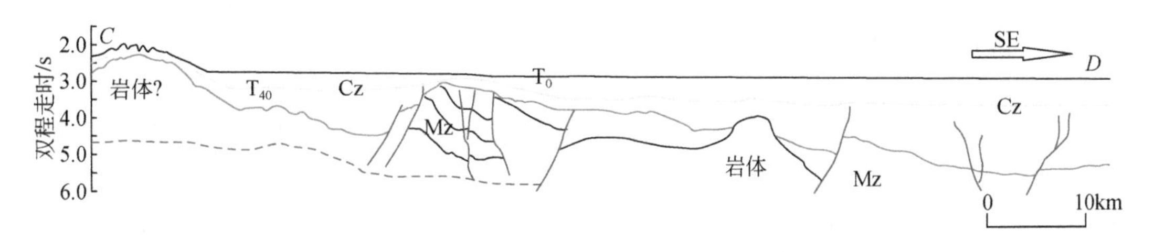

图 7.5　LY-6 测线 *CD* 段地震剖面解释图

剖面位置见图 7.1

本区域内选取的另外一条地震测线为 NH973-02 测线，该测线于 2009 年“南海 973 航次”中“探宝号”调查船所采集获得。其走向为 NW—SE 向，地理位置如图 7.1 所示，实线部分为本书中所解释划分的剖面，虚线部分为剩余未解释划分的测线。

对 NH973-02 测线的解释部分位于礼乐滩的东南面，临近北巴拉望盆地与西巴拉望盆地。对其剖面的解释分析如图 7.6 和图 7.7 所示，图 7.7 为图 7.6 中矩形框处的局部放大图。地震剖面中 T_g 界面为中生代地层与新生代地层的分界面，且呈现出一系列半地堑构造。T_g 界面之下中生界的地震反射主要表现为低频、振幅较弱、同向轴连续性较差等特点。通过对地震相特征的追踪对比，在本段剖面中亦发现了由北西向南东方向推覆的褶皱-冲断构造。

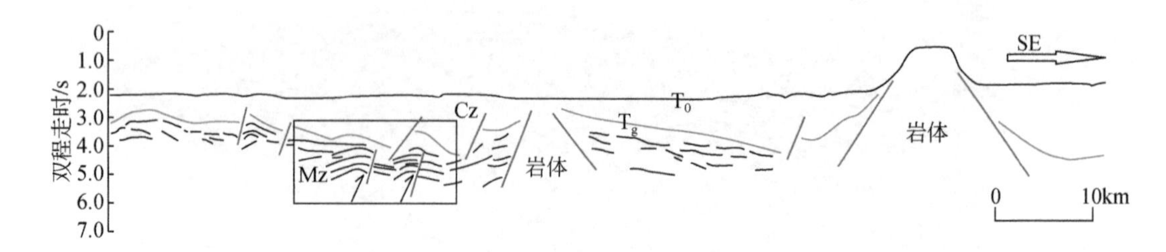

图 7.6　NH973-02 测线地震剖面解释图

剖面位置见图 7.1；T_g 为中生代地层与新生代地层的分界面

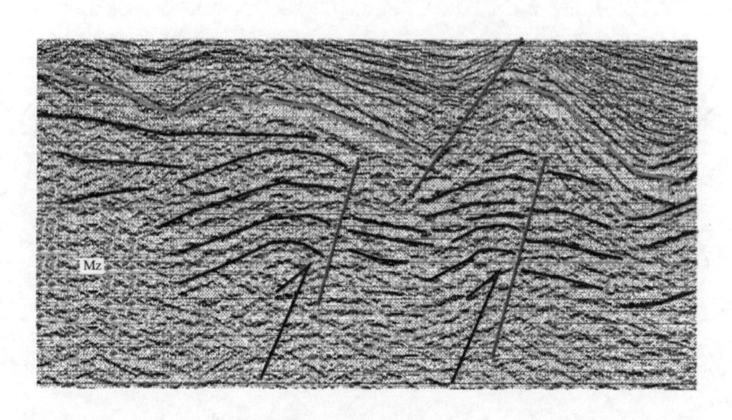

图 7.7　NH973-02 测线局部放大地质解释图

剖面位置为图 7.6 中的矩形框；绿色线为新生界底面 T_g，相当于图 5.3 中的 T_{gc}

二、南海南缘冲断-褶皱构造的分带性

南沙海域在地质构造上包含南沙和礼乐-东北巴拉望两个地块，地块间以费信-司令走滑断裂带相隔。前人对南沙海域的构造区划有不同的观点：吴世敏等（2004）以一级边界及主要二级构造单元最后就位时的格局为准将南沙海域的构造单元划分为南海深海盆、南沙地块隆起区和南沙地块前陆盆地区。Yan 和 Liu（2004）根据大量的综合地球物理调查和分析，将南沙海域划分为 5 个区域构造带，包括婆罗洲-巴拉望逆冲推覆带、南沙海槽、南薇-礼乐中生代挤压带、郑和新生代伸展带和西南次海盆。吴进民和杨木壮（1991）将南沙群岛划分为两隆两拗，即北部隆起带、中部拗陷带、南部隆起带、南部拗陷带。夏戡原（1996）将南沙地块划分为 3 个二级构造单元及 5 个三级单元，即西北部岛礁隆起区（礼乐微地块、岛礁块断隆起带）、中部差异沉降区（南沙海槽沉降带、曾母盆地拗陷带）、东南部碰撞-推覆带（沙巴-沙捞越碰撞-推覆带）。

从上述几种划分方案可以看出，前人划分的共同特征体现了南沙海域南北分带的特点。笔者根据对南沙海区覆盖全区的数条剖面的综合解释分析并结合本书以中生代海相地层构造特征为研究重点，分析了中生代地层沉积特征，在剥除新生代隆起、断裂、滑脱等后期改造的基础上，初步恢复了中生代地层在中生代末期的构造形态，并依据构造特征将研究区中生代末构造划分为三个基本地质构造单元（图 7.8），包括北部的康泰-永暑-郑和强烈挤压褶皱带、中部的南薇-安渡-仙宾中生代中弱挤压褶皱区和南部的曾母-西北巴拉望新生代沉降区。垂向上，结合本区经历的几次大的构造事件将本区划分为上、中、下 3 个构造层序（图 7.9）。其中，上构造层（海底—T_4），总体为沉积相对较薄（1～3km）

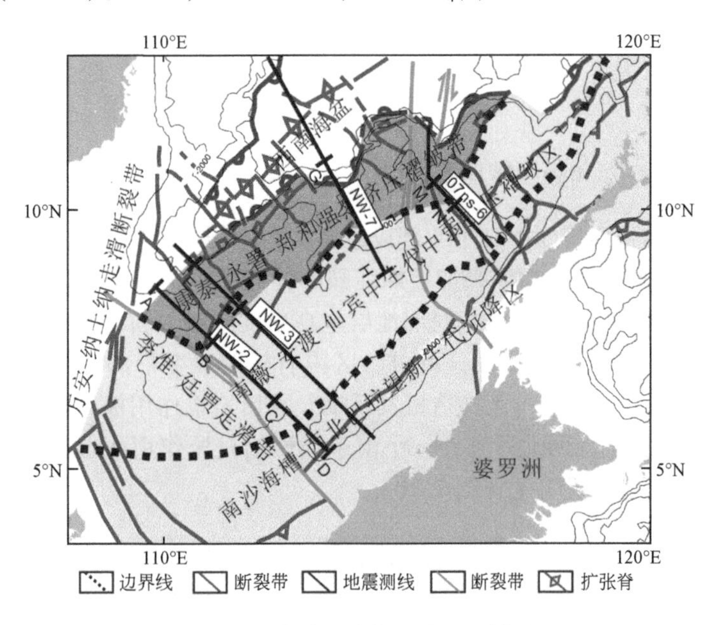

图 7.8　南沙海域构造单元区划图

地层时代		年龄/Ma	地震反射序列	反射层位标志
第四纪		1.8	T_2	
上新世	上	4.2		
	下	5.3	T_3	礁顶
中新世	上	10.2		
	中	16.0	T_4	层状碳酸盐岩底,大规模的盖层披覆沉积
	下	23.8		
渐新世	上	30	T_7	台地碳酸盐岩底,半地堑顶
	下	37		
始新世	上	40		
	中	44		
	下	49		
古新世	上	53.5		
	下	60	T_g	半地堑底,角度不整合面
白垩纪	上	65		
	下	135		
三叠纪—侏罗纪		250	T_m	基底拆离断层或韧性剪切带
结晶基底				

图 7.9　南沙地块地层沉积序列简图

T_g、T_7、T_4、T_3、T_2 分别相当于图 5.3 中的 T_{gc}、T_{70}、T_{40}、T_{30}、T_{20}

的海相地层。地层的反射同相轴连续性较好，震相清晰明显，地层内基本不存在断裂褶皱构造，代表 T_4 以后研究区可能经历了稳定的裂后热沉降，发生了大规模稳定的海相披覆沉积。中构造层（T_4—T_g），沉积了一套厚度明显变化的新生代地层，为新生代早期的裂陷充填沉积和局部范围内的披覆沉积。同时，层内还识别出 T_7 反射界面，反映半地堑裂陷充填沉积的结束。下构造层（T_g—T_m），是发生了褶皱断裂作用的中生代地层，地层厚度相对较大。地层内部存在连续的褶皱，背斜顶部常遭受剥蚀，翼部存在一定的披覆。

（一）康泰-永暑-郑和强烈挤压褶皱带

康泰-永暑-郑和强烈挤压褶皱带北部以康泰-雄南伸展断裂带与南海海盆相隔，整体呈 NE 向展布，以强烈的挤压褶皱叠加后期强烈的伸展断陷为特征，这些基底较深的正断层形成了大量的半地堑构造。半地堑底部地层呈高角度倾斜。新近系—第四系很薄，厚度不到 1km。而古近系厚度为 1 ~ 2km。此外，区内有较明显变形的中生代地层出露，前期强烈挤压后期强烈伸展，导致本区构造极其活动，裂后岩浆作用极其活跃，海底偶有海山出露。NW-2 测线地震剖面西北段存在一个由于强烈的挤压作用而形成的背斜构造，顶部遭受剥蚀，但两翼地层倾斜明显（图 7. 10）。

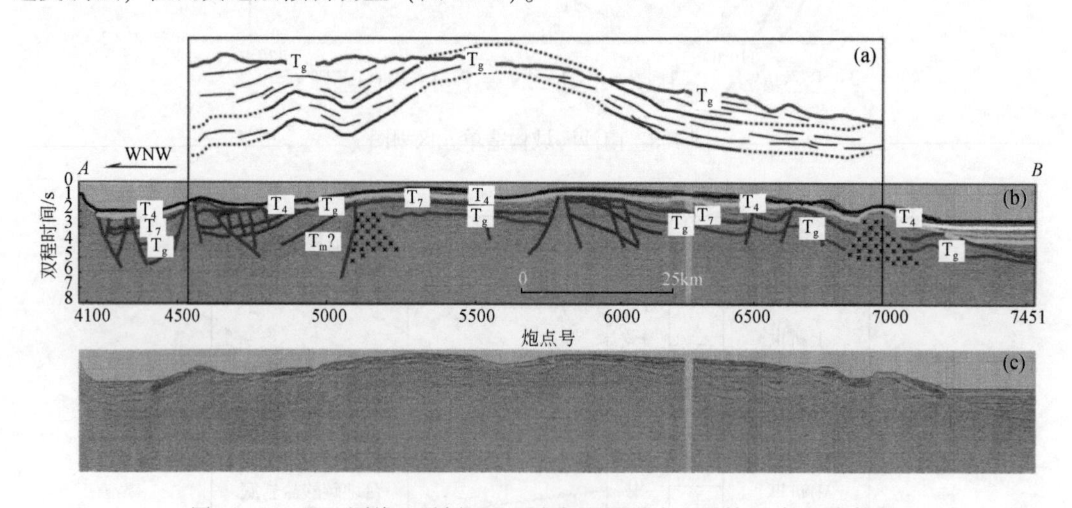

图 7. 10　NW-2 测线地震剖面北西段解释图及中生界前 T_g 构造恢复图

（a）中生代地层筛除新生代构造变形后的构造几何形态恢复图；（b）地震解释图；（c）原始地震剖面；T_m、T_g、T_7、T_4 对应于图 7. 9，分别相当于图 5. 3 中的 T_m、T_{gc}、T_{70}、T_{40}。剖面位置见图 7. 8

NW-3 测线地震剖面西北段也经历了强烈的中生代挤压褶皱作用，剖面上东部地区，褶皱的地层还由于后期的强烈伸展造成了地层的严重错位和滑塌（图 7. 11）。

同样，从 NW-7 测线地震剖面南东段恢复的中生代褶皱示意图也可以看到，剖面中挤压褶皱作用明显，中部地区有一较大的背斜顶部遭受剥蚀，后期被隆起抬升，这可以和 NW-2 测线地震剖面西北部的背斜相对比（图 7. 12）。

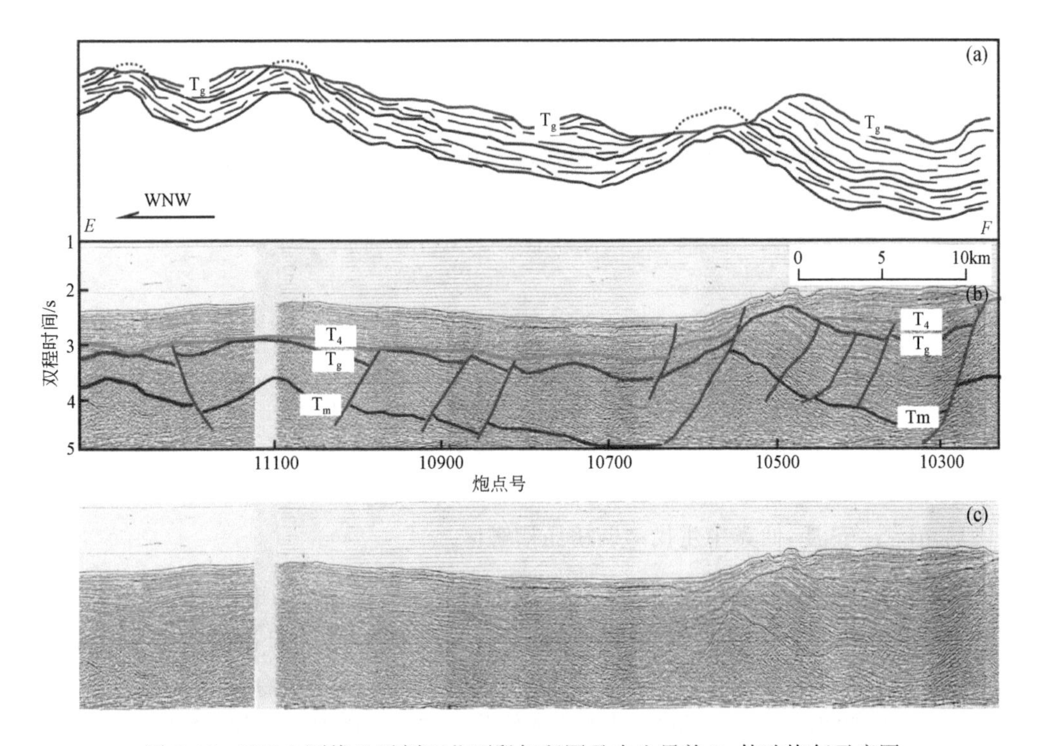

图 7.11　NW-3 测线地震剖面北西段解释图及中生界前 T_g 构造恢复示意图

（a）中生代地层筛除新生代构造变形后的构造几何形态恢复图；（b）地震解释图；（c）原始地震剖面；

T_m、T_g、T_4 对应于图 7.9，分别相当于图 5.3 中的 T_m、T_{gc}、T_{40}。剖面位置见图 7.8

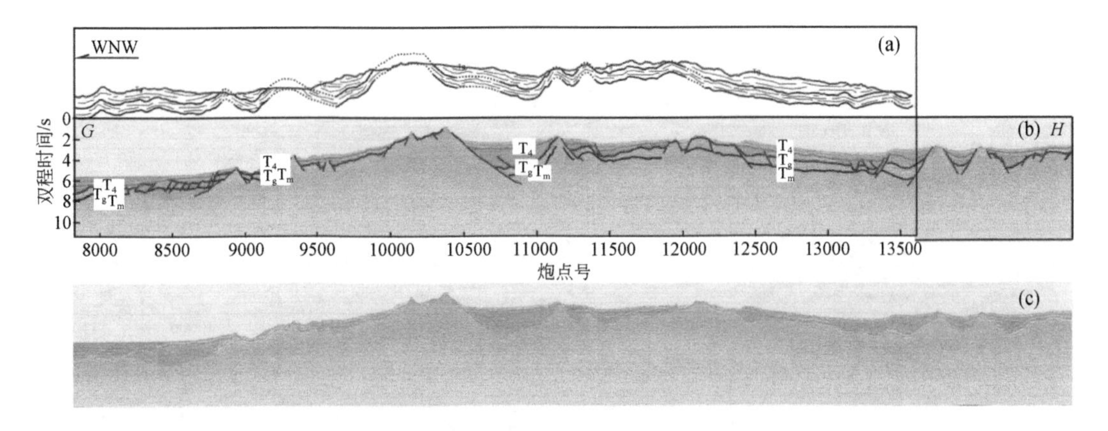

图 7.12　NW-7 测线地震剖面南东段解释图及中生界前 T_g 构造恢复示意图

（a）中生代地层筛除新生代构造变形后的构造几何形态恢复图；（b）地震解释图；（c）原始地震剖面；

T_m、T_g、T_4 对应于图 7.9，分别相当于图 5.3 中的 T_m、T_{gc}、T_{40}。剖面位置见图 7.9

东部的 07ns-6 测线地震剖面西北段，从图 7.13 可以看到中生代地层由于强烈挤压作用发生褶皱，并伴生有明显的挤压冲断带。这些反映中生代挤压的构造被后期伸展作用所形成的断裂分隔，虽然不能见到完整的褶皱构造，但也能反映当时的强烈挤压作用和冲断（图 7.13）（赵美松等，2012）。

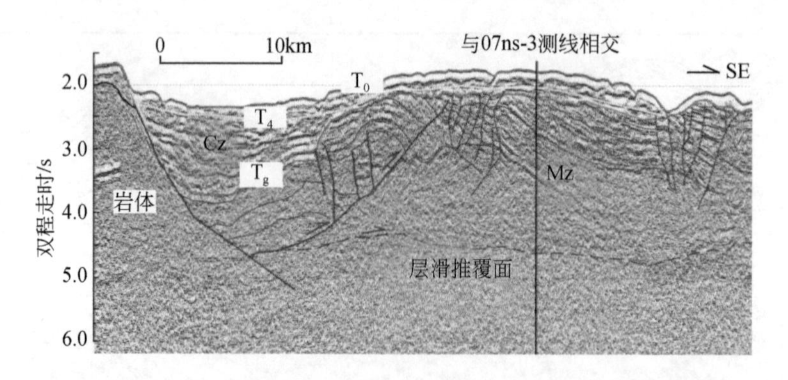

图 7.13　07ns-6 测线地震剖面局部解释图（据赵美松等，2012）

T_g、T_4 对应于图 7.9，分别相当于图 5.3 中的 T_m、T_{gc}、T_{40}；T_0 为海底反射界面；剖面位置见图 7.8

（二）南薇–安渡–仙宾中生代中弱挤压褶皱区

该褶皱区海底深 1.5～2km，上覆新近系沉积很薄，个别地方中生代地层直接出露海底，有很厚的中生界和古近系沉积，在地震剖面上的特点是由厚度大且褶皱的中、下构造层组成，中构造层厚度较稳定，约 4km，与上构造层呈明显的角度不整合接触（图 7.14）。该褶皱区在新生代不断向南、北两侧的南沙地块南部前陆盆地和南海深海盆提供物质来源。礼乐滩附近岩石拖网及钻井（Sampaguita-1、Kalamansi-1、Reed Bank-A1 等井）表明礼乐滩附近的三叠系—白垩系为一套深海、浅海沉积（Kudrass *et al.*，1986），采集到的含晚三叠世—早侏罗世羊齿植物的样品，可与华南大陆的地层对比，因此礼乐地块在印支期可能为孤立于特提斯洋中的一个海台，燕山期开始与华南大陆逐渐连接在一起。

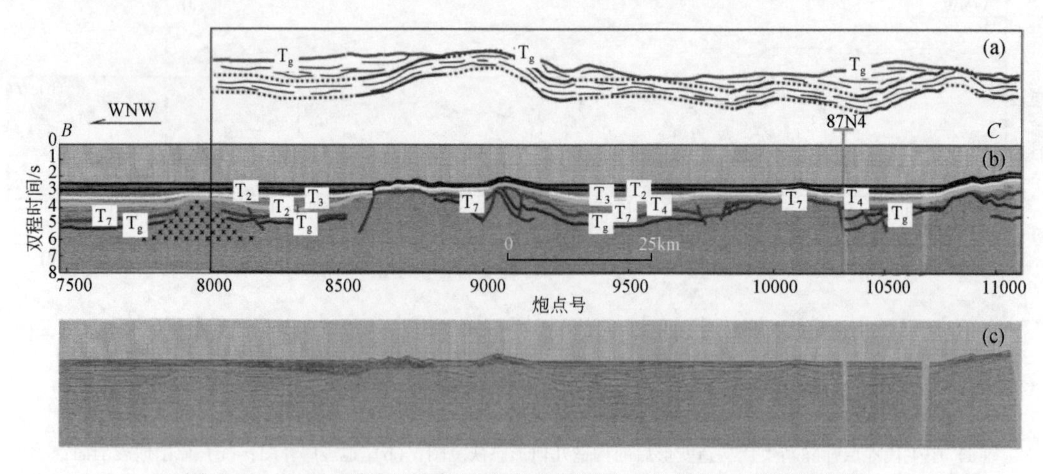

图 7.14　NW-2 测线地震剖面中段解释图及中生界前 T_g 构造恢复图

（a）中生代地层筛除新生代构造变形后的构造几何形态恢复图；（b）地震解释图；（c）原始地震剖面；T_g、T_7、T_4、T_3、T_2 对应于图 7.9，分别相当于图 5.3 中的 T_{gc}、T_{70}、T_{40}、T_{30}、T_{20}。剖面位置见图 7.8

从地震剖面来看，NW-2 测线地震剖面中部地区中生代挤压褶皱作用不如北部地区明显。但与 07ns-6 测线地震剖面对比发现，剖面西部地区的褶皱作用明显强于东部，反映挤压作用在中生代时期从北西往南东，逐渐减弱（图7.14）。

（三）南沙海槽-西北巴拉望新生代沉降区

南沙海槽-西北巴拉望新生代沉降区西部以万安-纳土纳走滑断裂带为边界，东部以马尼拉-民都洛走滑断裂带为界，南部以沙捞越前陆推覆带与加里曼丹相隔。该沉降区雏形主要由于古南海的南向俯冲，南沙地块与加里曼丹-巴拉望碰撞而形成的，这些盆地主体呈现前陆盆地的特点，廷贾走滑断裂及巴拉巴克断裂将该沉降区分成曾母走滑-前陆复合型盆地、南沙海槽前陆盆地和西北巴拉望前陆盆地，由于后期的叠加和改造又各具特色。该区新生界沉积层的厚度可达16km，而地壳厚度只有18～22km（Taylor and Hayes，1983），表明区内曾经发生过一次强烈的拉张拆离过程，使地壳明显变薄。

从NW-2测线地震剖面南东段上来看，南沙海域南部地区，挤压作用就不那么明显，从恢复的中生代地层示意图中可以看出，该区中生代地层存在一定挤压作用形成的极其宽缓的褶皱，但明显弱于北部和中部地区（图7.15）。

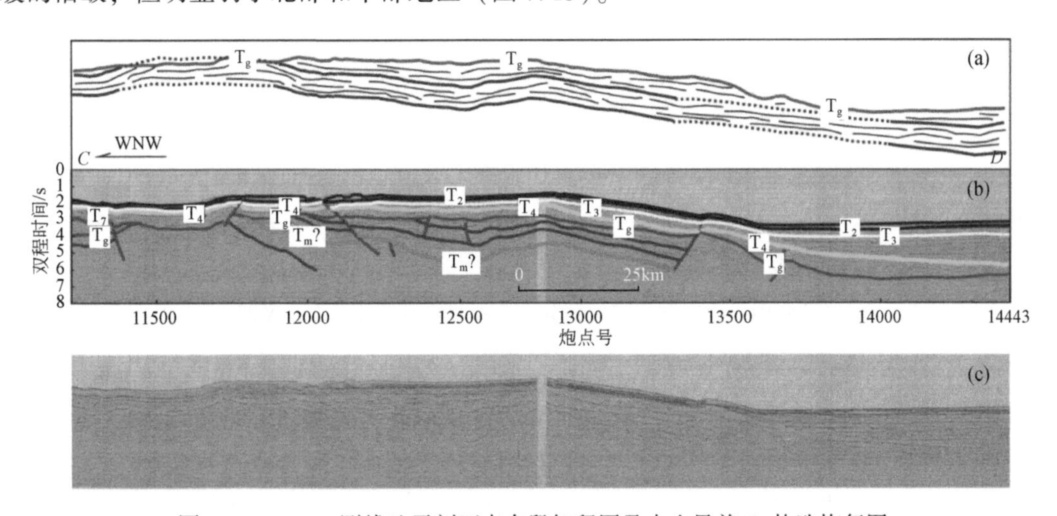

图7.15　NW-2测线地震剖面南东段解释图及中生界前 T_g 构造恢复图

（a）中生代地层筛除新生代构造变形后的构造几何形态恢复图；（b）地震解释图；（c）原始地震剖面；T_m、T_g、T_7、T_4、T_3、T_2 对应于图7.9，分别相当于图5.3中的 T_m、T_{gc}、T_{70}、T_{40}、T_{30}、T_{20}。剖面位置见图7.8

第二节　南海北缘冲断-褶皱构造的地震剖面特征

南海南、北部陆缘是受新生代南海的扩张而形成的一对共轭大陆边缘，本书在对南海南部陆缘的地震剖面进行分析解释的基础上，为探求中生代时期南沙、礼乐等地块与华南板块之间的关联机制，进一步分析研究区域内中生代的构造演化特征，又选取了南海北部海域的地震剖面来进行分析解释。

南海北部陆缘地震剖面资料较多，前人的研究主要涉及新生代的构造演化及其对油气资源意义的探讨，对中生代南海北部陆缘构造演化的研究相对较少。本书选取研究区域内数条地震测线，对其中生界有较明显反射特征的剖面进行了分析解释。主要用到的地震测线有 97301 测线、79pr1884 测线、ZZZ15 测线、08e31374 测线 4 条，在此基础上又添加了 ZZ07 测线、91ec2534 测线及 LF33-1-1 井等来参考并约束上述 4 条地震测线的解释，各测线地理位置如图 7.16 所示。

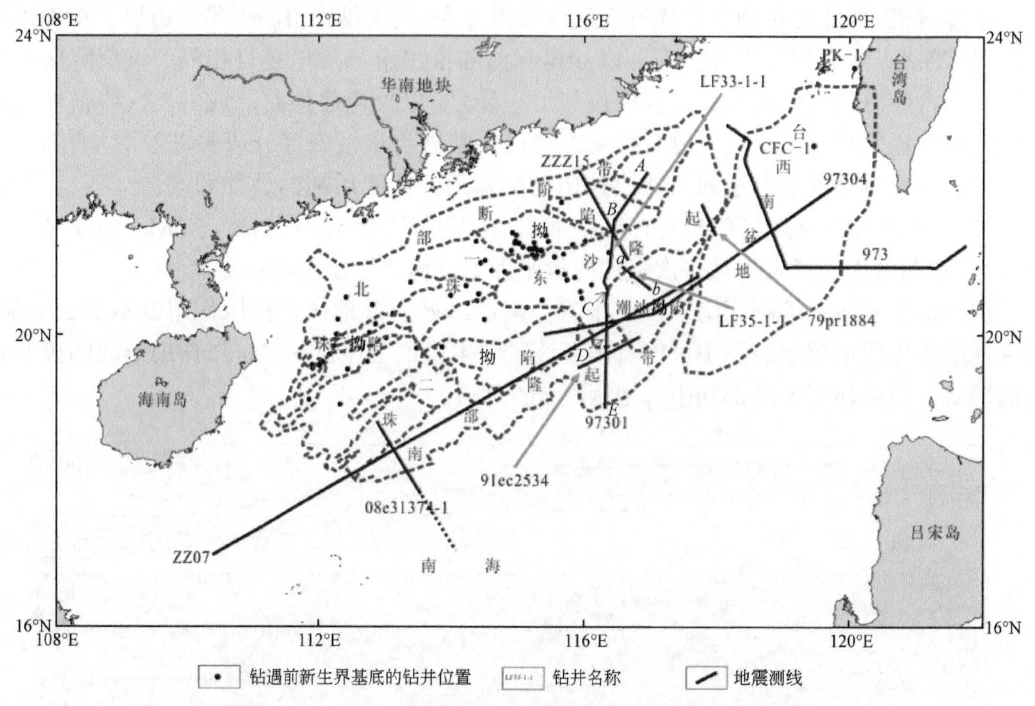

图 7.16　南海北部区域划分、地震测线及钻井分布示意图

97301 测线为国家 973 项目“南海大陆边缘动力学及油气资源潜力”于 2002 年所采集，其由北向南依次穿过韩江凹陷、海丰凸起、陆丰凹陷、东沙隆起、南部隆起、中央海盆等。因需要对其中生界地震剖面特征进行解释分析，选取了测线中可见到中生界地震反射特征的南海北部陆架陆坡区部分。本书将所选取的 97301 测线分为四段，分别为图 7.16 中的 *AB*、*BC*、*CD*、*DE* 段。受本区域内中生代—新生代构造活动的影响，造成上下地层之间呈角度不整合接触，成为对其地层解释的 T_g 界面划分的主要依据，在此基础上添加了 LF33-1-1 井和 ZZ07 测线、91ec2534 测线对本剖面进行约束。T_g 界面为中、新生代地层的分界面，T_g 之上为新生代地层，T_g 之下为中生代地层。

97301 测线的 *AB* 段呈 NEE—SWW 走向，由北向南穿过了韩江凹陷—海丰凸起—陆丰凹陷。中生代地层与新生代地层在地震剖面中可看到明显的角度不整合接触，T_g 界面埋深在 2km 左右，南北起伏较平缓，中生界产状表现为倾斜和褶皱的特征，近 *A* 端处地层倾角变小，靠近 *B* 端倾角变大，同向轴连续性较差、中低频率、中低振幅，中生界内部反射较为杂乱，反映出中生代时期沉积环境为海陆交互相-滨海相沉积环境（图 7.17）。

97301 测线的 *BC* 段呈近 SN 走向，由北向南穿过陆丰凹陷—东沙隆起。对本段剖面的解释参考了 ZZZ15 测线的解释结果，并用 LF33-1-1 井对层位进行了约束。剖面中 T_g 界面由北向南逐渐隆升，并可见中生代地层亦有明显变形，主要表现为褶皱形式，LF33-1-1 井揭示的新生代沉积地层厚度为 979m 左右，其下为前古近纪酸性岩（图 7.18）。

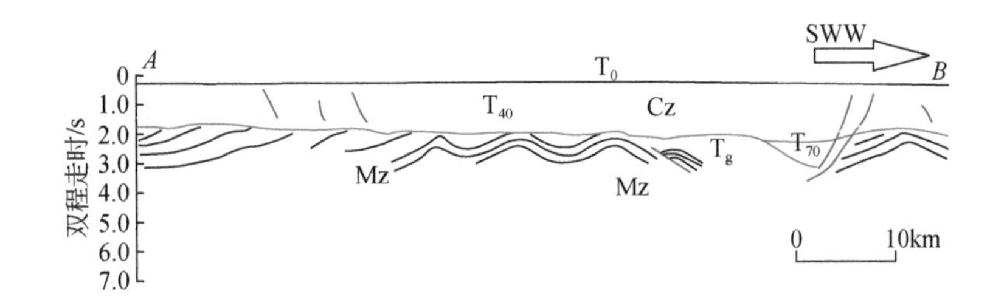

图 7.17　97301 测线 *AB* 段地震剖面解释图

T_g、T_{70}、T_{40}分别相当于图 5.3 中的 T_{gc}、T_{70}、T_{40}。T_0 为海底反射界面；剖面位置见图 7.16

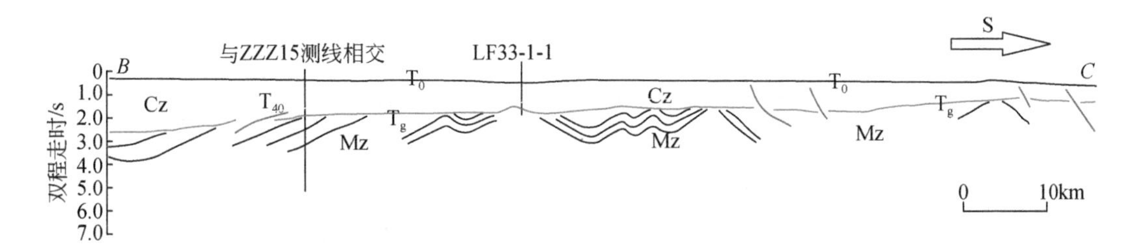

图 7.18　97301 测线 *BC* 段地震剖面解释图

T_g、T_{40}分别相当于图 5.3 中的 T_{gc}、T_{40}。T_0 为海底反射界面；剖面位置见图 7.16

97301 测线的 *CD* 段呈 SN 走向，穿过东沙隆起及潮汕拗陷的西缘。在本段的南部与 ZZ07 测线相交。地震剖面中显示存在明显的岩体侵入活动，中生代地层视倾向有北向和南向，地层倾角较大，中低振幅、频率较低、同向轴连续性较好、具明显的平行-亚平行层状反射结构，推测沉积环境为稳定的海相沉积环境，受后期构造活动影响呈现出明显的褶皱构造（图 7.19）。

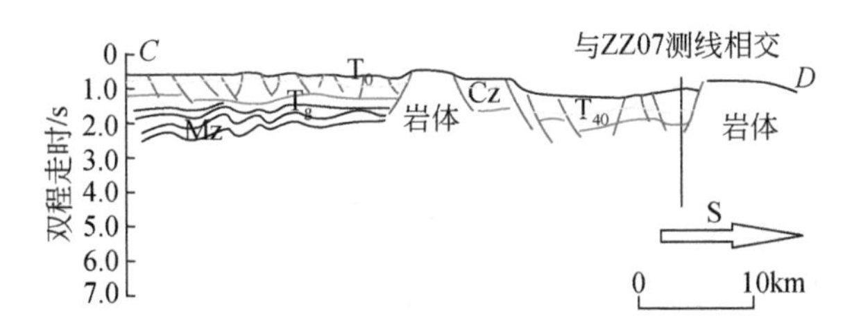

图 7.19　97301 测线 *CD* 段地震剖面解释图

T_g、T_{40}分别相当于图 5.3 中的 T_{gc}、T_{40}。T_0 为海底反射界面；剖面位置见图 7.16

97301 测线的 *DE* 段呈 SN 走向，穿过珠江口盆地的东沙隆起南部和南部隆起带。本段的北部与 91ec2534 测线相交。本段由东沙隆起向南 T_g 界面埋深逐渐加深，在珠江口盆地南部隆起带中 T_g 界面显示出一系列半地堑构造特征。在其中部偏南存在明显的岩体侵入活动，其南端为珠江口盆地的南部隆起带，中生代的残留地层强烈变形且厚度逐渐减小直至消失殆尽，此时的 T_g 界面应解释为新生界的底界，T_g 之下为洋壳。图 7.20 中 T_{40}为新生代构造活动界面，代表了南海北部在晚中新世之后的大规模披覆沉降的开始。

地震剖面中的中生代地层产状杂乱、同向轴连续性较差，地层褶皱破碎，地震剖面中越往下部地震相反射特征变得越不明显，因而不能识别出中生界的底界。在剖面中表现有几处明显的逆冲推覆构造，推覆的方向由南向北，表明中生代时期受到来自其南面强作用力的推挤挤压造成褶皱地层的变形破裂，进而产生逆冲推覆构造。新生代中晚期沉降接受沉积，中生代地层因隆起抬升遭受剥蚀而与上覆新生代地层呈角度不整合接触，因此中生代呈现出残留拗陷盆地的特征（见图 7.21，位于图 7.20 中线框处）。

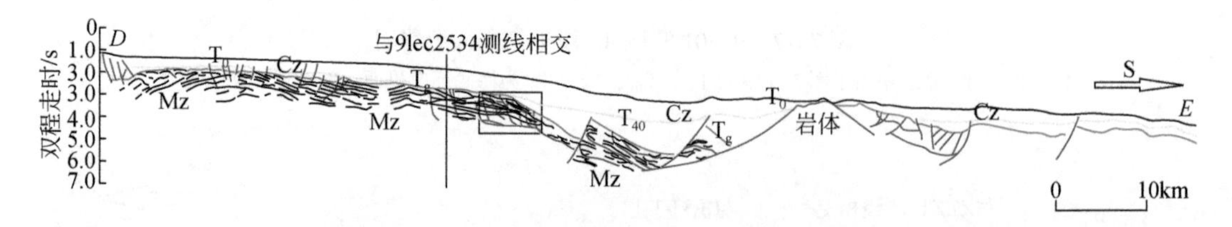

图 7.20　97301 测线 *DE* 段地震剖面解释图

T_g、T_{40} 分别相当于图 5.3 中的 T_{gc}、T_{40}。T_0 为海底反射界面；剖面位置见图 7.16

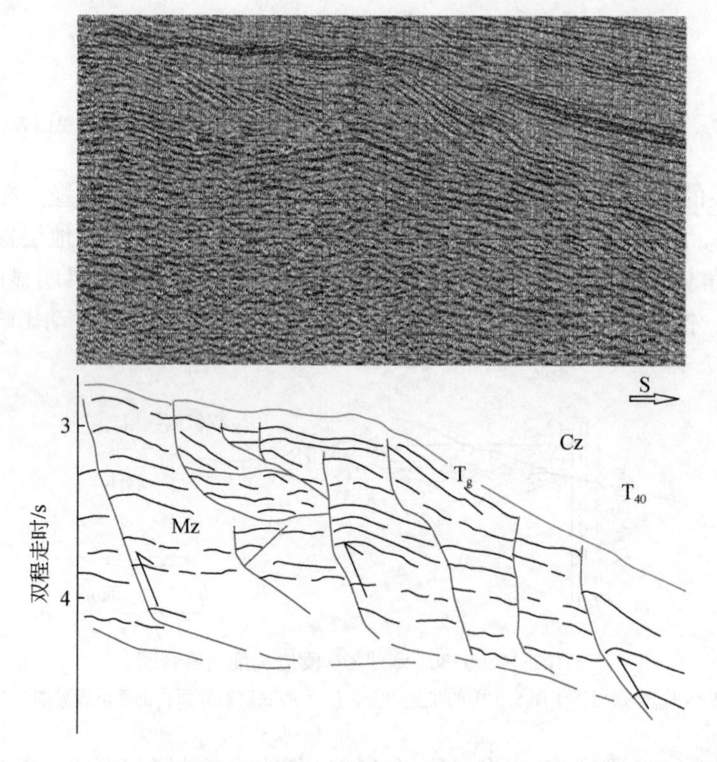

图 7.21　97301 测线 *DE* 段局部放大图

T_g、T_{40} 分别相当于图 5.3 中的 T_{gc}、T_{40}；剖面位置为图 7.20 中的小框

79pr1884 测线位于南海东北部，走向为 NW—SE，穿过珠江口盆地的东沙隆起东北部和台西南盆地东部的局部地区。本书在参考前人对 973 测线解释（丁巍伟等，2004）、97304 测线解释（丁巍伟等，2010）的基础上，对本条测线进行了重新解释（图 7.22），

划分出 T_g 界面，T_g 之上为新生代地层，T_g 之下为中生代地层，剖面中显示中生代地层与上覆新生代地层呈角度不整合接触，且受新生代时期伸展作用影响，中生代地层顶部产生一系列明显的半地堑构造，由西北向东南方向 T_g 埋深呈逐渐加深的趋势。中生代地层受中生代末期构造活动影响，地震剖面显示其多处呈现出逆冲推覆构造，表明沉积地层形成后受构造作用影响褶皱变形隆起，继续受较强的作用力影响而发育逆冲推覆构造，推覆的方向由南向北。地震相方面，中生界内部表现为低频、中低振幅、同向轴连续性一般、具平行-亚平行层状反射结构，推测地层成因为较稳定的海相沉积环境。

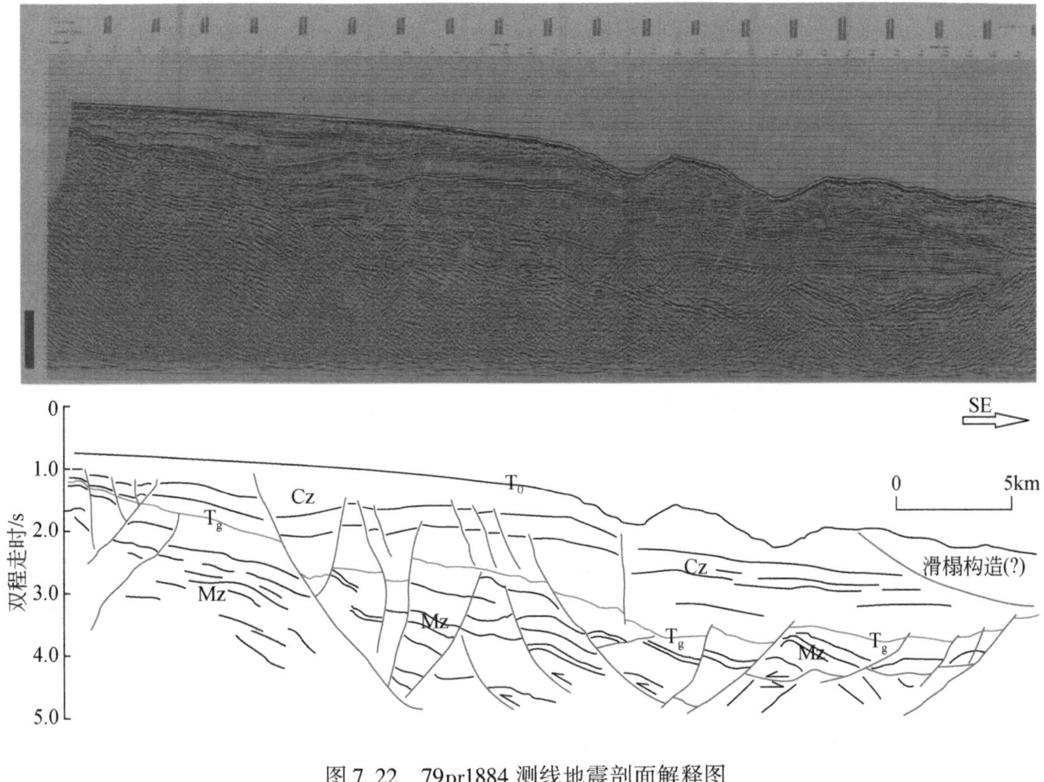

图 7.22　79pr1884 测线地震剖面解释图

T_g 相当于图 5.3 中的 T_{gc}。T_0 为海底反射界面；剖面位置见图 7.16

ZZZ15 测线位于南海北部陆架区域，为 NW—SE 走向，穿过珠江口盆地的北部断阶带、陆丰凹陷、东沙隆起等构造区，并在东沙隆起处与 97301 测线相交。在与 97301 测线相交处开始对 T_g 界面追踪及中、新生代地层之间以 T_g 界面为界呈现出角度不整合接触是对本测线解释的主要依据。剖面中 T_g 界面在北端埋深较浅，双程走时为 1.0s 左右；向南 T_g 界面埋深变深，最深处双程走时接近 2.0s，且中生代地层厚度加大，地震相较为清晰，具平行-亚平行的层状反射结构、同向轴连续性较好；往南靠近本测线的南端为东沙隆起处，新生代沉积地层变薄，T_g 界面埋深变浅，双程走时接近 1.0s 左右。在剖面的中间位置，中生代地层呈现出几处较为明显的逆冲推覆构造，推覆的方向由南向北（图 7.23）。

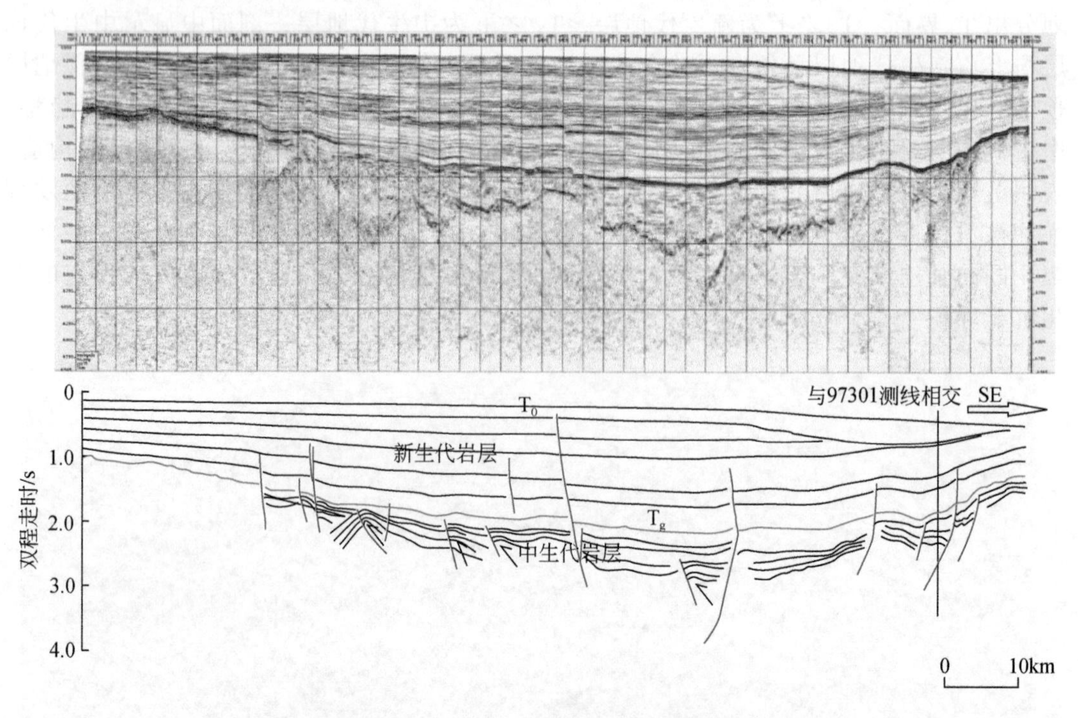

图 7.23　ZZZ15 测线地震剖面解释图

T_g 相当于图 5.3 中的 T_{gc}。T_0 为海底反射界面；剖面位置见图 7.16

08e31374 测线穿过珠江口盆地的东南部及西沙地块的永乐隆起区，走向为 NW—SE 向，本书选取其北面的一半进行解释分析（图 7.24），图 7.16 中实线为解释部分，虚线为剩余未解释的测线部分。解释的测线部分主要位于顺德凹陷及南部隆起带。对本测线解释的依据主要为中、新生代地层之间的角度不整合接触，并在与 ZZ07 测线的相交处对 T_g 界面进行了标定及追踪。地震剖面中显示新生代沉积地层由北向南厚度变化不大，因此，T_g 界面由北向南的相对埋深亦变化不大。新生代地层呈现出大规模披覆沉降的构造特征，中、新生代地层之间呈现明显的角度不整合接触，其南端存在岩体侵入活动。通过对测线北段的局部地震剖面放大后的解释分析，发现此区域中生代地层中亦存在较为明显的逆冲推覆构造（图 7.25，位置见图 7.24 线框处），推覆的方向由南向北。

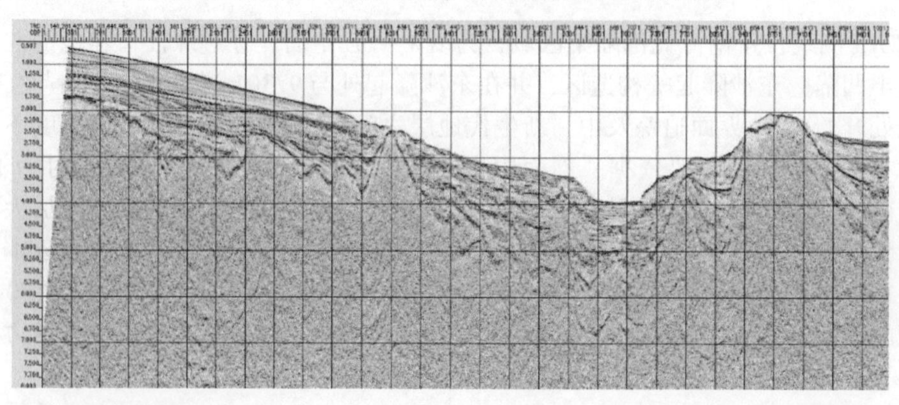

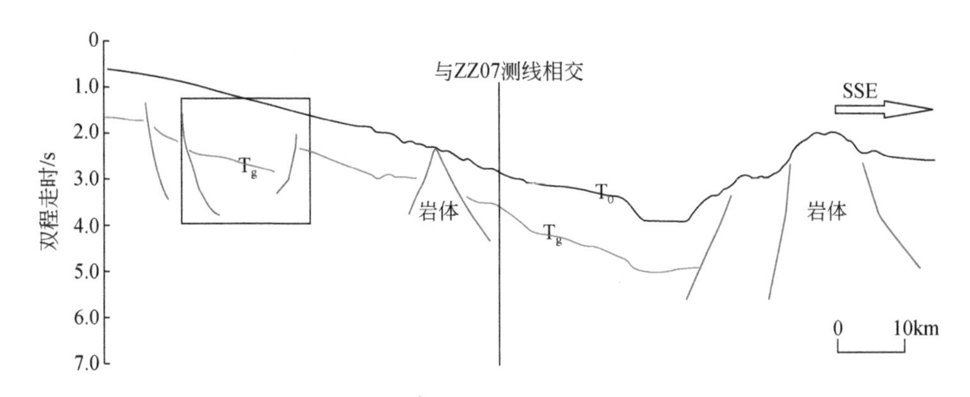

图 7.24 08e31374 测线地震剖面解释图

T_g 相当于图 5.3 中的 T_{gc}。T_0 为海底反射界面；剖面位置见图 7.16

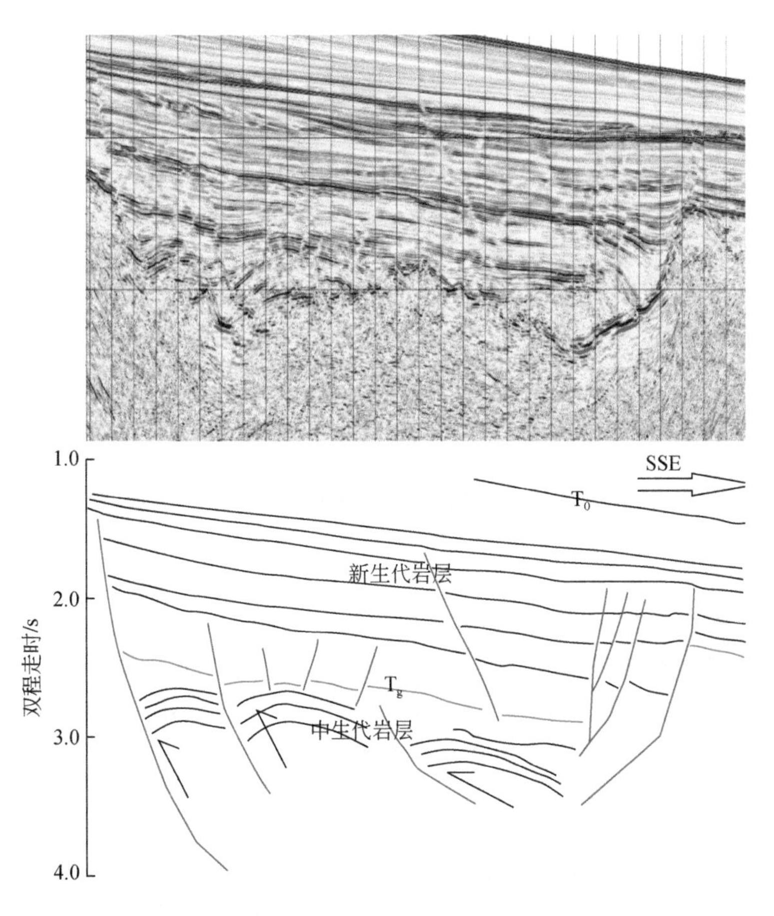

图 7.25 08e31374 测线局部放大地震剖面解释图

T_g 相当于图 5.3 中的 T_{gc}。T_0 为海底反射界面；剖面位置见图 7.24 中的矩形框线

ZZ07 测线为本书选取的对照参考联络测线之一，先后与 08e31374 测线及 97301 测线相交，其走向为 SWW—NEE 向，由西南向东北依次穿过了琼东南盆地和珠江口盆地的南

部隆起带、白云凹陷南缘、东沙隆起南缘、潮汕拗陷等构造区。其剖面解释如图 7.26 所示。剖面中 T_g 界面为中生代地层与新生代地层的分界线，二者呈角度不整合接触。测线的西南端附近属琼东南盆地构造区，新生代沉积地层较厚，由西南向东北过渡，珠江口盆地南部隆起带的东部位置，新生代沉积地层厚度逐渐减薄至 2 ~ 3km，T_g 界顶埋深变浅；向东至白云凹陷南缘及荔湾凹陷北缘处附近，新生代地层沉积逐渐变厚，此时 T_g 界面埋深加大；测线的东北端与 97301 测线相交后进入东沙隆起及潮汕拗陷处，此区域新生代沉积厚度较小，T_g 界顶埋深较浅，中生代地层在地震剖面上亦有较强的地震相反射特征。

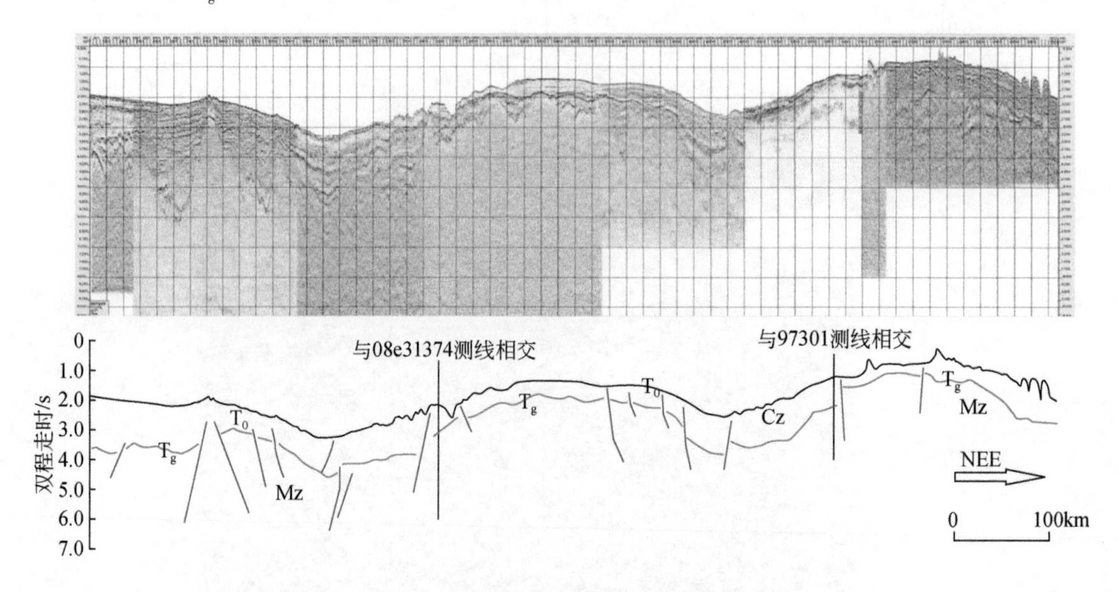

图 7.26　ZZ07 测线地震剖面解释图

T_g 相当于图 5.3 中的 T_{gc}。T_0 为海底反射界面；剖面位置见图 7.16

91ec2534 测线位于珠江口盆地的南部，其地理位置如图 7.16 所示，走向为 SWW—NEE 向，其剖面解释如图 7.27 所示。由西南向东北处，水深变浅海拔升高，地震剖面中可见明显的岩体侵入活动。中、新生界的分界面亦为 T_g 界面，其东南端和中部穿过荔湾凹陷，新生代沉积地层较厚，T_g 界顶埋深较深，向北东与 97301 测线相交，然后进入潮汕拗陷西南部区域，新生代沉积地层变薄，T_g 界顶埋深变浅。本测线新生代地层和中生代地层均有较为清晰的地震相反射特征，中生界在地震剖面中表现为中低振幅、频率较低、同向轴连续性一般，但与 97301 测线相交处附近的地震剖面显示其同向轴连续性较好。推测中生代地层形成于稳定的海相沉积环境，受后来岩体侵入及构造活动的影响而发生褶皱变形、风化剥蚀等，与新生代大规模的披覆沉积地层呈明显的角度不整合接触。

前人对本区域内地震剖面的分析研究亦对中生代的岩相古地理及构造演化等有较多的解释（王平等，2000；郝沪军等，2009；姚伯初等，2011）。过潮汕拗陷北坡 LF35-1-1 井的地震测线走向为 NW—SE 向，其地理位置见图 7.16 中的 *ab* 段。图 7.28 为对其解释示意图，图中 T_g 界面为中生代地层与新生代地层的分界面，根据对其解释（姚伯初等，2011；郝沪军等，2009），T_g 界面之下的上侏罗统—下白垩统发生褶皱-冲断变形，并存在明显的逆冲推覆构造（图 7.28），其构造运动学特征为由东南向西北方向仰冲。

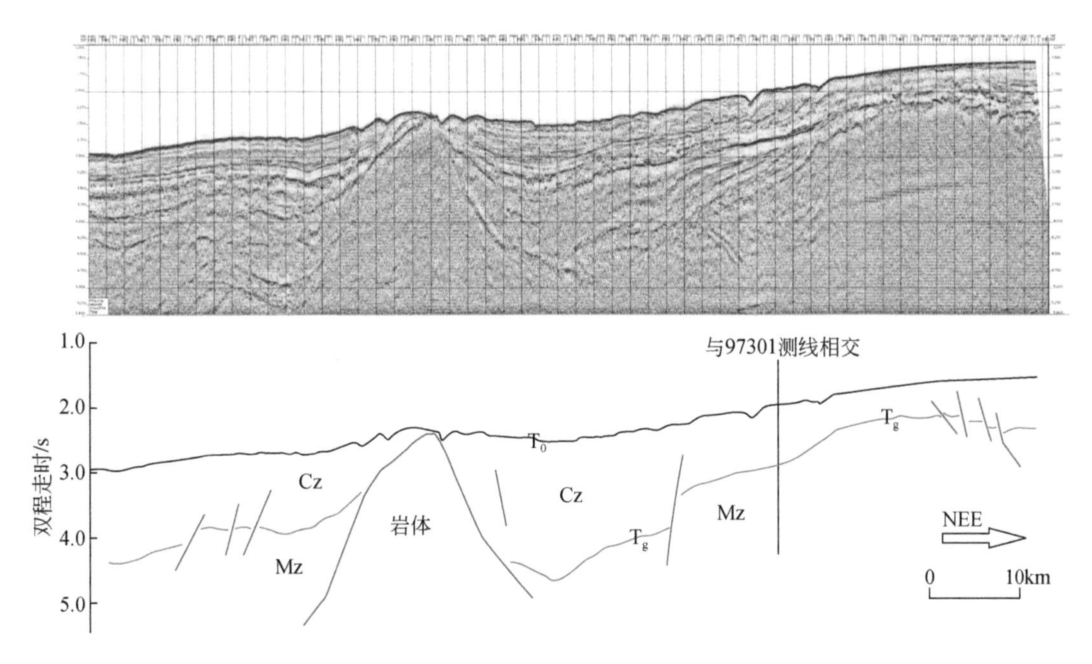

图 7.27　91ec2534 测线地震剖面解释图

T_g 相当于图 5.3 中的 T_{gc}。T_0 为海底反射界面；剖面位置见图 7.16

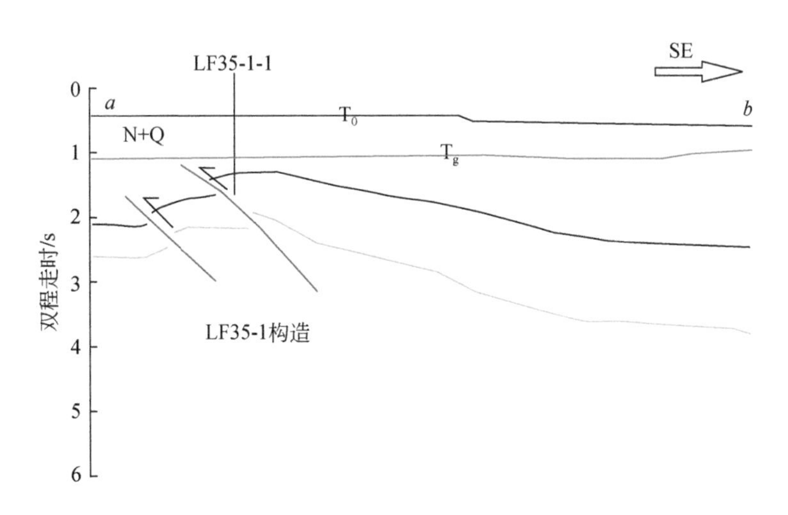

图 7.28　过 LF35-1-1 井地震剖面解释图（据郝沪军等，2009；姚伯初等，2011）

T_g 相当于图 5.3 中的 T_{gc}。T_0 为海底反射界面；剖面位置见图 7.16

本节通过南海北部陆架-陆坡地区数条地震剖面的解释分析及引用前人的研究结果，对南海北部的中生代地层构造特征有了较为系统的认识，且在本区域内走向为 NW—SE 向的地震测线中，均发现有较为明显的褶皱-逆冲推覆构造。表明南海北部陆缘处由台西南盆地至珠江口盆地的西缘在中生代时期受到了共同的强挤压应力场的作用，其构造特征为地层受到来自 S—SE 方向的应力挤压变形而向 N—NW 方向逆冲推覆。

第三节　古双峰-笔架碰撞造山带的发现

通过第一节和第二节对南海南北陆缘处数条地震剖面的解释分析，及前人的研究观点，可对地震剖面反映出来的构造运动特征总结如下：

（1）中生代时期，南海北部陆缘处曾受到来自 S—SE 方向强作用力的推挤挤压，地震剖面中显示由台西南盆地一直延伸到珠江口盆地西南部方向由 S—SE 向 N—NW 方向的逆冲推覆构造带的存在。

（2）中生代时期，南沙-礼乐地块曾拼贴于华南板块的南缘（Taylor and Hayes，1980；Lee and Lawer，1995），而通过礼乐地块处地震剖面的解释发现，其中生代地层曾受到过来自 N—NW 方向的强作用力的影响而发生了向 S—SE 方向的逆冲推覆构造。

（3）南海南北部陆缘的中生代地层出现方向截然相反的逆冲推覆构造，表明在中生代时期，南沙-礼乐地块不仅拼贴于华南板块的南缘，且与华南板块发生了剧烈的碰撞造山运动，只有在如此强的作用力影响下才会造成拼贴在一起的两个地块中的褶皱地层出现方向相反的逆冲推覆，二者联合组成“古双峰-笔架碰撞造山带”。

第八章　古双峰-笔架碰撞造山带的古地磁运动学证据

地处南海西北部的海南岛（图 8.1），以琼州海峡与华南大陆相隔。在大地构造位置上，它位于太平洋板块、印澳板块和欧亚板块三叉结合部位，受太平洋构造域和特提斯构造域两大地球动力学系统的明显控制，具有复杂的地质构造演化历史，是了解亚洲东南部大陆增生、南海形成的一个得天独厚的重要窗口。因其独特的大地构造位置，长期以来受到国内外地学界众多学者的关注和多方面的研究（杨树锋等，1989；Hsu *et al.*，1990；Metcalfe *et al.*，1993；陈海泓等，1994；李献华等，2000b；刘海龄等，2004c，2006；Liu *et al.*，2006，2011）。从构造区划上，已可明显地将海南岛划分为琼中地块和三亚地块。根据区域大地构造研究结果（杨树锋等，1989；刘海龄等，2004c，2006；Liu *et al.*，2006，2011），这两个地块自中三叠世印支运动结束以来，与华南地块基本连为一体，但对其在更早地质历史时期的运动特征和相互之间的大地构造关系，至今未有明确的认识。古地磁学方法在研究地块及地块之间的运移特征方面具有独特的作用。但至目前为止，对海南岛地区的古地磁研究工作大多集中在白垩纪时期，而对构造运动比较剧烈的海西—印支阶段的研究程度相对较低。本书即运用古地磁学方法，采集了海南岛晚古生代—中生代地层-岩体古地磁标本并进行了古地磁学参数测试，在假定岩体标本所在岩体自形成以来未发生过显著倾斜运动的前提下，进行了琼中地块和三亚地块在各地质时期的古纬度和古地磁极位置计算，再利用计算所得结果，结合区域大地构造分析，来探讨海南岛晚古生代以来的构造位置演化过程和古地理格局。这不仅有助于了解欧亚板块与印度板块的相互作用，而且对于认识南海的成因和南海北部陆缘盆地的构造演化均具有重要意义。

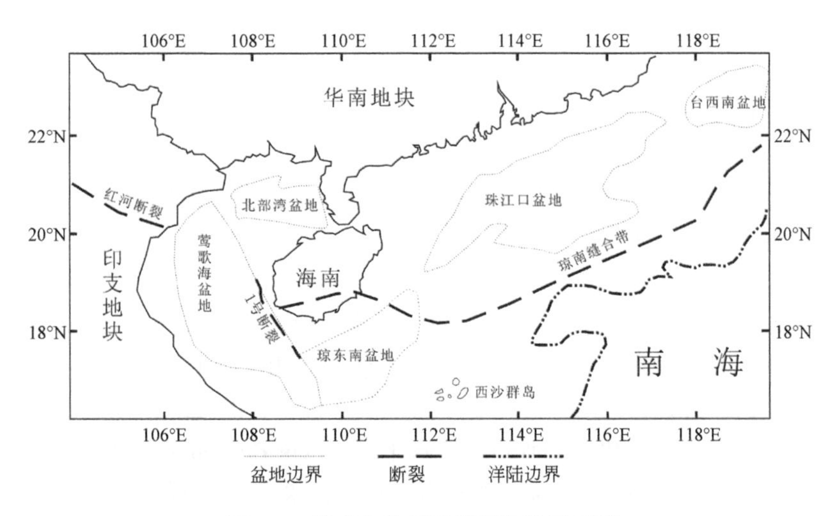

图 8.1　海南岛位置及邻区构造概要图

第一节　海南岛区域地质背景

一、主要断裂

海南岛在长期复杂的大地构造发展中，受不同方式的构造运动的多期次作用，形成了不同形态、不同力学性质、不同次序和不同级别的构造成分，从而构成了现今复杂的构造图像。将一定范围和时间内由同一力源所产生的、在成因上具有一定联系的构造成分进行综合分析，可以看出海南岛以东西向构造系和 NE—NNE 向构造系为主。其中 EW 向构造系由北向南分别是王五-文教断裂带、昌江-琼海断裂带、尖峰-吊罗断裂带和九所-陵水断裂带，NE—NNE 向构造系主要是白沙断裂。这些断裂带横贯全岛，控制着区内地层、构造和岩浆的发生、发展。由于这些断裂的分割，海南岛被分成两个主要地块：琼中地块和三亚地块。根据这些断裂和地块的地层分布、岩浆活动等特征分析（汪啸风等，1991a；许德如等，2009），它们的发生、发展过程可概述如下：

（1）九所-陵水断裂带可能在加里东期开始形成，海西期因强烈活动导致岩浆沿断裂带侵入；燕山期断层继续活动，导致酸性岩浆的喷溢和侵入，形成 EW 向花岗岩穹窿，并表现为明显的压性或压扭性；喜马拉雅期活动明显减弱。

（2）尖峰-吊罗断裂带早在加里东期可能就已形成，并控制了该构造带北侧古生代的沉积；海西期，该构造带继续活动，形成东西向的褶皱带和断裂带；印支期，该构造带表现为断裂带形式，强烈活动，导致印支期岩体的侵入；燕山期，该断裂带继续活动，一方面导致燕山期岩体的多次侵入，另一方面又使岩体强烈地挤压破碎，形成规模巨大的压性或压扭性断裂带。

（3）昌江-琼海断裂带可能在元古宙初期就以拗陷带出现，沉积了海南岛的基底构造；加里东期，该构造带继续遭受挤压，形成东西向褶皱和压性断裂；海西期—印支期，该构造带早期表现拉张、晚期表现挤压特征，导致一套具洋壳性质的拉斑玄武岩沿该断裂带自岛西军营—邦溪向东至兰洋断续出露约 180km（夏邦栋等，1991b；Xu *et al.*，2007）；印支期—燕山早期，该构造带早期表现挤压、晚期表现张性特征，导致岩浆体充满断裂带，构成一条巨大的 EW 向花岗岩穹窿构造带；燕山晚期则表现拉张-挤压性质，下白垩统鹿母湾群被卷入这一构造带中。

（4）王五-文教断裂带在前海西期就已形成，海西期有过强烈的压扭性活动，印支期继续活动，燕山期表现为压性活动，导致重熔岩浆侵入，并控制中生代盆地的形成和沉积；喜马拉雅期，表现为张性断裂活动，控制了厚达 3000m 以上的古近纪、新近纪海陆交互相沉积，以及深部玄武岩浆沿断裂上升喷溢地表，说明它的强烈活动时期主要在喜马拉雅期，且对近代地貌、地震和火山活动的控制作用较以南各带都要突出。

（5）NE—NNE 向构造系主要为白沙断裂。白沙断裂可能出现于印支期晚期—燕山早期，呈现明显的压性或压剪性特征，构成巨大的穹窿构造带，并有海西期和燕山期岩体侵入；燕山期活动最为强烈，并控制了白垩纪盆地的分布，使这些盆地沿断裂带呈串珠状分布，并在一些盆地边缘形成强烈的挤压破碎带。海南岛主要断裂特征见表 8.1。

表 8.1　海南岛主要断裂带特征

断裂名称	位置	产状及规模	地质特征及力学性质
白沙断裂	斜贯海南岛中部，北起临高马袅，向西南经儋县、松涛水库至乐东一带	总体走向 NE30°～40°，南西段偏转为 NNE 向。倾向不一，倾角一般为 50°～80°。长达 140km，宽约 30km	断裂带切过古生代地层、早白垩世及海西期混合岩、燕山期岩体，并控制了白垩纪红色盆地的沉积，有强烈挤压破碎和硅化，并有混合岩化以及海西期和燕山期岩体侵入 。断裂带具压扭性特征
王五－文教断裂	位于海南岛北部，横跨儋县、澄迈、定安、文昌等县，东西两端延入海中	呈 EW 走向，陆地出露长约 200km。南北宽约 180km	南北两侧地质构造特征各异：北侧新生代玄武岩广布；南侧发育古生代变质岩、混合岩，中生代红层和燕山期花岗岩。断裂带具先压后张的转变特征
昌江－琼海断裂	位于海南岛中部，横贯东方、昌江、白沙、琼中、屯昌和琼海等县境	总体呈 EW 走向，长约 200km	该断裂带中挤压破碎现象非常强烈，并且包含一些在不同时期遭受挤压活动形成的褶皱带，中段断裂最发育；沿断裂带侵入印支期和燕山期花岗岩体。断裂带具压性特征
尖峰－吊罗断裂	位于海南岛南部，横穿乐东、保亭、陵水和万宁等县	总体呈 EW 走向，长约 190km	该断裂带表现为重力低异常带，分布许多印支期和燕山期花岗岩；断裂带强烈挤压破碎，构造岩发育，断裂面清晰。断裂带具压性或压扭性特征
九所－陵水断裂	位于海南岛南部，横贯乐东、三亚和陵水等县市	东西长约 100km	沿断裂带分布海西期和燕山期岩体，并见叶蜡石、绿泥石、糜棱岩等应变矿物和动力变质现象，挤压破碎带发育，并有岩脉入侵。断裂带具压性或压扭性特征

资料来源：广东省地质图说明书（1∶50 万）

二、主要地块

（一）琼中地块

以九所-陵水断裂带和王五-文教断裂带分别为南、北边界的琼中地块，在前新生代发育了 4 个沉积旋回（曾庆銮等，1992；胡宁等，2001，2002）①：前震旦纪（700Ma 以前）旋回、原特提斯海相旋回、古特提斯海相旋回、中-新生代陆相旋回。其中古特提斯海相旋回始于晚泥盆世，晚泥盆世至晚二叠世海相沉积地层角度不整合于下伏地层之上，底部为砾岩，产泥盆纪腕足类化石，中上部产腕足类、双壳类、牙形石、珊瑚、菊石类等化石，厚度为 857～4282m。印支造山运动关闭了古特提斯，从而琼中地块进入了中生代以来的陆相沉积环境，以三叠纪以来内陆盆地沉积为特征，夹碰撞型中酸性火山岩建造。

① 海南岛地质矿产勘查开发局. 1998. 海南省数字地质图修编说明书（1∶50 万）.

琼中地块晚古生代除缺失早-中泥盆世地层外其余时期皆有地层被发现，其中石炭纪地层发育完整，岩性以含碳质较高的硅质和泥沙质碎屑岩为主，二叠纪岩性主要为灰黑色灰岩和石英砂岩（汪啸风等，1991a）。海南岛石炭系分布较广，主要出露于岛中南好地区、岛西江边、石碌地区、岛西北军营地区以及岛北儋县、澄迈、琼海等地，主要是一套含碳质较高的硅质和泥砂质碎屑岩，包括下石炭统、下石炭统—上石炭统南好组和上石炭统乐东河组（青天峡组）。二叠系主要分布在海南岛西部江边、石碌鸡心村和东部的定安县岭文村一带，分上二叠统南龙组、下二叠统鹅顶组和峨查组，下二叠统鹅顶组岩性主要为含生物碎屑燧石灰岩和页岩，峨查组为石英砂砾、中细粒砂岩及泥质页岩，上二叠统南龙组岩性为硅质页岩、泥灰岩、砂岩互层及夹煤线。海南岛中生界三叠系在海南岛分布很少，缺失上、下三叠统，仅在岛东定安县的岭文村一带出露，为中三叠统岭文群复矿砂砾岩、石英长石砂岩和页岩。侏罗系地层缺失。白垩系分为下白垩统鹿母湾组和上白垩统报万组（龙文国和汪迎平，2000），分布范围可及三亚地块。鹿母湾组岩性主要为砂砾岩、长石石英砂岩、粉砂岩和泥岩，厚度超过2600m（Li *et al.*，1995），常夹有安山-英安质火山岩，并含孢粉化石，其与上覆报万组呈整合接触，底界砂砾岩与下伏花岗岩呈侵入接触关系（张小文等，2007）。报万组岩性为紫红色长石砂砾岩夹粉细砂岩和泥页岩，厚度超过2295m，主要特征为富含长石碎屑，含植物、孢粉、轮藻和介形虫及蚊类昆虫等生物化石，不含火山碎屑，矿物成分变化不大但粒度变化较大（符国祥，1995）。

（二）三亚地块

与琼中地块以九所-陵水断裂带相隔的三亚地块，根据地层岩性和古生物化石等特征（曾庆銮等，1992；汪啸风等，1991b，1992），前新生代（寒武纪—早白垩世）的沉积古环境演化历史可概括为早、中、晚3个主旋回：早期旋回即早寒武世至中寒武世，沉积物以海相陆源碎屑岩和碳酸盐岩混合沉积为特征，盆地及其周围物源区具频繁交替的升降运动特征；中期旋回即早奥陶世至晚奥陶世，以单纯的海相陆源碎屑岩沉积为特征，自晚奥陶世末至早白垩世初，长期缺失沉积地层记录，与琼中地块巨厚的古特提斯海相沉积旋回截然不同；晚期旋回即早白垩世为内陆湖盆泥石流-火山凝灰岩沉积。

第二节　海南岛古地磁样品及测试结果

一、样品采集

笔者在海南岛白沙盆地、三亚地块等地新开挖的新鲜岩石剖面进行古地磁标本的采集，共在18个采点钻取古地磁岩心143块，其中砂质石英岩心9块、花岗岩岩心115块、红层岩心10块、玄武岩岩心9块。各采点地理位置如图8.2所示。各个采点的具体采样情况见表8.2。全部标本用便携式采样钻机获取，野外用磁罗盘定向，GPS测定采样点地理坐标经度和纬度值。

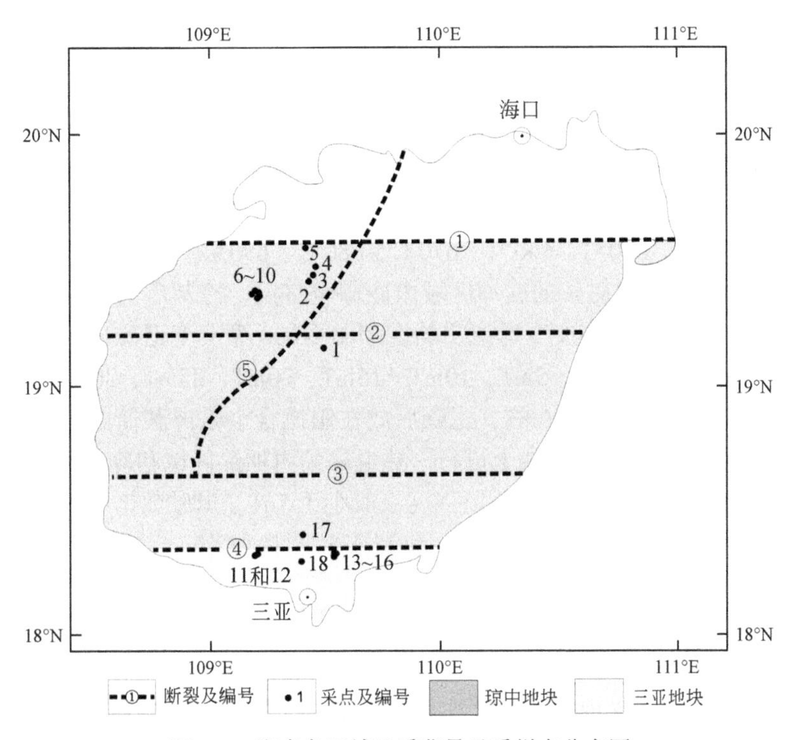

图 8.2 海南岛区域地质背景及采样点分布图

①王五-文教断裂；②昌江-琼海断裂；③尖峰-吊罗断裂；④九所-陵水断裂；⑤白沙断裂

表 8.2 海南岛古地磁采点位置与采样统计

采点序号	岩心序号	地理位置	GPS 坐标	岩性及时代	岩心数量
1	HG36	元门村 310 省道旁	109.6°E，19.1°N	砂质石英岩（C_{1-2}）	9
2	HG37	白沙县城南高案村 310 省道旁	109.4°E，19.3°N	花岗岩（T_2）	7
3、4	HG38	白沙县城北新开田 315 省道旁	109.5°E，19.3°N	花岗岩（T_1）	18
5	HG39	西培农场 315 省道旁	109.5°E，19.4°N	花岗岩（T_1）	8
6～10	HG40-HG43	白沙县牙叉镇 310 省道旁	109.4°E，19.3°N	花岗岩（P_2）	32
11、12	HG44-HG45	雅林村东北公路旁	109.2°E，18.5°N	花岗岩（K_1）	15
13～16	HG13	番道村 224 国道旁采石场	109.7°E，18.4°N	花岗岩（T_2）	35
17	HG46	南改五北公路旁	109.5°E，18.6°N	红层（K_1）	10
18	HG15	六罗河公路旁河床	109.5°E，18.4°N	玄武岩（K_1）	9

二、实验和数据处理

实验工作是在中国科学院南海海洋研究所古地磁实验室屏蔽房（残余磁场小于300nT）进行的。首先将野外取回来的 143 块古地磁钻孔岩心切割成 2.5cm（直径）×

2.2cm（长）的圆柱状测试样品，一般每块岩心可以加工成1～3块标准样品，共获得241个样品，然后挑选样品进行退磁实验。为了比较哪一种退磁方法效果好，本书首先选择部分样品同时进行交变退磁和热退磁（同一岩心下两份样品分别进行交变退磁和热退磁）。逐步热退磁实验在Schonstedt TSD-1型退磁炉上加热退磁，逐步热退磁温度间隔设置为100℃、150℃、200℃、250℃、300℃、350℃、400℃、450℃、500℃、550℃、580℃、600℃、620℃、640℃、650℃、660℃、670℃、680℃、690℃。在每一个温度点保持恒温加热60min，加热后在热退磁炉的冷却区域内冷却至室温。冷却后的样品放在铂镆合金磁屏蔽筒内等待剩磁测试。逐步交变退磁实验在Model-600型交变退磁仪上进行，逐步交变退磁磁场强度间隔设置为2mT、5mT、10mT、15mT、20mT、25mT、30mT、35mT、40mT、50mT、60mT、70mT、80mT、100mT，退磁后放在铂镆合金磁屏蔽筒内待剩磁测试。剩磁测试在2G-755R型岩石超导磁力仪上进行。热退磁炉内加热区域和冷却区域的磁场强度均小于10nT。铂镆合金磁屏蔽筒内部磁场强度一般小于5nT。退磁数据用Enkin的PMGSC42软件进行主成分分析（Kirschvink，1980）和Fisher统计（Fisher，1953）。

三、海南岛新的古地磁结果

根据样品能反映有意义现象的测试结果，样品数据分析主要针对早-中石炭世采点1、中三叠世采点15，以及早白垩世采点11、17和18，这些采点的样品有较好的实际分析意义。5个采点均能分离出特征剩磁分量，平均方向见表8.3和图8.3。

表8.3　海南岛各采点古地磁结果

采点序号	样品数量	时代	地理坐标	剩磁方向		古磁极		古纬度
				D，I	α_{95}	位置	α_{95}	
1	15	C_{1-2}	19.1°N，109.6°E	34.0°，46.9°	5.2°	57.7°N，176.9°E	5.4°	28.1°N
15	13	T_2	18.4°N，109.7°E	359.8°，31.1°	3.3°	88.4°N，296.5°E	2.8°	16.8°N
11	13	K_1	18.5°N，109.2°E	354.6°，39.8°	6.4°	83.5°N，59.3°E	6.0°	22.6°N
17	5	K_1	18.6°N，109.5°E	20.2°，47.5°	6.8°	69.0°N，167.3°E	7.1°	28.6°N
18	10	K_1	18.4°N，109.5°E	7.3°，50.9°	3.6°	75.2°N，134.6°E	4.0°	31.6°N

注：D和I分别为磁偏角和磁倾角；α_{95}为95%置信度圆锥半顶角

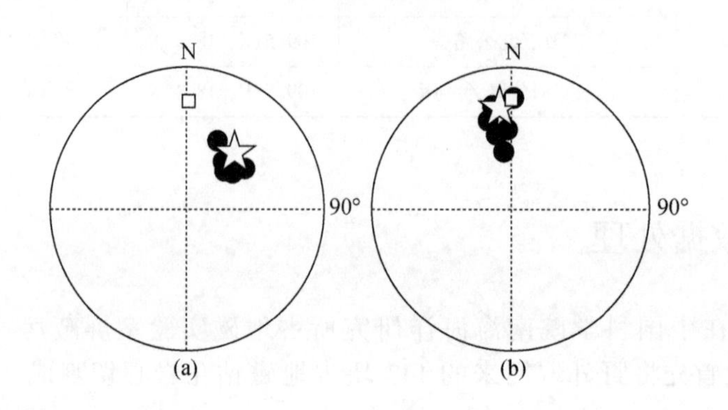

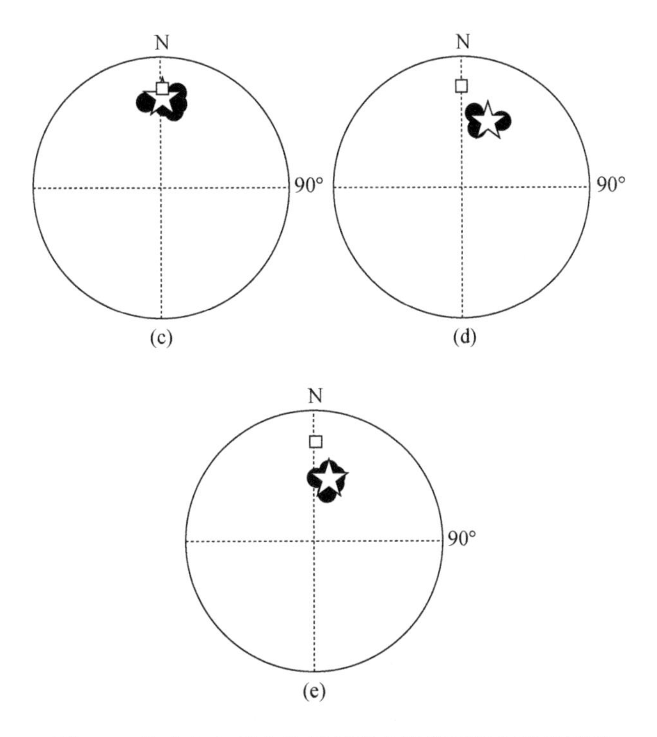

图 8.3　海南岛各采点特征剩磁分量等面积赤平投影图

投影点均为下半球投影；(a) ~ (e) 代表采点 1、采点 11、采点 15、采点 17 和采点 18 方向在地理坐标系下的投影；☆为平均方向；□为现代地磁场方向

(一) 早石炭世结果

早石炭世砂质石英岩样品天然剩磁较大，为 10^{-3} ~ 10^{-2} A/m。均能分离出剩磁分量，如图 8.4 (a)、(b) 所示，系统热退磁揭示出该组样品具有 1 ~ 2 组剩磁组分，大多数样品强度退掉 80% 以后，才出现指向 Z 氏投影图坐标原点的分量；高温剩磁分量解阻温度不低于 680℃，均通过 Z 氏投影图的坐标原点；样品在 680℃ 解阻，表明样品的载磁体为赤铁矿；与 100℃ 之前相比，磁偏角的差异比较明显，说明在 100℃ 之前，有一组黏滞剩磁被清洗掉了［图 8.4 (a)］。早石炭世样品的特征剩磁方向在地理坐标下为 D=34.0°，I=46.9°，κ=55.9，α_{95}=5.2°；相应的古地磁极位置为 57.7°N，176.9°E，α_{95}=5.4°，古纬度为 28.1°N。

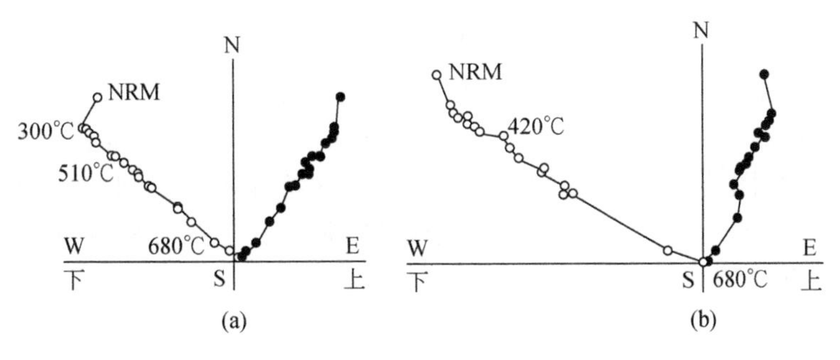

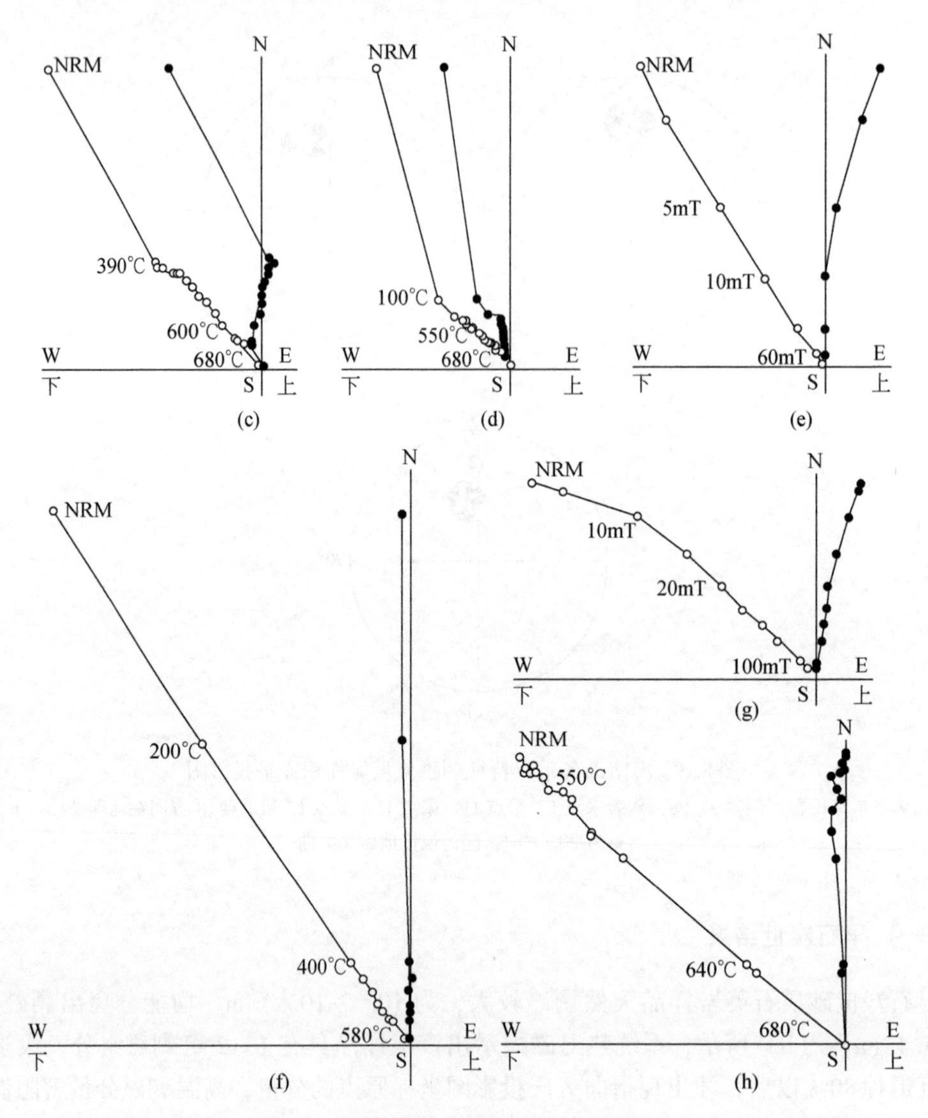

图 8.4　海南岛典型样品退磁 Z 氏投影图

图中实心圆和空心圆分别代表剩磁方向在水平面和铅直面上的投影（地理坐标系下）

（二）中三叠世结果

中三叠世花岗岩样品天然剩磁强度多数为 10^{-3} A/m 数量级，代表性样品退磁曲线如图 8.4（e）、(f) 所示，系统热退磁揭示具有 1～2 组剩磁组分，样品在 580℃解阻，说明样品的载磁体为磁铁矿；高温剩磁分量均通过 Z 氏投影图的坐标原点。系统交变退磁揭示样品在 10mT 强度时出现指向 Z 氏投影图坐标原点的分量，并在 60mT 时解阻，剩磁分量同样通过 Z 氏投影图的坐标原点。中三叠世样品的特征剩磁方向在地理坐标下为 D = 359.8°，I = 31.1°，κ = 154.2，α_{95} = 3.3°；相应的古地磁极位置为 88.4°N，296.5°E，α_{95} = 2.8°，古纬度为 16.8°N。

（三）早白垩世结果

早白垩世花岗岩、红层、玄武岩样品的天然剩磁强度为 10^{-3} ~ 10^{-2} A/m，代表性样品退磁曲线如图 8.4（c）、（d）、（g）、（h）所示，系统热退磁揭示具有 1 ~ 2 组剩磁组分，样品在 680℃解阻，说明样品的载磁体为赤铁矿；高温剩磁分量均通过 Z 氏投影图的坐标原点。系统交变退磁揭示样品在 10mT 强度时出现指向 Z 氏投影图坐标原点的分量，并在 100mT 时解阻，剩磁分量通过 Z 氏投影图的坐标原点。早白垩世样品的特征剩磁方向在地理坐标下为 D = 3.0°，I = 43.7°，κ = 34.7，α_{95} = 4.4°；相应的古地磁极位置为 82.3°N，130.2°E，α_{95} = 4.3°，古纬度为 25.5°N。

（四）讨论

为了解决在野外对花岗岩等火成岩体进行古地磁取样时难以确定岩体成岩磁化时原始产状的难题，前文提出了“岩体标本所在岩体自形成以来未发生过显著倾斜运动”的假设，并认为所记录的古地磁方向为岩体原生的剩磁方向。如何对该假设进行检验呢？根据琼中地块、三亚地块自中三叠世印支运动结束以来已与华南地块基本连为一个整体的特征，通过比较印支期以后海南岛古地磁极位置与华南地块参考古地磁极位置的关系，便可判断该假设是否正确。当二者的位置接近，便说明岩体形成以后确实没有发生过明显的倾斜运动（无须排除岩体的水平运动及垂直升降运动）。通过 Enkin 的 PMGSC42 软件对海南岛采点 11（花岗岩样品 13 个）进行主成分分析和 Fisher 统计，得到的结果是：海南岛在早白垩世的古纬度为 22.6°N，古地磁极位置为 83.5°N，59.3°E，α_{95} = 6.0°（图 8.5 中的点 6）。这与前人由海南岛样品所获得的白垩纪古地磁极位置（图 8.5 中的点 2 ~ 5）以及华南地块白垩纪参考极位置 80.1°N，204.1°E，α_{95} = 2.5°（Zhu *et al.*，2006）（图 8.5 中的点 1）相近（表 8.4）。为了进一步验证由花岗岩样品所得的早白垩世古地磁极位置的正确性，将 11、17（5 个样品）和 18（10 个样品）三个采点（共 28 个样品）的全部样品数据进行统

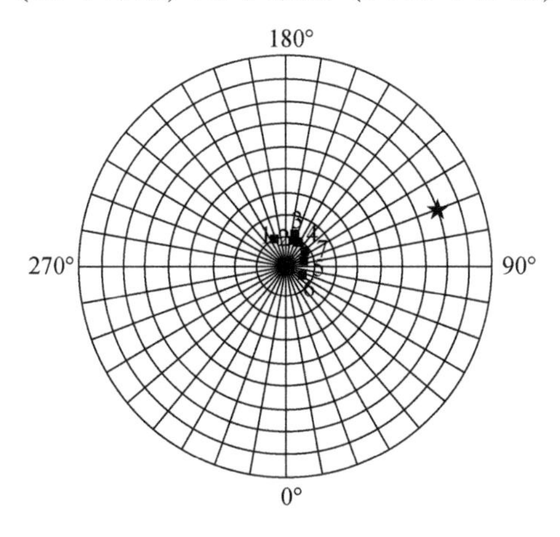

图 8.5　海南岛白垩纪古磁极

1 为华南地块参考极（Zhu *et al.*，2006）；2 来自 Li 等（2005）；3 来自 Liu 等（1999）；4 来自付璐露等（2010）；5 来自张伙带和谈晓冬（2011）；6 为本书采点 11 统计结果；7 为本书采点 11、17、18 三个采点统计结果；★为海南岛位置

计，得到的综合结果是：海南岛在早白垩世的古纬度为25.5°N，古地磁极位置为82.3°N，130.2°E，α_{95}=4.3°（图8.5中的点7）。该结果仍然表明花岗岩样品所得的古地磁极十分接近华南地块参考极及前人的结果。这说明海南岛在印支期形成“琼南缝合带”（Liu *et al.*，2006；刘海龄等，2006）之后，确实没有发生显著的倾斜运动。因此，本书认为海南岛白垩纪花岗岩古地磁方向是可靠的，用该数据也能真实反映海南岛白垩纪的古纬度。这是对花岗岩样品进行古地磁学研究的一个成功的例子。

表8.4　海南岛古地磁结果对比

地块	地理位置	年代	标本数或采点数	剩磁方向		古磁极		古纬度	参考文献
				D，*I*	α_{95}	位置	α_{95}		
琼中	109.0°E，19.0°N	C_1	21	173.7°，11.8°	3.4°	-64.2°N，123.5°E	2.5°	6.0°N	汪啸风等，1991a
	109.6°E，19.1°N	C_{1-2}	9	34.0°，46.9°	5.2°	57.7°N，176.9°E	5.4°	28.1°N	本书
	109.4°E，18.9°N	C_3	24	82.1°，55.3°	4.9°	17.2°N，166.6°E	5.9°	35.8°N	汪啸风等，1991a
	110.0°E，19.2°N	T_1	18	54.8°，30.7°	5.4°	38.0°N，193.7°E	4.5°	16.5°N	汪啸风等，1991a
	109.4°E，18.9°N	K_1	6	7.9°，41.7°	8.0°	81.1°N，163.8°E	7.7°	24.0°N	Li *et al.*，2005
	109.4°E，19.1°N	K_1	11	10.9°，44.1°	4.2°	77.8°N，163.3°E	4.2°	25.9°N	Liu and Morinaga，1994
	109.4°E，19.2°N	K_1	14	359.9°，43.4°	4.8°	83.8°N，108.4°E	4.7°	25.3°N	张伙带和谈晓冬，2011
	110.7°E，19.7°N	K_2	7	6.7°，44.7°	5.4°	81.2°N，153.3°E	5.4°	26.3°N	付璐露等，2010
三亚	109.7°E，18.4°N	T_2	9	359.8°，31.1°	3.3	88.4°N，296.5°E	2.8°	16.8°N	本书
	109.5°E，18.4°N	K_1	26	3.0°，43.7°	4.4	82.3°N，130.2°E	4.3°	25.5°N	本书

将前人得到的海南岛不同时代的古地磁结果分别与获得的古地磁数据进行比较（表8.4），同时对海南岛琼中地块和三亚地块不同时期的运动特征进行分析，结果如图8.6所示。从图8.6可以看出，在晚古生代初期，三亚地块和琼中地块从南半球向北靠

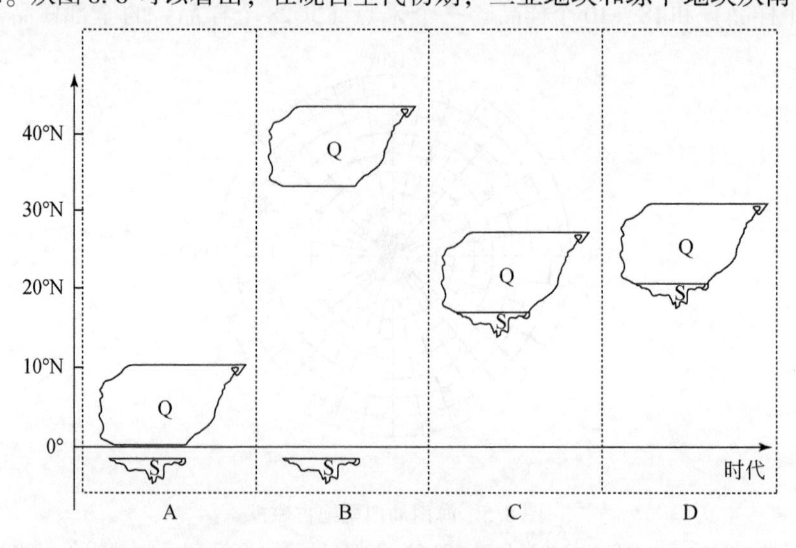

图8.6　琼中地块和三亚地块运动特征图

A. 早石炭世；B. 晚石炭世；C. 中三叠世；D. 白垩纪；Q. 琼中地块；S. 三亚地块

近赤道南侧。处于三亚地块北侧的琼中地块从石炭纪开始并进入北纬地区，于晚石炭世末到达它的最北点即35.8°N。随后于早三叠世折向南到达16.5°N附近。此时，三亚地块也向北移，重新接近琼中地块，大约于中三叠世，三亚地块到达16.8°N。

通过系统分析前人的古地磁资料，并结合本次获得的古地磁新资料，得出如图8.7所示的海南岛三亚地块和琼中地块古纬度位置变迁轨迹图（杜云空等，2013；杜云空，2013）。

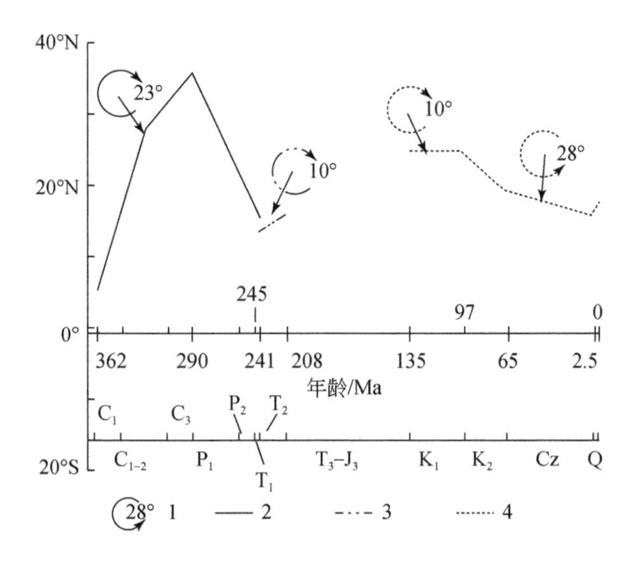

图8.7　海南岛古纬度变迁图

1. 地体的旋转角度和旋向；2. 琼中地块的运移轨迹；3. 三亚地块的运移轨迹；4. 琼中地块、三亚地块结合后的运移轨迹。在晚古生代初期，三亚地块和琼中地块从南半球向北靠近赤道南侧。处于三亚地块北侧的琼中地块从石炭纪开始顺时针旋转，并进入北纬地区，于晚石炭世末海西运动前到达其最北位置35.8°N，早三叠世折向南到达16.5°N附近。三亚地块也开始向北移动，重新接近琼中地块，大约于中三叠世，三亚地块到达16.8°N。自此，琼中地块、三亚地块连为一体，至白垩纪经历了10°左右的顺时针旋转，这之后到古近纪出现过小幅度的向南和向北运动，伴有28°的逆时针旋转。本图据Liu等（2006）、刘海龄等（2006）和本书资料编绘

泥盆纪—晚二叠世期间，琼中地块和三亚地块（其南面可包括西沙、中沙、南沙等次级地块）之间以琼南海盆相隔，琼中地块以北为琼北海盆（Liu *et al.*，2006；刘海龄等，2006）。三亚地块的南面可能仍与冈瓦纳大陆相连。早石炭世琼中地块位于6.01°N，接受了下石炭统南好组海相沉积。到中石炭世，琼中地块北漂至28.1°N。至晚石炭世，琼中地块到达其最北位置35.8°N，按早石炭世古纬度作保守估算，向北漂移了近30个纬度。也就是说，琼南海盆最鼎盛时期的南北向最大宽度应大于3300km。这说明海南岛在晚古生代经历了大陆裂谷-造洋作用（夏邦栋等，1991a，1991b）。若以扩张时间为晚泥盆世至早二叠世初约90Ma作粗略估算，琼南海盆的扩张速率应不小于3.7cm/a。晚二叠世期间，三亚地块开始向北漂离冈瓦纳大陆，在其南侧出现了古南海；琼北海盆、琼南海盆则向琼中地块俯冲，琼中地块因此而受到强烈的构造-岩浆改造，表现为强烈变化的磁异常等地球物理场特征（Fontaine *et al.*，1983）。

早三叠世，琼中地块北面的琼北古特提斯次级洋盆向南推挤琼中地块，导致琼中地块

向南运动，于中三叠世和三亚地块缝合于16.8°N，形成了以九所-陵水断裂带为表现的碰撞缝合带——“琼南缝合带”（Liu *et al.*，2006；刘海龄等，2006），二者连为一体一起运移。早白垩世时海南岛北移至25.5°N附近。晚白垩世以来，南海地区开始受太平洋构造域和先前特提斯构造域俯冲板片的去根-拆沉作用的联合控制（刘海龄，1989；刘海龄等，1991，1998，2002a；Liu *et al.*，1999；江为为等，2001），海南岛在现今纬度位置附近做小规模的南北漂移运动。

琼中地块和三亚地块的纬向漂移运动对各自地块的构造、沉积及岩浆活动起到重要的控制作用。综合前面已经探讨过的琼中地块和三亚地块的地层特征，可以看出两者在早古生代均为海相环境，可能同属原特提斯域，但琼中地块处于比三亚地块北面更深的深海环境。两地块自加里东期之后出现了明显的沉积分异：三亚地块在整个晚古生代一直处于隆升状态，遭受剥蚀，缺失沉积，直到早白垩世才开始接受陆相沉积；而琼中地块则自晚古生代中期转入古特提斯域的演化体制，从晚泥盆世—二叠纪一直接受海相沉积，以石炭纪深水陆棚相泥质岩沉积为主。直到中生代早期，印支运动结束了琼中地块的海相沉积。三亚地块、琼中地块重新联合进入晚三叠世以来的陆相沉积环境。由此可以推断，三亚地块以北包括琼中地块在内的广大地区在晚泥盆世—二叠纪曾存在过一个古海盆，我们将其称为“琼南海盆”（Liu *et al.*，2006；刘海龄等，2006）。

海南岛中南部岩浆岩的岩石-地球化学演化特征反映了琼南海盆的消亡以及三亚地块与琼中地块于中三叠世的缝合。三亚地区至少在中三叠世之前处于琼南海盆南缘的被动陆缘环境，岩浆活动不发育。琼中地块南侧的琼南海盆在经历过晚泥盆世—石炭纪的发育而成熟之后，大约于早二叠世开始在琼中地块南缘之下发生向北的俯冲消减作用，使琼中地块南部陆缘成为活动型板块边缘，并导致该边缘上早二叠世至中三叠世一系列I型和S型钙性、钙碱性花岗岩的形成。到中三叠世之后，持续存在了大约150Ma的琼南海盆基本消亡完毕，三亚地块、琼中地块开始碰撞缝合，形成了以九所-陵水断裂带为表现的碰撞缝合带，在缝合带附近形成三亚地区3对碰撞造山型“对花岗岩”（Liu *et al.*，2006；刘海龄等，2006）、琼中地块晚三叠世以来的I-S型花岗岩及表征造山带地壳向拉伸崩塌转变的A型花岗岩。

综上所述，早-中石炭世琼中地块位于28.1°N，晚石炭世运动到最北端35.8°N，随后向南运动，直到中三叠世与三亚地块在16.5°N拼贴缝合，随后琼中地块、三亚地块一起向北运移至早白垩世的25.5°N，新生代出现过小幅度的南北向往返运动。

第九章　古双峰-笔架碰撞造山带的区域地质证据及南沙区域大地构造演化

第一节　南海及邻区的特提斯构造域

利用南海地区的综合地球物理探测资料，包括多道反射地震、海底地震、重力、磁力、古地磁及钻孔等资料，详细进行了沉积地层学、地震地层学、岩浆岩、变质岩、地球化学、重力学、磁力学、古地磁学及大地构造的综合分析，发现了南海北部边缘存在一条前新生代的古缝合带——“琼南缝合带”。它西起海南岛南部九所-陵水断裂带，向东经南海北部陆坡，与台湾寿丰断层相连。琼南缝合带的缝合时代大致为印支期，为古特提斯主洋盆在南海地区的延伸段——“琼南海盆”的遗迹。该缝合带的形成标志着琼南地块向琼中地块的拼贴。琼南缝合带往西过红河-万纳走滑断裂带南段可与碧土-昌宁-孟连-劳勿-文冬古特提斯主缝合带南延段相连，往东在台湾的东北侧过马尼拉海沟断裂带的北延段则与西南日本隐岐-飞驒（Oki-Hida）前侏罗纪地体群南缘侵位缝合带相连。琼南缝合带的发现，对研究南海海区前新生代大地构造格局和前新生代海相残余-叠加型盆地的油气地质研究具有重要意义。

特提斯是否进入南海？这是一个一直困惑着南海地质界的地质科学之谜。前人孜孜以求，提出了不少猜想。丘元禧和张伯友（2000）认为，古特提斯洋东段的位置在现今的青藏-滇西三江往南沿碧土、昌宁-孟连、程逸（Uttaradit 乌达腊迪）至马来半岛的劳勿（Raub）-文冬（Bentung）、加里曼丹（古晋 Kuching）、巴拉望经吕宋-台湾至日本一线。而蔡乾忠等（2000）认为，特提斯构造域不仅从青藏高原越出中国边境南延，还从喜马拉雅北侧经越南北部马江缝合带由莺歌海进入南海，再通过南海北部陆坡海槽及东沙和珠江口盆地东部东延，受阻于台湾隆起后分成南、北两支。南支由珠江口盆地东部向东经台西南盆地进入菲律宾海，北支则经台湾海峡向北进入东海南部的台北拗陷，萎缩成古近纪早期（E_1-E_2^1）的残留海。类似地，曾维军（1991）认为金沙江-藤条河古特提斯支洋盆缝合带向东延入南海与西沙北海槽为同一构造带，并奠定了莺歌海盆地-琼东南盆地-西沙海槽的基底（姚伯初等，1994b）。张伯友等（1997）在南海北部陆缘的两广交界处发现了古特提斯构造带的重要证据。颜佳新和周蒂（2002）从宏观特提斯构造古地理的角度认为，晚三叠世时北巴拉望地块应位于印支地块以南的中纬度地区，而在它与华南地块之间隔着的大洋就是中特提斯洋。吴浩若（1999）指出，从菲律宾北巴拉望经琉球到西南日本内带，发育的中二叠世至晚侏罗世放射虫硅质岩，与古地磁证据一起指示了该期间华南南方一个低纬度的远洋盆地——“古南中国海”，它的张开可能是中-晚二叠世云开地体和中国东南部其他地方造山事件的原因。上述关于古特提斯或（中）特提斯的诸多观点虽不甚统一，但给我们的进一步探索提供了宝贵的信息。本书充分利用陆上、岛上地质、地球化学及覆盖南海水域的综合地质-地球物理探测资料进行综合分析，论述琼南缝合带的存在，并对其时空分布及其在古特提斯全球构造格局中的角色进行探讨，为南海地区古大地构造的恢复和前新生代残留的特提斯型大型海相盆地油气地质研究提供重要的理论依据。

一、琼南缝合带的存在证据

研究区内的沉积地层岩性、岩相、岩浆岩、变质岩、古地磁、古生物、岩石地球化学、地球物理场等多方面的特征共同表明在琼中地块和琼南地块之间确实存在一条缝合带，沿九所-陵水断裂带向东西两侧海域的陆架、陆坡区延伸。

（一）地层特征反映了晚古生代在琼中地块和三亚地块之间曾发育过古海盆——琼南海盆

以九所-陵水断裂带为界，南为琼南地块的北部——三亚地块，北为琼中地块（图9.1）。二者的地层特征对比如图9.2所示，在早古生代，两者同属原特提斯域。在晚古生代，三亚地块缺失沉积，琼中地块接受古特提斯期海相沉积。二者之间为古琼南海盆——古特提斯的东延部分。印支运动使三亚地块、琼中地块重新拼合，共同进入陆相沉积环境。

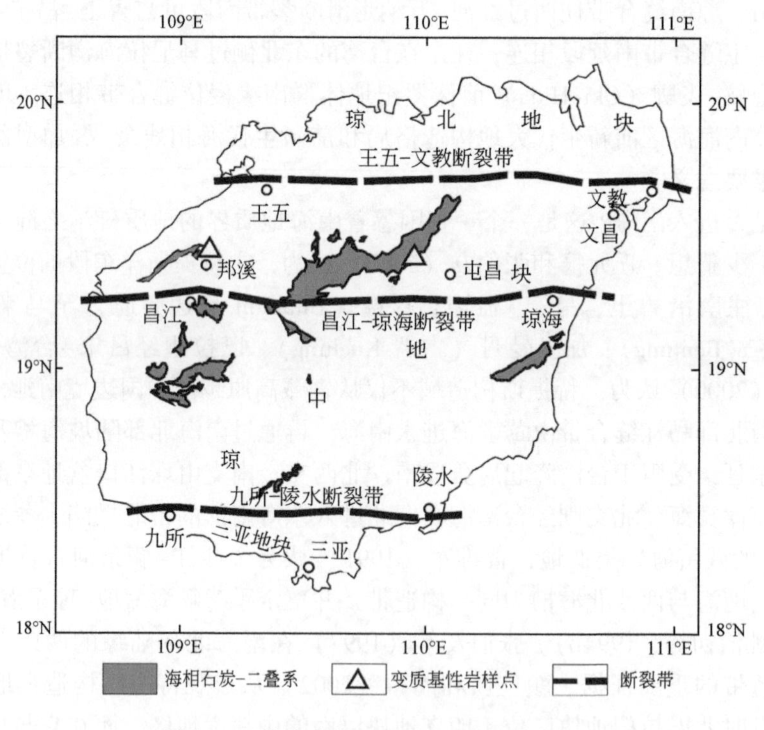

图9.1 海南岛海相石炭-二叠系分布图

（二）亏损型洋中脊玄武岩的发现表明琼南海盆具有洋壳特征

近年研究表明，沿昌江-琼海断裂带中段屯昌晨星农场和昌江（军营-和盛）两地石炭-二叠系海相地层出露的变基性岩透镜状断片，均具有典型亏损型洋中脊玄武岩（N-

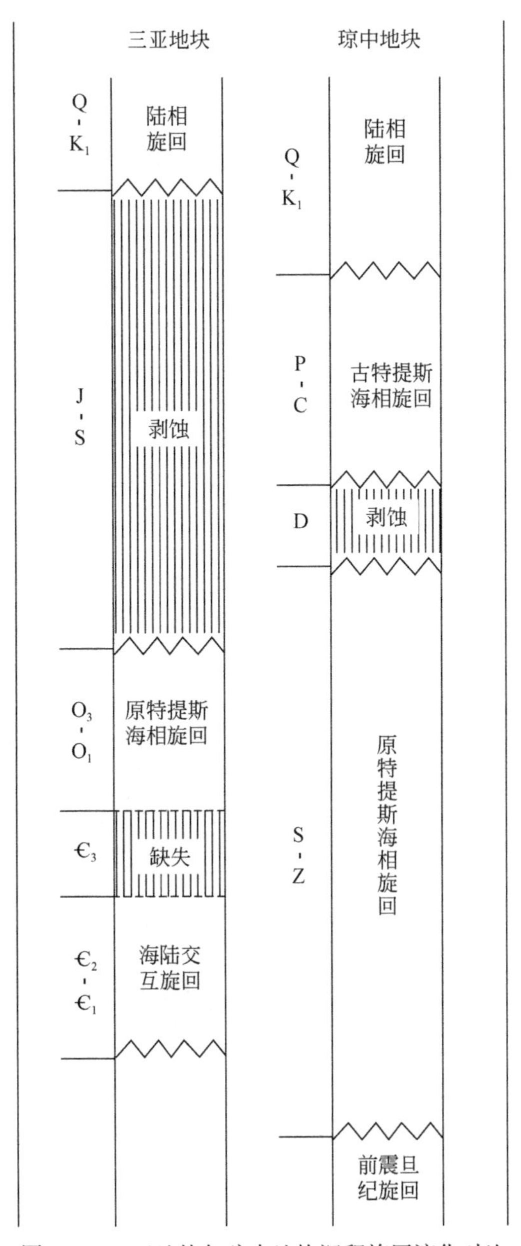

图 9.2　三亚地块与琼中地块沉积旋回演化对比

MORB）特征并形成于晚古生代古洋盆中（唐红峰，1999），其 Sm-Nd 全岩等时线年龄为 333±12Ma（早石炭世），轻稀土元素（LREE）含量低并且强烈亏损，La_N = 1.1 ~ 2.3，$(La/Yb)_N$ = 0.13 ~ 0.26（李献华等，2000b），可与金沙江-双沟-马江的蛇绿岩相联系（李献华等，2000a），代表了古特提斯洋东延段的残片。此外，出露于昌江-琼海断裂带西半段军营、石碌、兰洋等地新元古代石碌群火山岩中具亏损型洋中脊特征的玄武岩（许德如等，2003），同样形成于石炭纪（方中等，1993）。这些亏损型洋中脊玄武岩的存在表明琼南海盆不但出现过，而且具有洋盆的性质。

（三）古地磁资料反映琼南海盆南北向宽度可达 30～47 个纬度

通过系统分析现有古地磁资料，可以得出如图 9.3 所示的海南岛三亚地块和琼中地块古纬度位置变迁轨迹图。由图 9.3 可以看出，加里东运动期间，三亚地块和琼中地块相拼贴，大约在中志留世晚期二者可能共同处于 11.07°S。到泥盆纪晚期，二者之间重新出现分离，琼中地块向北漂移，琼南海盆开始出现，琼中地块发育了上泥盆统昌江组海相沉积（胡宁等，2001，2002）。早石炭世琼中地块继续北移至 6.01°N，接受了早石炭世南好组海相沉积。至晚石炭世，琼中地块到达它的最北位置 35.85°N，向北漂移了近 47 个纬度，按早石炭世古纬度作最保守的估算，也不少于 30 个纬度。也就是说，琼南海盆最鼎盛时期的南北向最大宽度应大于 3300km，甚至可能超过 5000km，远远超过澜沧江古特提斯主洋盆的宽度。后者为 2500km，扩张速率为 3.87cm/a（钟大赉等，1998）。琼南海盆的扩张速率，若以扩张时间为晚泥盆世至早二叠世初约 90Ma 作粗略估算，应不小于 3.7cm/a。进入二叠纪后，琼中地块开始向南漂移，琼南海盆开始变窄，并在琼中地块南缘发生俯冲，造成琼中地块早二叠世 I 型花岗岩的侵入。

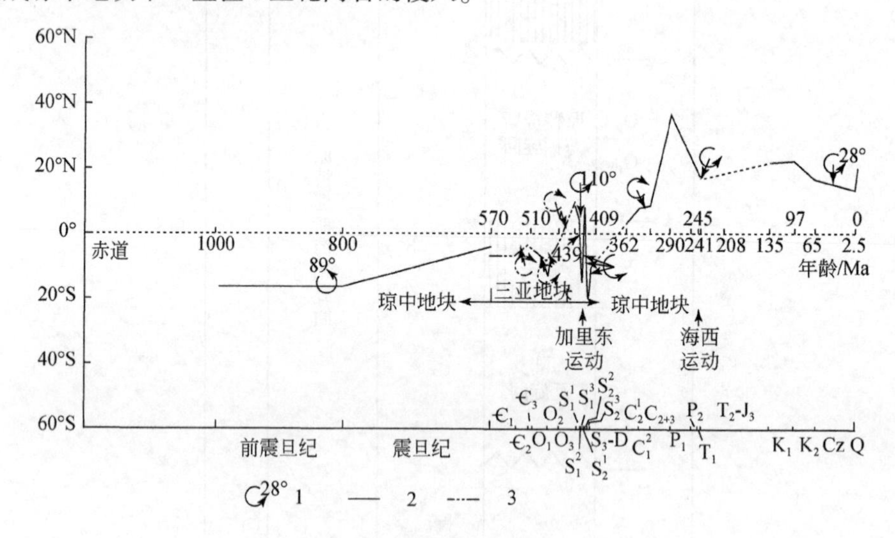

图 9.3　海南岛古纬度变迁图

1. 地体的旋转角度和旋向；2. 琼中地块的运移轨迹；3. 三亚地块的运移轨迹

在前寒武纪时期，海南岛处于南纬地区，其中琼中地块处于 5°S 以南，三亚地块此时期的古纬度因缺乏古地磁资料而未能确定。在早寒武世至晚奥陶世期间，三亚地块从 9°S 附近向北运移到 11°N 附近，琼中地块则缺乏此时期的古地磁资料。晚奥陶世末至中志留世的加里东运动期间，琼中地块在 11°N 与 20°S 之间经历了两次先南后北的往返运动，并有持续的大角度（110°）的逆时针旋转；三亚地块缺乏早志留世以来的古地磁资料。琼中地块从石炭纪开始顺时针旋转，并进入北纬地区，于晚石炭世末海西运动前夕到达其最北位置 35.85°N，二叠纪南移，三叠纪初到达现今位置附近，白垩纪到古近纪出现过小幅度的向南和向北运动，伴有 28°的逆时针旋转

（四）岩浆岩地球化学演化特征反映了琼南海盆的关闭时间

占海南岛 3/4 面积的花岗质岩石，以海西期—印支期斑状花岗岩、燕山期花岗斑岩和花岗闪长岩等侵入岩为主，其次为燕山晚期喷发相中酸性火山岩及前寒武纪花岗岩。

琼中地块大量的花岗岩类形成时间归于280～220Ma的海西-印支旋回和120～80Ma的燕山旋回晚期（曾庆銮等，1992）。晚古生代最先侵入的是见于保亭志仲-通什等地的早二叠世I型钙碱性-碱钙性系列侵入岩超单元，形成于碰撞前破坏性板块边缘的构造环境。随后侵入的是晚二叠世至中三叠世一系列I型和S型钙性、钙碱性花岗岩，形成于与俯冲-碰撞-造山过程相当的构造环境。晚三叠世则进入造山后的伸展阶段，在琼中地块东南部乐来地区形成了A型花岗岩，其地球化学性质具有富碱铝钙、贫铁镁、高价金属元素丰度较高的特点（谢才富等，1999），属造山带深成活动派生裂谷内玄武岩浆分异作用的产物（王大英和云平，1999），反映了岩石圈拉张减薄、减压卸载、地幔物质上涌底侵的具低压、相对贫水和高温的环境（魏春生，2000），地壳处于裂谷或拉张环境，造山运动的挤压作用结束并转变为造山带拉伸崩塌（卢欣祥，1998）。

三亚地区岩浆活动方面则表现出明显的不同，以酸性程度很高的黑云母花岗岩类为主，侵入时间主要落在230～115Ma（中三叠世—早白垩世），不同于紧邻九所-陵水断裂带北侧的琼中地块。三亚地区花岗岩类形成时间恰好始于印支旋回的结束时间（220Ma），终止于晚燕山旋回的开始时间（120Ma），历时100Ma，出露于三亚六道一带（I型花岗岩）和前峰等地（S型花岗岩），同时还有一系列同造山的深熔岩浆活动产物（曾庆銮等，1992；汪啸风等，1991a）。在形成的构造环境上，按Batchelor和Bodwen（1985）的多阳离子参数R_1-R_2因子图解判别，三亚地区的花岗岩类大致归纳为I型和S型两个成因系列，为同一期次构造-岩浆事件的产物，即组成所谓的“对花岗岩”（杨树峰，1984，1987；杨树峰等，1989）。其中I型花岗岩主要为酸性系列，其源岩源自下地壳或地幔，以火成物质为主，S型花岗岩以中酸性系列为主，其源岩来自上地壳，以经历改造的沉积物为主，且在活动时间上略滞后于I型花岗岩（同熔型或地幔型）。在成因类型演化上，可归纳为3个“对花岗岩”，即3对I-S型花岗岩，分别为碰撞前（对应于Batchelor的B类破坏性活动板块边缘）的中三叠世三亚六道I型黑云母二长花岗岩（Rb-Sr年龄为231Ma）与早侏罗世三亚东洲S型黑云母正长花岗岩（Rb-Sr年龄为205 Ma）；碰撞后隆起期（C类同造山F类的早期）的早侏罗世I型深熔岩浆岩如崖城角闪石黑云母二长花岗岩（195～187Ma）与三亚小洞天中侏罗世（造山中期）S型黑云母正长花岗岩（175Ma）；晚造山期（D类同造山F类的晚期）的南山岭晚侏罗世角闪石黑云母二长花岗岩（Rb-Sr年龄为152Ma）与同造山末期的石龟-铁炉早白垩世S型钙碱性黑云母二长花岗岩（K-Ar年龄为97Ma）（C、D类合为同造山F大类）。恰在同造山末期（早白垩世），三亚地区结束了自奥陶纪末至侏罗纪长期缺失沉积的历史，而再次接受早白垩世的内陆红色沉积及同期的多层流纹质、英安质、安山质火山岩。

综上所述，三亚地区至少在中三叠世之前处于琼南海盆南缘的被动陆缘环境，岩浆活动不发育。琼中地块南侧的琼南海盆在经历过晚泥盆世—石炭纪的发育而成熟之后，大约于早二叠世开始在琼中地块南缘之下发生向北的俯冲消减作用，使琼中地块南部陆缘成为活动型板块边缘，并导致该边缘上早二叠世至中三叠世一系列I型和S型钙性、钙碱性花岗岩的形成。到中三叠世之后，持续存在了大约150Ma的琼南海盆基本消亡完毕，三亚地块、琼中地块开始碰撞缝合，形成了以九所-陵水断裂带为表现的碰撞缝合带——“琼南缝合带”，在缝合带附近形成上述三亚地区3对碰撞造山型“对花岗岩”、琼中地块晚三叠世以来的I-S型花岗岩及表征造山带地壳向拉伸崩塌转变的A型花岗岩。

(五)琼南缝合带向海区的延伸

根据钻孔和反射地震等资料，琼南海盆曾在海南岛的东、西两侧海域内有过延伸，因而作为它的遗迹，琼南缝合带也应在海区有延伸。

1. 琼南缝合线向西延至莺歌海盆地的1号断裂带

在海南岛以西的莺歌海海域，现有资料显示，其前新生代基底中含有古生界。在莺-1井（图9.4）钻遇的基岩中，除了有中寒武世变质砂岩、白云岩外，还有泥盆纪—石炭纪灰岩，中生代花岗岩及白垩纪红层（金庆焕，1989；车自成等，2002）。此泥盆纪—石炭纪灰岩可能与北部湾基底和北部湾西北部沿岸所发育的晚古生代灰岩形成于相互连通的古海域中，同属于古特提斯范畴。

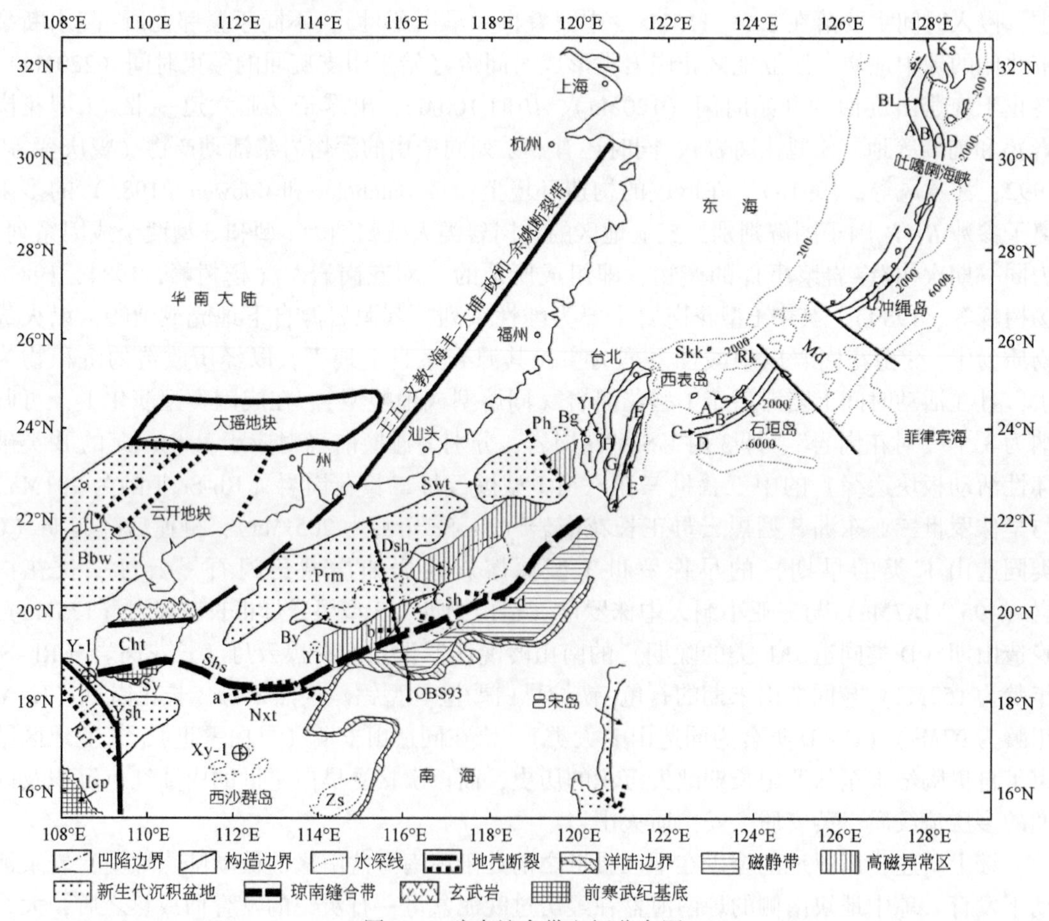

图9.4 琼南缝合带空间分布图

A. 石垣构造带；B. 本部构造带；C. 国头构造带；D. 岛尻构造带；E. 台湾海岸山脉构造带；F. 台湾中央山脉东部带；G. 台湾中央山脉西部带；H. 台湾西麓构造带；I. 台湾西部平原构造带；BL. 佛像（Butsozo）构造线。Bbw. 北部湾盆地；Bg. 北港隆起；By. 白云凹陷；Cht. 琼中地块；Csh. 潮汕凹陷；Dsh. 东沙群岛；Icp. 中南半岛；Ks. 九州岛；Md. 宫古凹陷；Nxt. 西沙北海槽；Ph. 澎湖列岛；Prm. 珠江口盆地；Rk. 琉球盆地；Rrf. 红河断裂带；Shs. 琼南缝合带；Skk. 钓鱼岛；Swt. 台西南盆地；Sy. 三亚；Xy-1. 西永1井；Y-1. 莺-1井；Yl. 云林；Ysh. 莺歌海-琼东南盆地；Yt. 一统暗沙；Zs. 中沙群岛；a、b、c、d为琼南缝合带中岩石圈断裂在海区的揭示点

1996年中德合作的广角地震探测研究发现，在莺歌海盆地1号断裂（图9.4中的"No.1"）的西南侧存在一宽达40km的重力高带，可能是断裂间古老变质岩块（密度高达2.75g/cm^3）的高密度体所致①。原是漂移于古特提斯洋中的残留小陆块，随着古特提斯洋的消失而夹持于印支地块与华南地块对接带中，类似于滇西的思茅地块夹持于扬子地块、保山地块的结合带，可视为东特提斯多岛洋格局的佐证。因此，该重力高所在构造带有可能是古缝合带的反映，往东可与九所-陵水带相接。

2. 琼南缝合带向东的延伸

在海南岛以东的海区，有3方面迹象反映了琼南缝合带的延伸状况：

（1）西沙北海槽所发现的北倾地壳断裂可能是琼南缝合带东延段的遗迹（图9.4中的a）。在地震剖面上，该断裂由基底向下延伸，进入地壳内部，可能穿过莫霍面，甚至可能穿过岩石圈（姚伯初等，1994a，1994b；Hayes *et al.*，1995）。发育该断裂的西沙北海槽的地壳下部有一高速地壳层，层速度为7.1km/s，厚度为6.7km，对应于一条带状正磁异常，计算得知该高速层可能是从上地幔来的基性或超基性物质沿断裂进入地壳下部所致（Yan *et al.*，2001；阎贫和刘海龄，2002）。类似的断裂现象沿陆坡往东还有多处可见（图9.4中的b、c和d）（Hayes *et al.*，1995）。因此，可以认为琼南缝合带向东继续延伸，通过一统暗沙-东沙以南、中央海盆的北侧水深2000~3000m的海陆盆坡交界，再折向东北与台湾寿丰（亦称苏澳-北大武）断层（图9.4中F与G之间的界线）相连。

（2）地球物理探测资料分析结果支持琼南缝合带向东沙东南延伸。我们多年来在南海北部陆架-陆坡-洋盆的综合地球物理（包括重力、磁力、多道反射地震、海底地震等）勘探研究结果显示（Yan *et al.*，2001；阎贫和刘海龄，2002）：东沙-北港隆起带（图9.4）为一条高磁异常带，异常特征与新生代基性-超基性喷出岩异常不同，推测为无根的板状体，埋深4~6km。推测可能是仰冲板块上的洋壳物质，即蛇绿岩混杂堆积体。该高磁异常带所在地的地壳明显增厚，可能与板块俯冲加积有关。高磁异常带上的上覆地层据地震资料推测为海相沉积层，在新生代水平层之下有两套轻微变形尚未变质的地层，与邻近地区对比，可能是晚三叠世—早侏罗世（T_3-J_1）和晚侏罗世—白垩纪（J_3-K）地层（黄慈流，2002）。推测是印支缝合带上的盖层沉积。

该高磁异常带以南，与南海北部陆坡断裂之间存在一磁静区（图9.4）。1993年我们在与日本合作开展的三分量磁测、深地震和重力测量中，对磁静区作了更深入的研究。磁静区中段最宽处约150km，长约300km。其磁异常十分平缓，绝大多数在零值附近-20~20nT变化。根据震磁联合反演和区域构造分析（龚再升等，1997；Yan *et al.*，2001；阎贫和刘海龄，2002；张毅祥，2002），我们认为磁静区的上地壳中残存有古洋壳（层2），磁静区的北缘应是古洋壳残块的拼贴缝合带——琼南缝合带的一部分。

白云凹陷中部有一条重要的NEE向深大断裂通过，即中陆坡北缘断裂带，为岩石圈断裂带，现今仍具活动性的构造带，从OBS93的8~9站通过，向西延至一统暗沙南，倾向北西。断裂两侧地壳速度结构不同，重、磁异常变化大。北部陆坡为宽缓高正值磁场

---

① 中国科学院南海海洋研究所.2000.南海西北部地壳深结构的广角地震探测与研究总结报告.

区，异常幅度 150 ~ 200nT；以南为磁静区。推断此断裂带亦为琼南俯冲-碰撞缝合带的反映。

（3）琼南缝合带南、北两侧的西沙地块和珠江口盆地的地壳结构存在明显差异。在西沙群岛，西永 1 井（图 9.4）井深 1251m 处、中新统之下钻遇前寒武纪深变质岩系（王崇友和何希贤，1979；黄汲清等，1980；孙嘉诗，1987），以花岗片麻岩、黑云二长片麻岩为主，年龄分别为 1450Ma 和 627Ma。在缺失古生代地层方面非常类似于三亚地块、中沙地块和南沙地块。因而认为它们可能曾同为一个联合地块，将其称为“琼南地块”（刘海龄等，2004c）。

珠江口盆地基底的情形就大不相同了。它与琼中地块一起归属于华南沿海海西褶皱带，北以王五-文教-海丰-大埔-政和-余姚断裂带为界，与北面的华南加里东褶皱带相接。其前新生代基底岩系包括早古生代变质岩、石炭-二叠纪碳酸盐岩、中生代火成岩和中生代沉积岩（李德生和杜永林，1983）。在珠江口盆地东部的潮汕凹陷（图 9.4），地球物理资料揭示其前新生代基底是一个大型的中生代残留凹陷沉积层，它的下构造层为上三叠统—下白垩统海相沉积（郝沪军等，2001）。在珠江口盆地东部毗邻的台西南盆地和北港隆起及台湾岛西部的云林北港与澎湖列岛通梁的钻孔也钻遇侏罗系和下白垩统海相、滨海相沉积地层（周蒂，2002）。区域地质资料分析表明，南海东北部陆架-陆坡与华南陆缘的中生代海相地层属同一个海盆的沉积产物（陈汉宗等，2003）。海南岛及其邻近海域的磁异常背景场不同于中沙-西沙海域（陈圣源，1987），两者的地壳速度结构也存在较大差异（姚伯初等，1994a；Hayes *et al.*，1995），说明两者的基底性质不同，两者以琼南缝合带在南海北部陆坡的延伸段作为拼贴带。

与琼南缝合带相连的寿丰断层，在前印支阶段为陆洋边界，印支期成为向北西倾斜的俯冲断裂，喜马拉雅晚期转为上部向东南倾斜的弧陆碰撞逆冲推覆断层。将台湾厚度超过 6000m 的最老基底岩系——由早、中期古生代的片岩、大理岩、闪长岩、花岗片麻岩组成的台湾中央山脉东麓大南澳变质杂岩系，和上覆的二叠纪（至三叠纪）太鲁阁变质石灰岩带（何春荪，1985；曹荣龙和朱寿华，1990），与台东纵谷玉里高压变质带及其东侧的海岸岛弧碰撞山脉带相分隔。本书仅论及琼南缝合带与寿丰俯冲-碰撞缝合断层带之间晚古生代—中生代的构造关系。在印支期之前，二者都是琼南海盆北缘的洋陆边界断裂，不同的是寿丰断裂南侧所接触的是与琼南古特提斯海盆相通的伊佐奈岐板块。琼南海盆与伊佐奈岐板块之间应为一条近 SN 向的古转换断层，很有可能就是马尼拉海沟断裂带的前身，不妨称之为“古马尼拉转换断层”。该转换断层的西侧便是琼南海盆和琼南地块。琼南地块南面（南沙群岛的南面）的古南海（即中特提斯的东段）的打开，使得琼南地块不断北移，加速了琼南海盆向琼中地块的俯冲消亡，最终于印支期形成琼南缝合带。而古马尼拉转换断层东侧的伊佐奈岐板块的俯冲作用一直进行到燕山晚期，直到伊佐奈岐板块完全消亡，随后转为喜马拉雅期的菲律宾海板块的俯冲作用。

二、琼南缝合带的大地构造意义讨论

南海处于西部的西藏特提斯域和东部的日本古特提斯构造域两者之间的桥梁地段。然而，南海地区的特提斯构造格局研究却长期处于盲区状态。琼南缝合带的发现不仅可为恢复南海地区晚古生代以来的大地构造格局和演化历史提供关键的依据，更重要的是还可为全球特提斯构造域东、西段的构造衔接研究和古特提斯东部构造域与西太平洋构造域在南海地区的复合叠加关系研究，提供企盼已久的桥梁性的依据。如何将琼南缝合带与东、西部的特提斯域进行连接，是一个需要专门进行大力研究的课题。下面仅作粗探讨。

（一）琼南缝合带往东与西南日本隐岐-飞驒前侏罗纪地体群南缘侵位缝合带相连

琼南缝合带顺寿丰断裂带进入东海之后在东海海域的延伸面貌，目前还较难做出准确的描述，但从东海穿过并与西南日本的古特提斯缝合带相连是可以肯定的。

证据之一是东海的钻井和地球物理资料显示，东海及其邻区的基底具有类似于南海北部陆架-陆坡的地层结构和演化过程。在东海陆架西南部灵峰一井，古新统地层之下钻遇厚度超过300m的片麻岩，其Rb-Sr年龄为1680Ma（Ichikawa，1990）。上海金山第四纪之下见前震旦纪花岗片麻岩（Metcalfe，1996）。浙、闽沿海从舟山群岛到金华、龙泉，分布一套古老的深变质岩系（建瓯群），其Rb-Sr年龄大于750Ma。福建龙海深变质岩的锆石年龄为1730±57Ma（杨兆宇，1991）。福建福鼎南溪、浙江鹤溪、象山石浦和青田见类似于太鲁阁变质石灰岩带的石炭-二叠纪浅海及滨海沉积（石灰岩），富含蜓科和珊瑚化石（曹荣龙和朱寿华，1990）。在冲绳海槽，其南段的北、西、南缘分别与东海陆架边缘隆起带、台湾褶皱带和琉球岛弧褶皱带相邻。琉球岛弧褶皱带自北向南可分为石垣、本部、国头和岛尻4个构造带（图9.4中的A、B、C、D）。目前已知的最老岩层有绿片岩、千枚岩和二叠纪的大理岩等，构成海西期—印支期的基底残块。冲绳海槽轴部T_g反射界面之下，可见到层速度变化在4.72～5.67km/s和6.16～6.71km/s的反射层次，经分析属中生代或晚古生代变质岩或沉积岩的反映。海槽西北部磁场反演计算表明，埋深达10km的磁性基底与埋深仅为3～4km的声学基底二者之间应有类似的较老地层存在。

更重要的证据是，现已确证在西南日本隐岐-飞驒前侏罗纪地体群南侧和曾我（Akiyoshi-Suo）-舞鹤（Maizuru）-外丹波（Ultra-Tamba）前侏罗纪地体群北侧之间存在古特提斯缝合带——三郡带，亦称“飞驒边缘带”（Hida-Gaien Belt）（图4.8中的⑤）（秦蕴珊等，1987）。该带由奥陶纪（?）—泥盆纪和石炭-二叠纪浅海相碳酸盐-碎屑沉积（夹中酸性火山岩）和变质年龄为石炭纪的高*P-T*型变质岩组成，夹前侏罗纪蛇绿混杂岩。角度不整合于飞驒南缘蛇绿混杂岩带之上的盖层中最老的地层是主体为非海相的中侏罗世—早白垩世Tetori群。古地磁资料表明，该带南侧的地体群在晚古生代和中生代处于与琼中、琼南等地体相近的古纬度范围内（Hirooka，1990；汪啸风等，1991b；骆惠仲，1991）。同时，地层中所产的中-晚二叠世腮足类（*maxilliped*）、晚三叠世双壳类（*bivalve*）化石均具特提斯型化石特征。可见，飞驒南缘蛇绿混杂岩带作为西南日本古特提斯消亡后的缝合带，完全可以与琼南缝合带相对比。

（二）琼南缝合带往西与碧土-昌宁-孟连-劳勿-文冬古特提斯主缝合带南延段相连

南海以西最近邻的古特提斯构造遗迹是滇西南的特提斯系。研究表明，滇西南古特提斯具有多个海盆（钟大赉等，1998），因而留下了多条缝合带。其中碧土-昌宁-孟连缝合带（图4.8中的⑨）是古特提斯主洋盆的遗迹。地史中，主洋盆的北面尚发育右江-云开北、金沙江-墨江-黑河（Song Da）、难河（Nan-Uttaradit）等海盆（图4.8中的①⑦⑧）。早、中三叠世，碧土-昌宁-孟连古特提斯主洋盆从滇西向南沿印支地块和中缅马地块间的缝合线、庄他武里（Chanthaburi）线和劳勿-文冬（Bentong-Raub）线逐渐消亡，从晚三叠世开始，除了在黑河盆地、泰国北部Lampang-Phrae盆地及泰国半岛南部-马来半岛残留有浅海外，几乎整个地区都上升成陆，结束了海相沉积。

在目前对劳勿-文冬带在马来半岛以东的海域中的延伸状况还不清楚的情况下，我们仍然主张将琼南缝合带与碧土-昌宁-孟连缝合带的南延段劳勿-文冬带（图4.8中的⑩）相连，主要是基于下面两方面的考虑：

一是两者所代表的古海盆的规模相当。据估算，昌宁-孟连主洋盆的宽度约为2500km（钟大赉等，1998）。尽管它没有琼南海盆宽，但它已是南海以西最宽的古特提斯海盆了。二者的宽度反映了古特提斯东宽西窄的总体特征。

二是从岩石学特征来看，海南岛海西期—印支期花岗岩带与同时代的澜沧江花岗岩带（临沧花岗岩基）非常相似，而与较近的越南北部和老挝中北部以及广西大容山等同期花岗岩带相差很远，与南岭地区在分布面积上占绝对优势的侏罗纪花岗岩相差就更远了（汪啸风等，1991a）。由临沧岩基向南，入老挝、经泰国、跨泰国湾至马来半岛，沿劳勿-文冬线两侧，同位素年龄为280～200Ma的二叠纪—三叠纪花岗岩比比皆是；由临沧岩基向北再转向北西，在澜沧江与金沙江间的滇西、藏东地区也有大量的这一时期的花岗岩。而海南岛以北的华南广大地区则极少有这个时期的花岗岩。因而，把琼南缝合带向西过红河-越东-万纳走滑断裂带南段与碧土-昌宁-孟连-劳勿-文冬古特提斯主缝合带南延段相连，至少可得到受二者控制的花岗岩带在岩性和时空规模上相似性的支持。

对于上述连法，我们目前还难以做出充分解释的一个现象是：是什么原因造成上述两主缝合带在空间上沿红河-越东-万纳走滑断裂带多达十几个纬度的错位？我们的初步看法是：这与印度板块向北漂移、印度板块与欧亚板块的碰撞所诱发的东南亚的逃逸、南海的扩张等因素有关。印度板块的向北推移，使原本应为东西向的昌宁-孟连-劳勿-文冬古特提斯缝合带的西段向北偏转，成为北西向。而印支地块向东南方的逃逸和顺时针旋转（Tapponnier，1982）则使该缝合带的东段不断向南偏转，加上南海先后的NW—SE向及近南北向扩张，加速了劳勿-文冬段的偏转，从而使劳勿-文冬段缝合带与琼南缝合带沿着前身可能是古特提斯洋中的一条古转换断层（古越东转换断层，图9.5中的PEVT）的红河-越东-万纳走滑断裂带发生越来越大的左行错位。这种情形恰好与发生在南海东缘的、其前新生代的前身为古马尼拉转换断层（图9.5中的PMT）的琉球海沟-马尼拉海沟-菲律宾走滑断裂系的位移作用的结果形成鲜明的对照（图9.5）。后者向北的推移作用不仅使三郡带与琼南-寿丰缝合带发生了左行错位，还使西南日本外带侏罗纪—早白垩世地体群中所反映的中特提斯［如中特提斯的分支北秩父洋（Northern chichibu ocean）］缝合带（图4.8中的⑥）与南沙-北巴拉望地块南缘象征中特提斯（古南海）残迹的八仙-库约俯冲-碰撞缝合带（图4.8中的④）之间也发生左行错位。

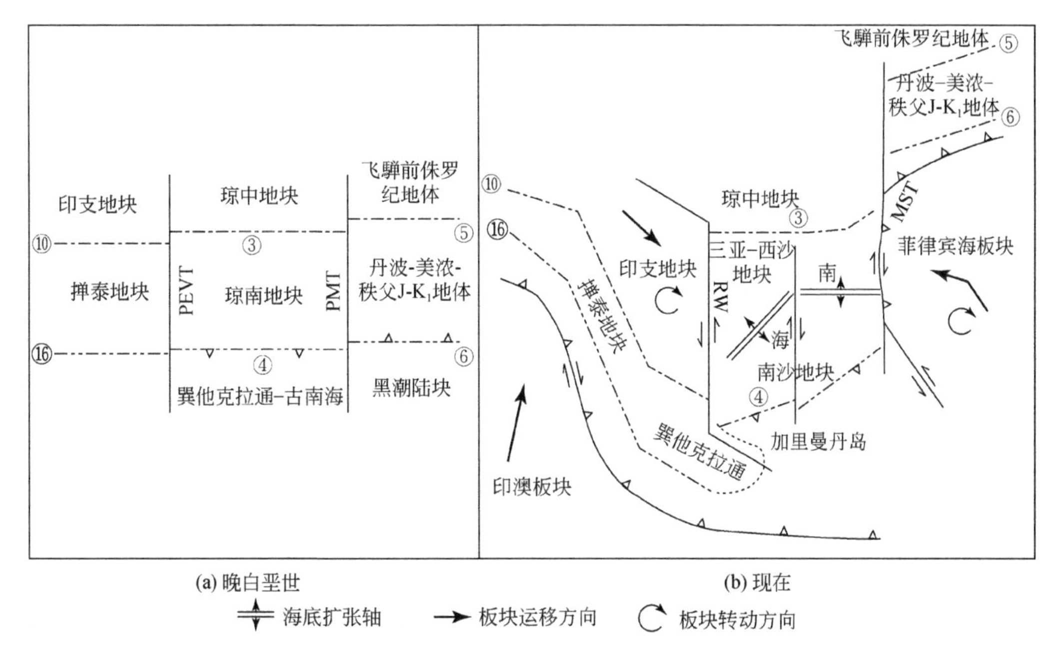

图9.5　东特提斯构造域中古特提斯主缝合带位置错移示意图

RW. 红河-越东-万纳走滑断裂带；MTS. 琉球海沟-马尼拉海沟-菲律宾走滑断裂系；PMT. 古马尼拉转换断层；PEVT. 古越东转换断层。③琼南缝合带；④卢帕尔-八仙-库约俯冲-缝合带；⑤飞驒（Hida）缝合带；⑥巴措佐（Butsozo）构造线；⑩劳勿-文冬（Raub-Bentoug）缝合带；⑯那加-沃伊拉（Naiga-Woyla）缝合带；其他图例同图4.8

上述研究初步构筑了研究区古特提斯域东段的总体时空格架。中晚古生代期间，在南海地区琼中地块与琼南地块之间，存在过古特提斯主洋盆的东段——琼南海盆。其形成始于泥盆纪晚期，俯冲始于早二叠世，关闭于印支期，遗留琼南缝合带。西跨红河-越东-万纳走滑带而接昌宁-孟连-劳勿-文冬缝合带，东穿东海陆架而连飞驒南缘缝合带。

（三）南海地区特提斯构造的“多岛洋”共性表现

“特提斯”是地质历史上分隔劳亚古陆和冈瓦纳大陆的近EW向的低纬度多岛洋。殷鸿福等（1999）认为特提斯自西向东呈喇叭形张开。Metcalfe（1996）将东亚和东南亚地区的特提斯构造域分为古特提斯、中特提斯和新特提斯。古特提斯始于泥盆纪—早二叠世，大部分关闭于晚三叠世，局部地区残留至早白垩世才消减完毕；中特提斯始于晚二叠世，大部分关闭于早白垩世（Liu *et al.*，2011）。

Fontaine等（1983）根据越南南方边和（Biên Hòa）地区的地层中所含大量菊石、双壳类和腹足类化石具特提斯亲缘性而与西太平洋动物群不同的特征，认为早侏罗世期间越南南方及粤东、粤中存在特提斯浅海海湾。根据在台湾北港地区钻遇的早白垩世菊石与香港地区和西藏地区同时代的菊石对比，认为南海及周边存在中特提斯浅海（王平等，2000；夏戡原和黄慈流，2000）。通过越南中南部、柬埔寨东部及老挝南部的海相中生代地层中的浅海动物群化石分析发现其具有强烈的特提斯动物群的亲缘性；南海南部陆区的卡拉棉群岛、巴拉望岛、民都洛岛西南部陆区的中生代海相地层中放射虫硅质岩与燧石的鉴定发现与欧洲、摩纳哥及印度的同时代化石相同，亦呈现出特提斯动物群的特征（夏戡原和黄慈流，2000）。

通过地质、地球物理、地球化学、古生物学等方法对控制南海新生代沉积盆地的基底进行划分，并对其大地构造演化进行分析，认为南海新生代沉积基底在前新生代时期经历过古特提斯和中特提斯的发育（刘海龄等，2002a，2004c）。

南沙地块是一个具有前中生代基底、中生代和新生代海相沉积盖层的新生代小型岩石圈板块。南沙地块位于南海南部陆缘区，在中生代中晚期曾拼贴于华南板块的南缘。据在此区域的拖网和钻井取样，南沙地块在中生代时期曾经历广泛的海相沉积环境，并发育了较厚的中生代沉积地层。南沙地块中，大部分地壳厚度为 18 ~ 26km，呈现出减薄的陆壳特征，而南沙地块在中生代时期为一陆块。中生代时期由于印支地块、南沙地块、中缅地块等的存在（刘海龄等，2004c），此区域表现出“多岛洋”的特点，亦体现出特提斯构造域的“多陆块、多岛弧”的共性。

第二节　南海中生代晚期构造格局基本特征

通过前文岩相古地理资料及重磁资料的综合分析研究，可基本得出研究区在中生代晚侏罗世时期的构造格局分布图（图 9.6、图 9.7），其中华南板块的粤南陆区为弧后构造区，东沙隆起处为中生代晚侏罗世时期的东沙火山弧，潮汕拗陷为中生代晚侏罗世时期的潮汕弧前盆地，华南板块与郑和地块–礼乐地块之间以存在于此时期的中生代古俯冲带（古双峰–笔架海沟俯冲带）及古特提斯残留海盆（古礼乐北海盆）相隔，礼乐地块为一陆块，其南部为古南海。

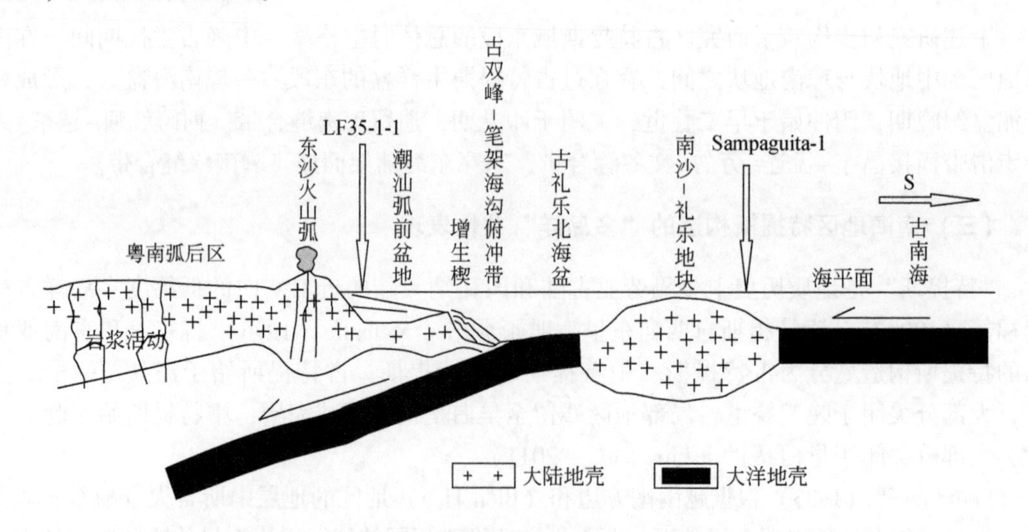

图 9.6　南海中生代晚侏罗世构造格局剖面示意图（据赵美松等，2012）

中生代晚侏罗世时期，南沙–礼乐地块受到其南面古南海扩张的推挤而漂向华南板块的南缘，古南海应属于中特提斯构造域的范畴（刘海龄等，2002a，2010；Liu *et al.*，2011）。南沙地块（郑和地块）–礼乐地块的北面为古特提斯构造域的残留海盆，依其地理位置可命名为“古礼乐北海盆”（Liu，2008，2009）。该海盆的洋壳在潮汕拗陷的南面大致与现今的笔架盆地–双峰盆地一带相当的位置，发生向北的俯冲作用，形成该时期的

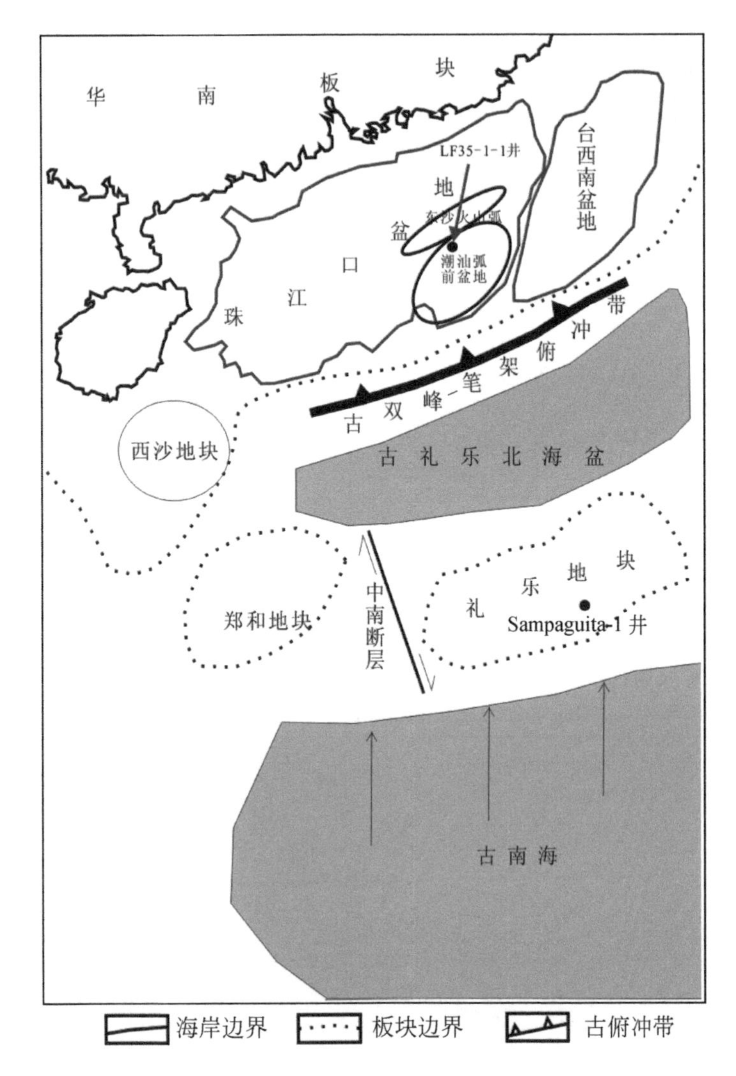

图 9.7　南海中生代晚侏罗世构造格局平面示意图

俯冲带，将其称为“古双峰-笔架俯冲带”。此时潮汕拗陷表现为弧前盆地的特征，其北面的东沙隆起表现为火山弧的特征。随着古礼乐北海盆至早白垩世的消亡完毕，古双峰-笔架俯冲带变成了礼乐地块等向华南陆缘碰撞拼贴的缝合带，形成“古双峰-笔架碰撞造山带”，该造山带中的背向褶皱-冲断构造的发现为该造山带的存在提供了构造上的直接证据，同时也为前人根据重磁等地球物理资料对南海北缘中生代古俯冲带位置的推断（姚伯初，1995；周蒂等，2005，2006；闵慧等，2010；姚伯初等，2011；吴招才等，2011），填补了构造上的佐证。

第三节　南海中生代构造动力学环境浅析

中生代中晚期，由于华南板块不断受到其南面古双峰-笔架俯冲带构造活动的影响，成为典型的活动大陆边缘，南海北部陆缘发育了一系列 NW 走向的中生代断裂（图 9.8），以及 NE—NNE 走向的逆冲断裂带，伴随着断裂的发育，进而大规模发育火山及岩浆活动，图 9.9 为华南板块中生代岩浆岩的分布情况。

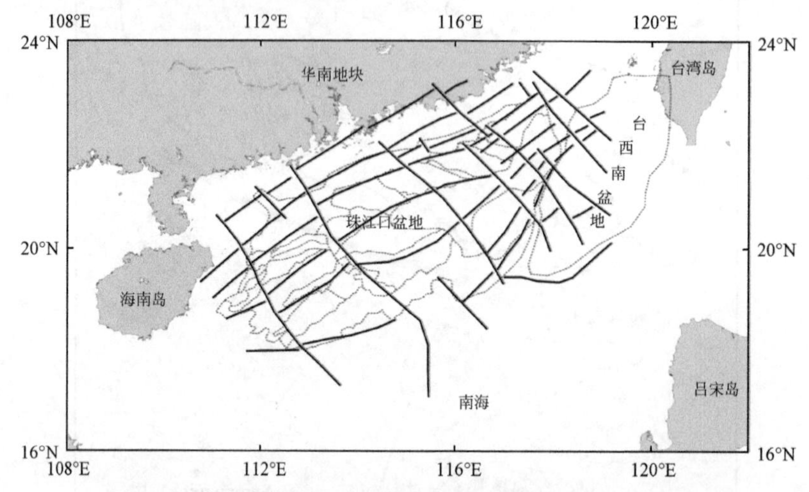

图 9.8　南海北缘中生代断裂分布图（据陈长民等，2003）

资料来源：王家林. 2011. 国家重点基础研究发展计划项目子课题结题研究报告《南海东北部中生代盆地和火成岩》

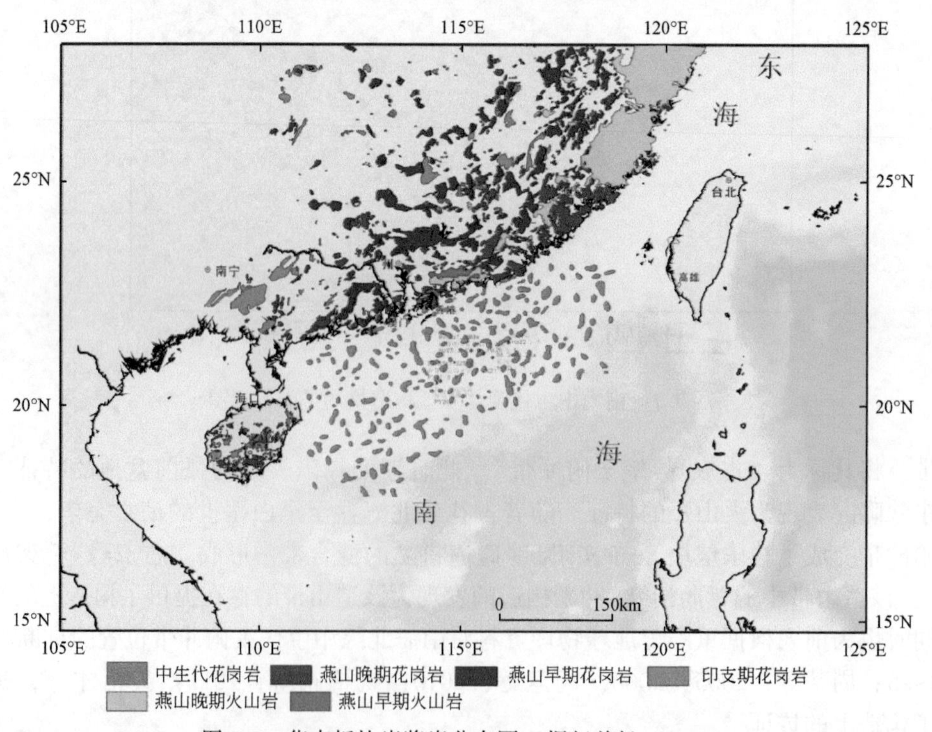

图 9.9　华南板块岩浆岩分布图（据赵美松，2012）

从华南板块岩浆岩分布图分析发现，燕山早期花岗岩等侵入岩分布于板块较内部，而燕山晚期花岗岩等侵入岩的分布呈现出处于燕山早期花岗岩东南方向的特点。究其原因，本书认为有两种可能，一是燕山早期花岗岩侵入的分布范围受控于中生代中期的古特提斯残留海盆（即古礼乐北海盆）的洋壳向华南板块之下由南向北的俯冲作用，但俯冲角度较小，因此造成了岩浆活动和侵入岩的分布较为远离俯冲带，而燕山晚期由于洋壳的俯冲接近消减殆尽，礼乐地块在古南海扩张的推动下与华南地块接近拼合，此时的俯冲角度变大且接近陆陆碰撞阶段，因此燕山晚期花岗岩侵入的分布范围较燕山早期更南一些；二是因为已经俯冲到陆壳之下的较老、密度较大的板块产生的重力下拉效应，以及俯冲板块下沉使得俯冲带的后退。大尺度的地幔向东流动或者地幔不稳定的向下流动会造成俯冲带的后退（吴时国和刘文灿，2004）。因受到俯冲带后退的影响，燕山早期和燕山晚期不同时代的岩浆岩分布有一定差异。

南海北部陆缘中生代的岩浆活动主要为燕山期岩浆的侵入。通过南海北部珠江口盆地基底综合物探与地质方面的研究，认为中生代中酸性、酸性侵入岩主要分布于该盆地北部珠一拗陷、珠三拗陷东部、番禺低隆起及东沙隆起的北侧，中基性、基性岩浆岩主要分布于珠二拗陷的北部、东沙隆起南部的 NE 向条带中，沿着 NE 向断裂分布（王家林等，2002）。

第四节　南海中生代中晚期构造演化特征

晚古生代的泥盆纪—早二叠世期间古特提斯发育，欧亚大陆与冈瓦纳大陆之间以此洋盆分隔开来，当今南海及东南亚位置应归属于古特提斯多岛洋体系的范畴。此时云开地块、琼中地块、琼南地块（包括南沙-礼乐地块等）位于古特提斯的南缘、冈瓦纳大陆的北部（刘海龄等，2004c），而华南板块（扬子板块和华夏板块）位于欧亚大陆南缘，以浅海碳酸盐沉积和浅海砂泥质沉积为主（万天丰，2004）。晚二叠世—早三叠世时期，在冈瓦纳大陆北缘中特提斯开始打开并出现古南海，琼南地块随中特提斯的不断扩张而不断向北漂移，琼南地块北面的琼南海盆——古特提斯主体洋盆东段也因此而不断消减，使得琼南地块逐步接近华南大陆，到中三叠世末，持续存在了大约 150Ma 的琼南海盆基本消亡完毕，三亚地块、琼中地块开始互相碰撞缝合，形成了以九所-陵水断裂带为代表的碰撞缝合带——“琼南缝合带”（刘海龄等，2006），中特提斯的打开造成古特提斯开始消减。

与此同时，受印支运动影响，此区域古特提斯域内的其他各个地块也开始相互缝合，华夏板块、扬子板块、云开地块等于中三叠世末期缝合成华南板块。早三叠世及中三叠世时期，在华南地区的广东、广西、云南等地仍旧处于海相沉积环境，中三叠世晚期，受构造活动影响华南板块的云开-粤东-闽东一带隆起成陆。中特提斯继续打开，推动礼乐地块向北漂移，礼乐地块北面残留着部分古特提斯洋盆（即“古礼乐北海盆”），而受此洋盆俯冲活动的影响，华南板块东南缘成为主动大陆边缘［图 9.10（a）、图 9.11（a）］。

中生代早侏罗世—晚侏罗世，此阶段中特提斯进一步打开，南沙北部的郑和地块、礼乐地块等受控于其南面的古南海近 SN 向扩张力的推动而向北漂移，礼乐北海盆亦进一步向华南板块之下俯冲推挤，造成华南板块内部岩浆活动频繁。华南板块南缘被挤压抬升而发育海陆交互相的沉积环境，而礼乐地块俯冲时受到阻力作用而局部隆起，使之在俯冲带的前弧盆地周缘处发育为浅海相沉积环境。推测此时的郑和地块与礼乐地块之间即以“中

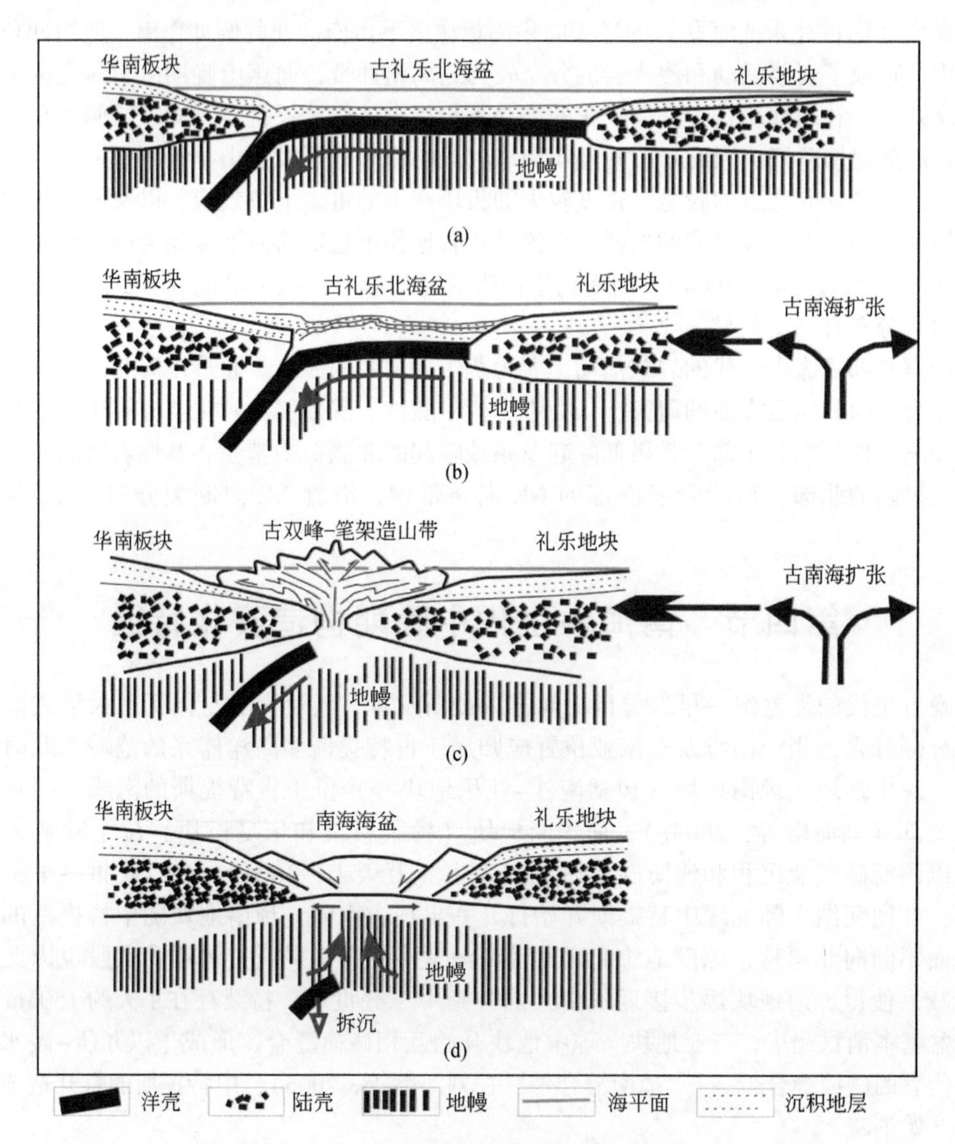

图9.10　南海中生代碰撞造山带演化剖面示意图

(a) 晚三叠世；(b) 早侏罗世—晚侏罗世；(c) 早白垩世—晚白垩世；(d) 新生代以来

南转换断层”为界（图9.7、图9.11），郑和地块北邻的海盆消减完毕并与西沙–三亚地区开始碰撞缝合。受此时期古俯冲带活动影响，东沙火山弧和潮汕弧前盆地出现（图9.6），并发育广泛的海相沉积地层。古俯冲带大致位于当今珠江口盆地南侧的笔架盆地–双峰盆地一带，该带可视为此时期亚洲大陆东南缘的“东亚陆缘俯冲增生带”在南海北部陆缘地区的表征［图9.10（b）、图9.11（b）］。

早白垩世—晚白垩世，此阶段古礼乐北海盆消亡殆尽，古双峰–笔架俯冲带的俯冲挤压作用也接近尾声，华南板块南缘处的中生代地层发生了变形且越接近俯冲带处地层变形越明显。俯冲作用大致于早白垩世的晚燕山运动末期结束，礼乐地块拼贴于华南大陆南侧，二者之间在古南海持续的向北推挤力的作用下开始发生碰撞造山运动。随着古南海扩

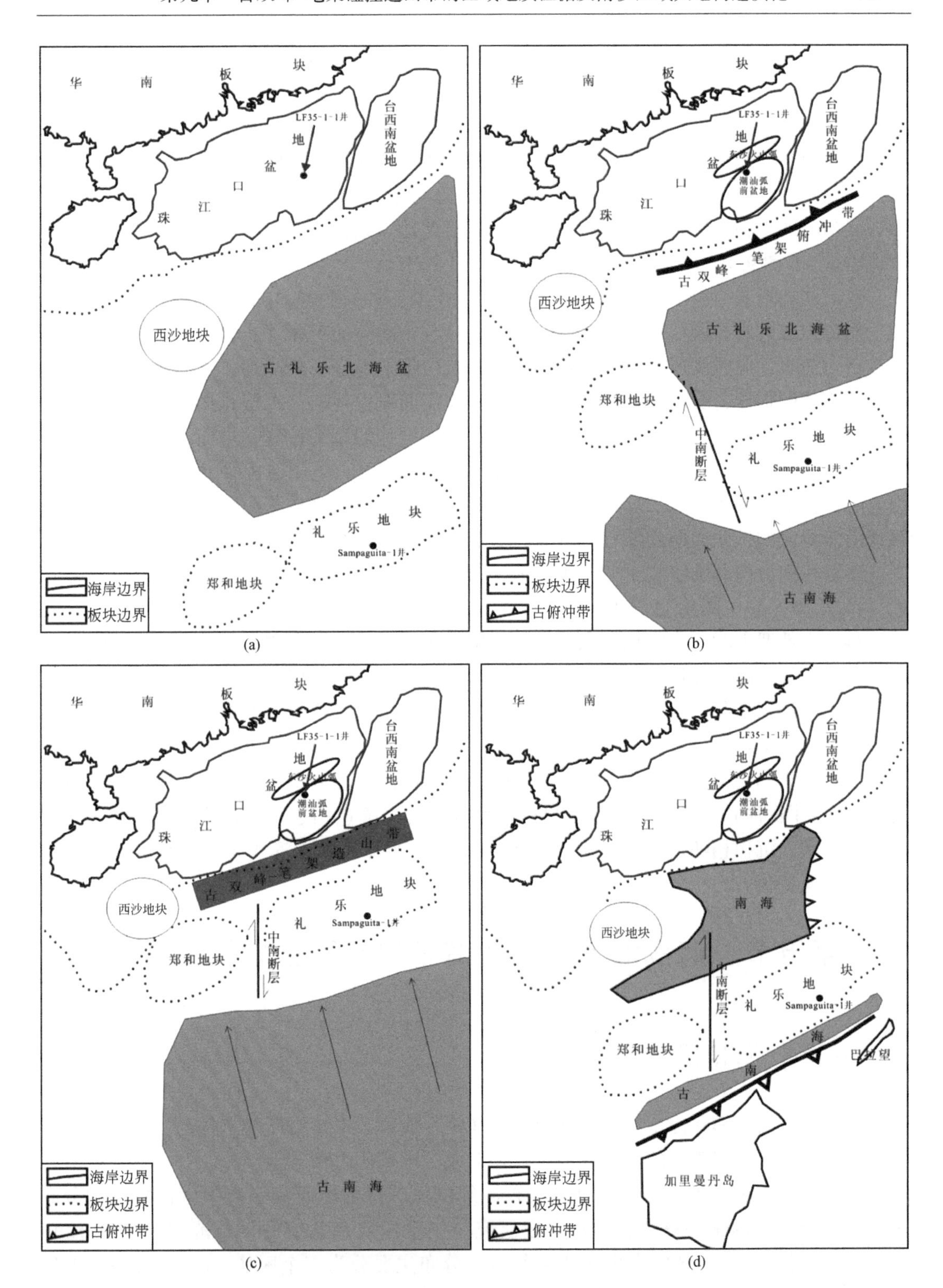

图 9.11 南海中生代碰撞造山带演化平面示意图

(a) 晚三叠世；(b) 早侏罗世—晚侏罗世；(c) 早白垩世—晚白垩世；(d) 新生代以来

张的进行，礼乐地块和华南板块的地层受碰撞影响变形越来越大，最终造成两个地块靠近碰撞带处的褶皱地层发生背向冲断，在中生代地层中形成了方向相异的逆冲推覆构造，表现为在南海北部陆缘处中生代地层中出现由南向北的逆冲推覆，而礼乐地块的中生代地层中则出现由北向南的逆冲推覆构造，这种反向对冲的褶皱-冲断构造体系为碰撞造山带所特有。因此，可以推断，燕山期在礼乐地块北缘与华南板块南缘之间曾形成过碰撞造山带，其当时的中轴位置估计在现今的双峰-笔架盆地一线的附近，故称之为“古双峰-笔架造山带”[图9.10（c）、图9.11（c）]。

造山期的褶皱-冲断而隆起成陆的造山带地层及俯冲-碰撞造山带深部岩石圈山根的形成，使造山带的岩石圈变厚。进入晚白垩世以后，古南海的扩张停止，来自礼乐地块南面的推挤力消失，此时受风化剥蚀作用的影响，造山带上地壳不断减薄；同时深部岩石圈山根及原俯冲的板片，受地幔热蚀和重力下拉力作用而发生拆离、沉陷作用，沉陷到下伏热地幔中，周围的热地幔物质乘隙上侵到山根和俯冲板片的原来位置，进而造成上部地壳进一步隆升并发生伸展构造作用，岩石圈强烈减薄，古双峰-笔架造山带开始塌陷，为现代南海的扩张运动逐步拉开了序幕。新生代时期，礼乐地块随之从华南陆缘裂离出来，并随现代南海海底的扩张而向南漂移到现今位置，古南海向南俯冲消减于婆罗洲-南巴拉望之下。残留在南海南北陆缘之上的中生代地层被新生代沉积层覆盖，并被新生代构造活动改造[图9.10（d）、图9.11（d）]。

早、中侏罗世时，古特提斯东延部分残留的古礼乐北海盆向华南板块南缘俯冲，造成此时期华南板块南缘处被挤压抬升而发育海陆交互相的沉积环境，而礼乐地块俯冲时受到阻力作用而局部隆起，使之在俯冲带的前弧盆地周缘处发育为浅海相沉积环境。在俯冲作用过程中，华南板块南缘处为弧前盆地，受到在晚侏罗世—早白垩世华南大陆南缘发育的海侵作用的影响（夏戡原和黄慈流，2000；邱燕和温宁，2004），此时华南板块南缘处发育为深海-半深海相沉积环境。随后早白垩世开始的碰撞造山运动，造成了华南板块南缘处快速隆起，沉积相随之发生改变，从早期的深海-半深海相向滨浅海相-海陆交互相-陆相沉积环境变化。

第五节　南沙海域中生代海相残余型盆地构造特征

一、中生代海相残余型盆地分布

南沙海域及其邻区位于南海南部地区，在中生代位于中特提斯的东延与古太平洋的过渡带上，沉积了一定厚度的中生代地层，并形成了中生代海相盆地。

根据横跨研究区的多条地震地球物理测线剖面，识别出研究区内中生代地层的分布范围，并结合区内钻井资料，初步圈定研究区中生代残余盆地的分布范围（图9.12）。从图9.12可以看出，区内中生代残余盆地的分布主要分为三个区块：西部古南薇-北康盆地、中部古永暑-郑和盆地和东部古礼乐盆地。圈定的三个中生代残余盆地大体上都为中生代沉积、在新生代受到改造并叠加了新生代盆地的残余-叠合盆地。

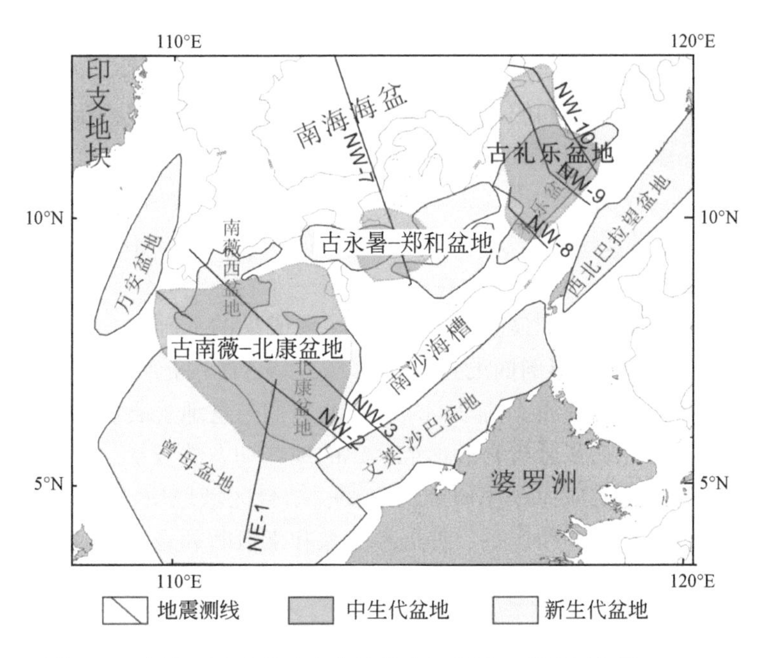

图 9.12　研究区中生代残余盆地分布示意图（据吴朝华等，2011）

古南薇-北康盆地，位于研究区西部地区，主体位于新生代南薇西盆地、南薇东盆地和北康盆地之下，局部地区随廷贯断裂延伸到新生代万安盆地边界。

中部古永暑-郑和盆地，主要分布于新生代永暑盆地、郑和盆地和安渡盆地的交界部位，由于地震资料有限，仅根据最新的 NW-7 测线圈定了中部地区的大致范围。而对 NW-4、NW-5 及 NW-6 测线的解释，受剖面等资料的质量影响，暂时还没有确定中生代地层的分布。

东部古礼乐盆地的分布范围基本对应了整个新生代的礼乐盆地，该盆地经历了中生代沉积积累，挤压改造，新生代伸展作用改造的复杂演化过程。根据已有钻井资料显示，南东部西北巴拉望盆地之下也分布了中生代盆地，推测古礼乐盆地和西北巴拉望盆地之下的中生代盆地原属同一个中生代盆地，经历了中新生代以来的张裂改造过程。

二、断裂特征及应力机制

南沙海域中生代以来经历了复杂的构造演化过程，经过多次构造开合旋回，拉张、挤压交替进行，走滑穿插其中，形成了大量性质不同、大小不一的断裂构造。

据现有的资料统计，20km 长度以上的断裂达 150 余条（龚铭等，2001）。不同学者对该区断裂系统的划分存在一定差异。刘海龄（1999c）根据双重走滑系统理论模式提出西南次海盆西南端走滑-伸展叠瓦扇构造系统、曾母盆地西南部走滑-挤压叠瓦扇构造系统和万安盆地走滑-拉分构造系统。金庆焕和李唐根（2000）按断裂的力学性质将其划分为三大系统：正断裂系统、逆冲断裂系统和走滑断裂系统。龚铭等（2001）根据断裂的展布规律和形态划分出四大断裂系统：NE 向断裂系统、NW 向断裂系统、SN 向断裂系统和南缘弧形断裂系统。宋海斌等（2002）利用重磁场和地震资料将其按断裂方向展布划分为NW向断裂组、NE向断裂组、SN向断裂组和EW向断裂组。刘海龄等（2002a）根据层块构造理论提出南沙地块被性质不同的超壳断裂带围限，研究区内部进一步划分为壳体断裂系统、基底断裂系统。吴世敏等（2004）依据一级边界及主要二级构造单元最后就位时的格局及研究区所处的动力学背景为准，强调南沙地块北部边界为南海西南次海盆的扩张脊，南部边界是一条自西往东逐渐封闭的俯冲带，自西向东依次为卢帕尔断裂、克罗克碰撞造山带和巴拉望北侧断裂。

本书在综合分析研究先存和最新地质-地球物理成果的基础上，通过区域上横跨南沙海域的10余条纵横交错的地震剖面的进一步解释，结合区内拖网钻井资料，对南沙海区主要断裂的展布形态、活动性质、活动期次，以及它们与盆地（含次级单元）发育的关系等基本特征进行分析，并初步分析它们形成演化的地球动力学背景。

根据中、新生代以来的应力作用研究的需要，结合区域地质-地球物理资料，本书将南沙海域的断裂系统分为逆冲断裂系、伸展断裂系和走滑断裂系三大断裂系，三者从应力上对应于挤压、拉张和剪切背景。

（一）逆冲断裂系

研究区内逆冲断裂主要分布于两大区域，纳土纳-婆罗洲-巴拉望增生褶皱带和南沙海域中北部的局部地区（图9.13）。

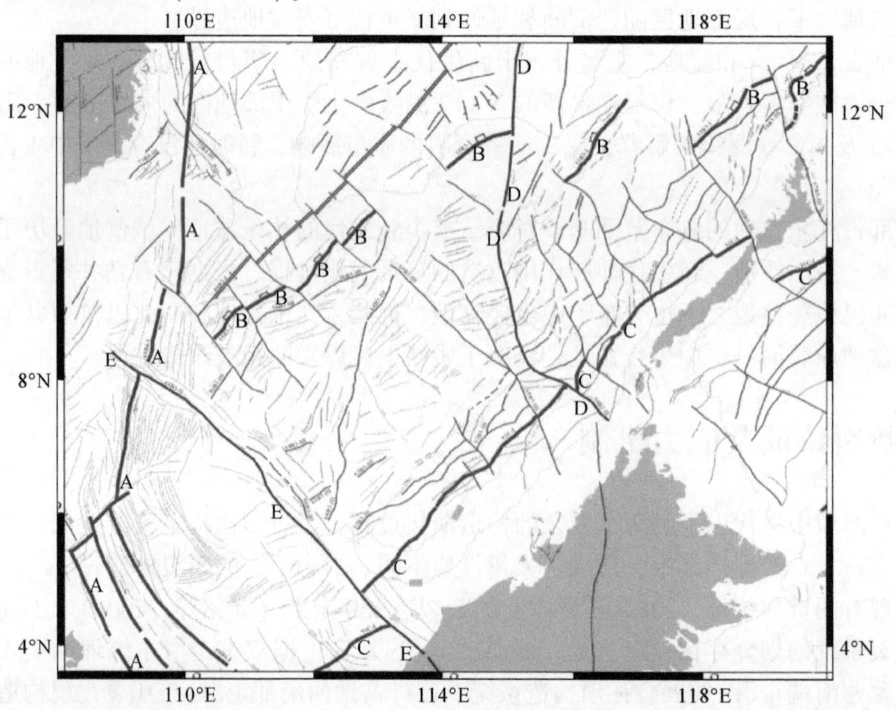

图9.13　南沙断裂分布图（1∶200万）（据刘海龄等，2002a，2004c；吴朝华，2012）

A. 万安-纳土纳右旋伸展走滑断裂带；B. 康泰-双子-雄南伸展断裂带；C. 加里曼丹-南巴拉望逆冲推覆断裂带；D. 中南-费信-司令走滑断裂带；E. 李准-廷贾走滑断裂带

南沙海域中北部地区在晚三叠世至早白垩世期间位于华南陆缘，而此时华南地块处于NE向的欧亚大陆东南边缘，受古特提斯近NS向消亡碰撞作用或古太平洋NNW向俯冲的影响而处于NE向左行压扭和派生的NW—SE向压应力场作用之下，局部地区产生一系列NE向的挤压断裂（李思田等，1990）。晚白垩世以后应力状态发生重大变革，在特提斯域印度板块脱离冈瓦纳大陆而快速向北漂移，特提斯洋壳朝NNE向俯冲于欧亚板块陆壳之下并在晚始新世发生碰撞，对欧亚板块产生了强烈的挤压，导致大陆岩石圈向东南蠕散。同时西太平洋俯冲带后撤，并在晚始新世由NNW向俯冲转为NWW向俯冲，使欧亚大陆东南边缘发生弧后扩张。在这两大构造域的共同作用下，东亚陆缘的应力场由左行压扭变革为右行张扭，进入重要的裂谷阶段，中生代时期形成的挤压断裂，大多在这个时期随应力的变化开始发生反转，演变为张性断裂，偶有与之相伴生的滚动背斜构造。

南沙南部纳土纳-婆罗洲-巴拉望增生褶皱带，包括卢帕尔带、西布带、南沙海槽东南缘。南沙海槽东南缘逆冲断裂规模巨大，对南沙海域南部的构造形成演化具有重大意义，反映了新生代以来南沙地块向南部婆罗洲地块下部俯冲挤压的结果（图9.14）。从平面上来看，该带断裂是沿南沙地块周缘接触带分布，走向自西向东为NW向往SN向和EW向过渡，成排状展布，延伸长。剖面上呈上陡下缓的犁形。多为古近纪以来形成的断裂，表现为多排逆冲断层，形成一系列叠瓦逆冲构造。西南部主要为晚白垩世—中始新世时期形成的西布拉姜群俯冲增生带和中晚始新世—中新世时期形成的米里褶皱-冲断增生带。二、三级断层多为盖层滑脱型。向深部往往汇入某一滑脱界面，形成一系列叠瓦逆冲组合。一级断层为基底卷入型对曾母盆地南部的后期沉积具有控制作用。

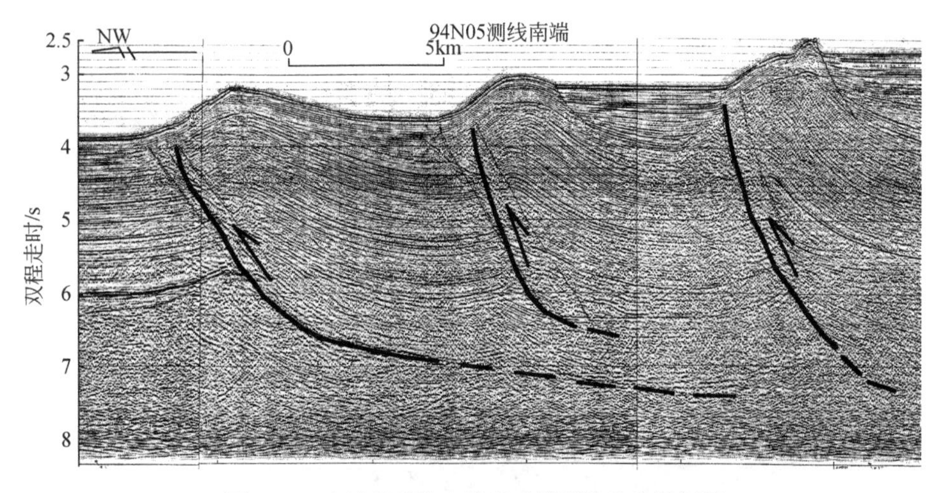

图9.14　南沙微地块南缘逆冲推覆构造地震剖面

位置为图9.12中NW-3测线南段

南沙中北部逆冲断裂的应力机制：中生代时期，中特提斯（古南海）向N—NNW方向的欧亚大陆推挤，发生俯冲挤压，特别是在晚白垩世，扩张达到高潮，在南沙中北部普遍形成了以NNE向为主的逆掩断层。

南沙南部纳土纳-婆罗洲-巴拉望增生褶皱带逆冲断裂的应力机制：在晚白垩世—中中新世，南沙南部的古南海洋壳自西向东先后发生向南俯冲，结果出现西北加里曼丹陆缘活化，形成古晋带中-晚白垩世以来的侵入岩体，北侧的西布带晚白垩世—始新世拉姜群增生楔、晚渐新世—早中新世的米里带和南沙海槽，并产生一系列的 NW、EW、NE 向的逆冲断裂。

（二）伸展断裂系

伸展断裂系分布较广，主要部分分布在南沙海域中北部。一、二级断裂控制盆地边界或隆拗单元界线，三级断裂控制局部构造（金庆焕和李唐根，2000）。平面上以 NE 向和 NW 向展布为主，成排成带展布，延伸长，剖面上表现为犁式或板状断层。NE 向断裂主要分布在廷贾断裂以东，受廷贾断裂右旋作用影响，呈雁形排列，并被 NW 向断层分别截断，控盆控洼作用明显，对南沙新生代盆地的形成和发育起到关键性作用。NW 向断裂主要分布在曾母盆地西南部（图 9.13），可能是伴随新生代西南部走滑拉分形成曾母盆地而形成的。

一级断裂为康泰滩-双子礁-雄南礁伸展带，即南海北部伸展断裂带（刘海龄等，1998），控制海盆边界。该带在大地构造上是南海洋壳与南沙陆壳的分界线，是一条深切岩石圈、直达软流圈顶面的超壳倾滑伸展断裂带（图 9.15），伸展活动始于晚白垩世。二、三级断裂分布较广，控制作用不明显，大部分为一级断裂的伴生断裂。

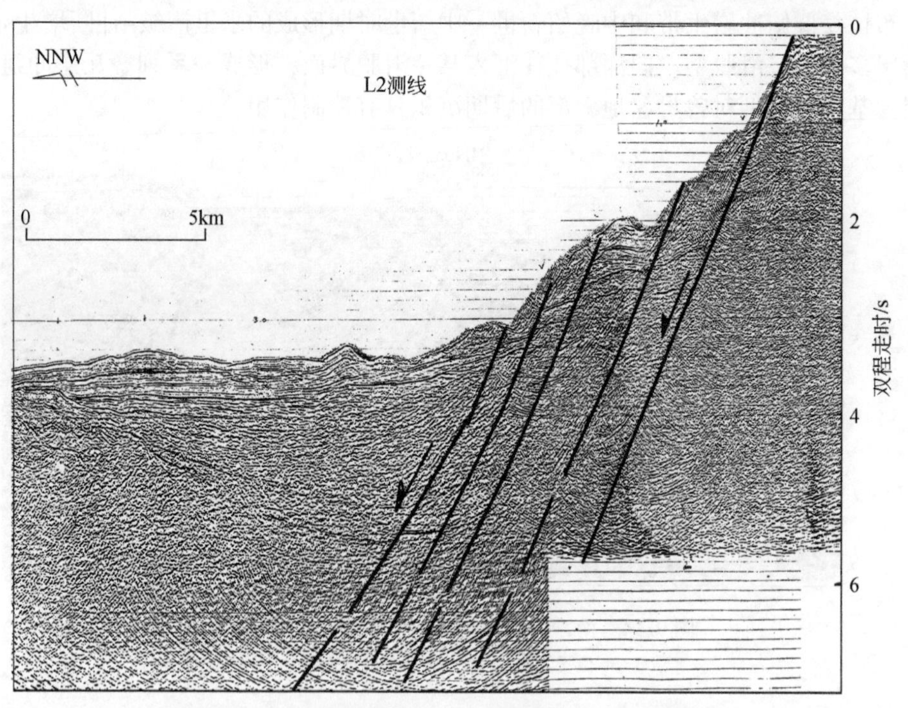

图 9.15　南沙北缘 NW-9 测线伸展断裂带地震剖面
剖面位置见图 6.5 中 L2 测线北部

伸展断裂系的应力机制：进入晚白垩世后，东亚陆缘应力场发生重大变革，原由古太平洋板块俯冲形成的压扭性应力场，因俯冲潜没带向洋后撤（郭令智等，1983）而反转为张性应力场，NW—SE 向的强烈伸张作用，产生了一系列 NE 向的张性断裂和滑脱正断层。

（三）走滑断裂系

研究区内分布较广，平面上主要为 SN 走向和 NW 走向，断裂规模巨大，延伸长，具有明显的分段切割性，剖面上常呈现一定的花状构造特征。

一级断裂，切割深，延伸长，控制作用明显。西部万安-纳土纳走滑断裂带，在大地构造上属于南海西缘伸展走滑断裂带，是南海西部自晚古生代以来长期演变的产物（刘海龄，1999a，1999b，1999c）。印支期，随着古特提斯的关闭、南北印支地块相缝于马江断裂带、琼中琼南地块相缝于九所-陵水断裂带，西缘断裂带以走滑断层的形式存在于新联合的印支-华南陆块中。新生代以来，印度板块与欧亚板块间碰撞作用的远程效应加强了西缘断裂带的活动，使红河-越东-万纳断裂带成为同一条相互贯通的走滑断裂系统。中部李准-廷贾断裂，是南沙海域一条重要的 NW 向变形带，断裂带两侧重磁异常都表现出明显的不同。在早中新世为一右旋断裂带，断距较大，在中新世晚期呈现左旋趋势，第四纪以来再次表现出右旋性质（钟广建和王嘹亮，1995）。其活动影响了南沙中部海域盆地的形成。中部中南-费信-司令断裂带，北起南海中央海盆南缘，经礼乐滩西侧，到司令礁东部，然后进入南沙海槽的最低洼部分（水深大于3300m），向南可能延伸到加里曼丹的沙巴地区，将东北沙巴的 EW 向构造与西南沙巴的 NE 向构造分开。该断裂带切割较深，直至中生代地层，两侧地层明显不同，以东为早侏罗世三角洲-浅海相砂泥岩至早白垩世滨-浅海相含煤碎屑岩系，以西的南沙群岛西北海区地层时代更老，可能为三叠纪海相沉积。

二级断裂控制洼地和盆地局部，三级断裂多为一、二级断裂的伴生断裂，控制局部地区。

走滑断裂系的应力机制：晚白垩世—早渐新世，研究区内的伸展应力场由 SE 向逐渐变为近 SN 向，NW 向断裂表现为左旋走滑性质，晚渐新世—中中新世，印藏碰撞使印支地块相对华南大陆向东南顺时针旋转挤出，形成了规模宏大的 NW 向和近 SN 向左旋走滑断裂带。

三、褶皱构造特征及形成机制

（一）褶皱构造特征

根据已有资料，南沙海域经历中生代以来复杂的构造演化过程，区内地层系统不同时期经历了不同程度的挤压变形、伸张松弛等阶段，形成了多样的褶皱构造面貌。

在南沙海区地震剖面中，新生代盖层沉积下广泛存在一套形变强烈的地层，其地震反射频率较高，含杂乱反射，地层明显倾斜，显示其经历挤压作用。该套地层顶部剥蚀严重，与上覆地层呈角度不整合接触；其层间厚度稳定，地层底界不明。但是可以确定，这套地层为裂谷前形成的前新生代地层（Yan and Liu，2004；刘海龄等，2007）。

1. 中生代时期的褶皱作用

在曾母盆地东北部，根据多条地震剖面的对比分析，中生界的褶皱作用明显，其褶皱轴走向从西往东，由 NW、NWW 向变为近 EW 向，同断裂分布走向呈现一定的相关性。正如前文所总结的（图4.6），中生界的褶皱作用发生过两次，一次是新生代之前，另一次是新生代期间。在万纳断裂带以东两者似乎表现出非协调性，但在万纳断裂带以西，中生界与新生界进行了相互同步的褶皱变形。从地震剖面可以看出，在褶皱形态上，曾母盆地中生界形成的为复式褶皱，褶皱变形程度较大，似乎比东面的南薇-安渡和礼乐-北巴拉望两地区稍强。

在海域中部的南薇-安渡区，中生界多为相对舒缓褶皱（图 7. 13）。根据地震剖面间的对比，褶皱轴向大致为 NE 向，而褶皱翼部被新生代 NE 向相向倾滑的控堑断裂所切割而成为新生代盆地基底，褶皱宽缓的向斜之上沉积厚度较大，背斜剥蚀的岩层可能成为向斜沉积地层的物质来源，表明新生代早期该区存在一定的均夷作用。沿褶皱轴向多为 NW 向或近 NS 向走滑断裂所错断。中生界厚度较大的地段多出现在宽缓的向斜翼部，背斜顶部剥蚀明显。从图 9. 16 可以看出，T_4 呈整体披覆特征，而在其之下，存在一明显的背斜，背斜内部的中生代地层存在逆冲断层，该逆冲断层终止于 T_4 界面，也证实了该褶皱可能是在 NW 向的挤压作用下形成的。从图 9. 17 可以看出一整套的中生代地层呈宽缓状，被一系列断裂分割形成一定的高角度，与上覆地层呈明显的角度不整合接触，同样反映了中生代时期发生的挤压褶皱作用。

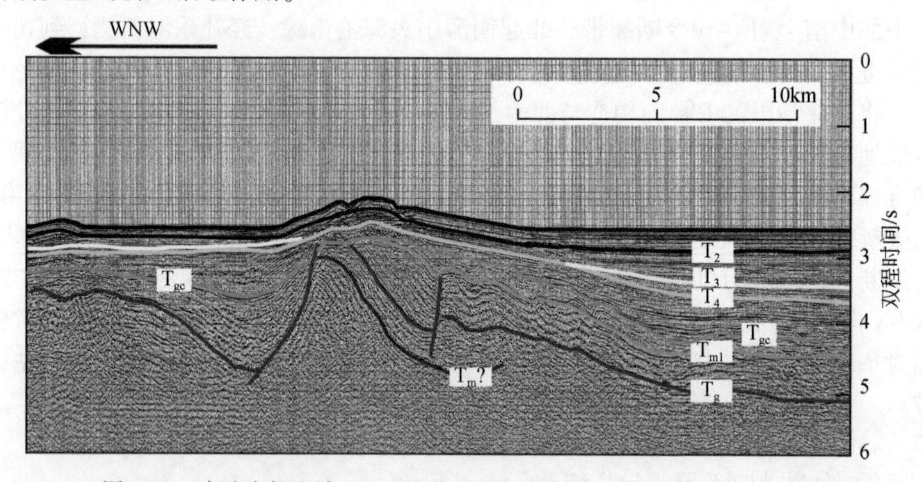

图 9. 16　南沙中部海域 NW-2 测线地震解释剖面（炮点号 8823 ~ 9427）

T_m、T_g、T_{ml}、T_{gc}、T_4、T_3、T_2 相当于图 5. 3 中的 T_m、T_g、T_{ml}、T_{gc}、T_{40}、T_{30}、T_{20}。剖面位置见图 9. 12

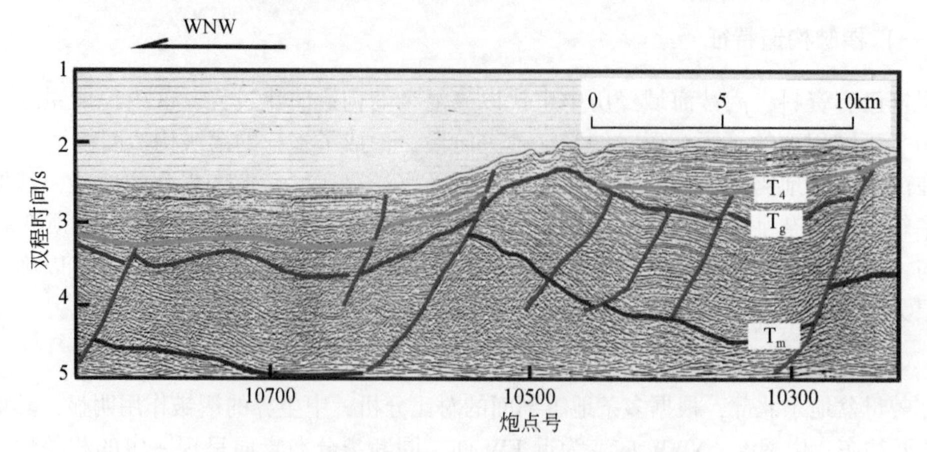

图 9. 17　NW-3 测线地震剖面中段局部解释图

T_m、T_g、T_4 相当于图 5. 3 中的 T_{gc}、T_{40}。剖面位置见图 9. 12

在海域东部的礼乐-北巴拉望地区，地震剖面中，褶皱地层主要表现为相对更宽缓的褶皱，比西部的曾母盆地及南薇-安渡区都要弱，而且褶皱地层基本被一系列新生代断层分割成了一个个的翘倾断块，局部地区出露地表遭受剥蚀，与上部地层形成明显的角度不整合接触。翘倾断块中的地层厚度基本相等，断裂作用到达断块底部，说明该区先发生挤压褶皱作用，后期发生拉张，形成断块下陷旋转。

2. 新生代时期的褶皱作用

从区域上来看，南沙海域南部地区褶皱构造的形成时期具有从西至东逐渐变晚的特征。如万安盆地的褶皱构造形成于中中新世之后、晚中新世之前（N_2^1-N_3^1）；曾母盆地西部褶皱构造形成时期大致与万安盆地相当，而东部在中中新世晚期才开始形成；南沙海槽褶皱带，基本也是在中新世以后才开始形成，文莱-沙巴盆地的褶皱构造则形成于晚中新世—上新世（N_1^3- N_2）；西北巴拉望盆地及礼乐盆地的褶皱构造形成则更晚，一般在上新世。

这种现象实质上是加里曼丹岛逆时针旋转，致使自身与曾母地块、南沙地块及礼乐地块自西向东呈剪刀式缝合的结果。

（二）形成机制

地块间的相对碰撞、挤压和走滑运动是产生褶皱构造的主因。从整体上看，褶皱构造与地块间的相对碰撞、挤压（主要是曾母地块、南沙地块及礼乐地区与加里曼丹、巴拉望岛及华南陆块间的碰撞挤压）及走滑运动有关。这可以从发育的褶皱构造主要是穹窿、挤压背斜及扭动背斜得到证实。如万安盆地的扭动背斜主要是与万安盆地东侧的万安东断裂的走滑活动有关（张光学和杨木壮，1999）。万安盆地、巴兰三角洲、沙巴地区南部发育的逆冲褶皱及扭动背斜则分别与曾母地块、南沙地块与加里曼丹岛间的俯冲碰撞挤压及曾母地块、南沙地块及巽他地块间的相对走滑有关。研究区北部和中部的挤压褶皱是研究区地块与华南陆缘挤压碰撞的结果。

局部地区间发育一些与岩浆、泥底辟活动及生长断层有关的褶皱构造，如万安盆地与曾母盆地的泥底辟褶皱构造及巴兰三角洲的滚动背斜构造。

四、中-新生代构造特征对比及成因分析

（一）构造特征对比

1. 新生代

北部康泰-永暑-郑和强烈挤压褶皱带的新生代沉积地层较薄，新近系—第四系沉积地层很薄，厚度不到1km，而古近系沉积地层厚度为1 ~ 2km。以强烈的伸展断层为特征，地层呈高角度倾斜，被一系列新生代伸展断层分割，表现出新生代强烈的伸展作用。

中部南薇-安渡-仙宾中生代中弱挤压褶皱区，新近系沉积地层很薄，古近系沉积地层

较厚，地层呈低角度倾斜，一系列伸展断层将地层切割，并随着后期填充呈现出裂后充填沉积的特征。但总体新生代活动不如北部隆起区强烈。

南部曾母-西北巴拉望新生代沉降区，相比北部隆起区和中部地区，发育很厚的新生代沉积，沉积层厚度可达16km。地层表现出由于一定挤压作用导致的不明显褶皱，断裂不发育，在靠近南边南沙海槽东南岸，表现出一定的挤压作用形成的地层的褶皱。

2. 中生代

北部康泰-永暑-郑和强烈挤压褶皱带，中生代地层表现出中生代强烈的挤压褶皱，同后期叠加的新生代地层一起表现出由于强烈的伸张断裂作用而形成的高角度变形（图7.8）。

中部南薇-安渡-仙宾中生代中弱挤压褶皱区，中生代地层表现出强烈的褶皱作用，地层褶皱弯曲明显，形成一系列连续的背斜和向斜，背斜顶部剥蚀严重，内部地层反射杂乱，反映挤压作用的强烈程度。局部地区褶皱翼部发育中生代时期形成的挤压逆冲断裂；部分伴生滚动背斜，表现出新生代的构造负反转。

南部曾母-西北巴拉望新生代沉降区，褶皱作用也较明显，表现出一定的缓倾斜，中生代地层的褶皱反映的是两次挤压作用的叠加（图4.6），且中生代地层比新生代地层褶皱强烈，是中生代和新生代时期两次挤压作用的结果。

横向上比较，西部曾母区中生代褶皱作用明显，褶皱轴走向自西向东由NW、NWW向变为近EW向，是两次挤压作用叠加的结果；中部南薇-安渡区，中生代表现出较强烈的褶皱作用，褶皱轴向为NE向，褶皱后期剥蚀作用明显；东部礼乐区南部主要表现为宽缓褶皱和翘倾断块，早期的挤压褶皱被后期的伸展断裂改造，形成多米诺骨牌式构造。

（二）成因分析

通过对南沙海区中生代地层和构造特征纵横向的对比可以得出，南沙海域在中生代时期北部康泰-永暑-郑和强烈挤压褶皱带和中部南薇-安渡-仙宾中生代中弱挤压褶皱区表现出较强的挤压褶皱作用，而相比之下，南部的新生代沉降区这种作用就不那么强，而横向上，西中部和东部也表现出一定的差异褶皱作用，西中部地区相比东部地区褶皱作用明显，反映了挤压作用的不同程度。

根据研究区的区域地质资料，三叠纪—早白垩世期间为古特提斯东段的缝合阶段，南沙地块和西沙、中沙、东沙与印支共同组成印支-华南古大陆，并共同经受了中生代燕山运动的改造，形成了中生代俯冲岩浆活动带。因而，位于俯冲带南侧的南沙中北部地区，与华南大陆缝合挤压，形成强烈挤压褶皱带，地震剖面上也显示了由北向南这种挤压作用逐渐减弱。同时，南沙海域西部地区与东部礼乐区可能由于当时所处的大地构造位置的不同，对应力反应的差异，加上新生代以来周边板块构造活动的差异，在地震剖面中表现出东西部的差异褶皱作用。

总之，南沙海域总的褶皱构造特征表现出北强南弱、西强东弱、南北分带、东西分块的特征。

第六节 南沙地质构造演化过程的油气资源效应

一、研究区构造演化史

通过对研究区地质结构构造特征的对比分析，结合本区区域地质特征，可将本区的构造演化历史划分为6个阶段（图9.18）。

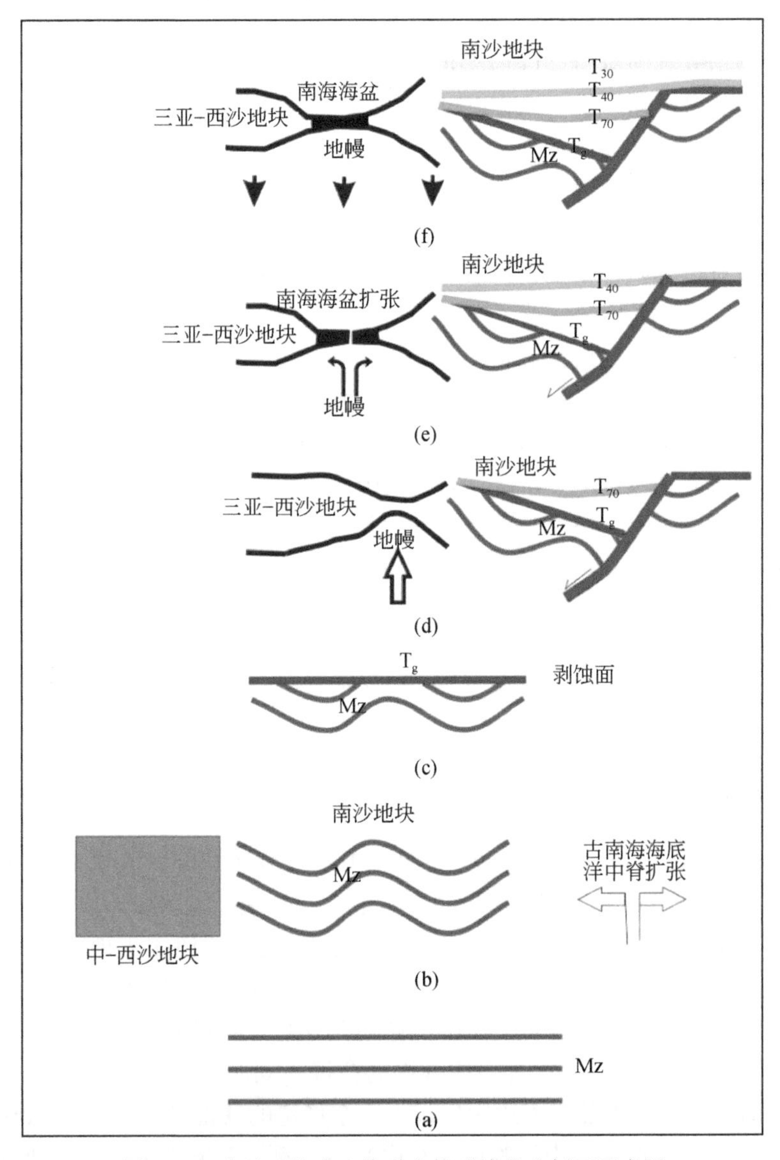

图9.18 南沙地块中生代以来构造演化史剖面示意图

(a) 三叠纪—侏罗纪，中生代沉积阶段；(b) 晚侏罗世—早白垩世，挤压褶皱阶段；(c) 晚白垩世—中始新世，抬升剥蚀阶段；(d) 晚始新世—早渐新世，断陷阶段；(e) 晚渐新世—早中新世末，断拗阶段；(f) 中中新世—现在，稳定沉降阶段第一阶段为中生代沉积阶段（三叠纪—侏罗纪）[图 9.18（a）]，主要是中生代早、中期，研究区沉积了一套近于水平的海相中生代地层，厚度较稳定，这一点可以从研究区内的下构造层的厚度来反映。

第二阶段为挤压褶皱阶段（晚侏罗世—早白垩世）[图 9.18（b）]，主要是由于位于研究区南部的古南海海底扩张，扩张脊近 EW 向，扩张方向为近 SN 向，研究区向北运动，中生代晚期与中-西沙地块碰撞，使本区地层受挤，发生褶皱。此次运动相当于燕山运动，造成了全区地层特别是研究区中北部地层普遍褶皱抬升，但是研究区的西、中、东部可能由于当时所处的应力位置不同，表现出一定的差异褶皱作用。同时，由于研究区中北部地区与南部地区的不同位置，接受挤压应力的不同，形成了北强南弱的挤压褶皱作用。

第三阶段为抬升剥蚀阶段（晚白垩世—中始新世）[图 9.18（c）]，研究区已发生褶皱的中生代地层隆升成陆、遭受风化剥蚀，同时，区域应力作用开始由挤压转向伸展。

第四阶段为断陷阶段（晚始新世—早渐新世）[图 9.18（d）]，新生代早期，由于研究区北部的西南次海盆发生地幔隆升，上覆岩石圈发生伸展拆离作用，使剥蚀夷平的中生代地层发生一系列的铲式断裂，形成了一系列的地堑、半地堑构造，并广泛接受了晚始新世—早渐新世的充填沉积，特别是在研究区中西部地区和西南面的曾母区，沉积了较厚的古近系地层。

第五阶段为断拗阶段（晚渐新世—早中新世末）[图 9.18（e）]，南海海盆（中央次海盆）发生海底扩张（Taylor and Hayes，1980，1983），南沙地块与中-西沙地块分离，向南漂移，伸展断裂作用减弱，逐渐出现拗陷作用，局部地区接受披覆沉积。

第六阶段为研究区稳定的热沉降阶段（中中新世—现在）[图 9.18（f）]，南海扩张停止，研究区地幔发生大规模冷却，普遍发生热沉降，沉积作用覆盖全区。

二、构造运动

南沙海域及邻区中生代以来经历了多期次的构造运动，依次有印支运动、燕山运动、礼乐运动、西卫运动、南海运动和南沙运动。

（一）印支运动

印支运动标志着古特提斯洋的最终关闭。中晚古生代期间，在南海地区琼中地块与琼南地块之间，存在过古特提斯主洋盆的东段——琼南海盆。其形成始于泥盆纪晚期，俯冲始于早二叠世，关闭于印支期（中三叠世），印支运动使印支地块沿红河断裂带与扬子地块缝合，印支地块及冈底斯地块沿雅鲁藏布江及昌宁-双江断裂带与中缅马地块缝合，在南海北缘上遗留琼南缝合带。该带西跨红河-越东-万纳走滑带而接昌宁-孟连-劳勿-文冬缝合带，东穿东海陆架而连飞驒南缘缝合带（刘海龄等，2006；Liu *et al.*，2011）（图 4.8）。同时，在欧亚大陆东南边缘形成了一个稳定的巽他陆块。印支微板块、琼南地块（包括三亚、中沙、西沙、南沙等块体在内）等，都成为欧亚大陆的组成部分。在这些地块的南部则为中特提斯-伊佐奈岐洋（古太平洋的西北部）的被动边缘。在这一边缘上沉积了晚三叠世—早侏罗世（T_3-J_1）的海相沉积。

（二）燕山运动

到中侏罗世（185Ma），在古太平洋的三联点上开始扩张，形成一条连接特提斯洋-伊佐奈岐洋的扩张脊，将特提斯和伊佐奈岐板块向北西推挤，于晚侏罗世—早白垩世（J_3-K_1）在欧亚板块东缘阿留申至菲律宾走滑断裂系一带形成一条规模恢宏的俯冲带，受一系列近NS向或近NW向转换断层的分割，各段俯冲速度有差异。在本区古双峰-笔架俯冲带与之有着密切的联系，在带内产生了大量混杂堆积，使南沙海域内的大部分地区碰撞隆升成陆，并有中生代岩浆岩的侵位。经长期的风化剥蚀，形成南沙地区的晚白垩世之后的沉积基底。

（三）礼乐运动

礼乐运动是始于晚白垩世末的一次张性构造运动，区域构造背景由长期挤压转为拉张，与此同时，产生了一系列的NE—NNE向张性断裂，南海北部陆缘由此解体。受印度板块向北运动的影响，越东断裂带和廷贾断裂形成。对南沙海域而言，NE—NEE向断层在中北部为盆地早期箕状断陷的边界断层，规模大，切割深，对沉积有明显的控制作用；在南部，断层规模相对较小，对成盆初期的凹陷有一定的控制作用（姚永坚等，2002）。该时期岩浆活动强烈，主要表现为一些中酸性火成岩体，一般隐伏在沉积基岩中，构成本区盆地的基底。礼乐盆地Sampaguita-1井和AO-1井（表2.2、图4.2）均钻遇了该不整合面，上下地层在岩性、岩相、沉积环境上均有较大差异。主要表现为盆地初始裂离、断陷阶段。

（四）西卫运动

西卫运动是发生在中、晚始新世之间的一次构造运动，主要造成区域抬升，在南沙海域以T_7不整合面为代表。此时，在东亚和相邻地区发生了一系列的构造事件：①印度板块在新生代早期高速向北漂移，并于45Ma与欧亚板块碰撞；②太平洋板块在44～42Ma对亚洲大陆俯冲方向由NNW向转为NWW向，一系列的转换断层变为俯冲带；③印度板块东南段发生第三次海底扩张导致印澳板块向北漂移，并沿爪哇海沟右行斜向俯冲。这三件大构造事件，具有全球板块重新组合的特征。这些大事件直接影响到夹持于三大板块之间的本区构造发展的进程。首先发生南海西南海盆的扩张（43～35Ma）将南沙块体向南推挤，促使东亚大陆分离，苏拉威西海的扩张将苏禄块体向北挤压，南沙海域各盆地在此基础上开始进一步裂解和发展，形成NW向或近SN向走滑断裂，同时产生一系列NE—NEE向断层，对中构造层有明显的控制作用，并伴随着与断裂同生或沿断裂侵位的中酸性及中基性的岩浆活动。礼乐滩Sampaguita-1井证实中始新统与上始新统之间存在不整合面，曾母盆地南部深海浊积相的拉让群在该时期发生强烈的变形和轻微变质作用，构成盆地基底（姚永坚等，2002）。

（五）南海运动

南海运动发生于早、晚渐新世之间，表现为与南海中央海盆扩张有关的一次破裂不整合面，在南沙海域以 T_6 不整合面为代表。南海运动虽然在该区域表现不如其他构造运动强烈，岩浆活动也不强烈，但仍造成 T_6 界面上、下地层之间的沉积间断和岩相变化，并伴随有近 EW 向断裂的产生。这次构造运动与南极冰川作用有关的全球海平面下降事件一起，促进了本区大陆边缘的相对抬升，造成沉积间断和岩相的变化（姚永坚等，2002）。在海域的南部古南海洋壳被进一步消减，巴拉望、沙巴弧形成雏形，文莱-沙巴、北巴拉望弧前盆地开始形成。在万安、曾母等盆地则由前期的断陷转为拗陷，盆地面积进一步扩大。主要表现为盆地由断陷向断拗转化。

（六）南沙运动

南沙运动发生于中、晚中新世之间的构造运动。区域上，随着太平洋板块对欧亚板块作用力的逐渐加强，在 17～10Ma 发生一次明显的板块重组，主要表现为西太平洋边缘海的封闭和块体的碰撞及抬升作用（吴进民和杨木壮，1991）。南海在结束了海底扩张之后，膨胀的异常地幔伴随着热扩散作用后逐渐收缩。岩石圈在逐渐冷却过程中缓慢加厚，导致包括南沙块体在内的南海地区普遍发生区域性的均衡沉降。在沉降过程中向盆地中心发育一系列的前积层，在盆地边缘则逐层超覆，与前期地层形成不整合面。该构造运动对南沙海域产生深刻影响，奠定了现今的构造格局。在南部、西部和中部，以 NE—NEE 向张扭断层、NW 向或近 SN 向走滑断层为主，其中 NW 向或近 SN 向断层构成南部盆地或拗陷的边界，对沉积有明显的控制作用；NE—NEE 向断层对盆地内的局部构造有明显的控制作用，形成众多的断块圈闭（姚永坚等，2002）。

三、构造动力学演化史

进入中生代之后，全球构造出现了新的变革。冈瓦纳联合古陆解体，印度洋、太平洋板块形成。因印度洋扩张，印度板块北漂，特提斯洋壳向欧亚板块俯冲而引发的印支运动使欧亚大陆西—西南部普遍碰撞拼合（刘光鼎，1990）。欧亚大陆板块东—东南部因受在转换断层之间发育起来的古太平洋板块的南北向扩张的影响而出现挤压剪切。整个亚洲大陆板块东缘成为类似于安第斯型的活动板块边缘（郭令智等，1983）。中国东部及邻区的应力状态先后发生了 NE 向压性左行走滑和 NE 向张性右行走滑即“左行压扭体制”和“右行张扭体制”（李思田等，1990；周蒂等，2005）。南沙地区作为东南亚的一部分，其中生代以来的构造动力学演化历史可分为晚三叠世—早白垩世的挤压应力阶段、晚白垩世—中中新世的扩张应力阶段和中中新世以来的区域热扩散沉降阶段三个阶段（图 9.19）。

（一）晚三叠世—早白垩世的挤压应力阶段

古太平洋向欧亚板块东缘 NNW 向左行斜交俯冲，随后古特提斯洋的闭合，全球在 2 亿年前形成了一个泛大陆（Pangea）和一个泛大洋（Morel and Irving，1981）。约在晚三叠世—早侏罗世时期，泛大洋的三联点上太平洋开始扩张。一条连接太平洋和特提斯洋脊的扩张，使伊佐奈岐板块和特提斯板块向欧亚大陆俯冲，并被一系列 SN 向转换断层错开。这一构造格局持续到早白垩世。在此期间，上扬子、云开、琼中、琼南诸地块相互缝合，

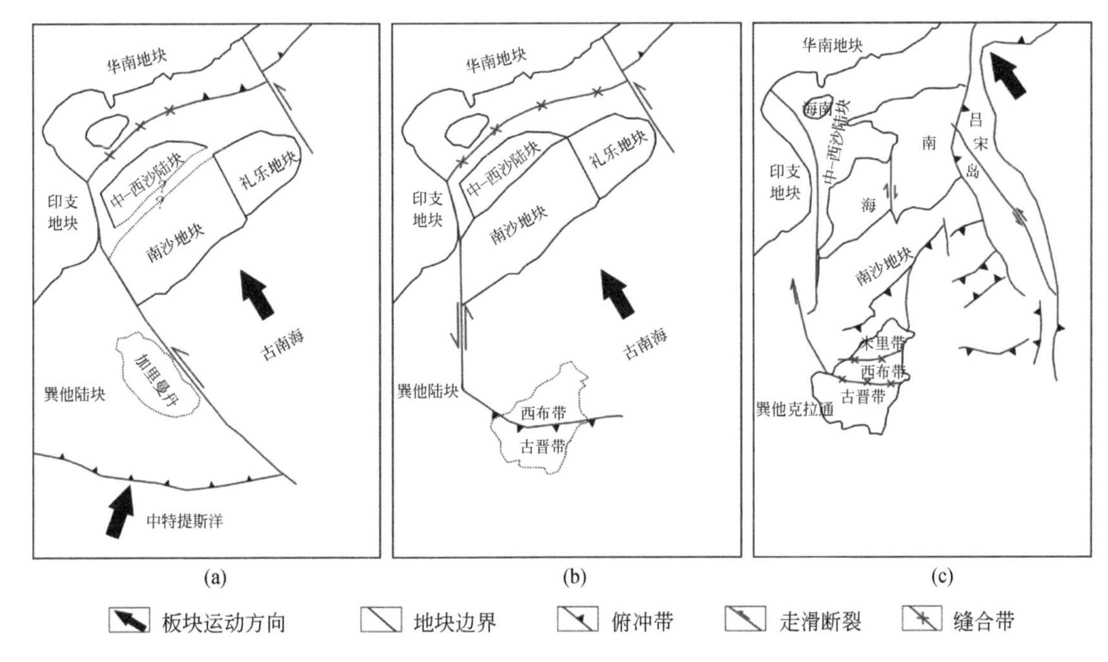

图 9.19　南沙及邻区中生代以来的构造演化史平面示意图

（a）晚三叠世；（b）晚白垩世；（c）中中新世

与印支地块共同组成印支-华南古大陆，并共同经受随后而来的燕山运动的改造，形成了著名的中生代挤压褶皱带和俯冲岩浆活动带（刘海龄等，2006）。

欧亚板块与伊佐奈岐板块在强烈的挤压和俯冲作用下，形成强大的 NW—SE 向区域挤压应力场，位于仰冲板块的华南陆缘发生强烈隆起和遭受剥蚀，地表的剥蚀引起地壳均衡反应，导致进一步隆起，形成挤压隆起—剥蚀—均衡隆起—剥蚀隆起—剥蚀的旋回（中国科学院南海海洋研究所海洋地质构造研究室，1988）。而位于转换断层之间的南沙块体在其南缘，在俯冲过程中沿纳土纳—北婆罗洲—巴拉望一线形成一条增生混杂岩带，同时对南沙块体内部造成隆升、风化剥蚀和块断沉降，为晚白垩世—新生代沉积盆地的形成构建了基础。

（二）晚白垩世—中中新世的扩张应力阶段

进入晚白垩世之后，东亚陆缘区域构造应力场出现了重大变革。早白垩世末期，太平洋板块的主要俯冲带跃迁到赤道附近。同时期，西侧的印度洋发生第二次扩张，印度陆块从冈瓦纳大陆裂解并高速向北运动接近西藏陆块，特提斯构造域的会聚速度达到最高峰，欧亚板块岩石圈由左行压扭体制转变为右行张扭体制（周蒂等，2005）。

随后，印度陆块与西藏陆块发生“硬碰撞”，使印支、华南等陆块相继挤出，在东亚陆缘产生了大规模走滑拉张，同时太平洋板块的扩张方向由 NNW 向转为 NWW 向，导致太平洋板块向西俯冲的加强。两种重大的构造变动发生的时间在 43 ~ 41Ma，相当于“西布运动”。造成南沙地块（尤其是曾母断块）中构造层普遍褶皱和轻微变质，隆升之后发生裂谷化，中酸性和中基性火山活动伴随发生，但规模不大，强度较弱。在南沙地块及其周缘，这次构造变动的最重要影响是晚始新世时沿卢帕尔一线发生了南沙地块与加里曼丹的陆–陆碰撞，古南海的西段至此时消亡，同时在加里曼丹陆上形成一系列磨拉石盆地。在早渐新世晚期，海底扩张逐渐形成具洋壳性质的南海海盆，南沙地块离开华南大陆向南漂移，同时古南海继续向南俯冲，中酸性和中基性岩浆大规模侵入–喷发。随后，南海海盆发生第二次扩张，米里增生楔形成，北巴拉望南缘“A”型俯冲形成西北巴拉望前陆盆地。

（三）中中新世以来的区域热扩散沉降阶段

特提斯域的西段印度–西藏碰撞带青藏高原的变形隆升消耗了能量，削弱了传播式挤出对东亚大陆的影响以及澳大利亚板块北缘与东南亚东南缘碰撞、北推，导致南海中央海盆停止扩张，南沙海域地块停止向南漂移。整个南海地区仍然处于张性应力场的控制之中，在均衡作用下，研究区发生区域性沉降。南沙中北部的岛礁区长期处于稳定的沉降状态，受断裂的控制，产生差异沉降、岛礁林立、槽沟纵横交错的复杂地形。同时，澳大利亚陆块向 NW 方向运动加速，从 SE 方向逼近欧亚大陆，随后东南亚陆缘重新出现挤压体制主导的格局，构造应力场重新转变为挤压应力为主，导致沙巴–巴拉望在早中新世末的大规模北西向推覆，阻止了南海的继续扩张，并使南海南缘俯冲–碰撞–推覆断裂带得到进一步的发育，形成了一系列前陆盆地。

四、构造活动的油气意义

研究区中生代以来经历了复杂的演化过程，构造应力场在周缘岩石圈板块的作用下，经历了挤压应力、扩张应力、挤压收缩 3 个阶段。经过这 3 个阶段的构造演化过程，南沙海域形成了一系列大型的中生代和新生代盆地。金庆焕和李唐根（2000）根据南沙海域盆地所处的板块构造环境或大地构造位置、地壳类型、盆地原型形成时的地球动力学背景、成因机制和不同演化阶段的构造形式及其特征、盆地原型的定义将其主要的新生代大中型沉积盆地划分为 3 类 6 种盆地原型：①与挤压有关的盆地类型，分为弧前盆地（西巴拉望盆地）、残留洋壳盆地（曾母盆地北部）和周缘前陆盆地（曾母盆地）；②与拉张环境有关的盆地原型，分为伸展盆地（万安盆地、南薇西盆地、北康盆地）和克拉通内部断拗盆地（礼乐盆地、北巴拉望盆地）；③与走滑有关的盆地原型（万安盆地）。

根据该区域的地球动力学背景和主要构造格架。研究区主要大致以红河断裂–中建南断裂–廷贾断裂为界，盆地表现截然不同。断裂以东的盆地主要受控于南海的陆缘伸展–海底扩张作用的影响，包括礼乐盆地、郑和盆地和安渡盆地等，为被动陆缘裂陷型盆地，主体走向 NE，主要控盆断裂为 NE 向，NW 向断裂表现为张剪或压剪性质，它们的活动导致盆地沿走向发生明显分块。由于古南海向南的俯冲作用，在南沙地块与加里曼丹地块之间发育了由俯冲作用控制和影响的弧前盆地，如西北巴拉望盆地。位于红河断裂–中建南断裂–廷贾断裂附近的盆地不仅受到南海陆缘裂解的裂陷作用的控制，还受到了印支地块沿红河断裂带 SE 向顺时针旋转走滑作用的影响，如中建南盆地、南薇西盆地、北康盆地、万安盆地和曾母盆地，因此曾祥辉等（2001）将北康盆地和南薇西盆地划归为剪切伸展盆地。

在北巴拉望盆地的两口钻井资料和礼乐盆地的两口钻井资料、海底拖网资料，以及海域中部南薇西盆地、北康盆地地震剖面资料表明中特提斯海水海侵由南向北进入南海南部地区，形成以深海相沉积为代表的有机质富集的有利环境，为生成中生代海相烃源岩提供了极为有利的成烃环境。

（一）礼乐盆地（中生代残余盆地）

礼乐盆地经历了晚三叠世—早白垩世的挤压阶段、新生代的张裂阶段、后张裂-漂移阶段和裂后沉积阶段4个阶段的演化过程（李鹏春等，2011）。

礼乐盆地的A-1井、Sampaguita-1井与北巴拉望盆地的Catalat-1井、Nido-1井（表4.1、图4.2）的岩性相同，为碎屑岩沉积，含煤线及红色凝灰质火山岩，为近岸浅海沉积（夏戡原和黄慈流，2000），结合拖网及地震资料综合分析，认为礼乐盆地与西巴拉望、北巴拉望盆地可能同属一个较大型的中生代盆地（白垩系地层厚度为2500～3000m），海水从NE向SW变深，到南沙海槽为深海沉积（夏戡原和黄慈流，2000），其中生代地层具有较好的生烃潜力，是礼乐盆地的主力烃源岩。

礼乐盆地东侧已发现多个油气田，利用其钻井资料并结合盆地内部地震资料，认为研究区主要有3套储集体，分别是晚渐新世—早中新世的碳酸盐岩（礁/浊积碳酸盐岩）、早中新世浊积砂体和晚中生代风化层，其中礁体和风化壳是主要储集体（孙龙涛等，2010）。

通过地震资料的解释分析及周边钻井的勘探结果，认为礼乐盆地主要有3种圈闭类型：晚渐新世—早中新世礁体，晚中生代地层风化断块，早中新世浊积砂岩与上覆泥岩形成岩性圈闭（孙龙涛等，2010）。

对于新生代礼乐盆地之下的古礼乐中生代残余盆地，中生代地层厚度较大，被一系列断层分割成翘倾断块，有利于油气运移，圈闭较好，油气前景好（图9.20）。

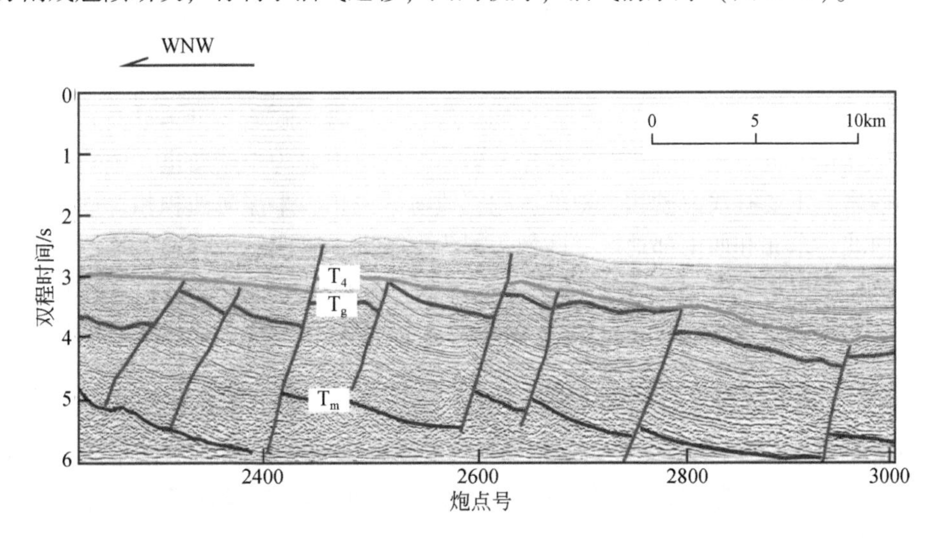

图9.20　礼乐盆地NW-8测线地震剖面南部解释图

T_m、T_g、T_4相当于图5.3中的T_m、T_{gc}、T_{40}。剖面位置见图9.12

（二）南薇西盆地（中生代残余盆地）

南薇西盆地中生代以来经历了挤压阶段、断陷阶段、断拗与压扭阶段、区域沉降阶段。

从地震剖面（图 9.21）可以看出，南薇西盆地北部边缘的一段多道反射地震剖面，可见 T_g 界面之下有一套视频率较高，连续性中等的倾斜反射结构地层，此套地层厚度为 2500～3000m，与上覆地层呈角度不整合接触。图中显示东部 T_g 界面以下的宽缓褶皱局部背斜封闭较好，有利于油气的储集，油气前景好。而图中西部 T_g 界面突出部分，由于中生代末期长期的风化剥蚀，有机质可能丢失，油气前景有待进一步确认。

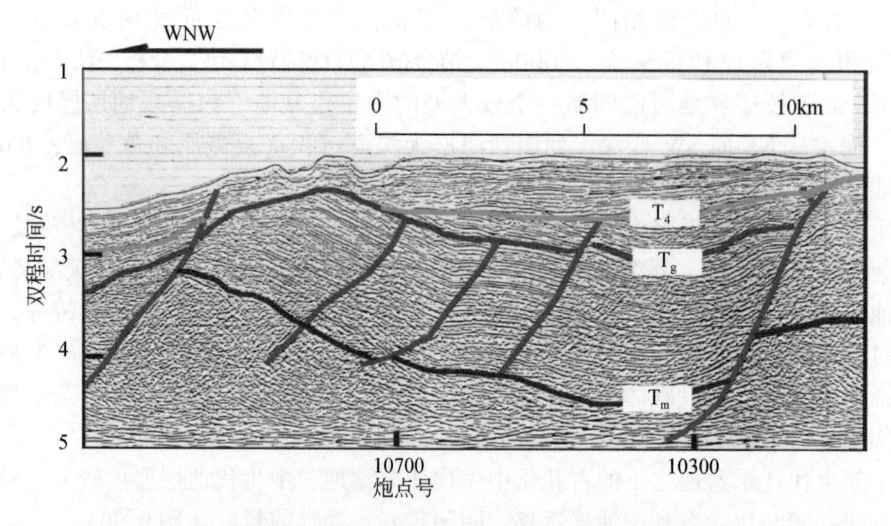

图 9.21　南薇西盆地 NW-3 测线地震剖面北段局部构造解释图

T_m、T_g、T_4 相当于图 5.3 中的 T_m、T_{gc}、T_{40}。剖面位置见图 9.12

南薇西盆地发育了古新世—中始新世的半深湖相泥岩、晚始新世—早渐新世以及晚渐新世—中中新世的近海相泥岩 3 套主要烃源岩。储集层主要为中始新世—中新世滨海相和滨浅海相砂岩。主要有浅海砂相、斜坡砂相、浅海砂泥相、半深海浊积相等砂岩，主要分布于盆地西北、东北和西南部地区。区域盖层为上新世—第四纪沉积，该地层为广泛分布的浅海-半深海相砂泥岩沉积，泥岩发育，厚度大，分布稳定。由于后期沉降和海侵披覆了一套半深海相泥质盖层沉积，生储盖配置较好，局部构造发育，岩浆活动相对较弱。

（三）北康盆地（中生代残余盆地）

北康盆地经历了中生代末—古近纪早期被动大陆边缘裂前伸展与断陷阶段、晚始新世—中中新世裂后断拗与改造阶段、晚中新世—第四纪区域沉降及构造活化期 3 个演化阶段（吴世敏等，2004）。

根据地震剖面资料（图 9.22），北康盆地之下的中生代残余盆地与南薇西盆地之下的中生代残余盆地为同一大型的中生代盆地，地层褶皱明显，厚度相当，区域性不整合面封闭好，具有一定的油气前景。

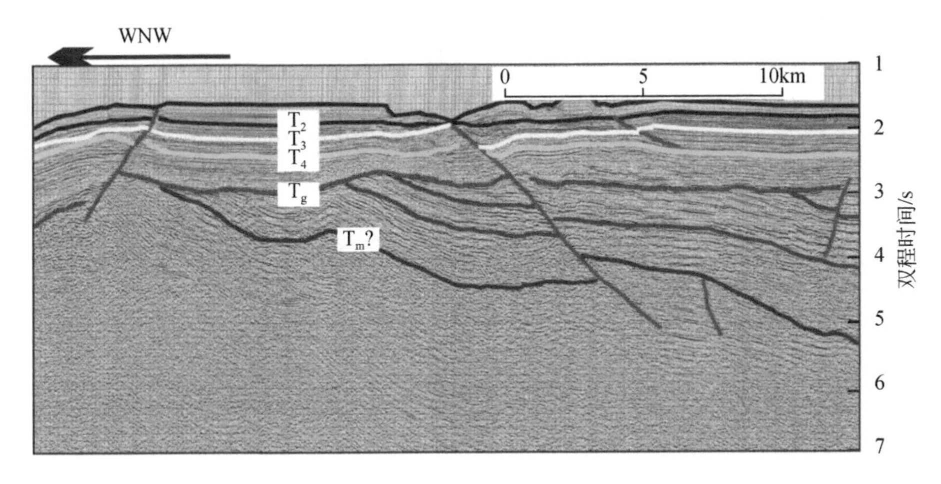

图 9.22　北康盆地 NW-2 测线地震剖面局部解释图

T_m、T_g、T_4、T_3、T_2 相当于图 5.3 中的 T_m、T_{gc}、T_{40}、T_{30}、T_{20}。剖面位置见图 9.12

盆地基底为前新生代变质岩及酸性-中性火成岩，火成岩主要发育在盆地东部。沉积盖层为新生代沉积，最厚处逾 11000m。盆地内发育了古新世—中始新世的湖相泥岩、晚始新世—早渐新世近海相泥岩以及晚渐新世—中中新世的浅海-半深海相泥岩 3 套主要烃源岩。储集层主要为中始新世—渐新世滨海相和滨浅海相碎屑岩，渐新统—中新统砂岩和中-上中新统碳酸盐岩/礁灰岩。区域盖层为上新统—第四系沉积，该地层为广泛分布的浅海-半深海相砂泥岩沉积，泥质比例较高，厚度大，分布稳定。此外盆地内断层虽然十分发育，但一般在中新世晚期—上新世初终止活动，这表明盆地中具有良好的区域盖层和油气藏保存条件。

（四）曾母盆地

曾母盆地经历了中生代末—古近纪早期被动大陆边缘断陷和断拗发育阶段、晚渐新世—早中新世周缘前陆盆地形成阶段、中中新世前陆盆地定型和改造阶段、晚中新世—第四纪区域沉降阶段 4 个不同的演化阶段，形成东西、南北不均衡的发展过程，构成“东西两台夹深拗和南挤北张”的构造格局，是一个不典型的周缘前陆盆地（姚伯初，1998b；姚永坚等，2005）。

曾母盆地主要发育渐新统海陆过渡相碳质页岩、煤层和海相泥岩以及下-中中新统海相泥岩两套烃源岩，具有较高的生烃潜力（姚永坚等，2008）。储集层主要为渐新统—中新统砂岩和中-上中新统灰岩或礁灰岩。盆内发育的上中新统—第四系海相泥岩为区域盖层，同时形成了层系内多套下生上储、上生下储和自生自储等各种类型的生储盖组合以及地区性的不同的含油层系，生储盖组合较好。

（五）万安盆地

盆地经历了地堑-半地堑、张扭断陷、拗陷和区域沉降 4 个构造演化阶段（姚伯初和刘振湖，2006）。

断陷阶段发生于渐新世，沉积了西卫群和万安组的河湖及滨浅海泥岩和含煤泥页岩，是万安盆地的主力烃源岩层。拗陷阶段发生于早中新世—中中新世早期，是盆地储集层形成的主要阶段和次要烃源岩的生成阶段，沉积了渐新统碎屑岩和中新统碎屑岩储集层、中-上中新统碳酸盐岩储集层、风化的前古近纪花岗岩和花岗闪长岩基岩风化壳储集层。上新统—第四系是万安盆地进入区域沉降阶段形成的一套浅海、半深海相沉积，因其分布稳定、厚度大、泥质岩含量高，加上后期基本未受构造变动影响，因而成为下伏含油气层系的良好区域盖层。

第十章　礼乐盆地形成演化及其物理模拟

为了开展此方面的研究，本书主要进行了以下 4 个方面的工作：①对横穿礼乐盆地的 L1 地震剖面进行地层、断裂定量分析；②在地震剖面分析、前人研究成果的基础上，研究礼乐盆地构造演化过程；③在前面认识的基础上开展物理模拟实验，探讨礼乐盆地演化机理与过程；④利用 Strech 软件，依据 L1 剖面，对礼乐盆地进行数值模拟。

第一节　研究现状

我国已成为石油消费和进口大国，对外依存度已接近 50%，而且有逐步提升的趋势。鉴于国际能源形势，我国必须开辟油气勘探新领域，目前南海周边地区的勘探已证实南海的石油储量具有相当规模，特别是在南沙海域，文莱、菲律宾、越南等国在南沙海域已有相当大的生产能力（Pettingill and Weimer，2002）。因此，南沙海域现成为我国油气研究的热点区域。

由于礼乐盆地较为独特的构造特征及较好的油气资源前景，该盆地一直是南沙海域研究的重点对象。对礼乐盆地的调查研究主要围绕油气资源而展开。菲律宾石油公司对礼乐盆地、巴拉望盆地的地球物理调查始于 20 世纪 60 年代，至目前为止已采集 30000km 的地震测线。"Sonne 号"调查船分别在 1982 年和 1983 年进行了 SO-23 和 SO-27 两个航次的综合地质、地球物理调查（Kudrass *et al.*，1986）。1987 年我国开启了南沙调查的序幕，经过二十多年的调查研究，中国科学院南海海洋研究所和广州海洋地质调查局等单位对南沙海域的岛礁、油气资源、生物资源和海洋环境等方面进行了综合考察，获得了大量的地质-地球物理资料。Pagasa 1A 井是 Oriental 石油矿产公司于 1971 年在该区域钻探的第一口滨海油气探井，虽然没有油气显示，但却真正开启了该区域油气勘探的序幕，截至 1998 年在巴拉望盆地和礼乐盆地已有 70 多口探井，其中近 50% 有油气显示，且主要位于礼乐盆地和巴拉望盆地东北侧，从而证实该区域有一定的油气勘探前景。

目前，纯粹的研究礼乐盆地的文献较少，但对南海区域、南沙地块及巴拉望地块构造演化的文献中基本都或多或少地谈论到礼乐盆地的构造特征和演化，如 Taylor 和 Hayes（1980，1983）、Holloway（1982）、Zhou 等（1995）、Hutchison（2004）、Kudrass 等（1986）、Hinz 和 Schlüter（1985）。对礼乐盆地的沉积地层（Taylor and Hayes，1980，1983；周效中等，1991；Schluter *et al.*，1996；张莉等，2003；Yan and Liu，2004）、构造特征（夏戡原，1996；金庆焕和李唐根，2000；刘海龄等，2002；姚永坚等，2002；Hutchison，2004；吴世敏等，2004；周蒂等，2005）、重磁场（赵俊峰和张毅祥，2008；赵俊峰，2009；赵俊峰等，2010）等方面已有了初步的认识，但对其构造演化过程及形成机理尚无研究。

同时由于地震剖面过少及钻井资料稀缺，因而增加了地震反射层追踪的难度，以致对底部地层的属性、盆内不整合面的定年仍有争议。所以，本章在对地震、重磁、拖网和钻井资料分析的基础上，结合数值定量计算，利用物理模拟探讨礼乐盆地构造演化过程及其形成机理，重点探讨在礼乐盆地的构造发育过程中，礼乐滩块体、张裂后漂移对礼乐盆地构造演化的影响。

第二节　大地构造背景

礼乐盆地位于南沙群岛东北边缘的礼乐滩附近，范围在115°08′E～118°30′E、9°00′N～12°20′N。礼乐盆地总体呈NE—SW向展布，面积约5.5万km²（图10.1），主体位于大陆坡上，水深变化在0～2000m。在大地构造位置上，礼乐盆地位于礼乐地块东侧，盆地内礁、滩较为发育，海底地形起伏较大。中生代时礼乐盆地位于古华南陆缘（Holloway，1982），受太平洋板块的挤压作用，古华南陆缘属于安第斯型汇聚大陆边缘（Hamilton，1979；Taylor and Hayes，1983）。礼乐盆地的中生代沉积类似潮汕凹陷的中生代海相地层（夏戡原和黄慈流，2000；郝沪军等，2001），蕴含南海张裂前的中生代构造、沉积信息。受太平洋板块俯冲方向和速率变化的影响（Northrup *et al.*，1995），晚白垩世—早渐新世，古南海北部陆缘受SE向拉张作用开始张裂，地壳逐渐减薄，礼乐盆地发育NW倾的NE向翘倾断裂，是古南海北部陆缘最早发育的断裂构造，中生代地层沿断裂翘倾旋转，形成垒堑张裂构造，为张裂期沉积提供了可容空间（阎贫等，2005；孙龙涛等，2008）。中、新生代沉积叠合发育，其中必定有一沉积层面与主动和被

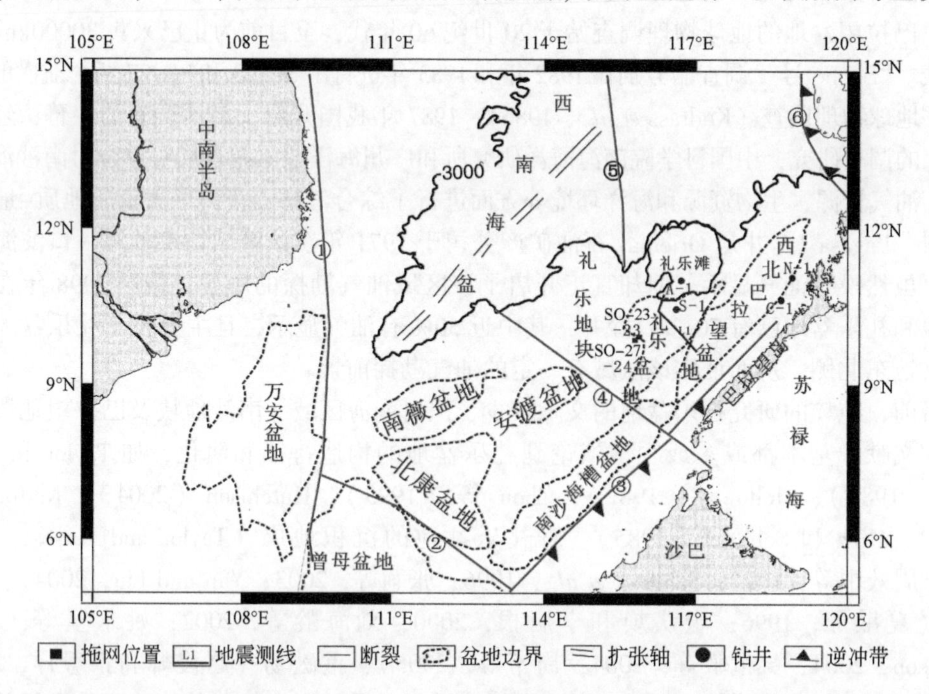

图10.1　研究区区域构造图

①南海西缘断裂带；②廷贾断裂带；③沙巴北线；④巴拉巴克断裂；⑤海盆中央断裂；⑥马尼拉海沟断裂带

动陆缘转换相对应。晚渐新世—中中新世，礼乐盆地随南沙地块裂离华南陆缘，南海海盆在其北缘张开（Taylor and Hayes，1980，1983；Zhou *et al.*，1995；吴能友等，2003；夏斌等，2004），礼乐盆地在向南运移的过程中，构造活动减弱（周蒂等，2005），盆地进入整体沉降阶段。中新世晚期，北巴拉望地块与西菲律宾群岛碰撞（Holloway，1982），礼乐地块停止运移，处于现今位置。礼乐盆地经历长期而复杂的构造活动，完整记录了南海陆缘由中生代至新生代的构造演化信息，对揭示南海陆缘性质和转换具有重要的意义。

礼乐盆地北侧以 F-n 断裂为界与礼乐滩相邻，东南以 F-s 断裂为界与北巴拉望盆地相接（图 10.2），南为南沙海槽盆地，其地壳属于过渡型地壳，大致可划分为上、中、下 3 层。结晶基底面以上为上地壳层，以沉积层为主，厚 3 ~ 9km；中地壳层由前中生代变质岩、火成岩组成，厚度不均匀，最大厚度可超过 10km；下地壳层厚几千米至十余千米，磁性较强，属基性岩类。对于礼乐盆地是否有中生代地层，尚有争议，但在磁性基底深度图上，南沙中东部岛礁区新生代沉积基底和磁性基底的不吻合，说明该区在新生界之下可能还有较厚的中生代或古生代沉积（金庆焕和李唐根，2000）。

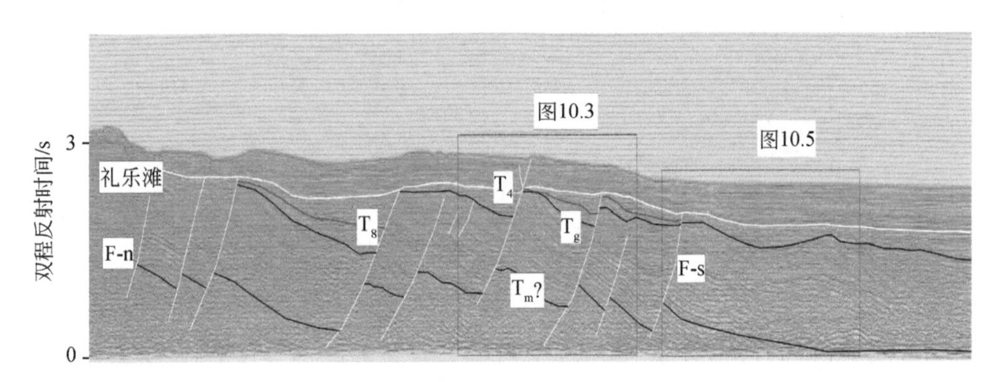

图 10.2　横穿礼乐盆地 L1 测线地震剖面解释图

T_g、T_8、T_4 对应于图 10.4。T_m、T_g、T_8、T_4 相当于图 5.3 中的 T_m、T_{ge}、T_{80}、T_{40}。剖面位置见图 10.1 L1 测线。剖面左端为 NW 向

第三节　资料与数据

本节主要依据中国科学院南海海洋研究所在 1989 年采集的 L1、L2、L3 和 2002 年采集的 ns04、ns05 共计 5 条 24 道反射地震剖面。钻井主要依据 20 世纪钻探的 Sampaguita-1 井的测井结果。

第四节　断 裂 分 析

平面分布上，NE 向是礼乐盆地的优势走向。在地震剖面上（图 10.2），礼乐盆地发育多排北倾断层，南北分别以 F-s 和 F-n 断裂为界与西北巴拉望盆地和礼乐滩相接。以 T_4

层面为界，断裂分为上下两套断裂系统（图 10.3）。下断裂系为张性正断裂，倾向 NW，断裂倾角约 50°，断距较大，多为板状断层，局部呈多米诺骨牌式展布。该套断裂断穿新生代基底，上至 T_4 界面，由断裂两侧沉积地层厚度对比可见，中生代地层在断层两侧厚度几乎相等，而新生代早期沉积沿断裂呈楔形充填，所以认为下断裂系为新生代早期活动断层。下断裂系控制了礼乐盆地新生代早期的构造变形，断裂断穿下部中生代地层，使中生代地层翘倾旋转，形成一系列 NE 走向的半地堑。

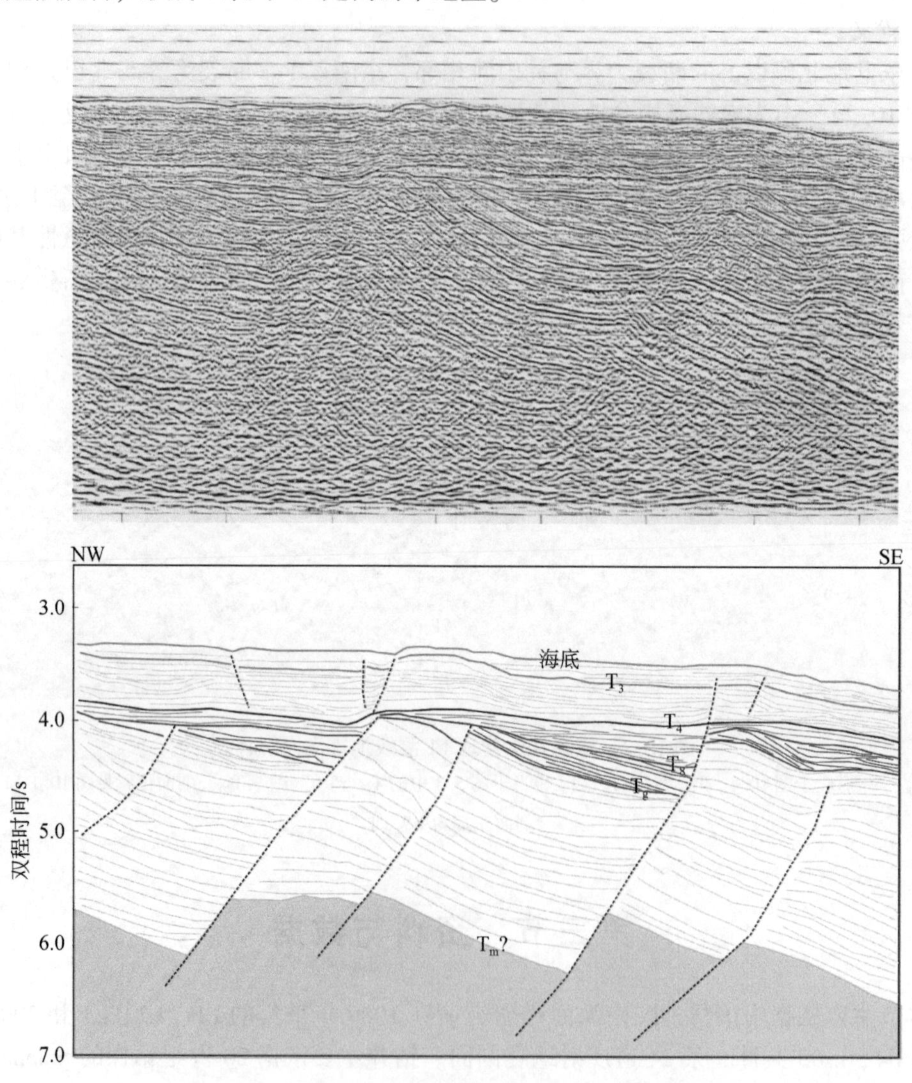

图 10.3　礼乐盆地翘倾断块发育区地震剖面及解释图

T_g、T_8、T_4、T_3 对应于图 10.4；T_m、T_g、T_8、T_4、T_3 分别相当于图 5.3 中的 T_m、T_{gc}、T_{80}、T_{40}、T_{30}。剖面位置见图 10.2 中的图 10.3 框

上断裂系处于 T_4 界面之上，倾角较陡，断距不大，对沉积的控制较弱，推测为后期局部沉积均衡沉降和菲律宾板块 NW 向仰冲在礼乐盆地的构造响应。

第五节 地层分析

对礼乐盆地沉积地层已有初步研究，Holloway（1982）、Kudrass 等（1986）、Hinz 和 Schlüter（1985）等依据“Sonne 号”调查船的拖网和多道反射地震资料对礼乐盆地的地层构造构架进行了初步研究，将地层分为 A—F 5 个沉积层（Schluter *et al.*，1996），并通过拖网获得中生代岩石样本，为证实礼乐盆地属于中、新生代叠合盆地奠定了基础依据。张莉等（2003）、高红芳等（2005）依据广州海洋地质调查局第二海洋地质调查大队在礼乐盆地采集的地球物理资料，认为礼乐盆地主要由 3 个构造单元组成，并依据模拟井对其沉降史进行了研究，认为盆地经历 3 个幕式沉降期。阎贫等（2005）、周效中等（1991）、刘海龄等（2002a）等依据中国科学院南海海洋研究所 L1、L2、L3 三条综合地球物理剖面，将礼乐盆地沉积地层分为 3 个构造层，证实盆地底部中生代地层的存在，认为与潮汕凹陷底部地层有相似性，并首次对礼乐盆地重磁场进行了研究（张毅祥等，1996）。

依据 L1 多道地震剖面，在礼乐盆地识别出晚白垩世与晚渐新世形成的两个区域性不整合面 T_g 和 T_4（图 10.3、图 10.4），将沉积层分为三套地震层序：下构造层为离散、弱的低频反射，速度超过 5.0km/s，解释为中生代沉积岩和变质岩并混合有酸性到基性的喷出岩和侵入岩；中构造层（T_g—T_4）是一套广泛分布、厚度连续的近海相碎屑沉积，层理较为清楚，属于中等频率、振幅反射，速度为 3.8～4.5km/s；上构造层是一套浅海相碎屑和碳酸盐沉积，沉积厚度相对均一，反射轴较为连续，速度低于 3.0km/s（Jiang and Zhou，1997）。

地质年代/Ma			地震反射界面	构造层	构造运动	构造演化阶段
第四纪				上构造层		区域沉降阶段
		1.64				
上新世						
		5.2				
中新世	晚					构造反转阶段
		10.4				
	中					
		16.3	T_3		南沙运动	
	早					漂移沉降阶段
		23.3				
渐新世	晚					
		29.3	T_4		南海运动	
	早			中构造层		裂谷Ⅱ阶段
		35.4				
始新世	晚					
		38.5	T_8		西卫运动	
	中					裂谷Ⅰ阶段
		50.5				
	早					
		56.5				
古新世	晚					
		61.0				
	早					
		65.0	T_g		礼乐运动	
白垩纪 | 三叠纪				下构造层		NW向挤压阶段

图 10.4 礼乐盆地地层表及构造活动期次

T_g、T_8、T_4、T_3 分别相当于图 5.3 中的 T_{gc}、T_{80}、T_{40}、T_{30}

一、中生代地层

对于礼乐盆地的中生代地层已早有研究，在 1980 年，Taylor 和 Hayes 报道了 Sampaguita-1 井的测井结果（图 5.7），在井深 3400m 以下钻到 600m 厚的下白垩统海相砂岩和页岩，并根据地震资料分析，认为礼乐滩南部侏罗系厚度可超过 5000m。根据 Kudrass 等（1986）的报道，在 SO-23 和 SO-27 两个航次中，“Sonne 号”调查船在仁爱礁北侧（SO27-24），取样发现深海相的硅质页岩，其岩性可以与北巴拉望地区的放射虫硅质岩对比，都属于中三叠世沉积。在 SO23-23 点，采获富含羊齿植物化石的粉砂岩、砂岩及暗灰色黏土岩，其沉积属于三角洲相–开阔浅海相，同时还有其他植物化石，可以确定这些砂泥岩时代属于晚三叠世—早侏罗世（采样位置见图 10.1）。在西北巴拉望的钻井和露头中同样有中生代地层出现（Sales *et al.*，1997），同时将礼乐盆地的 A-1 井和 Sampaguita-1 井的中生代地层与周边探井对比，可见与北巴拉望盆地的 Catalat-1 井、Nido-1 井（图 10.1）的岩性相似，为近岸滨浅海碎屑岩沉积，含煤线及红色凝灰质火山岩（Sales *et al.*，1997）。

在地震剖面中，下构造层主要表现为两种构造样式：翘倾断块和宽缓褶皱（图 10.3、图 10.5）。图 10.3 位于礼乐盆地内部，剖面中下断裂系统所断穿的翘倾地层厚度较为均一，在断层上下盘厚度几乎均等，由此可以认为该套地层形成于断裂发育之前，受后期拉张作用影响，地层沿断裂发生旋转，局部地层翘倾旋转出露遭受剥蚀，从而本书认为该套地层为中生代地层的看法更加坚定了。由于地震资料截取时间，现无法确认中生代地层底部边界。图 10.5 位于礼乐盆地南侧边界处，剖面中有多个宽缓褶皱构造，局部受下断裂系统影响，形成断背斜。由中生代地层的构造样式可见，礼乐盆地中生代地层首先受到 NS 向或 NW—SE 向的挤压作用，形成宽缓的挤压褶皱构造（Yan and Liu，2004），局部遭受剥蚀，与上覆地层呈角度不整合接触。新生代初期受张裂作用影响，这些褶皱被错断，地层沿断裂发生旋转伸展，地块发生翘倾旋转，其形成模式如图 10.6 所示，地层发生简单剪切变形，局部背斜被断裂错断形成断背斜构造。

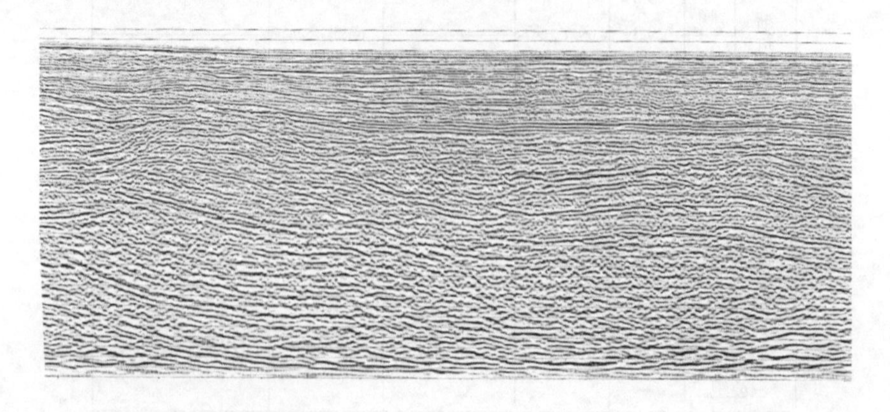

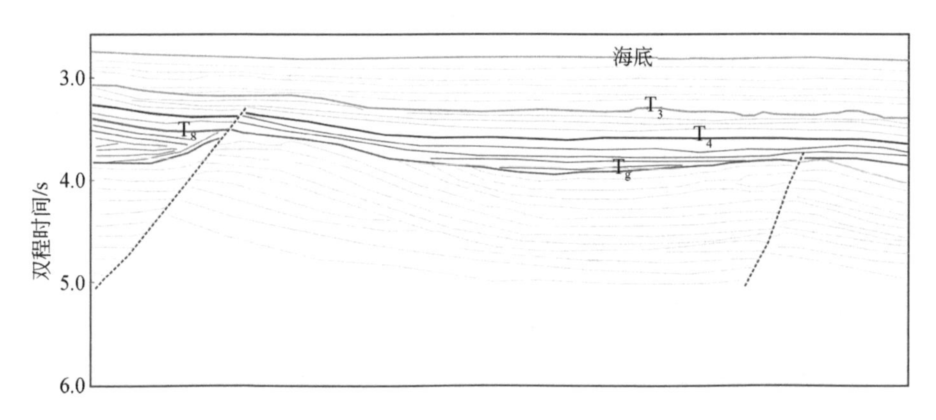

图 10.5　礼乐盆地宽缓褶皱发育区地震剖面及解释图

T_g、T_8、T_4、T_3 对应于图 10.4。T_g、T_8、T_4、T_3 分别相当于图 5.3 中的 T_{gc}、T_{80}、T_{40}、T_{30}。剖面位置见图 10.2 中的图 10.5 框

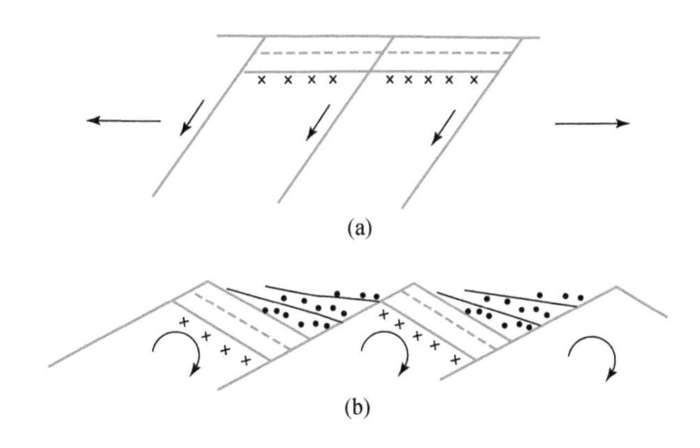

图 10.6　翘倾断块-断背斜构造形成模式图

对于多道反射地震剖面 L1 测线下部的倾斜地层，樊开意和钱光华（1998）认为是古近系地层，而在 L1 测线南部该套地层局部呈宽缓背斜（图 10.5），与南沙中部区域的挤压褶皱类似（Yan and Liu，2004；阎贫等，2005），如果将该套地层定为古近系裂谷期沉积显然不合适，同时西北巴拉望陆坡下部的中生界变形特征同 L1 测线下部地层特征极为相似（Sales *et al.*，1997），所以本书中将该套地层定为中生代地层。该套地层地震反射频率较低，含杂乱反射，呈典型的中生代地层反射特征。顶部剥蚀严重，与上覆新生代地层呈明显的角度不整合接触，接触界面为一强反射界面（T_g）（图 10.3、图 10.5）。以上中生代地层的岩性特征显示礼乐盆地与西巴拉望、北巴拉望盆地可能同属一个较大型的中生代盆地，海水深度从 NE 向 SW 变深，到南沙海槽为深海沉积（夏戡原和黄慈流，2000）。

目前的研究认为，中生代晚期，礼乐盆地位于华南陆缘，同潮汕坳陷和台西南盆地相临近（Taylor and Hayes，1980；夏戡原和黄慈流，2000）。潮汕坳陷以 T_g 为界分为上下两大构造层，上构造层为新生代地层；下构造层为中生代地层，与上构造层呈角度不整合接触。在地震剖面中，潮汕坳陷中、北部及东沙隆起南坡，存在一系列由 NE 走向的大型挤

压褶皱构成的隆起带和与之相间的凹陷带，而且在背斜核部发育逆掩断层（图 10.7）。潮汕拗陷和礼乐盆地南部的这种宽缓大型挤压褶皱具有相似性，是中-晚侏罗世燕山运动期间挤压作用的产物。同时 MZ-1-1 钻井资料证实，下构造层为中生代沉积，从中-晚侏罗世到白垩纪水深经历了由浅到深，然后又转为陆地的一个完整旋回，沉积环境则经历了由滨浅海相到深海相，又到滨海过渡相和陆相河湖体系的沉积环境（邵磊等，2007）。由此，认为礼乐盆地和潮汕拗陷在中生代沉积环境、沉积地层和构造样式方面具有一定的相似性。

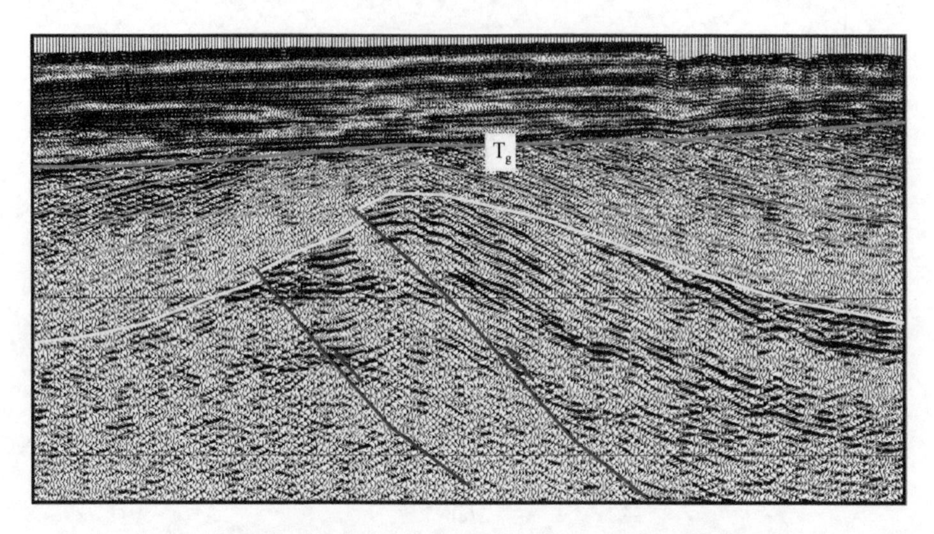

图 10.7　潮汕凹陷宽缓褶皱地震反射剖面（据郝沪军等，2001）

剖面位置见图 10.1d 线；T_g 为新生界底面

二、新生代地层及演化期次

礼乐盆地新生代地层比南海北部盆地新生代地层薄，由于局部有礁滩发育，地层起伏较大，在地震剖面中识别出 T_g、T_8、T_4和 T_3四个不整合界面（图 10.4）。T_8是裂谷期不整合面，主要分布于裂谷张裂断陷区，推测对应于南海北部珠琼二幕构造运动；T_4是裂谷期沉积结束之后第一个分布范围较广的区域不整合面，推测对应中央海盆扩张开始时间（30Ma）；T_3表现为局部不整合，上下地层局部呈角度不整合接触，推测对应菲律宾板块 NW 向仰冲时间（16Ma）。早期为半地堑式沉积充填，相应沉积了一套古新世—早渐新世湖相-滨海-浅海-半深海相碎屑岩；中晚期为区域沉降沉积，为一套晚渐新世—第四纪浅海-半深海相碳酸盐岩和砂泥岩，总沉积厚度超过 2000m。同时新生代的演化过程可划分为四个阶段：强张裂阶段、弱张裂阶段、漂移沉降阶段、区域沉降阶段。

（一）张裂一期，古新统—中始新统（T_g—T_8）

在地震剖面中，该套地层厚度变化基本上反映了盆地的新生界基底特征及盆地张裂发育阶段的沉积环境特征。西北巴拉望陆架区的钻井资料（Sales *et al.*，1997）证实，在侏罗纪—早白垩世期间，西北巴拉望陆架区为广泛的海相沉积；在晚白垩世—晚古新世早期，广泛出露，未接受沉积。同时在 L1 测线中，裂陷区能够追踪到该套地层，沉积中心位于主断层下降盘一侧，厚度从沉积中心往隆起方向减薄或缺失，呈典型的楔形半地堑充填样式。所以可以推测，该阶段礼乐盆地和西北巴拉望整体出露水面，而中生代地层受拉张作用翘倾旋转，形成一系列 NE 向半地堑。中生代地层的翘倾旋转为新生代地层沉积提供了可容空间（图 10.6），在裂谷中形成湖相沉积（Williams，1997）。

（二）张裂二期，中始新统—下渐新统（T_8—T_4）

在礼乐盆地，大部分区域的新生代沉积始于中始新世（T_8），T_8开始海平面上升，至早渐新世达到最高（Haq *et al.*，1987）。在裂谷区（图 10.3），T_8界面之上沉积表现出海侵上超沉积特征，由于断层在这一时期继续发育，沉积层仍以半地堑样式充填；在南部宽缓褶皱区（图 10.5），没有 T_8界面，表明该区一直出露，直至 T_8时开始接受沉积，基底表现出明显的拗陷特征，表现为较开阔的拗陷型沉积，沉积中心有向南迁移的趋势。礼乐盆地在该阶段仍受拉张作用控制，拉张强度较第一期减弱。

（三）漂移期，上渐新统—中中新统（T_4—T_3）

T_4是该区域分布范围最广的水平不整合面，其上地层地震反射轴平行高频，连续性较好，未见张裂构造，所以可以认为 T_4对应礼乐盆地的张裂结束时间（30Ma）。T_4之后南海海盆张开，礼乐地块整体向南漂移，盆地进入整体沉降阶段，其上海相地层广泛发育，形成披覆盖层沉积，局部在 T_3界面有拱起。

随着早渐新世末南海中央海盆的扩张，礼乐地块从华南陆缘裂离向南漂移，最终定位于现今的南海东南部，沉积物源主要在盆地东南部的巴拉望地区，陆源沉积物较为缺少，以浅海相碳酸盐岩和碎屑岩沉积序列为主，是碳酸盐岩储集层发育的有利时期。由于受到后期构造运动，尤其是南沙运动的改造，地层抬升褶皱变形明显，在不同构造部位遭受不同程度的剥蚀，甚至缺失。

（四）沉降期，上中新统—第四系（T_3—T_0）

T_3阶段对应菲律宾板块的 NW 向仰冲，在局部区域拱起，并伴有小断层发育（图 10.3）。盆地漂移结束，进入区域沉降阶段。盆地继承中中新世沉积格局，沉积、沉降中心没有发生明显迁移，接受了一套浅海-半深海砂、泥相和台地碳酸盐岩、生物礁相沉积，地层变形微弱（张莉等，2003）。隆起区仍以碳酸盐岩和生物礁沉积为主，凹陷区则以碎屑岩沉积为主，盆地沉降与沉积速率相对缓慢。

第六节　物理模拟验证

随着研究的深入，逐步认识到岩石圈流变结构（Brun，1999）、应力场与初始构造带走向关系、先存软弱带的位置及走向（Corti and Manetti，2006）、岩浆底侵及其对岩石圈的加热和软化作用（White and McKenzie，1989）等是陆缘张裂盆地发育的主要控制因素；张裂盆地的沉降作用在张裂和裂后均有发生，沉积物载荷均衡调整（McKenzie，1978）和岩石圈热冷却（McKenzie，1978；Watts and Thorne，1984；Ziegler and Cloetingh，2004）是导致沉降的主要因素。在物理模拟中，将主要探讨其中主要控制因素及其在盆地不同的演化阶段所起的控制作用。

一、物理模拟简介

物理模拟是自然变形的简化，按照地质演化历史对相似模型设定边界条件和加载方式，并不断变换可能的控制因素，进行正演模拟，确定合理演化模式，揭示研究对象发育的控制因素及各因素所起的作用。物理模拟实验通过直观地再现构造变形过程而成为人们认识地质现象的重要手段，并取得了许多重要的成果，如裂谷和拉分盆地模拟（Dooley and McClay，1997；漆家福等，1997；周建勋和漆家福，1999；周永胜等，2000；孙怡，2006）、挤压构造模拟（单家增等，1999；周建勋等，2006）、被动陆缘盆地发育机制模拟（孙珍等，2003，2006a，2006b）。目前，随着物理模拟技术的逐步发展，模型分层更加细致（Corti and Manetti，2006），有更多、更合适的实验材料代表不同属性的地层（甘油代表岩浆、不同比例的硅橡胶和石英砂混合物代表不同地壳层和软流层），尤其使下地壳的韧性流变和岩浆体底侵对张裂盆地的控制作用更为直观（Callot *et al.*，2001；Corti and Manetti，2006；孙珍等，2006b）。

虽然物理模拟有利于观察软流圈流动对断层发育的影响，但二维模拟实验仍有不足之处。例如，无法考虑热传导作用和地幔对流，因此需要结合细致的区域地质分析和数学模拟才能取得更好的认识。

二、模型设置思路

本节将通过物理模拟实验，分别探讨礼乐滩刚性块体、裂后漂移、拉伸应力方向变化等因素对礼乐盆地构造发育的影响。其中带有刚性地块的不均一模型是用来分析礼乐滩引起岩石圈流变结构的横向不均一性对伸展和破裂过程的影响；多条断裂伸展带分析南海张开，对礼乐盆地裂后漂移的影响。

三、模型材料及设置

（一）模型材料分析

松散石英砂和黏性的硅橡胶已被证明是模拟地壳浅部脆性变形的理想材料，并被广泛用于盆地构造研究。脆性石英砂放于顶层，代表脆性上地壳。黏性的硅橡胶置于石英砂的下部，用于代表韧性下地壳。底部是钢板，代表上地幔。外力作用于钢板，石英砂和硅橡胶在钢板的拖曳作用下变形，具体各层设置及性质参数见表10.1。模拟材料厚度与地壳的厚度比例大致为10^{-6}。南海的半扩张速率为2.5cm/a（Briais *et al.*，1993）。根据Davy和Cobbold（1991）的研究，模型的长度只有地质体的10^{-6}大小，实验所用时间应是地质时

间的 10^{-11}。实验的变形速率约为 5cm/h。

表 10.1　实验材料及其参数

参数	模型值	实际值	模型与实际之比
脆性地壳密度/(kg/m^3)	1400	2800	0.5
韧性地壳密度/(kg/m^3)	1440	2900	0.5
上地幔密度/(kg/m^3)	1540	3100	0.5
石英砂内摩擦角/(°)	30～40	30～40	1
脆性地壳内聚力/Pa	50	7×10^7	约 7×10^{-7}
下地壳黏度/(Pa · s)	1.7×10^4	10^{18}～10^{19}	10^{-14}～10^{-15}
上地幔黏度/(Pa · s)	2×10^4	10^{22}～10^{24}	10^{-18}～10^{-20}
运移速度	5cm/h	0.5cm/a	约 1×10^5

在自然界中，强度剖面常被用来反映岩石圈流变特征与脆韧层之间的耦合程度（Carter and Tsenn，1987；Ranalli and Murphy，1987；Ranalli，1997）。通常正常厚度的岩石圈具有较低的地温梯度，其流变结构可描述为漂浮于韧性软流圈之上的四层结构（Davy and Cobbold，1991；Brun，1999）。伴随岩石圈的伸展和软流圈的抬升加热，地壳变薄，脆韧厚度比下降。老的稳定的岩石圈（克拉通）只有两层结构，上部脆性层包括整个地壳和上地幔顶部，下层为韧性地幔（Brun，1999；Mart and Dauteuil，2000）。与正常岩石圈相比，老岩石圈的下地壳强度较高。

模拟实验是在中国科学院南海海洋研究所构造模拟实验室完成的。对于模拟材料，Myra Keep 曾用干燥的石英砂来模拟脆性上地壳和上地幔，用硅酮模拟韧性下地壳和下地幔。Pubellier 和 Cobbold（1996）用比下地壳的黏度和密度大的硅酮来模拟上地幔。本书的实验为拉张过程模拟，用无黏结力的石英砂模拟上地壳，硅酮模拟下地壳，对于上地幔的材料，使用的薄金属板，实验材料参数见表 10.1。

（二）模型设置与比例尺

地质学家普遍认为，岩石圈的伸展过程为一个热动力学过程，它通常发生在已发生过变形且结构上存在各向异性的岩石圈上。因此，裂陷结构并不是随意发生的，通常会沿着古造山带、古缝合带分布，避开强度大的克拉通地区（Dunbar and Sawyer，1989a，1989b；Versfelt and Rosendahl，1989）。流变结构的各向异性将导致应变的集中并控制了裂谷的发育位置和结构样式，影响整个岩石圈的演化（Ziegler and Cloetingh，2004）。由早期构造活动产生的先存软弱带常位于下地壳和上地幔中（Allemand and Brun，1991；Corti *et al.*，2003）。

南海张开之前，华南陆缘整体 SE 向伸展，南海两侧发育张裂盆地，南海海盆所对应的区域应该是当时张裂作用最为发育的区域，以致在 30Ma 时整个地壳破裂，开始形成洋壳，礼乐盆地也随着南海的张裂而向南运动。同时由于礼乐盆地地震资料较少，对盆地断裂无法进行精确划分，从而对盆地所经历的应力演化过程可以借鉴整个区域的应力过程。礼乐盆地张裂模拟过程中采用与南海类似的应力作用过程，采用 SE165°—SE180°—SE165°的应力过程（孙珍等，2009）。

模拟材料厚度与地壳的厚度比例大致为 10^{-6}。南海的半扩张速率为 2.5cm/a（Briais *et al.*，1993）。根据 Davy 和 Cobbold（1991）的研究，模型的长度只有地质体的 10^{-6} 大小，实验所用时间应是地质时间的 10^{-11}。实验的变形速率约为 5cm/h（图 10.8）。

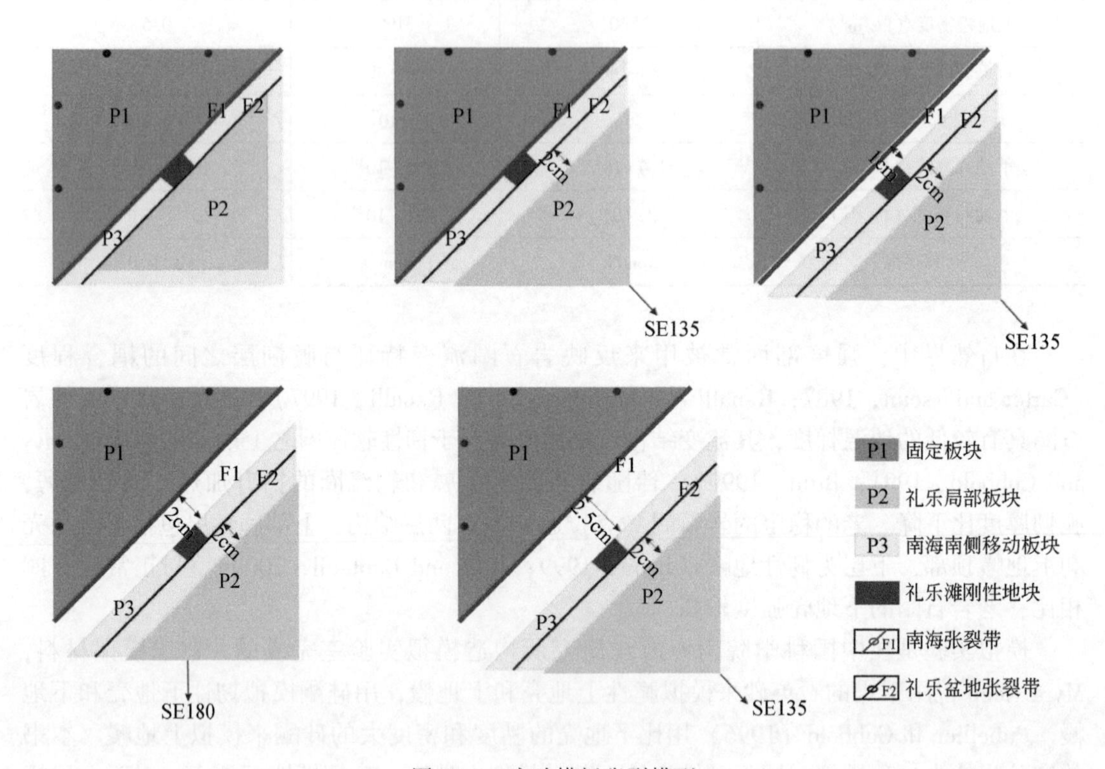

图 10.8　实验模板张裂模型

四、模拟结果

（一）礼乐滩影响作用模拟

地壳的不均一性已被众多学者证实，地壳不均一导致应力变形的不均一性。礼乐滩的存在改变了整个地壳的流变性质，也造成了局部变形的不均一性。在物理模拟中，用一变形较差的块体代替礼乐滩，在沙盘表面和剖面中均表现出一定的影响作用。

沙盘表面张裂变化，明显受刚性块体影响。F2 张裂初期［图 10.9（a)］，礼乐盆地开始张裂发育，礼乐滩刚性块体对盆地发育没有明显影响，两条断裂带同时发育；F1 张裂运动阶段［图 10.9（b)~(d)］，礼乐滩刚性块体位置不变形并对张裂的向南传递有一定影响，以致块体阻断断裂 NE—SW 向的发育。

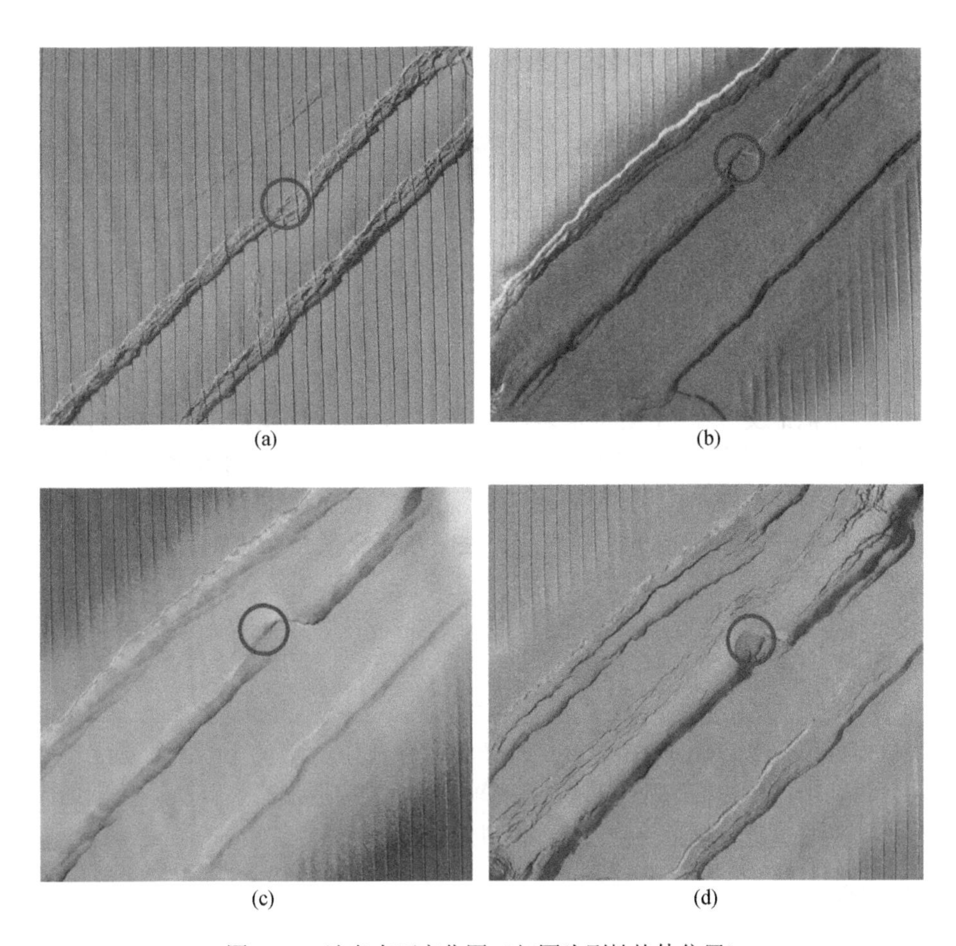

图 10.9　沙盘表面变化图（红圈为刚性块体位置）

在剖面中，设置刚性块体（图 10.10），海盆区域韧性下地壳强烈减薄，其中接近刚性块体处尤为强烈，近于拉断，礼乐滩北侧断层倾角达 60°，断距较大。而礼乐滩及礼乐盆地下地壳减薄程度相对较弱，礼乐滩地块几乎没有变形，而礼乐盆地在海盆张开阶段张裂很弱。这种情况与现实情况较为相似。无刚性块体（图 10.11），海盆、礼乐滩、礼乐盆地韧性下地壳减薄程度几乎均等，断裂都持续发育。

模拟实验表明，礼乐滩刚性地块的存在，对礼乐盆地乃至南海张裂均有一定影响。在南海张裂过程中，对下地壳的韧性流动有一定影响，使南侧下地壳的流动受阻，导致北侧下地壳强烈减薄，发育陡峭断层，且断距较大，而不像南海北侧地壳的逐渐减薄。同时，礼乐刚性块体阻碍南海张裂的南向传递，从而导致礼乐盆地在海盆张开阶段张裂活动减弱。

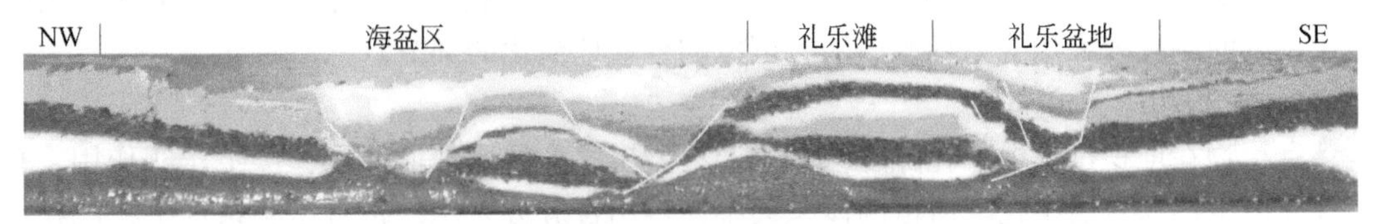

图 10.10　模型剖面图（设置礼乐滩刚性块体）

图 10.11 模型剖面图（无礼乐滩刚性块体）

（二）南海张开漂移影响模拟

通过物理模拟证实，在 F1 断裂张裂过程中，礼乐盆地随南沙地块整体向南漂移，同时受礼乐滩块体的屏蔽作用，张裂作用仅影响到礼乐滩的北侧，而未能向南继续传递。所以可以认为礼乐盆地在 30Ma 后张裂活动基本停止，随南沙地块整体南移，这同地震剖面中，T_4 之上的地层中未发现明显断裂痕迹，表明在南海张开（30Ma）之后，礼乐盆地受拉张作用较弱相对应。

五、数值模拟验证

本节数值模拟首先应用 FlexDecomp 程序对横穿礼乐盆地的 L1 剖面进行二维回剥反演，以此分析礼乐盆地的构造发育过程以及每一阶段的构造形态。其次，从剖面中抽取模拟井，时深转换后，进行构造沉降及总沉降史分析。

（一）原理

1. 一维沉降速率的计算

裂谷盆地的形成和沉降，是拉张作用使岩石圈拉薄而引起的。在拉张过程中，软流圈上升引起隆升，随后的热衰减使盆地进一步沉降。盆地内充填的沉积物和水引起岩石圈调整下降。表层沉积物具有较高的孔隙度，随着埋深的加大而压实，可产生不可忽视的沉降量。海平面或古水深的变化会使盆地相对沉积基准面随之变化，这也是必须考虑的因素。因此，沉积盆地的总沉降量主要与构造作用、沉积物压实、岩石圈均衡、海平面变化或古水深变化等因素有关。用公式表达为：构造沉降=总沉降-(沉积物和水负载沉降+沉积物压实沉降+海平面/古水深变化)。

盆地一维沉降史定量分析的目的在于：①恢复盆地沉积和沉降速率随时间的变化；②从总沉降量中区分出构造沉降、沉积物或盆地水体的负载沉降、沉积物压实下降、古水深变化等对盆地总沉降量的贡献。一维回剥技术简单易行，可以很好地恢复单井的沉降史，一维回剥技术采用艾里均衡模式，可以吻合盆地演化的细节。

1）沉积物压实校正

沉积物在堆积过程中，孔隙度会由于上覆岩层厚度的增加而减小，产生压实作用。孔隙度是单位体积岩层中孔隙所占的体积大小，常用百分数表示。正常压实条件下，沉积物孔隙度和埋深呈指数关系（Athy，1930；Hedbery *et al.*，1966；Ruby and Hubbert，

1960)，即

$$\varphi(z)=\varphi_0\exp(-cz) \tag{10.1}$$

式中，$\varphi(z)$为深度z处岩石的孔隙度；φ_0为初始沉积时岩石的孔隙度；c为压实系数。φ_0和c主要与岩性有关（表10.2）。砂岩、泥岩等单一岩性的表面孔隙度已有较成熟的定量，混合的岩性可按比例通过加权近似求出。

表10.2　正常压实情况下的压实系数（据 Sclater and Christie，1980）

岩性	表面孔隙度（φ_0）	压实系数（c）
页岩	0.63	0.51
砂岩	0.49	0.27
砂质页岩	0.56	0.39
灰岩、碳酸盐岩	0.7	0.71

建立了地层孔隙度与深度的关系，就可以依据地层骨架厚度不变压实模型对地层进行解压实校正，求出不同地质时期的地层古厚度或古埋深。

假设Y_1和Y_2为某一深度的岩层，当把岩层回剥到Y_2^1和Y_1^1的高度时，沉积物部分不变，只有孔隙中的水发生变化，因此在回剥的位置上岩层的厚度为

$$Y_2^1-Y_1^1=Y_2-Y_1+\varphi_0\frac{e^{-cy_2}-e^{-cy_1}}{c}+\varphi_0\frac{e^{-cy_1^1}-e^{-cy_2^1}}{c} \tag{10.2}$$

根据骨架厚度不变原理和孔隙度随深度的指数变化关系可得：

$$\int_{d_0}^{d_0-T_0}(1-\varphi)\mathrm{d}Z=\int_{d_n}^{d_n-T_n}(1-\varphi)\mathrm{d}Z \tag{10.3}$$

式中，d_0、d_n分别为压实前、后厚度为T的地层顶面埋深；T_0、T_n分别为压实前、后的地层厚度；φ为随深度变化的孔隙度。

积分代入指数关系展开为

$$T_0+\frac{\varphi_0}{c}e^{-cd_0}(e^{-cT_0}-1)=T_n+\frac{\varphi_0}{c}e^{-cd_n}(e^{-cT_n}-1) \tag{10.4}$$

假设地层未剥蚀，d_2取0，如果地层有剥蚀，d_2则取地层的剥蚀厚度。此公式为一超越方程，无法求取T_0的精确解，只能用数学迭代法求出近似解，求取出的原始地层厚度T_0，即总沉降量。

2）沉积物负载校正

从艾里地壳均衡模型可以看出，任何垂向负荷柱都可在局部得到补偿。这意味着岩石圈会通过区域挠曲来支撑沉积物，因此在考虑盆地的构造沉降时，应对沉积物负载引起的变形进行修正。

盆地在某一时刻的基底总沉降量实际上包括两部分，即构造作用引起的沉降和负荷均衡作用引起的沉降的总和。沉积物去压实后恢复的原始厚度即地层总沉降量（S），除掉沉积负载（U）的影响，即可获得构造沉降

$$S_t=S_{tt}-S_{tl} \tag{10.5}$$

Watts 和 Ryan（1976）提出了沉积负载与沉降量的定量关系，使沉积负载对沉降量的

影响发展为定量方面的研究，即

$$S_{tl} = S_t \frac{\rho_s - \rho_m}{\rho_w - \rho_m} \tag{10.6}$$

式中，S_t 为经压实校正后某一界面之上的沉积物厚度，即总沉降量；ρ_m 为地幔密度，取 3.33g/cm^3；ρ_s 为沉积岩的平均密度，一般取 2.7g/cm^3；ρ_w 为孔隙流体密度，海水为 1.03g/cm^3。根据式（10.5）和式（10.6）可得到盆地的构造沉降为

$$S_{tt} = S_t - S_{tl} = S_t \frac{\rho_m - \rho_s}{\rho_m - \rho_w} \tag{10.7}$$

需要注意的是，式（10.7）得到的是未考虑古水深变化及海平面变化的构造沉降，若有古水深及海平面变化的确切资料则应将其加上。

3）古水深校正

当沉积盆地的古水深较大时，须作古水深校正才能得出正确的构造沉降量。若古海平面的变化量（指全球海平面）可知为 S_1，仅考虑局部均衡，古海平面变化引起的沉降为

$$S_w = S_1 \left(\frac{\rho_m}{\rho_m - \rho_w} \right) \tag{10.8}$$

而构造作用产生的水深变化为总古水深与古海平面之差，即 $W_d - S_1$。因此构造沉降可表达为

$$Y = S \times \frac{\rho_m - \rho_s}{\rho_m - \rho_w} - S_1 \frac{\rho_m}{\rho_m - \rho_w} + (W_d - S_1) \tag{10.9}$$

古水深的确定向来是沉降史模拟的难点，一般来说，冲积-河流相可忽略水深计算，滨浅湖水深为 0 ~10m，半深湖-深湖沉积水深为 10 ~ 100m 或更深；滨浅海水深为 0 ~ 50m，浅海水深为 50 ~ 200m，半深海-深海水深大于 200m。本章对古水深的估计主要通过 S1 井所确定的沉积相、碳酸盐岩地层的发育类型、构造特征来确定（表 10.3）。

表 10.3　礼乐盆地新生代古水深估算表

层序界面	对应时间/Ma	古水深/m	定年依据
T_g	65	0	出露剥蚀
T_8	38.5	500	深海相沉积
T_4	29.3	200	陆缘碳酸盐岩发育
T_3	16.3	200	陆缘碳酸盐岩发育
T_0	0	1000	

2. 二维回剥反演

由于一维沉降速率没有考虑均衡校正，本书应用 FlexDecomp 程序对礼乐盆地进行二维回剥反演，FlexDecomp 程序是基于挠曲悬臂梁模型（Kusznir *et al.*，1991）基础上设计的二维回剥程序。挠曲悬臂梁模型是一个二维模型，是对 Mckenzie 一维模型的一个发展，即从忽略岩石圈强度的 Airy 均衡发展到考虑岩石圈强度的挠曲均衡。应用 FlexDecomp 程序对现今地层进行二维回剥反演，目的是获得凹陷各时期的沉降量，以及各时期的剖面

形态。

该模型假设岩石圈为具有一定强度的弹性板，用有效弹性厚度 T_e 表征。在张性变形条件下 T_e 一般为0～5km。T_e 值越大，岩石圈强度越高，在同样载荷下均衡沉降幅度越小，波长越长。大陆岩石圈在伸展过程中，脆性上地壳发生简单剪切变形，产生板状断层，断层两侧的上下盘如同两个独立的悬臂梁，在重力均衡作用下由于岩石圈负载的变化使得上盘塌陷，下盘抬升；韧性下地壳及岩石圈地幔发生纯剪变形，在均衡作用下发生流动（图10.12）。该模型假设上地壳变形与下地壳-岩石圈地幔变形是完全平衡的，即伸展量是相同的。

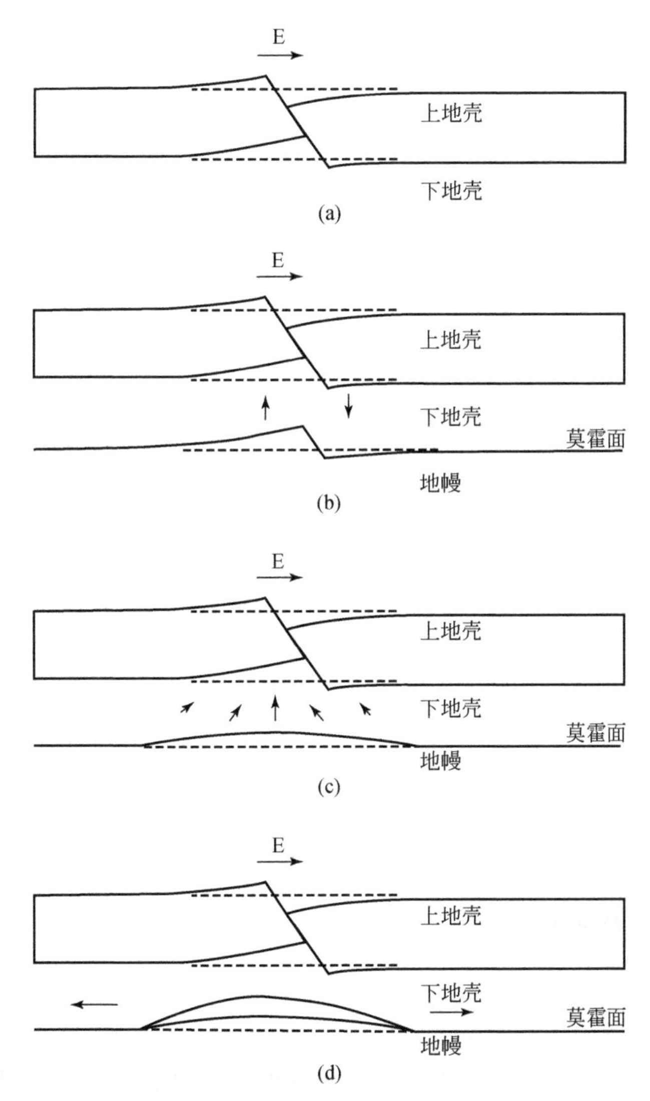

图10.12 上地壳的脆性伸展和下地壳及地幔物质的塑性流动（据Kusznir *et al.*，1991）

挠曲悬臂梁模型是一种瞬时的均匀伸展模型，由于板块强度不为零而遵守挠曲均衡，在垂直载荷 $l(x)$ 的作用下，沉降量 $w(x)$ 服从弹性板挠曲公式（Watts，1982）：

$$D\frac{\partial^4 w(x)}{\partial x^4}+P\frac{\partial^2 w(x)}{\partial x^2}+(\rho_m-\rho_i)gw(x)=l(x) \tag{10.10}$$

其中，$D=YT_e^3/[12(1-v^2)]$ 。

式中，D 为挠曲刚度，它与有效弹性厚度 T_e 成正比；P 为水平施加的应力，对于张裂盆地 $P=0$；ρ_m 与 ρ_i 分别为地幔密度和沉降空间充填物的密度；Y 为杨氏模量；v 为泊松比。

式（10.10）为板块挠曲的一般方程。在实际应用中，求板块挠曲量的过程就是对该式进行求解的过程，Kusznir 和 Ziegler（1992）给出了该方程的解［式（10.11）］，其中 $R(k)$ 为挠曲均衡响应函数，k 为波数（$k=2\pi/\lambda$，λ 为沉积物厚度即载荷的波长）。

$$w(x)=\frac{1}{2\pi}\int_{\infty}^{-\infty}R(k)\left[\int_{\infty}^{-\infty}l(x)\mathrm{e}^{-lkx}\mathrm{d}x\right]\mathrm{e}^{lkx}\mathrm{d}k \tag{10.11}$$

其中，$R(k)=1/[(\rho_m-\rho_i)g+Dk^4]$ 。

对于空盆模型，悬臂梁模型分为裂陷期和裂后期两部分，裂陷期盆地沉降受断层、挠曲作用影响，瞬时裂陷的初始沉降量 $s(x)$ 是位置 x 的函数，可由式（10.12）表示：

$$s(x)=u(x)+w_b(x)+w_m(x) \tag{10.12}$$

式中，$u(x)$ 为断层导致的地表形态变化；$w_b(x)$ 为断层上盘浮力 $l_b(x)$ 产生的挠曲；$w_m(x)$ 为莫霍面载荷 $l_m(x)$ 产生的挠曲。对 $u(x)$、$w_b(x)$ 和 $w_m(x)$ 的求解，Kusznir 和 Ziegler（1992）给出了详细的推导过程，这里不再赘述。

对裂后期岩石圈挠曲沉降量的计算，依然是建立在挠曲方程［式（10.10）］的基础上，裂后期垂向负载的变化，导致挠曲沉降。裂后期岩石圈密度随温度的降低而逐渐增大，岩石圈密度变化导致负载发生变化，裂后期开始时刻 $t_1=0$ 和结束时刻 t_2 的负载之差用 $\Delta l(x)$ 表示，负载变化产生的挠曲即为热沉降 S_t 可应用式（10.10）和式（10.11）计算，某一点岩石圈的负载差及相应的挠曲变化可由式（10.13）~式（10.16）推导。

$$D\frac{\partial^4 S_t}{\partial x^4}+(\rho_m-\rho_i)gS_t=\Delta l \tag{10.13}$$

$$\Delta l=l(t_1)-l(t_2) \tag{10.14}$$

$$l(t)=g\int_0^{\frac{y_c}{\beta}}\rho'_c[1-\alpha T(z,\ t)]\mathrm{d}z+g\int_{\frac{y_c}{\beta}}^{\frac{y_l}{\beta}}\rho'_m[1-\alpha T(z,\ t)]\mathrm{d}z \tag{10.15}$$

$$\mathrm{S_t}=\frac{1}{2\pi}\int_{\infty}^{-\infty}R(k)\left[\int_{\infty}^{-\infty}\Delta l\mathrm{e}^{-\Delta lkx}\mathrm{d}x\right]\mathrm{e}^{\Delta lkx}\mathrm{d}k \tag{10.16}$$

（二）方法步骤及选取参数

礼乐盆地新生界共识别了 T_g、T_{80}、T_{40}、T_{30} 和海底 5 个区域反射界面，依据这 5 个界面划分层序，进行回剥和沉降史分析研究。首先参照阎贫等（2005）在研究南沙盆地时建立的地层速度曲线对剖面进行时深转换。本书选取了剖面上 28km 和 40km 处的点做一维沉降速率的研究，根据礼乐盆地沉积特点推断其古水深，各时期古水深和岩性见表 10.4。二维回剥中用到的一个重要参数是岩石圈的有效弹性厚度 T_e。Roberts 等（1998）指出，被动陆缘张性盆地的 T_e 不为零，多数在 5km 以下，根据 T_e 在地层回剥及反演模拟过程中的灵敏度测试，本书最后取岩石圈有效弹性厚度 $T_e=1.5$km。

表 10.4　模拟井所用参数

层序界面	对应时间/Ma	沉积相	岩性	古水深/m
T_g	65	出露剥蚀	钙质页岩、泥页岩、砂岩	0
T_8	38.5	深海相沉积	沙泥岩互层	500
T_4	29.3	陆缘碳酸盐岩发育	碳酸盐岩	200
T_3	16.3	陆缘碳酸盐岩发育	碳酸盐岩	200
T_0	0		碳酸盐岩	

（三）模拟认识

由二维回剥反演可见（图 10.13），断裂控制了礼乐盆地早期发育的基本格局。新生代初期张裂断裂较为发育，控制了盆地的沉积与沉降中心，奠定整个盆地构造发育的格局。其后断裂发育逐渐减弱，沉积地层地震反射较为平直，盆地逐步进入沉降阶段。在现今及回剥到各时期的地层剖面中，现今剖面中心厚度大约为 2.5km；回剥到 16.3Ma 时刻凹陷中心厚度大约为 2km；回剥到 29.3Ma 时刻凹陷中心厚度大约为 2.2km；回剥到 38.5Ma 时刻凹陷中心厚度大约为 1.5km。65Ma 以来裂谷作用开始，由于地震剖面质量问题，无法准确识别中生代基底，所以推测 T_m 为中生代基底。

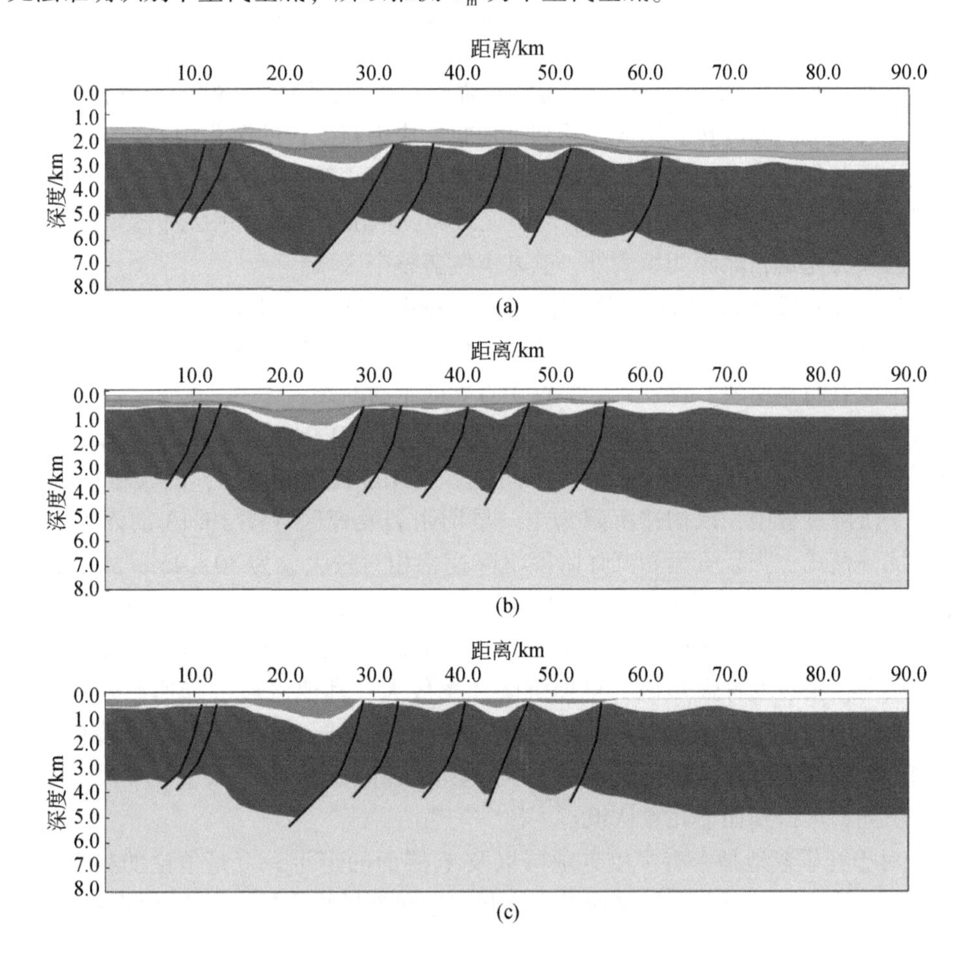

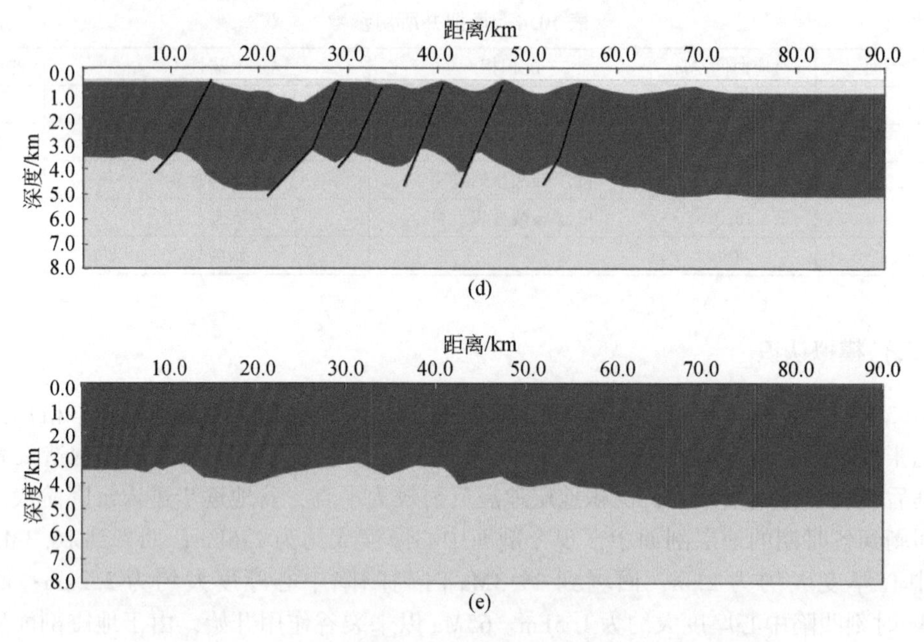

图 10.13　L1 测线回剥剖面图（剖面左端即北端，为起点0）

（a）0Ma；（b）16.3Ma；（c）29.3Ma；（d）38.5Ma；（e）65Ma

张裂初期（T_g—T_8 阶段），断裂发育相对强烈，最大断距可达800m。发育一系列北倾断层，中生代地层翘倾旋转，形成一系列半地堑，成为新生代的沉积中心。沉积充填不饱和，沉积物主要集中于深凹部位，局部高点基本没有沉积覆盖。

张裂二期（T_8—T_4 阶段），断裂活动明显减弱，但沉积与沉降中心仍受断裂控制。沉积物供给已较为充足，除深凹填满外，已基本覆盖整个区域。

漂移与沉降阶段（T_4 之后），断裂活动基本停止，碳酸盐岩发育，沉积地层平稳，连续性较好，构造活动减弱，表现出整体沉降的特征。同时晚期菲律宾板块的仰冲作用，在地震剖面中没有明显反映，仅发育一些近于直立的走滑断裂。

通过沿剖面（图 10.13）选取距剖面起点（左端）28km 和 40km 的两口模拟井进行沉降史分析可见（图 10.14、图 10.15），不同位置沉降过程稍有差别，但大趋势基本一致。盆地的整个沉降过程中，以构造沉降为主。早期张裂发育区（图 10.13 剖面上 28km 处）属于双峰沉降模式，张裂阶段和沉降阶段沉降速率相对较大，为 30～45m/Ma，漂移阶段沉降速率较低。张裂发育弱的区域（图 10.13 剖面上 40km 处），属于单峰沉降模式，张裂和漂移阶段均较低，晚期构造沉降阶段，沉降速率最大，约 50m/Ma。礼乐盆地的沉降过程可总结为：张裂发育强烈区，早期沉降速率较大，其他区域沉降速率较小；漂移阶段，整个盆地的构造沉积速率都很低，推测是向南拖曳力形成的抬升应力，降低了盆地的沉降作用；晚期构造沉降阶段，是整个盆地的主要沉降阶段。

综上所述，可得到如下几点认识：

（1）对于礼乐盆地是否有中生界地层以及 T_4 层面的定年一直是争论的热点，本节通过对地震资料的精细解释和礼乐盆地周边钻井与拖网资料的分析，对上述问题有了一定的

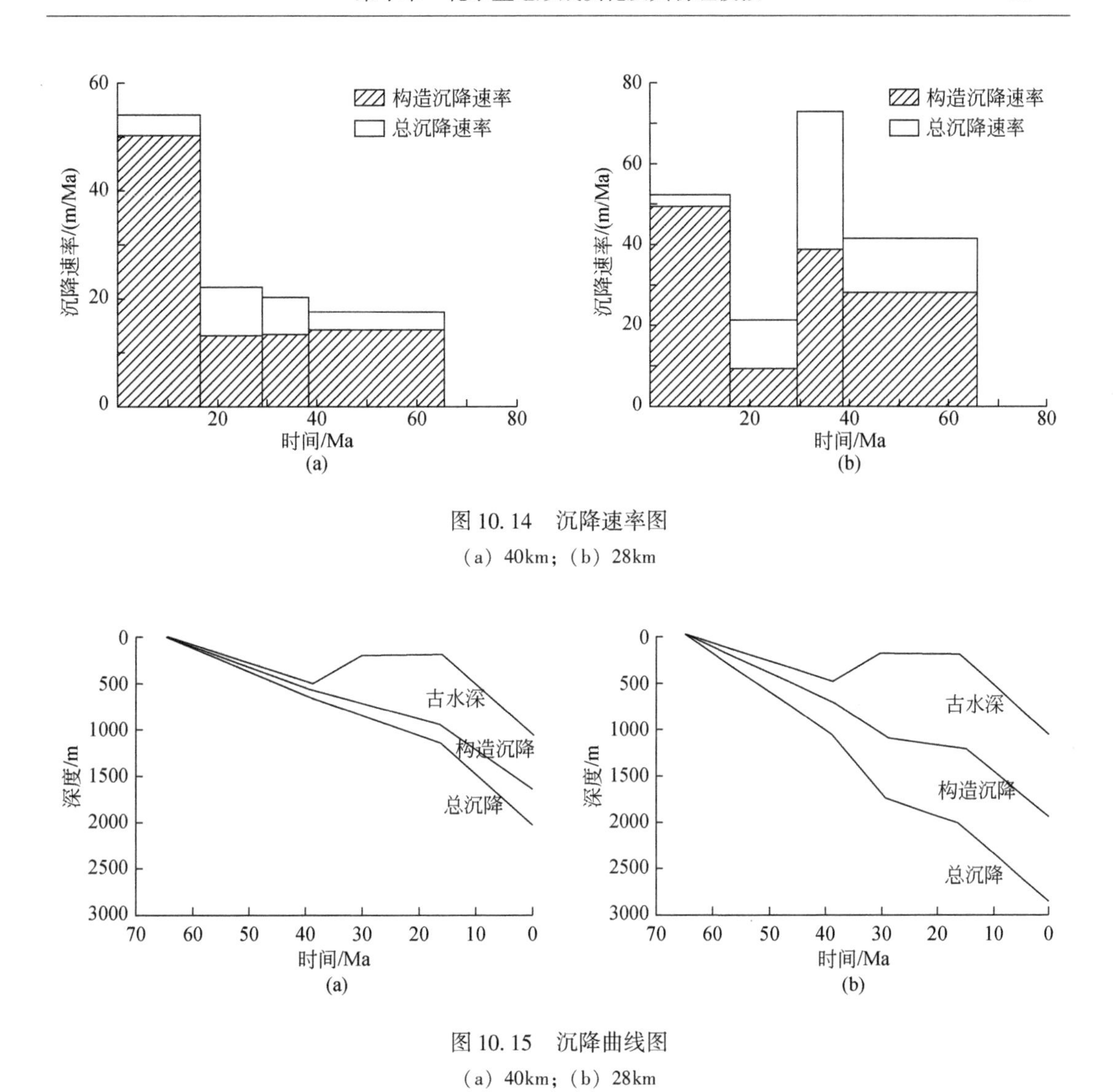

图 10.14　沉降速率图

（a）40km；（b）28km

图 10.15　沉降曲线图

（a）40km；（b）28km

认识。西北巴拉望的露头资料显示，最老的岩石为早-中二叠世砂岩、凝灰岩、千枚岩等，裂前来自华南大陆边缘（Sales *et al.*，1997）。钻井（Sales *et al.*，1997；Taylor and hayes，1980）、拖网（Kudrass *et al.*，1986）等资料亦可证实研究区有中生代沉积地层。在多道地震剖面中，底部翘倾地层反射轴连续，上下盘地层基本等厚，局部发育宽缓褶皱，其上充填箕状半地堑式沉积。若将该地层定为新生代地层则很难解释上述现象，而将其认定为中生代地层则易于解释，新生代早期受张裂作用，中生代地层发生翘倾旋转，其上为新生代沉积形成可容空间，形成新生代早期的箕状半地堑沉积充填。T_4为一区域性不整合面，其下为半地堑，上地层属于高频、连续反射，地层非常平稳，基本未见张裂构造，因而将T_4认定为礼乐盆地张裂的结束界面，即为南海张开，南沙地块漂移的开始时间 30Ma。

（2）通过对南海南北地层、构造特征对比分析，潮汕拗陷中生代所受挤压明显强于礼乐盆地，而礼乐盆地新生代初期的张裂程度远大于潮汕拗陷。由此认为，中生代挤压作用在古南海北部自东向西逐渐减弱，而且礼乐地块处于潮汕拗陷的西南侧。

（3）由礼乐盆地早期发育的走向 NE、倾向 NW 的断裂特征可以推测新生代张裂初期（65～30Ma）海盆所对应的区域是张裂中心，张裂强度发育最为强烈。两侧地块中发育倾向海盆的张性断裂，且走向 NE，表明海盆区域对应张裂中心，呈两侧不对称的（简单张裂?）模式，张裂中心走向 NE。距今 30Ma 前，强烈的拉张使海盆对应的区域被拉断，岩石圈破裂，岩浆喷出，洋壳形成。

（4）通过物理模拟认为，礼乐盆地是在减薄岩石圈状态下发育的。海盆未张开前，礼乐地块位于华南陆缘，整个华南陆缘在新生代早、中期（65～30Ma），处于张裂环境中，礼乐盆地、珠江口盆地等同时发育张裂构造。30Ma，海盆裂口，洋壳出现，礼乐地块随南沙整体南移，张裂活动基本停止。同时，礼乐滩刚性块体的存在，对韧性下地壳的流动有一定影响，减弱张裂，并且使礁体北侧断裂发育陡峭，从而推测海盆南缘众多礁体的存在，可能是南北不对称的一个原因。

（5）通过数值模拟，礼乐盆地的沉降过程可总结为：张裂发育强烈区，早期沉降速率较大，其他区域沉降速率较小；漂移阶段，整个盆地的构造沉积速率都很低，推测是向南拖曳力形成的抬升应力，降低了盆地的沉降作用；晚期构造沉降阶段，是整个盆地的主要沉降阶段。

第十一章　礼乐盆地油气成藏条件分析

第一节　礼乐盆地及其邻区区域地质和油气地质概况

一、区域地质概况

新生代礼乐盆地沉积基底上部沉积岩系发育在古南海——中特提斯-伊佐奈岐洋盆过渡段的北部陆缘之上，属于被动陆缘盆地的沉积。继侏罗纪—早白垩世伊佐奈岐板块向亚洲大陆俯冲之后，晚白垩世—古新世太平洋板块相对于欧亚板块的运动速率降低，东南亚大陆边缘出现应力松弛，形成了东南亚陆缘扩张带。受其影响，礼乐-北巴拉望、南薇-郑和、曾母、西沙-中沙等地块相继裂离华南陆缘。之后，受南海扩张的影响，曾母、南薇-郑和、礼乐-北巴拉望等地块相应向南漂移，直到中中新世，相继与加里曼丹及南巴拉望发生碰撞。伴随这个过程，在这些地块上发育了众多盆地，包括北巴拉望、礼乐、北康、南薇等盆地，均经历了裂离期、裂后漂移期及碰撞 3 个演化阶段，并形成了对应的 3 个区域性不整合面，这些盆地属典型的克拉通内部断陷盆地。

叠置于中生代古南海北缘被动陆缘盆地沉积岩系之上的新生代礼乐盆地又是由两个不同原型盆地叠置而成的叠置型盆地：

1. 始新世—中新世（E_2-N_1）克拉通边缘断陷盆地演化阶段

（1）早期裂离演化时期（E_1^3-E_2^2）：主要发育一套箕状-垒堑相间的裂陷式充填沉积，岩性为陆棚细碎屑岩-陆架碳酸盐岩。

（2）晚期裂离后漂移期拗陷时期（E_2^3-N_1^3）：主要发育一套半深海相泥页岩，碳酸盐岩及浅海-滨海相碎屑岩沉积。

2. 上新世以来（N_2-Q）弧前盆地演化阶段

中中新世末，受礼乐地块与南巴拉望地块碰撞的影响，南巴拉望蛇绿岩地块仰冲于礼乐地块之上，在南巴拉望地区西北缘发育了一套构造混杂岩的增生楔状体，其上，发育了上新世以来的弧前盆地沉积。

二、区域油气地质条件概况

在礼乐滩周围及南沙海槽（图 11.1），古近系地层均广泛发育，具有良好的生油潜力，全区新近系披盖发育，其中碳酸盐台地和礁体成为一类主要的圈闭。

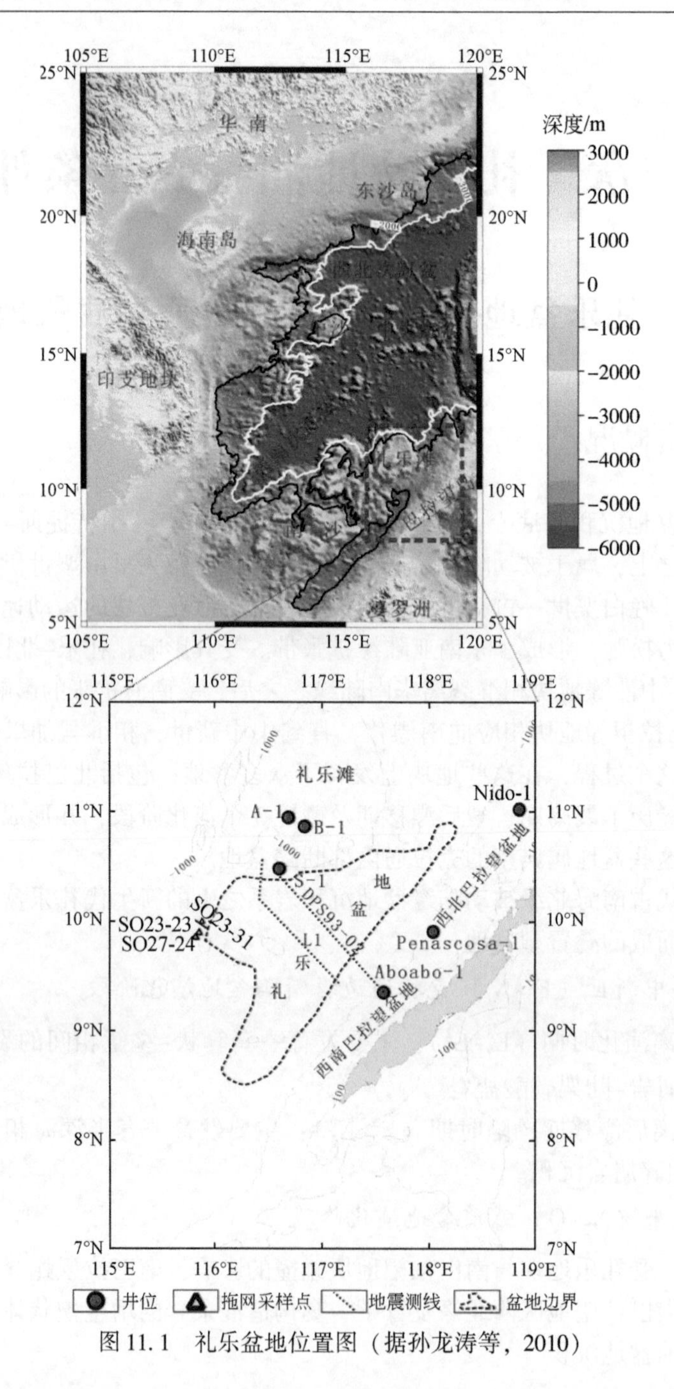

图 11.1　礼乐盆地位置图（据孙龙涛等，2010）

南沙以至整个东南亚地区，大部分油气产于非海相干酪根，或者为湖相淡水藻类，或者为下三角洲平原到前三角洲的近海相淡水/半咸水高等陆生植物，这两种源岩产生的油当量差不多，但湖相烃源岩更偏向于生油，而近海相源岩偏向于生气。湖相源岩这种倾向于生油的特点，有助于将油运移到盆地下部的沉积间断中，故渐新世—中新世的碎屑岩中的油比中新世的碳酸盐岩中的油多。根据排油机制，近海相源岩中的煤和煤质泥岩比湖相藻类源岩排出更多的气，这是因为煤质干酪根在生烃的早期倾向于吸收排出的油，被吸附的油长时间停留在烃源岩中，随着埋深的增大和温度的升高裂解成气。且近海相源岩在160～230℃排出大量的气，由于气的黏度低、浮力大，盖层的发育或圈闭的形成比排油时间晚，因此气较易在年轻的地层中成藏。

大地热流值方面，除洋盆区外，地表热流较高的有曾母盆地，这里平均热流在90mW/m^{2}以上，最高达150mW/m^2。万安盆地的北部和中建南盆地的南部大地热流值也较高，最高达130mW/m^2。根据大地热流值和地层的热导率，曾母盆地的地温梯度平均在4℃/100m以上（Hutchison，1996），160℃对应深度在3500m左右；北康和南薇等盆地的地温梯度在3℃/100m以上（曾祥辉等，2001），160℃对应深度在4600m左右。

根据广州海洋地质调查局的地震剖面资料，北康盆地和南薇西盆地内的烃源岩埋深更大，最深达10000m（张莉等，2003）。曾祥辉等（2001）对盆地的各地层生烃情况给出了评价：北康盆地东西部拗陷、曾母盆地北部拗陷和南薇盆地南部拗陷深凹部位的古新统—中始新统地层在中始新世末即进入生油门限，其余地区在早渐新世末期进入生油门限，且处于生油高峰期，并认为现今北康盆地东北部拗陷、南薇盆地北部拗陷仍处于生湿气和干气阶段，其余较深部位以生干气为主。由此可见，南沙海域的大部分盆地烃源岩已经成熟，具备含油气的能力。

第二节　礼乐盆地油气藏条件

盆地的烃源岩、储集岩、封盖层、上覆岩层及构造样式共同构成了盆地油气成藏的关键地质要素。

一、烃源岩的基本特征

沉积物有机质丰度及性质决定了盆地生成油气的物质基础的好坏。盆地内岩石圈的裂陷伸展及热流作用控制着盆地的沉降作用和沉积作用，继而控制了烃源岩的时空展布。叠置于前古近纪海相地层之上的礼乐盆地在其发展、演化过程中经历了早期陆缘张裂—中期陆块漂移—晚期区域沉降三大演化过程，发育了一套以滨浅海相-半深海相、局部深海相碎屑岩和碳酸盐岩沉积序列为特征的中、新生代地层，中生界残留厚度最大可超过4000m，新生界最大沉积厚度超过6000m，对烃源岩的形成较为有利（图11.2）。烃源岩纵、横向上的分布特征概述如下。

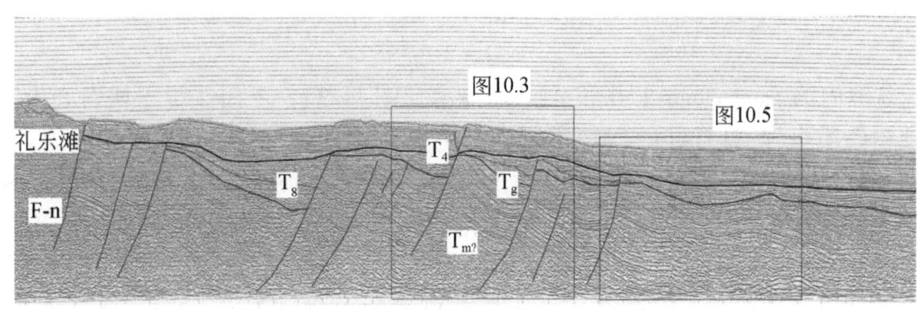

(a)

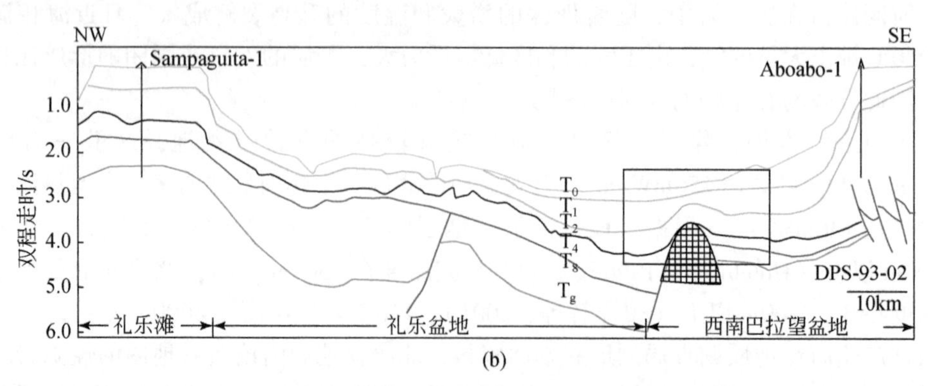

(b)

图 11.2　横穿礼乐盆地地震剖面图（据孙龙涛等，2010）

（a）为 L1 测线，（b）为 DPS-93-02 测线，剖面位置见图 11.1。反映了礼乐盆地中生代海相地层和古新统地层的剖面分布特征。T_g、T_8、T_4、T_2 分别相当于图 5.3 中的 T_{gc}、T_{80}、T_{40}、T_{20}；T_1、T_0 分别为第四系的底、顶面

（一）纵向分布特征

晚始新世之前，南海海盆尚未打开，礼乐盆地现今所在的礼乐地块当时位于华南大陆南缘，主要处于盆地裂陷张裂期。海水自东南进侵，沉积环境以滨浅海-半深海相为主，主要物源位于盆地西北部，物源较为丰富，部分具还原环境，有机碳含量较高，沉积厚度一般在 2500m 左右，最厚可达 4000m，沉积、沉降中心继承中生代格局，较为稳定，均位于盆地南部，对盆地的油气生成起着主要作用，构成了盆地新生界烃源岩的主要发育时期。盆地主要发育中生界、古新统—中始新统、下渐新统三套烃源岩。

1. 中生界

对世界范围内有利烃源岩和主要油气储量的地理分布研究得知，极为有利的古地理因素导致了特堤斯域上侏罗统和中-上白垩统有利烃源岩的发育，这一区域按油气储量看是地球上最富裕的地区，可占 75% 的油和 61% 的气（Ulmishek and Klemme，1990）。

“Sonne 号”调查船于 1982 ~ 1983 年在礼乐盆地西南方的美济礁附近拖网采到的中三叠统半深海相灰黑色纹层状硅质页岩、中-上三叠统浅海相暗灰色泥岩、上三叠统—下侏罗统三角洲相浅棕灰色薄层粉砂岩，可能是目前在礼乐滩一带见到的最老地层；早在 1980 年，Taylor 等就根据地震资料分析，认为礼乐滩南部侏罗系厚度可超过 5000m；夏戡原（1996）通过礼乐滩东南海区的研究认为其存在晚三叠世—早白垩世浅海相沉积，残留厚度为 2000 ~ 4000m，与上覆地层呈角度不整合接触，除隆起区上局部缺失外，其分布范围较广。

礼乐盆地内的 Sampaguita-1 井和 A-1 井揭示（图 11.3）：下白垩统一块岩心为暗灰色-黑色坚硬粉砂质页岩,具有好的生烃潜力；B-1 井下白垩统上部页岩段有机碳含量可达 0.2% ~1.0%，具中等-好的生气能力（郑之逊，1993）。SO23-31 拖网站点（图 11.4）采获中生代地层露头，成分为富含羊齿植物化石的粉砂岩、砂岩及暗灰色黏土岩，其沉积属于三角洲相-开阔浅海相，同时还有其他植物化石，可以确定这些砂泥岩时代属于晚三叠世—早侏罗世，这些岩石轻微变质，所含有机质的 R_o 为 1.0% ~2.5%，个别岩样中含

有焦炭，表明受过岩浆侵入引起的局部接触变质作用。

晚三叠世—早侏罗世，华南沿海及南海地区处于中、低纬度炎热潮湿气候，有利于煤系烃源岩的生成（如广东、福建、湖南等均可见到上三叠统煤层）；而台西南盆地白垩系 *Classopollis* 的大量分布则表明晚侏罗世—白垩纪时期该区气候已转变为干旱炎热。在早白垩世，从华南到南海的巴拉望，沉积相从北西向东南由陆相逐步演变为三角洲相、浅海相及深海相，在台西南盆地和礼乐滩盆地的白垩系煤层，是盆地内良好的烃源岩（杨静等，2003）。在地震剖面中，表现为震相低频、较稀疏，倾斜层状，厚2500～3000m，与上覆新生代地层呈明显的角度不整合接触（图11.2），接触面为一强反射界面。主要表现为两种构造样式：翘倾断块和宽缓褶皱。

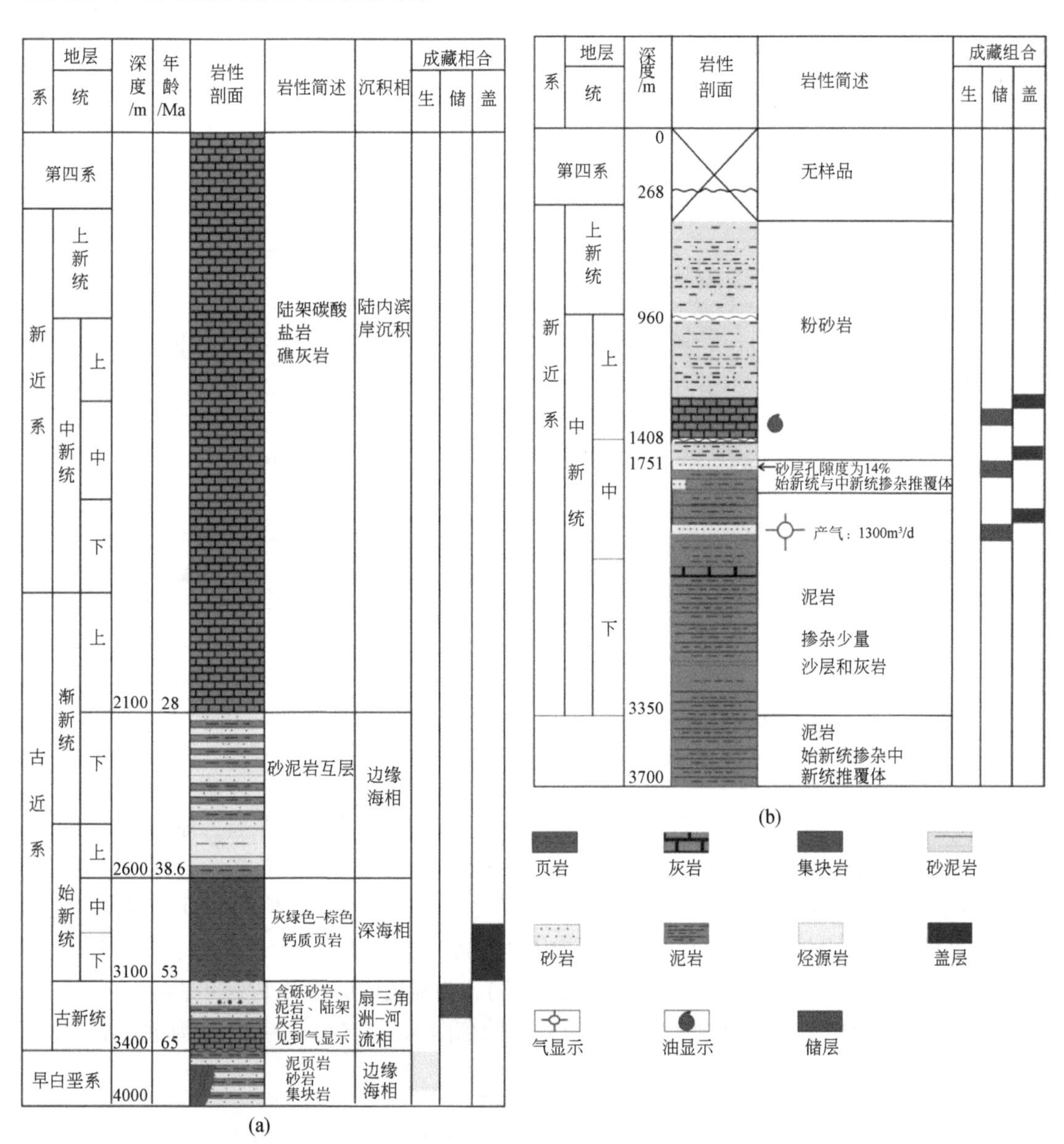

图11.3　Sampaguita-1井和A-1井柱状图（据Taylor and Hayes，1980）

（a）Sampaguita-1井；（b）A-1井。钻井位置见表4.1、图4.2、图11.1

综上所述，礼乐盆地中生代地层分布广泛、厚度较大，以Ⅲ型干酪根为主，具有中等-好的生烃潜力，其上三叠统—下侏罗统砂泥岩 R_o 高达 1.0% ~2.5%（郝沪军等，2001）①，成熟度高，是盆地内一套具有良好油气远景的主力烃源岩。推测中生界烃源岩目前正处于高成熟-过成熟阶段，以生成凝析油和天然气为主。

2. 古新统—中始新统

白垩纪晚期，礼乐块体出露水面，遭受剥蚀；古新世时，开始发生海侵，礼乐盆地位于华南大陆陆缘沉降带内，广泛沉积了滨海-浅海相碎屑岩、灰岩地层，早期发育的薄层白垩质灰岩以不整合覆于下白垩统之上。礼乐盆地南部的古新统—中始新统以浅海-半深海偏泥相和浅海砂泥相沉积为主，泥岩厚度一般为 400 ~1200m，最厚可达 1600m，为烃源岩发育的有利时期。根据钻井揭示，礼乐盆地内该套烃源岩主要分为古新统和下-中始新统两段。

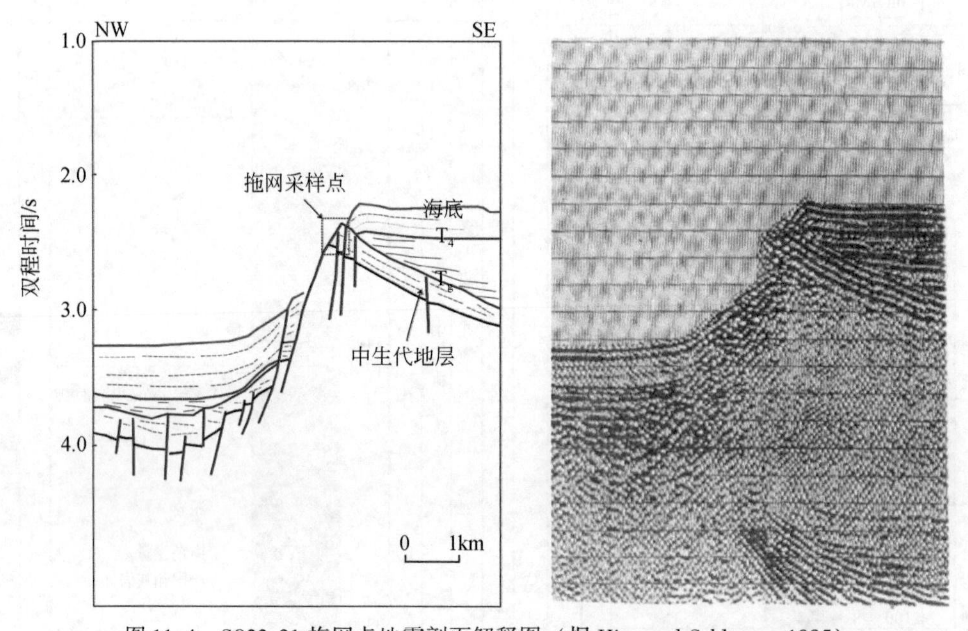

图 11.4　SO23-31 拖网点地震剖面解释图（据 Hinz and Schlüter，1985）
位置见表 4.1、图 5.3 和图 11.1

古新统主要为一套外浅海环境沉积地层，下部为陆架致密白垩质灰岩，厚约 30m，上部为三角洲相碎屑岩，由含砾砂岩、粉砂岩和泥岩组成，碎屑成分为石英岩、凝灰岩、放射虫泥岩和燧石，钻遇厚度 280m。在古新统砂岩中钻遇地层厚度不大，但向邻近凹陷则厚度加大，岩性变细，含大量生物化石。该套地层中的有机碳含量相对较低，一般小于 0.5%，最大可达 1.0%，以Ⅲ型干酪根为主（郑之逊，1993），为盆地内的一套主要烃源岩。

早-中始新世时，礼乐盆地仍位于华南陆块的东南缘。在这一时期，南海北部各 NE—

① Amoco Orient Petroleum Company. 1981. Final report geological and geophysical evaluation of Unitied Basin Geophysical Survey of the South China Sea.

SW 向断裂中填充式沉积了大套有机质富集的湖相泥岩，东南部广泛海侵。此时礼乐滩、沙巴等地区，构造活动相对平静，盆地稳定沉降，海侵进入高峰期，盆地处于浅海-半深海环境，沉积物颗粒细，以松软的页岩和粉砂岩为主，底部含砂量逐渐增加，厚度大，有机质丰富，形成了盆地内最重要的一套烃源岩。钻井资料揭示该套地层主要为半深海环境下的灰绿色-褐色含钙页岩，含微量海绿石和黄铁矿，偶见粉砂岩、砂岩，钻遇厚度约 520m。根据钻井资料，中-下始新统层段中 R_o 高达 1.5% ~2.0%，具还原环境，干酪根类型以Ⅱ-Ⅲ型为主，具有中等-好的生烃潜力（郑之逊，1993），是盆地内最有远景的一套主力烃源岩。古新统-中始新统烃源岩在南部坳陷内目前正处于成熟阶段，部分处于高成熟阶段，而在东部、西北坳陷目前正处于成熟阶段，为油气并存。

3. 下渐新统

礼乐盆地在这一时期主要沉积了一套滨海-浅海相砂泥岩，局部偏泥相沉积。下渐新统泥岩厚度一般小于 600m，泥岩较为发育，对烃源岩的形成较为有利。但由于有机质含量少，仅局部含有一定数量的有机质，以Ⅱ型干酪根为主，生烃能力较弱，目前仅在南部坳陷和东部坳陷局部区域成熟，因此，是礼乐盆地内较次要的一套烃源岩。

（二）横向分布特征

礼乐盆地主要由南部坳陷、西北坳陷、东部坳陷和中部隆起组成。中部隆起即礼乐滩所在处，近 NE 走向。西北坳陷、南部坳陷、东部坳陷分别分布于中部隆起的西北、南和东面。新生代沉积厚度一般为 1000 ~6000m。其中，南部坳陷沉积厚度最大，多为 3000 ~6000m，最大可超过 6000m；西北坳陷次之，一般为 2000 ~5500m；东部坳陷最小，一般为 1500 ~4000m。

晚始新世之前，礼乐盆地位于华南大陆边缘，沉积物源主要来自该盆地西北部的华南大陆，物源较为丰富，沉降、沉积中心均位于盆地南部坳陷，沉积环境以滨浅海-半深海相为主，局部存在深海相，以碎屑岩沉积为主，局部发育碳酸盐岩；古新统—中始新统以浅海偏泥相和浅海砂泥相沉积为主，泥砂厚度多在 400 ~1200m，为烃源岩发育最有利的部位。晚始新世开始，礼乐地块漂离华南大陆，定位于现今的南沙群岛东北部，沉积物源主要来自盆地东南部的巴拉望地区，物源较为缺少，但沉降与沉积中心仍然位于南部坳陷。礼乐盆地南部坳陷的下渐新统以浅海砂泥相和偏泥相沉积为主，泥岩厚度虽然较小（一般小于 600m），但仍为这一期烃源岩发育的有利部位。

东部坳陷和西北坳陷的古新统—中始新统、下渐新统主要为滨-浅海偏砂和砂泥相沉积，泥岩厚度较小，一般均小于 600m（古新统—中始新统），对烃源岩的形成较为不利。

综上所述，南部坳陷是礼乐盆地的主力生烃坳陷，西北坳陷和东部坳陷次之。

二、储集层的基本特征

（一）储集层类型

礼乐盆地经历了滨海-浅海-半浅海（局部深海）相沉积环境变迁。区内早期沉积了厚度巨大的以砂、泥岩序列为主的碎屑岩地层（主要包括晚三叠世—白垩纪的滨浅海-半深海相地层和古近纪滨浅海-半深海相地层），至早渐新世末，伴随着南海海底扩张，礼乐盆地从华南陆块裂离，并向南漂移，在隆起区由于碎屑物质供应不足，保持了长期稳定而缺失陆缘碎屑的浅水环境，发育了大面积厚度巨大的台地碳酸盐岩、礁灰岩、生物礁建造，凹陷区则仍以碎屑岩沉积为主，因此构成了盆地中形式多样的储集岩类。按岩性可将储集层划分为砂岩、碳酸盐岩和生物礁等。

Sampaguita-1 井钻探证实，该钻井中的天然气主要产于古新统砂岩段和上始新统三角洲相砂岩层中。总体上，礼乐盆地内砂岩储层除古新统和上始新统储集物性较好外，其余砂岩储集物性普遍偏差，如 B-1 井中的下白垩统砂岩普遍胶结致密，含较多的长石和自生矿物，部分为白云质胶结，孔隙度和渗透率较低，仅在 Sampaguita-1 井 3432—3424m 层段的岩心分析中获得孔隙度为 5.6% ~20.2%（平均孔隙度为 17.2%）和渗透率为 1×10^{-3} ~ $72\times10^{-3}\mu m^2$（平均渗透率为 $10.3\times10^{-3}\mu m^2$）的记录（郑之逊，1993）。而碳酸盐岩和生物礁体储层则孔、缝发育，储集物性良好，如 Sampaguita-1 井钻遇的厚度巨大的碳酸盐岩，其下部广泛白云岩化，呈砂糖状，孔隙度大，钻井中曾出现过漏失现象，说明其储集物性良好。晚渐新世以来在盆地隆起区大套碳酸盐岩和生物礁体是主要储层，在地震剖面中表现为局部隆起，外缘连续强反射，内部杂乱（图 11.5），孔隙度最大可达 34%（Sales *et al.*，1997）。礁体是礼乐盆地的主要储集体，是潜在的成藏区。T_4 层面之上的早-中中新世厚层泥岩在礼乐盆地广泛分布，在地震剖面中表现为区域盖层，礁体外部地震相为低振幅、低频弱反射，是厚层泥岩的震相表现，从而形成较好的储盖组合。

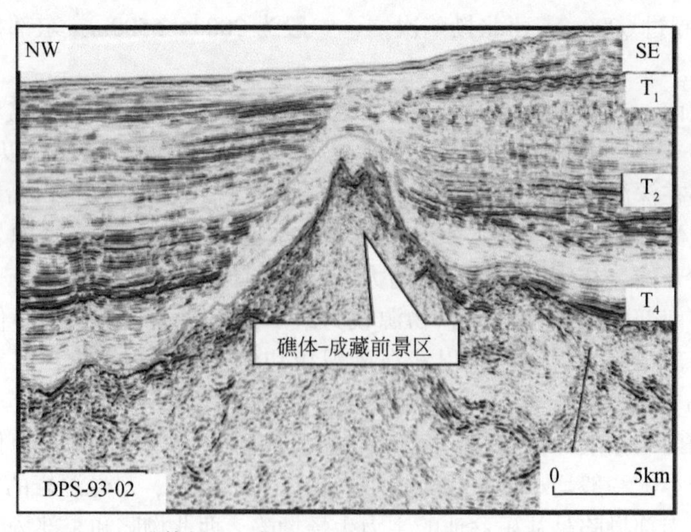

图 11.5　礁体剖面（据 Sales *et al.*，1997）（位置见图 7.2）

（二）分布特征

中生界、古新统、上始新统、上渐新统—第四系是礼乐盆地储集层发育的主要层段。

礼乐盆地内分布较为广泛的中生界浅海相砂岩是该盆地的一套主要储集层段，这从地史时期与之相邻的台西南盆地钻井中也可以得到证实：在台西南盆地，其白垩系以浅海相粗砂岩为主，部分地区孔隙度可达10%～20%，但原生孔隙度低于10%，渗透率小于$1\times10^{-3}\mu m^2$；在CGF-1井（表4.1、图4.2）白垩系砂岩裂缝气藏中日产天然气数十万立方米（冯晓杰等，2001）；在CFC-1井中已证实下白垩统有一含气层。

古新统是礼乐盆地重要的勘探目的层系。该层系以滨-浅海相砂岩为主，分选良好。在Sampaguita-1井古新统的Sampaguita砂岩中，共有3个层位，孔隙度分别为15%～17%、17%～28%和18%～21%（郑之逊，1993），获得了日产天然气10.47万m^3和一定产量的凝析油。

古新统、上始新统地层总体上主要为滨-浅海相沉积，岩性以砂岩为主，分选好、埋深适中，孔隙度为15%～28%，渗透率为1×10^{-3}～$72\times10^{-3}\mu m^2$，是盆地的主要储集层段。

上渐新统—第四系隆起部位主要为大套台地灰岩，孔、缝发育，物性良好，是盆地的又一主要储集层段。其中，B-1井钻遇碳酸盐岩2438m，由灰岩、白云岩化灰岩和致密灰岩组成；Sampaguita-1井揭示；碳酸盐岩厚度巨大，钻遇厚度约2164m，自上而下由灰岩、白云岩化灰岩过渡到底部的白云岩，下部广泛白云岩化，孔隙度很大，钻井中曾出现过漏失现象，说明该套地层物性良好，孔、缝发育，是一套良好的储集层。除了隆起上的碳酸盐岩外，这一时期凹陷中的浅海相碎屑砂岩也可以构成盆地内物性良好的储集层。

三、盖层条件

油气圈闭保存条件的好坏主要取决于盖层发育程度及其封闭性能、断裂与岩浆活动及其封堵性能以及不整合面等因素的配置。

盖层条件不仅包括盖层的岩石性质，而且包括盖层的展布范围。作为盆地的盖层主要包括阻挡油气运移的区域性盖层和限制油气聚集的局部性盖层两大类。

（一）局部盖层

任何岩性当其最小驱替压力大于油气藏中烃柱的浮力时都可充当油气藏的盖层。礼乐盆地晚渐新世之前各阶段，主要发育滨浅海-半深海相碎屑岩沉积，广泛分布厚层海相泥岩地层，它们既可作为盆地的烃源岩，也可构成盆地各局部构造良好的局部性盖层。而从晚渐新世开始，海平面不断上升，在盆地内的凹陷部位广泛沉积的浅海偏泥相地层，沉积厚度一般为400～1400m，局部可达2400m，其中，晚渐新世泥岩厚度相对较小，一般小于500m，局部可达600m，它们都可构成盆地内重要的、封盖性能良好的局部性盖层。

（二）区域盖层

南沙海域各沉积盆地在晚中新世时大多开始进入区域沉降阶段，广泛发育浅海-半深海相厚层泥岩，成为封盖性能良好的区域性盖层。礼乐盆地也不例外，继承中中新世沉积格局，接受了一套浅海-半深海相沉积，凹陷区以砂泥交互相和偏泥相碎屑岩沉积为主，局部发育碳酸盐岩，隆起区则以大套碳酸盐岩沉积和生物礁体为主，因此，缺乏广布全盆地的区域性盖层。而上新世—第四纪地层厚度一般仅为150～400m，其泥岩厚度也相应较小，对油气的封盖能力较差。因此，礼乐盆地总体上缺少广泛发育的、封盖性能良好的区域性盖层，对油气的聚集保存较为不利。

（三）其他保存条件

1. 断层的保存作用

断层既可作为油气从生油凹陷向圈闭运移的主要通道，也可作为圈闭油气的遮挡层。断层的开启与封堵对油气的聚散规律起着重要的控制作用。张性地区的断层一般具有较好的连通性，而压性地区的断层则具有较好的封堵性；断层倾角越大，越有利于油气的运移，断层倾角越小，越有利于油气的封堵；断层活动时期，其连通性较好，而相对静止期则封堵性较好。同一条断层在不同层位和不同时期，其渗透性可以完全不同。

礼乐盆地的断层在前新生代、古新世—中始新世，断层性质均以张性为主，可以起到开启裂缝的作用，具有较好的连通性。晚始新世—中中新世以张性、张扭性为主，部分具压扭性，晚中新世时断层多为压扭性，因此具有一定的封堵能力。礼乐盆地内大部分断层具有继承性，主要活动于早白垩世—晚中新世，至上新世—第四纪时绝大部分已停止活动，只有极少数断层及新发育的后期断层仍然在活动。因此，虽然后期活动的断层对盖层的封盖性能存在一定的破坏性，但数量有限，总体上仍具较好的封盖性能。

2. 岩浆活动

礼乐盆地的岩浆活动仅见于新生代晚期，强度较弱，零星分布，主要沿断层上升盘产出，岩性以中基性岩为主。虽有岩体刺穿海底并形成海山或海丘，但规模较小，对盖层的整体封盖性能影响不大。

3. 不整合面

礼乐盆地内主要发育了T_{20}、T_{30}、T_{40}、T_{70}、T_{gc}五个不整合界面，它们均具有区域性，形成的时空跨度较大，能够把不同时代、不同岩性的地层连接起来，形成不同的生、储、盖岩层组合。因此，不整合面主要是作为油气侧向运移的通道，对油气的保存较为不利，只有当其能形成不整合圈闭时才可能成为油气运移的遮挡层。

四、生-储-盖组合特征

根据 Sampaguita-1 井和巴拉望西北陆架区的勘探成果，礼乐盆地一带发育的大套中、新生代海相地层内可能存在多套油气组合，其中最主要的有三套（图 11.6）：中生界含油气组合、古近系含油气组合、新近系含油气组合。

中生界含油气组合：其烃源岩主要为中生界和古新统—中始新统，储层为中生界海相砂岩，盖层为古近系泥岩。中生代晚期—古新世张裂作用使中生代地层翘倾旋转，断块顶部出露地表，风化剥蚀，形成大量高孔隙度风化砾岩，与顶部新生代早期泥岩沉积构成储盖组合。圈闭主要为一系列构造型和中生界风化、剥蚀形成的岩性和地层圈闭，主要形成自生自储、新生古储型油气藏。这是礼乐盆地内较有远景的一套油气组合。

古近系含油气组合：该套油气组合的烃源岩主要为中生界和古新统—中始新统，储层为古新统、上始新统及下渐新统砂岩，盖层为古近、新近系泥岩，圈闭主要为古近系中的

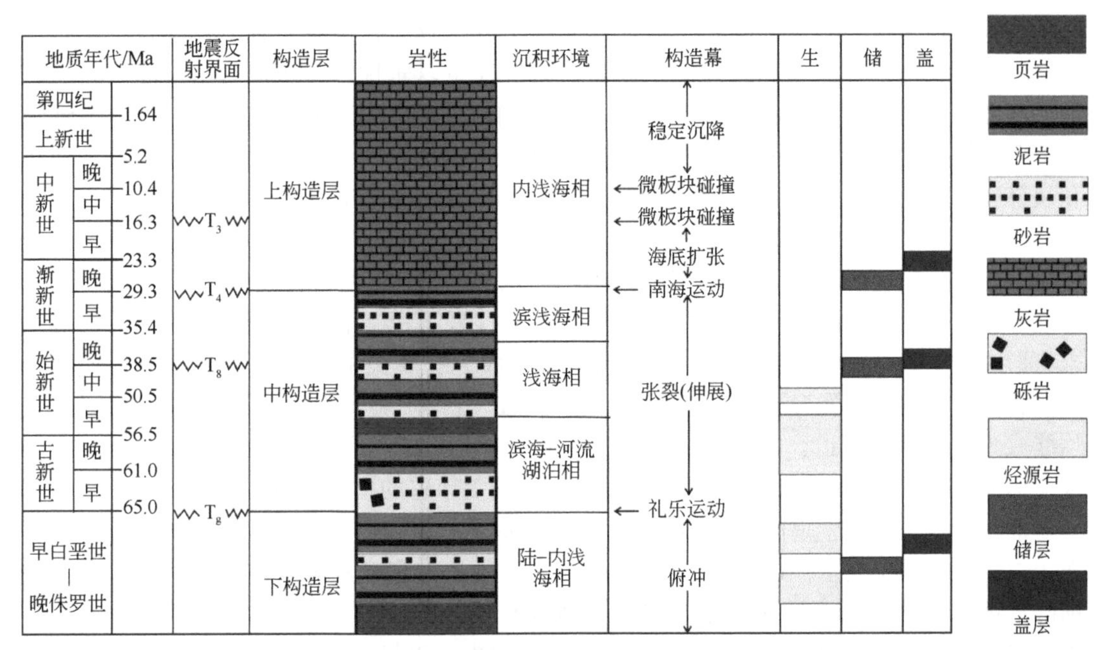

图 11.6　礼乐盆地地层柱状图（据 Sales *et al.*，1997）

一系列构造型和岩性、地层型圈闭，主要形成自生自储、古生新储型油气藏。这是礼乐盆地最主要的勘探目的层系，已为钻探所证实，如 Sampaguita-1 井于古新统砂岩层段中获日产 10.47 万 m^3天然气，含凝析油，在始新统三角洲砂岩中钻获天然气（16.9 万 m^3/d）。

新近系可能构成礼乐盆地的第三套含油气组合。在礼乐盆地的中部隆起上，由于该套地层中碳酸盐岩地层占据了主导地位，虽然储层性能良好，但有机质较为缺少，同时缺乏良好的区域性盖层，加上埋藏浅，成熟度低，油气源主要来自古近系及中生界，因此可能难以形成良好的油气组合关系；而在盆地拗陷区，尤其是南部拗陷则主要为海相碎屑岩沉积，在地震剖面中表现为前积构造，为浊积砂体的表现，虽然缺乏良好的区域性盖层，有机质较为缺少，成熟度低，但其储层性能良好，局部性盖层发育，且封闭性能良好，因此，仍然可以形成良好的油气组合关系，油气源主要来自古近系及中生界，以古生新储型油气藏为主。在巴拉望西北陆架区晚渐新世—早中新世的礁灰岩、白云岩及上新世的礁体都是主要勘探目的层，迄今为止在该陆架盆地北部发现的油气藏几乎都聚集在生物礁体中，共探明 6 个小油田，可采储量约 800 万 t（郑之逊，1993），1976 年投产的南尼多油田（1979 年高峰期日产量约 4 万 bbl①）即属此例。同时，在巴拉望盆地油气田浊积砂中也已发现了油气，如 A-1 井在中中新世地层中钻遇两套砂体，日产气 1300m^3。

五、油气运移条件

油气二次运移的通道类型主要是断层和不整合面。

①1 bbl = 159L。

礼乐盆地属于陆块裂离盆地，盆地内断层十分发育，在前新生代、古新世—中始新世，断层性质以张性为主；晚始新世以后，断层性质以张性、张扭性为主，部分具压扭性。盆地中的张性断层通常可以起到开启裂缝的作用，具有较好的连通性。同时，盆地经历了多期构造运动影响，所发育的断层大部分具有继承性，而被构造运动持续活化的断层和裂缝通常是高度有效的油气垂向运移通道。因此，盆地内广泛发育的断层在张性活动时期可以作为油气运移的良好通道。

不整合面代表区域性的沉积间断或剥蚀事件，往往使下伏地层风化侵蚀、溶解淋滤，因此可能形成较高孔隙度和渗透性的古风化壳或古岩溶带，能把不同岩性的地层连接起来，形成时空跨距很大的生、储、盖岩层组合，成为长距离的侧向运移通道或形成油气藏。礼乐盆地内主要发育了 T_{20}、T_{30}、T_{40}、T_{70}、T_{gc} 五个不整合界面，它们均具有区域性，均能成为油气运移通道，尤其是 T_{gc} 和 T_{30} 不整合界面，造成下伏地层强烈侵蚀、溶解淋滤，形成孔、渗较高的风化带，因此，可以成为油气运移的良好通道。

油气沿通道可发生垂向运移和侧向运移。侧向运移不仅需要侧向上连续的区域盖层广布于渗透性的储层之上，还需要弱–中等强度的压性构造形变和未被破坏的单斜斜坡（如前陆盆地和碟形克拉通内部凹陷）。裂谷盆地的富油气沉积中，大多数情况下，油气均是沿断层作垂向运移，因此，断层对大多数油气的捕集圈闭起着重要作用。在礼乐盆地，由于缺失区域性封盖层，主要发育局部性盖层，加上构造运动以张性为主，油气从成熟烃源岩中排出之后的运移主要通过断层、裂缝及不整合面进行，因此，油气运移的方向以垂向运移为主、侧向运移为辅。

上述油气运移的方向控制了礼乐盆地油气富集的方位。礼乐盆地中部隆起以及拗陷中的构造隆起部位、断裂体系是油气运移的有利部位。总体上，中部隆起西段、南部拗陷和东部拗陷东部的古新世—早渐新世地层是油气运移的主要指向区，油气运移强度较大。

六、圈闭特征

圈闭是油气最终聚集的场所，圈闭的规模决定了油气藏的规模，圈闭的样式控制了油气藏的样式。

（一）圈闭类型

礼乐盆地圈闭类型主要包括构造型、地层型和复合型三大类。

1. 构造型圈闭

研究区发育压缩、伸展和走滑等构造样式的构造以及构造力学性质发生转换所形成的复合式构造。多样性的构造造成了多样的构造型圈闭。

中生代地层在礼乐盆地的发育历史过程中经历了多期构造运动改造，地层多次抬升，遭受强烈的块断裂解与差异沉降、风化剥蚀，形成了一系列的断块、断背斜、古潜山及复合型圈闭体系。T_g 反射界面显示圈闭主要分布在礼乐盆地的南部拗陷和东部拗陷内。

新生代以来，南海的构造运动对盆地的构造活动影响以垂直升降运动为主，礼乐盆地遭受强烈块断裂解与差异沉降，地层差异升降明显，掀斜强烈，形成的圈闭以断块或断背斜等构造型为主，缺失挤压褶皱构造。礼乐盆地内发育一系列规模相对较小的局部构造，主要分布在盆地的南部拗陷和东部拗陷内，圈闭的继承性普遍较差，闭合幅度一般为200~1500m，局部可达2400m；发育的类型主要为背斜（包括断背斜、披覆背斜、半背斜、滚动背斜）、断块、古潜山、断背斜复合型构造、负花状构造、犁式滑脱构造等。这些局部构造在T_2、T_3、T_4、T_5反射界面内均有发育，构成了礼乐盆地的主要构造型圈闭。

2. 地层型圈闭

地层型圈闭主要有岩性圈闭和地层不整合面圈闭两类。礼乐盆地自中生代以来发育了厚度较大的砂、泥岩互层相和碳酸盐岩、生物礁相沉积，可形成大量的岩性圈闭；而多次构造运动的影响、改造，则可形成大量的地层型圈闭及复合型圈闭。由于T_g、T_3界面下伏地层倾斜起伏，并遭受强烈侵蚀，因此常沿这些界面形成地层不整合圈闭，尤其是部分中生代地层，受多次构造运动的影响，多与上覆新生代地层呈角度不整合接触，形成上倾尖灭不整合圈闭。而部分中生代地层更出露至海底，长期遭受风化剥蚀，其中大部分被新生代地层披覆，形成古潜山构造。随着早渐新世末南海海底扩张的开始，礼乐滩及其微陆块漂离华南大陆，盆地隆起部位由于陆缘碎屑物质匮乏，广泛发育碳酸盐岩及生物礁建造，凹陷部位则以浅海-半深海碎屑岩沉积为主，这些都可以形成大量的、较大规模的岩性圈闭。

3. 复合型圈闭

复合圈闭是当储集层上方和上倾方向由构造、地层和水动力三因素中两种或两种以上因素共同封闭而形成的圈闭，称为复合圈闭（compound traps）。在其中形成的油气藏称为复合油气藏（compound pools）。

复合成因的圈闭是大量存在的十分重要的一类。近年来复合型“圈闭群”概念得到了推广，即具有成因联系、在同一地质作用中伴生的一系列圈闭。它们是某一种地质作用（成因）为主的地质背景条件下形成的与该地质作用因素相关的一系列相关圈闭群。群内多种类型和形态各异的圈闭同时产出，如底辟构造，可能伴生的圈闭有（龟）背斜圈闭、底辟体侧向封堵形成的岩性圈闭和其上部伴生的断层圈闭、不整合圈闭等。沉积作用也不局限于形成地层圈闭，如沉没于水下的潜山在接受沉积时，就可以形成背斜圈闭，即潜山披覆构造圈闭。同是背斜圈闭，可以是生长断层形成（滚动背斜），或是挤压或构造反转形成（挤压褶皱或挤压背斜），也可以是扭动构造形成（花状构造伴生的背斜），或是重力作用形成（如底辟构造伴生的龟背斜）。断块圈闭也是如此，可以是重力作用形成的掀斜断块，也可以是挤压构造形成的逆冲断块，等等。

复合圈闭和复合油气藏的形成机理虽不复杂，但各种地质因素结合形成圈闭的可能性，却是千变万化的，既可以形成单一地质因素所控制的构造、地层、水动力圈闭，也可以在相当多的情况下是两种或两种以上因素相结合，形成复合圈闭，其组合形式可以说是变化无穷。在本研究区，诸盆地在地史上经历了伸展与压缩作用的转换，造成先存构造样式发生变化，并导致复合构造样式的产生。

在礼乐盆地，位于中部隆起以北拗陷是目前已被证实的生烃凹陷，凹陷的最大埋深可达9500m。礼乐盆地依据断裂控制作用和古近系地层厚度可划分为5个构造带：东部隆起构造带、北部鼻状构造带、西部鼻状构造带、中部反转构造带、南部走滑构造带。北部鼻状构造带和西部鼻状构造带属于早期垒堑相间的地层结构与后期半地堑地层叠合而成；东部隆起构造带属于早期地垒与后期强挤压背斜相叠合而成；中部反转构造带属于早期地堑与后期挤压背斜相叠合而成；南部走滑构造带属于早期地堑与后期花状走滑相叠合而成。

西部鼻状构造带储层发育，烃源充足，运移条件较好，有良好的生烃、运聚、圈闭时空匹配关系；存在的地质风险主要是生物礁储层上覆盖层厚度较小，封盖能力和断层侧封存在漏失风险。

中部反转构造带构造在晚渐新世开始发育，早中新世受南沙地块和加里曼丹碰撞影响，区域应力场方向发生转变，局部挤压抬升形成断背斜、断鼻圈闭。上渐新统生物礁储层与上覆半深海-深海相泥岩盖层形成良好的储盖组合；下渐新统、上始新统三角洲砂岩储层与上覆浅海相泥岩形成良好的储盖组合。成藏条件优越，圈闭类型好，但存在封盖能力断层侧封漏失风险。

北部鼻状构造带是南海扩张时期碰撞挤压而产生的隆升构造带，其北端与礼乐滩相连。深大断层发育，油气垂向运移条件优良；早中新世时礼乐盆地与加里曼丹-巴拉望岛相碰撞，圈闭受到改造最终成型，形成一系列背斜圈闭，可以很好地捕获晚中新世后生成的油气，生烃、运聚、圈闭时空匹配关系优越，十分有利于油气聚集成藏。

南部走滑构造带中走滑花状构造带是旋转碰撞时期应力场发生变化形成的走滑构造带，断裂发育，具有优势运移通道；主要发育上渐新统碳酸盐岩储层与上覆浅海相泥岩、上始新统海底扇砂岩与上覆泥岩两套主要储盖组合。整体为被走滑断裂切割形成的挤压花状断鼻构造，圈闭规模大。断块构造的断层侧封存在一定侧漏风险。

东部隆起构造带中挤压隆起构造带毗邻西北巴拉望盆地，是晚始新世开始隆升，早中新世后南沙地块与加里曼丹碰撞挤压最终定型的隆升构造，浅层在受碰撞挤压形成台地上大量发育连片的生物礁；区带邻近生烃中心，处在构造脊上，油气成藏条件良好。

北康盆地位于南海南部南沙群岛海域中部，北部与南沙中部海域岛礁区相接外，其他三面均与盆地相连，属于伸展-裂离型盆地。大地构造背景上，北康盆地是在南沙地块长期剥蚀夷平基底上，于白垩纪末—古近纪早期由于地壳拉伸、裂陷而形成的一个陆缘张裂盆地。盆地沉积厚度具有北厚南薄、西厚东薄的特点，最大沉积厚度可超过12000m，沉积、沉降中心位于西部拗陷和东南部拗陷。根据地质构造特征，北康盆地可进一步划分为西部拗陷、中部隆起、东北拗陷、东南拗陷和东南隆起 5 个二级构造单元。T_{100}（65Ma）界面相当于古近系的底界面，发育大套火山碎屑岩，是盆地初始裂陷充填期产物。中始新统湖相、海陆过渡相泥岩和上始新统—下渐新统海陆过渡相泥岩为北康盆地主要烃源岩。东南拗陷断层非常发育，产状较陡，下部由倾向相反的正断层挟持的断块组成，上部则为宽缓的披覆背斜，属于复合型构造，构造形态较完整。且构造位于主生油凹陷内，成藏条件良好。西部拗陷发育多条反向正断层，早期是由反向正断层挟持的断块组成的掀斜断块构造，断块之上为披覆背斜，后期地层受挤压作用褶皱抬升，构造类型好，位于主生油凹陷内，成藏条件良好。

万安盆地具有典型的正反转构造，早期均为张性正断层，后期出现逆冲作用，形成褶皱构造，反转构造大致形成于中中新世。

泥底辟构造亦为复合构造样式，曾母盆地及文莱-沙巴盆地西北缘多见。曾母盆地典型的泥底辟构造呈指状向上刺穿前上新世地层，泥底辟夹持的地层明显下陷，近泥底辟则发生翘倾，它们在平面上往往呈串珠状发育成泥底辟群沿构造走向排列。

与南沙地块紧邻的巴兰三角洲/文莱-沙巴盆地发育生长断层相关圈闭群，也有伸展构造相关圈闭群，还有扭动构造相关圈闭群。

（二）成藏模式及有利成藏区分析

1. 成藏模式

油气运聚模式及成藏类型是油气勘探研究的最终目标，油气的运聚模式不仅与生、储、盖的空间分布密切相关，而且受控于盆地的构造形态、构造活动期次、断裂空间展布等诸多因素。

在礼乐盆地发展的各个阶段均有地层不整合、岩性和构造类圈闭发育。中生界、新生界之间以及各不整合界面之间主要形成一系列古潜山及地层不整合圈闭；晚渐新世以后则为岩性圈闭发育的鼎盛期，形成一系列的礁灰岩、生物礁体和砂岩透镜体等岩性圈闭。中中新世末为构造圈闭的鼎盛期，主要发育断块、断鼻、断背斜、披覆背斜、半背斜、滚动背斜等。晚中新世为构造圈闭的稳定定型期。其形成时期与盆地的油气生成期匹配良好，可以构成较为良好的圈闭条件。

礼乐盆地的古新统—中始新统烃源岩在中始新世生烃，至早渐新世末瞬时生烃强度明显增大，开始进入生烃高峰期；中中新世末生烃强度达到最大值，地层处于生烃高峰期，大量产生液态石油及热降解气，而早期生成的石油发生裂解生成天然气，导致地层压力明显增加，促使烃源岩中油气大量向外运移，地层瞬时排烃量达到最大值，地层同时进入排烃高峰期；晚中新世末局部地区（主要是南部拗陷）进入高成熟，生烃量减少，但早期生成的石油发生裂解产生天然气，导致地层压力继续增加，促使烃源岩中油气继续向外排泄。

礼乐盆地的断裂在早期较为活跃，中新世之后活动减弱，晚中新世受菲律宾板块和南巴拉望地块碰撞的影响而再次活化，并且沟通了烃源岩和浅部储层，从而使油气的水平运移加强，并使深大断裂成为油气运聚成藏的有利区域。在晚中新世关键时刻，构造圈闭已基本定型，同时还发育大量的岩性、地层圈闭，生、排烃均处于高峰期，油气从生烃中心大量排烃聚集圈闭中，圈闭形成与油气的运移、聚集匹配良好。虽然盆地缺少区域性盖层，但在此时盆地凹陷中广泛发育的泥岩地层对油气具有较好的封闭能力，可构成油气藏的局部性盖层，盆地具备形成油气藏的基本地质条件。

油气生成和被圈闭之后，礼乐盆地基本处于区域沉降期，虽然盆地缺失区域性的封闭盖层，但局部盖层发育，构造活动及断裂活动作用明显减弱，这对于圈闭完整性的保存至关重要，盆地总体具有较好的圈闭条件。

礼乐盆地以低凸式油气聚集模式为主。断裂发育早期，使中生代地层翘倾旋转，并在上盘风化剥蚀形成储层，下盘为半地堑沉积，充填湖相烃源岩；其后南海张开，礼乐盆地张裂活动减弱，差异沉降使断裂上盘处于相对高点，成为礁体发育的有利部位。礁体及断块顶部呈相对低凸起状态，多发育于沉积盆地内部，从而形成“群湖抱山”的基本构造格局（孙龙涛等，2010）。该类构造可具双层结构，下为前古近系风化层，上为晚渐新世—中新世礁体（图 11.7）。圈闭类型以断块构造圈闭为主，翼部还发育不同种类的地层圈闭。主控边界断裂长期活动，成为油气运移的良好通道，是礼乐盆地较为有利的油气聚集带，尤其要重视中、深层油气藏。

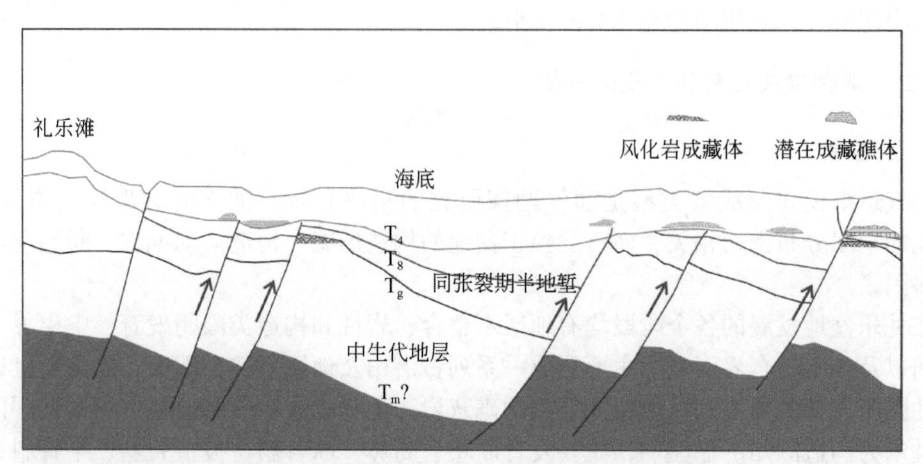

图 11.7　礼乐盆地主要圈闭类型和成藏模式图（据孙龙涛等，2010）

2. 有利成藏区

油气沿渗透性运载层发生的短距离侧向运移和经过断层和裂缝发生的垂向运移是油气向圈闭充注过程中最常见的机理。油气从深埋的成熟烃源岩中运移出来有很强的垂向运移分量，除了少数长距离侧向运移外，大多数地区发现的油气藏通常都在成熟烃源岩之上附近聚集油气（Demaison，1984）。事实上，大多数商业性油气聚集都只经历了相对较短的侧向油气运移（小于 30km），受各圈闭周围的构造排烃空间制约（Sluijk and Nederlof，1984）。在礼乐盆地南部拗陷的凸起区和紧邻的中部隆起西段局部地区，由于位于或紧邻有效生烃拗陷，处于油气运移的主要方向上，油气源相对充足，储集物性良好的储层和盖层均较发育，因此，油气远景较该盆地的其他区段好。

第十二章　礼乐盆地油气系统分析及油气资源前景预测

第一节　引　　言

一、研究任务

本章研究的范围是115°08′E～118°30′E、8°40′N～11°50′N，研究区包括南海南部礼乐盆地及礼乐滩所处区域。

本章研究的目的是充分利用现有的地质资料，扬弃前人对礼乐盆地地质的认识，并收集其他相关资料，利用地震剖面，基于构造沉降量分析，采用拉张盆地数值模型，即拉张量或构造沉降量与热流间的关系进行二维构造-热演化模拟；运用盆地模拟软件技术，研究礼乐盆地生、排烃史。

二、资料条件

因为礼乐盆地所处的地理位置是多个国家的争议区，目前项目在礼乐盆地所拥有的资料多数是国家海洋局、中国科学院南海海洋研究所等单位历年进行的科学考察成果。目前区内已经钻有7口钻井，但均为菲律宾拥有，钻井资料只见于极少发表物。本次研究的资料基础是上级课题——国家科技支撑计划项目“南沙海区油气和微生物资源调查技术及应用研究”提供的三条地震测线及相关地质数据。

三、研究思路与技术路线

本章的研究基本思路是：以地热学、盆地动力学、构造地质学、沉积地质学、石油地质学理论为指导，研究盆地现今地热特征、热演化历史、构造沉降史和烃源岩热演化史。在了解烃源岩热演化史的基础上研究礼乐盆地生、排烃状况。技术路线如图12.1所示。

（一）现今地温场

根据全球热流数据库的测试温度资料，分析现今大地热流，研究盆地现今地温场特征。

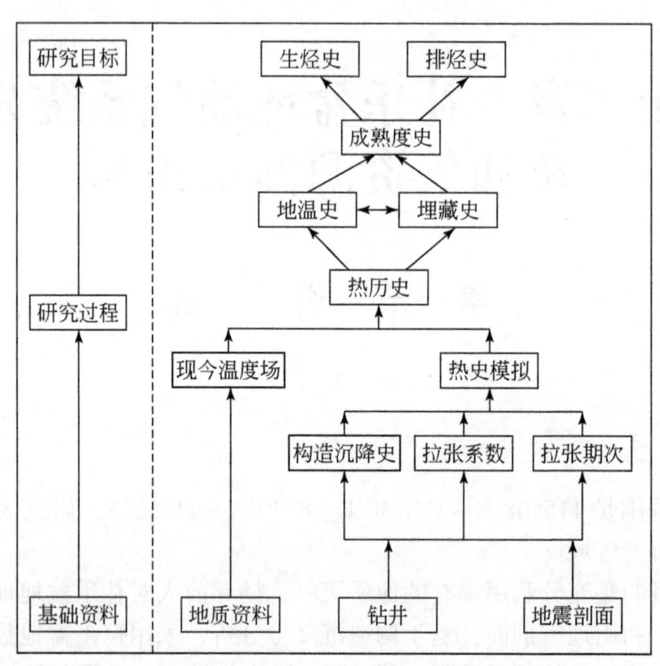

图 12.1　研究思路与技术路线框架图

（二）热演化史

选取地震解释剖面主要构造单元的虚拟井，采用回剥法研究盆地沉降史、计算构造沉降量。依据盆地构造沉降特征、沉降速率特征确定幕式拉张的期次。以盆地动力学、构造地质学、沉积地质学为指导，建立地质–地球物理模型，用构造–热演化法恢复盆地热流史。

（三）烃源岩成熟度史

在热史恢复的基础上，采用 EASY% R_o 有机质热演化动力学模型，计算烃源岩成熟度史，在其基础上分析烃源岩生、排烃史特征。

第二节　区域地质背景

礼乐盆地位于南海东南缘礼乐滩上，属裂离陆块型盆地，大致在 115°30′E ～118°10′E，8°40′N～11°50′N，盆地总体呈 NE—SW 向延伸，面积约 $5.5\times10^4km^2$（图 12.2）。盆地范围内海底地形复杂，水深变化从几米至 2000m。

研究区是公认的航海危险区。在二维地震测线上，礼乐盆地从北向南呈现滩、斜坡和深水 3 个区域（图 12.3）。

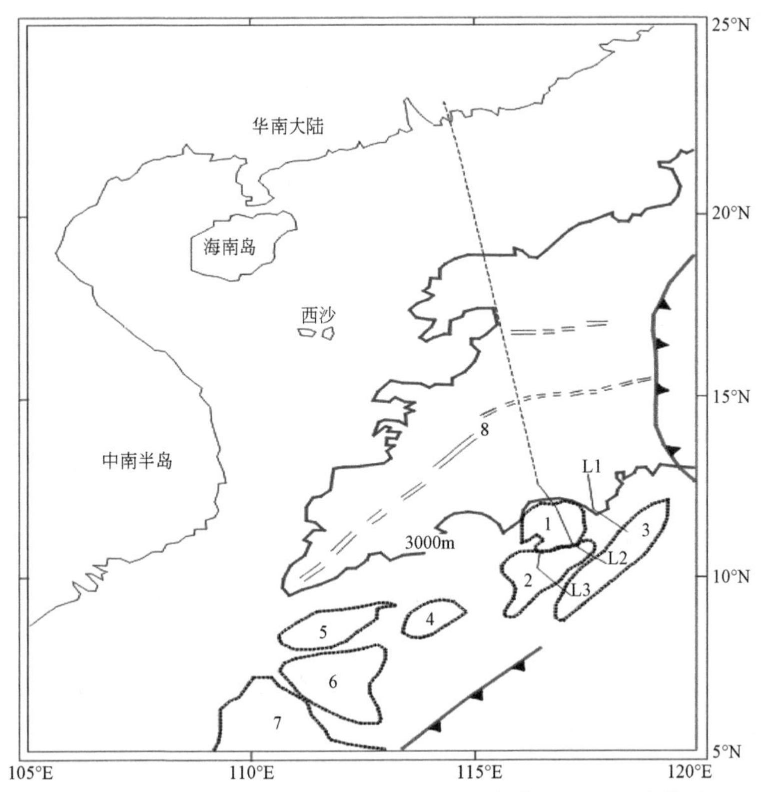

图 12.2　礼乐盆地大地构造位置图（据刘海龄等，2002a，有修改）

1. 礼乐滩；2. 礼乐盆地；3. 西北巴拉望盆地；4. 安度盆地；5. 南薇盆地；6. 北康盆地；7. 曾母盆地；8. 中央海盆

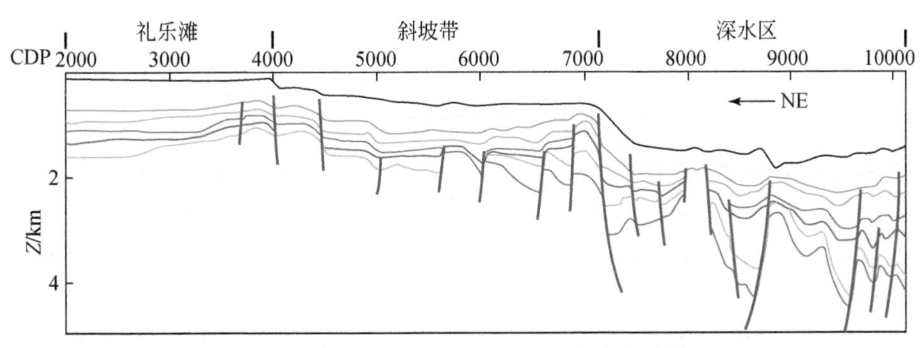

图 12.3　礼乐盆地 L2 剖面结构特征图（据杨树春等，2009）

剖面位置见图 12.2。剖面左端向北。地震反射界面从海底往下依次为 T_{30}（黄）、T_{40}（蓝）、T_{70}（绿）、T_{80}（深紫）、T_{ge}（红）、T_{g}（褐）、T_{m}（紫），分别相当于图 5.3 中的编号

一、地球物理特征

对地球物理特征的研究是认识礼乐盆地形成、演化的根本，是对该地区进行构造热演化研究的基础。

对礼乐盆地地球物理特征的认识主要基于广州-巴拉望地学断面。该断面贯穿整个南海，经过礼乐盆地进入苏禄海北缘滨海地带。国内地学前辈对该剖面做过大量的研究工作，为认识南海的地质结构特征、深部地质作用和地球动力学提供了丰富的信息。

（一）磁力异常

姚伯初和刘振湖（2006）对广州-巴拉望磁异常分析后认为，南海海盆区具两层磁源结构，陆缘区为三层磁源结构。在礼乐盆地附近，莫霍面深度为 20～30km（图 12.4）。

（二）空间重力异常

礼乐盆地空间重力异常呈现高值正异常（图 12.5），异常值达 75×10^{-5}～$80\times10^{-5}m/s^2$。

结合地壳测深结果及重力、磁力的综合解释，在礼乐盆地附近，现今地壳厚度为 20～30km，岩石圈厚度为 60～70km。

二、新生代盆地构造-沉积演化

大地构造位置上礼乐盆地位于礼乐地块上，为一陆缘张裂盆地。盆地的形成演化过程与南海南部的大地构造运动息息相关。

现今的南海南部及其邻区由巽他地块、印支地块、曾母地块、南沙地块和礼乐-巴拉望地块 5 个大地构造单元组成，新生代南海的演化史是新南海扩张、古南海消亡，以及曾母地块、南沙地块、礼乐-巴拉望地块的裂离漂移和重新定位的历史。

礼乐地块位于南海东南部，其西北界是从南海西南海盆中部的残留扩张脊及其向西南延伸的断裂，南部为西北婆罗洲俯冲增生带，西界为中南-礼乐断裂，东界与东北巴拉望地块相接，新生代之前，它与西沙-中沙地块相连。继侏罗纪—早白垩世古特提斯-伊佐奈岐板块向亚洲大陆俯冲之后，晚白垩世—古新世的运动速率降低，东南亚大陆边缘出现应力松弛，形成了东南亚陆缘张裂带。受其影响，礼乐地块、北巴拉望地块、西沙地块及南沙地块相继裂离华南陆缘。受晚渐新世—早中新世南海中央海盆扩张的影响，这些地块相应向南漂移，至中中新世，南沙地块、礼乐地块相继与加里曼丹-苏禄地块发生碰撞，南海扩张停止，礼乐地块定位于现今位置，南海一系列新生代盆地得以发育。

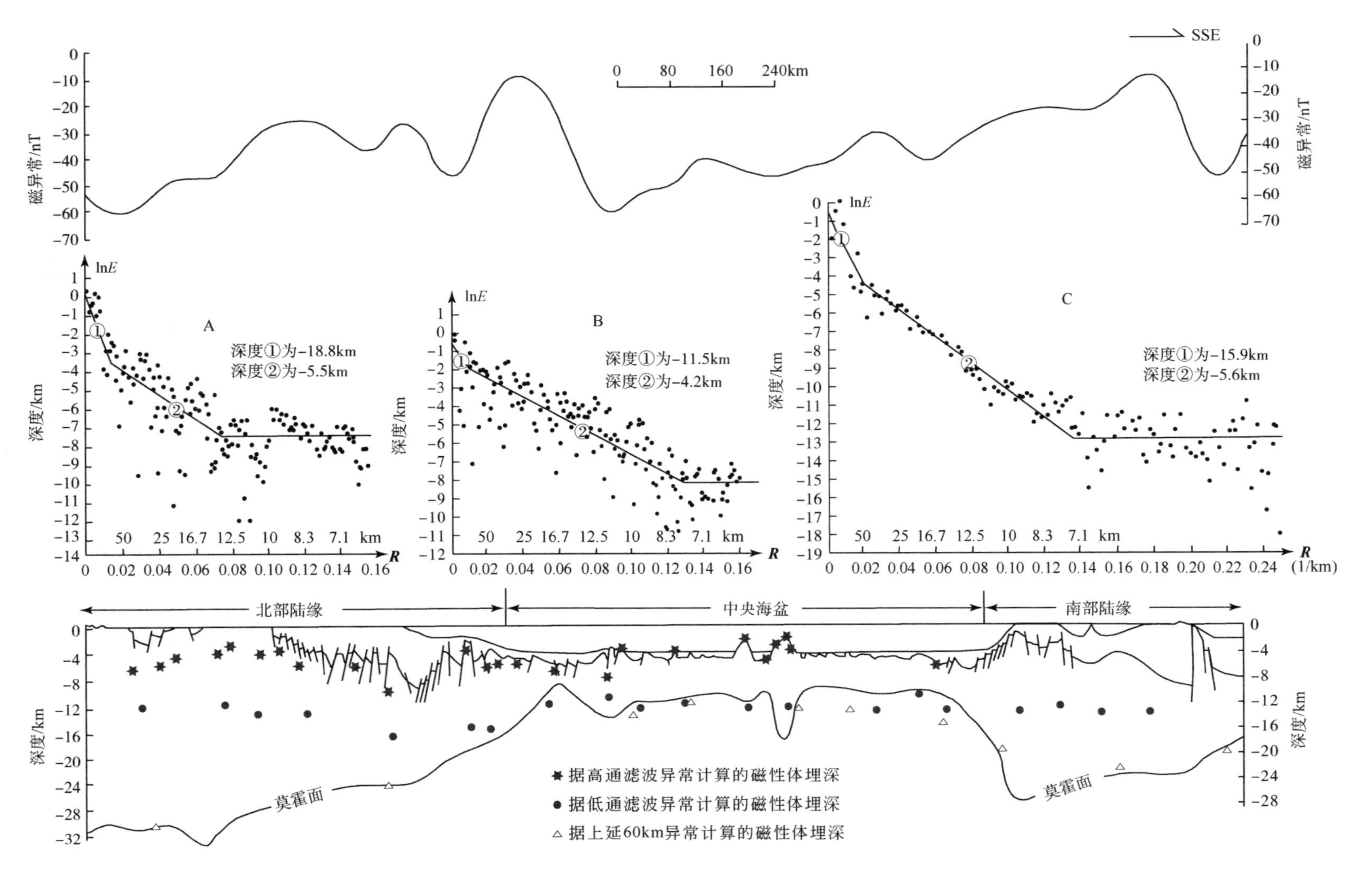

图 12.4　广州-巴拉望磁异常及其分析剖面（据姚伯初和刘振湖，2006）

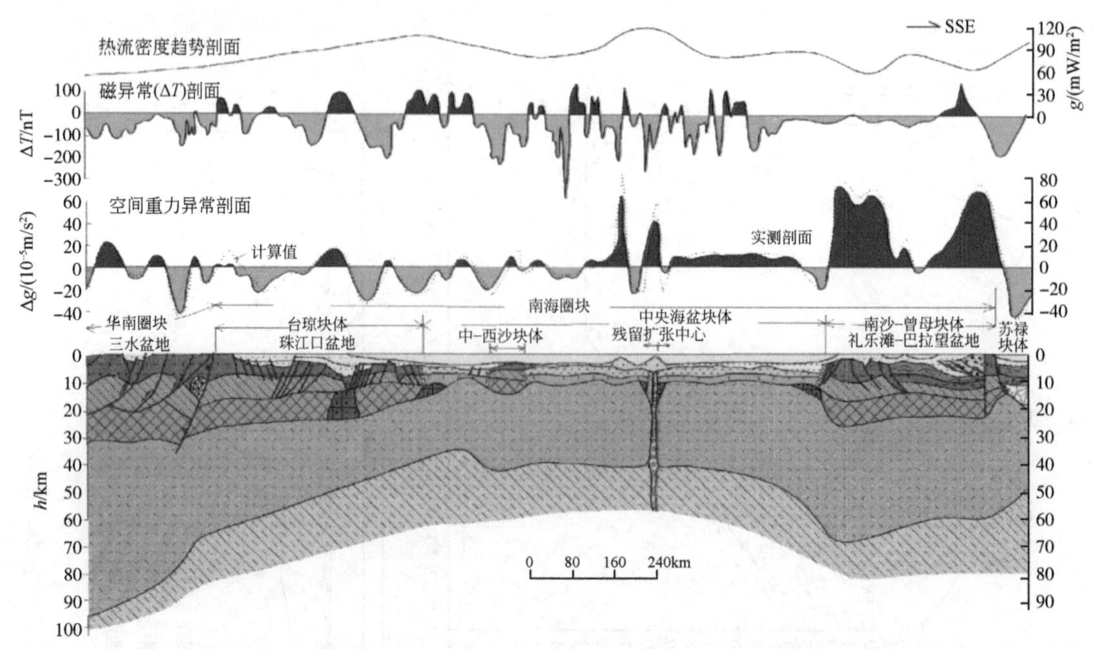

图 12.5　广州-巴拉望岩石圈地学断面图（据姚伯初和刘振湖，2006）

具体定位到礼乐盆地，其构造运动可以分为以下 5 个阶段（图 12.3，表 12.1）。

表 12.1　礼乐盆地地层及构造期次表（据孙龙涛等，**2008**）

<table>
<tr><th colspan="2">地质年代</th><th>代码</th><th>底部年龄/Ma</th><th>反射界面</th><th>构造运动</th><th>构造演化阶段</th></tr>
<tr><td colspan="2">第四纪</td><td>Q</td><td></td><td></td><td rowspan="6">南沙运动</td><td rowspan="2">区域沉降阶段</td></tr>
<tr><td colspan="2">上新世</td><td>N_2</td><td>5.2</td><td>T_{20}</td></tr>
<tr><td rowspan="3">中新世</td><td>晚</td><td>N_1^3</td><td>10.2</td><td>T_{30}</td><td rowspan="2">构造反转阶段</td></tr>
<tr><td>中</td><td>N_1^2</td><td>16.2</td><td>T_{40}</td></tr>
<tr><td>早</td><td>N_1^1</td><td>25.2</td><td>T_{50}</td><td rowspan="2">漂移沉降阶段</td></tr>
<tr><td rowspan="2">渐新世</td><td>晚</td><td>E_3^2</td><td>30</td><td>T_{70}</td></tr>
<tr><td>早</td><td>E_3^1</td><td></td><td></td><td>南海运动</td><td rowspan="2">裂谷Ⅱ阶段</td></tr>
<tr><td rowspan="3">始新世</td><td>晚</td><td>E_2^3</td><td>36</td><td>T_{80}</td><td rowspan="4">西卫运动</td></tr>
<tr><td>中</td><td>E_2^2</td><td></td><td></td><td rowspan="4">裂谷Ⅰ阶段</td></tr>
<tr><td>早</td><td>E_2^1</td><td>56</td><td></td></tr>
<tr><td rowspan="2">古新世</td><td>晚</td><td>E_1^2</td><td></td><td></td></tr>
<tr><td>早</td><td>E_1^1</td><td>65</td><td>T_{gc}</td><td>礼乐运动</td></tr>
<tr><td colspan="2">中生代</td><td>Mz</td><td></td><td>T_m</td><td></td><td>挤压阶段</td></tr>
</table>

（一）张裂前期，中生代（T_m—T_{gc}）

西北巴拉望陆架区的钻井资料（Sales *et al.*，1997）证实，在侏罗纪—早白垩世期间，西北巴拉望陆架区为广泛的海相沉积；在晚白垩世—晚古新世早期，广泛出露水面，未接受沉积。

据 Taylor 和 Hayes（1980）介绍，礼乐滩基底高区上钻的 Sampaguita-1 井，在井深约 3400m 处钻遇厚约 700m（未钻穿）的早白垩世含煤碎屑岩系，含早白垩世珊瑚化石，属内浅海沉积环境，其下部由集块岩、砾岩及分选差的砂岩组成，上部由含褐煤层的砂质页岩和粉砂岩组成。另外 A-1 井亦在井深 2155m 处钻遇早白垩世碎屑岩。李文成等（2003）报道了礼乐盆地发现的中生界样品（表 12.2）。

表 12.2　礼乐盆地中生界样品表（据李文成等，2003）

钻孔或采样站号	取样深度/m	岩性	年龄/Ma	时代	备注
A-1	2155	浅海碎屑岩		K_1	礼乐滩
Sampaguita-1	3353	浅海碎屑岩		K_1	礼乐滩
SO23-36	2373	角砾岩、变质沉积岩、玄武岩	145	J_3	礼乐滩西北
SO23-37	2227～2043	泥灰岩、玄武岩、石榴子石云母片岩	113	K_1	礼乐滩西北
SO23-23	1900～1700	砂和粉砂岩、页岩、蚀变橄榄辉长岩和火山岩	258～341	T_3—J_1	礼乐滩西南
SO27-21	2040～1877	副片麻岩、石英千枚岩	113～124	K_1	礼乐滩西南
SO27-24	2100	蚀变闪长岩、硅质页岩、流纹质凝灰岩		T_2	礼乐滩西南

（二）张裂一期，古新统—中始新统（T_{gc}—T_{80}）

裂陷区沉积中心位于主断层下降盘一侧，厚度从沉积中心往隆起方向减薄或缺失，呈现典型的楔形半地堑充填样式。孙龙涛等（2008）认为，该阶段礼乐盆地和西北巴拉望整体出露水面，而中生代地层受拉张作用翘倾旋转，形成一系列 NE 向半地堑。中生代地层的翘倾旋转为新生代地层沉积提供了可容空间，在裂谷中形成湖相沉积（Williams，1997）。这一时期尤其在盆地南部以浅海-半深海偏泥相和浅海砂泥相沉积为主，泥岩厚度一般为 400～1200m，最厚可达 1600m，为烃源岩发育最有利的时期（张莉等，2003）。

（三）张裂二期，中始新统—下渐新统（T_{80}—T_{70}）

在礼乐盆地，大部分区域的新生代沉积始于中始新统，T_{80}开始海平面上升，至早渐新世达到最高（Haq *et al.*，1987）。在裂谷区，T_{80}界面之上沉积表现出海侵上超沉积特征，由于断层在这一时期继续发育，沉积层仍以半地堑样式充填；在南部宽缓褶皱区，没有 T_{80}界面，表明该区一直出露，直至 T_{80}时开始接受沉积，基底表现出明显的拗陷特征，表现为较开阔的拗陷型沉积，沉积中心有向南迁移的趋势。礼乐盆地在该阶段仍受拉张作用控制，拉张强度较第一期减弱。盆地在这一时期主要沉积了一套滨海-浅海相砂泥岩，局部偏泥相沉积。

（四）漂移期，上渐新统—中中新统（T_{70}—T_{40}）

T_{70}是该区域分布范围最广的水平不整合面，其上地层地震反射轴平行高频，连续性较好，未见张裂构造，所以可以认为T_{70}对应礼乐盆地的张裂结束期30Ma。T_{70}之后南海海盆张开，礼乐地块整体向南漂移，盆地进入整体沉降阶段，其上海相地层广泛发育，形成披覆盖层沉积，局部在T_{40}界面有拱起。随着早渐新世末南海中央海盆的扩张，礼乐地块从华南陆缘裂离向南漂移，最终定位于现今的南海东南部，沉积物源主要在盆地东南部的巴拉望地区，物源较为缺少，以浅海相碳酸盐岩和碎屑岩沉积序列为主，是碳酸盐岩储集层发育的有利时期。由于受到后期构造运动，尤其是南沙运动的改造，地层抬升褶皱变形明显，在不同构造部位遭受不同程度的剥蚀，甚至缺失。

（五）沉降期，上中新统—第四系（T_{40}—T_{30}）

T_{40}阶段对应菲律宾板块的NW向仰冲，在局部区域拱起，并伴有小断层发育。盆地漂移结束，进入区域沉降阶段。盆地继承中中新世沉积格局，沉积、沉降中心没有发生明显迁移，接受了一套浅海-半深海砂、泥相和台地碳酸盐岩、生物礁相沉积，地层变形微弱（张莉等，2003）。隆起区仍以碳酸盐岩和生物礁沉积为主，凹陷区则以碎屑岩沉积为主，盆地沉降与沉积速率相对缓慢。

三、现今地温场特征

沉积盆地现今地温场研究内容主要包括地层温度、地温梯度和大地热流分布特征等方面。在油气勘探工作中，对现今地温场进行研究，可以了解盆地内烃源岩现今的受热状态和生烃状况，同时，现今地温场也是恢复盆地古地温场的基础，还是验证古地温场恢复结果可靠性的约束参数。

礼乐盆地现今地温场特征参数的测量值极少，对评估现今地温场特征较为困难，但在南海海域，有关地温场的研究拥有一些资料，这也为我们了解礼乐盆地现今地温场特征提供了帮助。

南海地区地热研究始于20世纪70年代，工作重点集中于大地热流测量。不同地区的热流数据分别发表于一系列文献中（Jessop *et al.*，1976；Watanable *et al.*，1977；Anderson *et al.*，1978；谯汉生，1980；唐鑫，1980；Rutherford and Qurehi，1981；张勤文和黄怀曾，1982；Taylor and Hayes，1983；Ru and Pigott，1986；饶春涛和李平鲁，1991；陈墨香等，1991；饶春涛，1994；Qian *et al.*，1995；Nissen *et al.*，1995；Xia *et al.*，1995；Shyu *et al.*，1998；Wang *et al.*，1998；He *et al.*，2002；徐行等，2006a，2006b）。He等（2002）首次对南海地区已发表的热流数据进行了系统收集和整理、分析，利用收集到的589个大地热流数据编制了南海大地热流图。Shi等（2003）也收集整理了南海地区的热流数据（共592个），并进行了系统分析，研究了南海地区大地热流在平面上各构造单元的分布特征。

张健和汪集旸（2000）、张健和宋海斌（2001）、Shi等（2003）、张健和石耀霖

(2004) 对南海地区的深部地热特征进行了研究，计算了莫霍面的温度，研究了岩石圈的热结构和热流变学结构特征。

从利用来源于 Global Heat Flow Database 中有关南海的热流数据、按插值勾绘的南海大地热流平面分布图（图 12.6）来看：礼乐盆地大地热流值在整个南海地区属于低热流区，研究区内大部分热流值分布在 40 ~ 60mW/m^2。

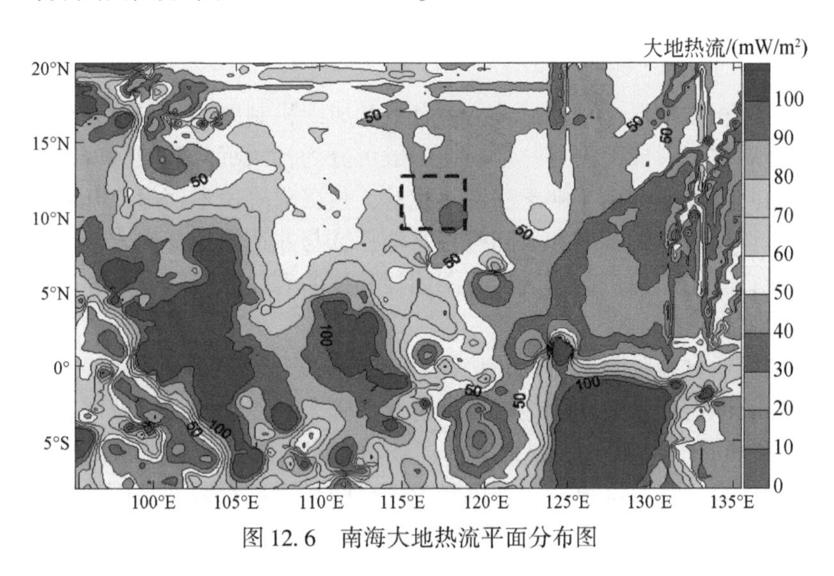

图 12.6 南海大地热流平面分布图

相对于中国大陆地区平均热流 61mW/m^2（胡圣标等，2001)，礼乐盆地热流值略低，更是远低于现代大陆裂谷区（如贝加尔裂谷为 97±22mW/m^2）和新生代构造活动区（如美国盆地-山脉省约 83mW/m^2)，也低于大陆边缘扩张盆地（何丽娟等，1995，1998；何丽娟，2002)，如在南海盆地，中央海盆平均热流值为 89.9mW/m^2（88.5 ~ 94.5mW/m^2)，全盆地平均为 78.3±22.7mW/m^2。相对于典型的克拉通盆地，礼乐盆地热流略高，如准噶尔盆地的热流平均值为 45mW/m^2，塔里木盆地热流值为 40 ~ 50mW/m^2。与其他盆地及地区热流值的对比说明礼乐盆地具低且复杂的热背景。

第三节 礼乐盆地热历史

沉积盆地热史恢复的原理与方法归纳起来无外乎两种基本形式，一是以研究区域热背景为目标、以与盆地成因相联系的地质-地球物理模型为依据、以有限差分或有限元数值方法为手段的岩石圈尺度上的热史模拟；二是以研究盆地热演化史（热流史与地温史）为目标、以盆地沉积和构造演化史为依据、以古温标反演计算为手段的盆地尺度上的热史模拟（胡圣标等，1998)。前者主要用于拉张盆地，后者则适合于达到最高古地温的时间为过去而不是现今的沉积盆地。

构造热演化法的基本原理是通过盆地形成和发展过程中岩石圈的构造作用（伸展减薄、均衡调整、挠曲形变等）及其相应热效应进行模拟（盆地定量模型)，获得岩石圈热演化历史（温度和热流的时空变化)。对于不同成因类型的盆地，根据相应的地质-

地球物理模型确定数学模型，在给定初始条件和边界条件下，通过与实际观测的盆地构造沉降史拟合，确定盆地基底热流史，进而结合盆地的埋藏史，恢复盆地内沉积地层的热历史。目前，沉积盆地构造热演化模拟研究已取得许多进展（何丽娟等，2000；何丽娟，2000）。

一、盆地成因动力学机制

不同类型的沉积盆地形成的地球动力学背景和成因机制差异，导致盆地演化过程的区别，如岩石圈伸展拉张形成的裂谷盆地演化一般可分为初始沉降和热沉降两个阶段，而挤压作用形成的前陆盆地通常由于缺乏深部热扰动，热沉降阶段不明显。几种主要盆地类型包括：①与裂谷作用有关的弧后和大陆裂谷盆地；②与非造山期花岗岩侵入或变质作用有关的克拉通盆地；③与造山带前陆区岩石圈缩短和挠曲有关的前陆盆地；④与走滑或滑脱作用有关的拉分盆地。

大陆裂谷和弧后盆地是目前研究较广泛且研究程度较高的盆地类型。其主要构造-热作用过程包括岩石圈的伸展减薄、地幔侵位、与热膨胀和冷却收缩以及沉积负载相关的均衡调整。Sleep 和 Snell（1976）在研究大西洋被动大陆边缘盆地构造沉降时发现盆地后期的沉降趋势与洋中脊冷却沉降酷似，即沉降量随时间呈指数衰减，从而表明冷却收缩在盆地后期演化中的重要性。于是通常将大西洋型被动大陆边缘盆地（裂谷盆地）的发展分为两个阶段：早期快速初始沉降阶段和后期缓慢热沉降阶段。热沉降量大小和持续时间长短是岩石圈深部热扰动强度和深度的一个度量。

大陆裂谷盆地构造热演化模拟研究最为成熟，自 1978 年 McKenzie 提出了瞬时均匀伸展模型后，许多学者又相继提出了不同模型。例如，为解释盆地边缘抬升问题，Royden 和 Keen（1980）、Rowley 和 Sahagian（1986）提出了岩石圈非均匀伸展模型；为体现同裂谷期非绝热过程，Jarvis 和 McKenzie（1980）、Cochran（1983）提出了非瞬时拉张的有限拉张速率模型；鉴于众多裂谷盆地区玄武岩墙发育，Royden 和 Keen（1980）提出了岩墙侵入模型，并引入了一个新的参量来表征地壳被软流圈和地幔物质置换的比例。上述模型都以纯剪切，即水平拉张为特征。除此之外，还有简单剪切模型、地幔柱模型、变质模型等（Lyatsky，1994；Middleton and Falvey，1983），与纯剪切模型不同的是，这些模型不认为岩石圈水平拉张是盆地形成的唯一机制，因而不要求大的伸展量。

克拉通盆地在地壳伸展热沉降等方面与弧后及大陆裂谷盆地相近，但通常这类盆地被认为起因于后造山期壳内花岗岩的侵入或者地壳深部的变质反应，因而岩石圈与地壳伸展的规模及热沉降量相对较小，并且由于岩浆活动和变质作用的时空变化，盆地的沉降往往表现出阶段性特征，如巴黎盆地（Bernard and Walter，1994）。这类盆地发展的某些阶段可以应用上述裂谷盆地的伸展模型或 Middleton 和 Falvey（1983）的变质模型。

前陆盆地包括周缘前陆盆地和弧后前陆盆地，均与碰撞造山作用直接相关，是随着造山带的快速隆升，前陆区岩石圈缩短和挠曲形变的产物。其数学模型中一个重要的参量是岩石圈的挠曲刚度，它是随深度而变化的。在上地壳和上地幔顶部脆性层内，岩石的强度服从拜里定律，呈摩擦滑动即脆性变形；在下地壳中，岩石的强度服从石英流变定律，呈脆韧性变形；在岩石圈深部，服从橄榄岩流变定律，呈塑性变形。具体的数学模型有热弹性流变模型和黏弹性流变模型等（Karner *et al.*，1983；Willett *et al.*，1985）。前陆盆地中，盆地基底热流变化较小，盆地内的断层剪切推覆作用的热效应具有重要作用。应该注意的是，岩石圈挠曲现象在其他类型的盆地或盆地发展的某一阶段中也可能存在。

拉分盆地的形成主要与走滑断层有关，部分与薄皮滑脱构造有关。前者可应用前述拉张盆地模型进行模拟，所不同的是盆地发展早期的快速沉降起因于地壳拉张和侧向热传递，而晚期持续的热沉降相当有限（Pitman and Andrews，1985），后者可应用薄皮构造模型。由于不存在深部热扰动，所以只有浅部地壳伸展引起的初始沉降，而无后期热沉降。典型的拉分盆地所经历的是一个冷却过程，因而盆地较“冷”。而当拉分盆地规模不断扩大，往往会诱导地幔的侵位，由被动“裂谷”转化为主动“裂谷”，这时的拉分盆地与裂谷盆地在构造热演化机理上更为接近，导致“热盆”。

由于盆地沉降与其热效应之间有密切联系，不同类型的沉积盆地、不同构造单元其地温场的热演化史往往不同。利用盆地演化的地球物理模型来恢复沉积盆地的热演化历史是目前常用的方法。与古温标方法类似，盆地演化的热动力学模型是不同学者基于对各类盆地的研究而建立起来的，因此具有不同的适应范围。拉张的热动力学模型仅适用于拉张类型的盆地，而挤压模型仅适用于构造挤压的沉积盆地。各种盆地演化的热动力学模型主要可分为拉张模型、挤压模型和剪切模型。

（一）McKenzie 拉张模型

由于盆地的成因机制不同，因而描述不同类型盆地构造热演化过程的地质-地球物理模型也不同。拉张盆地的构造热演化模拟是在岩石圈的尺度通过求解瞬态热传导方程来研究盆地形成演化过程中的热历史和沉降史。关于其数学计算模型国外学者进行了大量的工作（McKenzie，1978；Isser and Beaumont，1989；Egan，1992；Keen and Dehler，1993；Fernandez and Ranalli，1998），其中 McKenzie（1978）提出的岩石圈伸展模型是目前应用最为广泛的热动力学模型，它是一种瞬时的均匀拉张模型。该模型认为：由于大陆岩石圈的快速伸展，使岩石圈变薄和软流圈被动上升，并伴随块体的断裂和沉降。该模型与 Turcotte（1977）提出的模型一样，热流值从盆地扩张初期向后是逐渐降低的，即由冷却引起的地壳均衡沉降，沉降量和热流值取决于伸展量。它适用于张性盆地和被动大陆边缘简单盆地的演化。图 12.7 为 McKenzie（1978）拉张模型示意图，其模拟思路与计算过程如下：

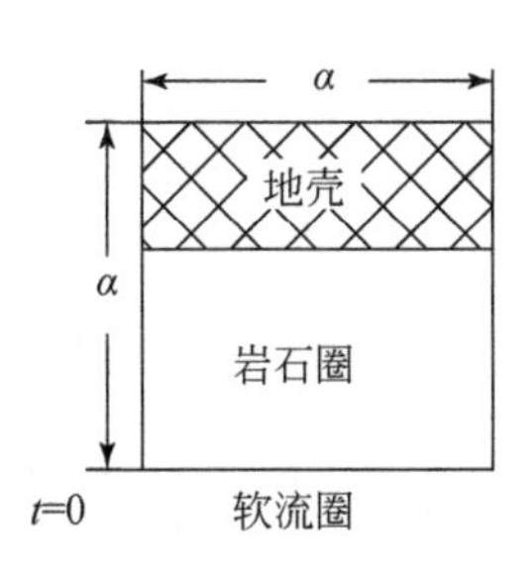

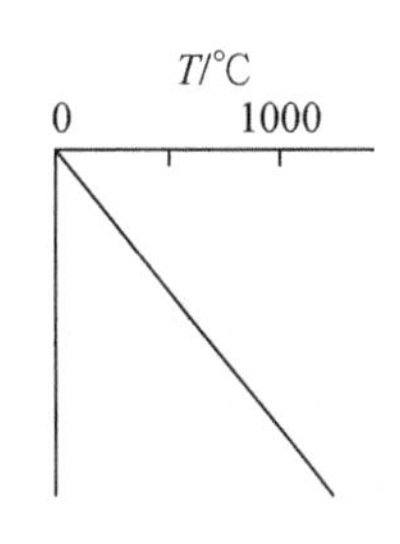

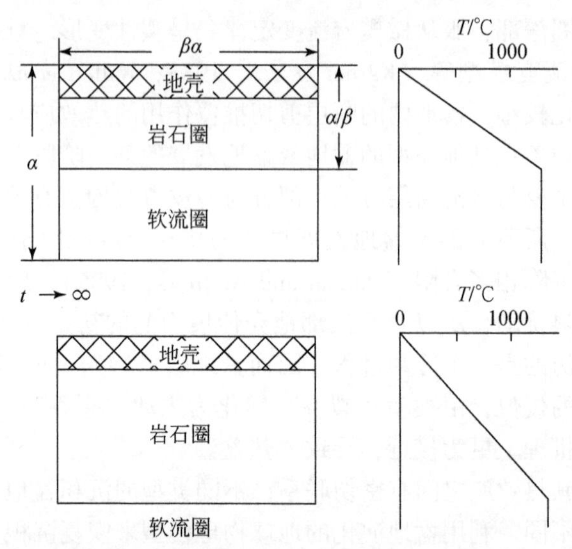

图 12.7　拉张盆地构造热演化模式示意图（据 McKenzie，1978）

（1）设软流圈温度为 1333℃，发生拉张前岩石圈地壳和地幔长度均为 α，两者厚度之和为 α。

（2）拉张变薄变热：发生瞬时拉张，岩石圈长度增大为 $\beta\alpha$（β 为拉张系数），它的厚度减小为 α/β。导致软流圈顶面抬升，地温梯度增加。

（3）随着时间的推移，热扰动逐渐减弱，岩石圈逐渐冷却、下沉，地温梯度减小。

一维情况下的热流方程为

$$\frac{\partial T(z,t)}{\partial t}=\kappa\frac{\partial^2 T(z,t)}{\partial z^2} \tag{12.1}$$

式中，T 为古地温，℃；z 为以岩石圈底界为原点，直至地表的垂直坐标，km；t 为以拉张发生时间为零算起直至今天的时间坐标，s；κ 为岩石圈的热扩散系数，cm^2/s，可取 $0.008cm^2/s$。

热流方程（12.1）的边界条件为

$$T=0,\quad 当\ z=h$$
$$T=T_1,\ 当\ z=0$$

式中，h 为从地表至岩石圈底界的深度，km，可取 125km。

热流方程（12.1）的初始条件为

$$T=T_1,\qquad 当\ 0<\frac{h-z}{h}<\left(1-\frac{1}{\beta}\right)$$
$$T=T_1\beta\left(1-\frac{h-z}{h}\right),\qquad 当\left(1-\frac{1}{\beta}\right)<\frac{h-z}{h}<1$$

式中，β 为岩石圈在水平方向的拉张系数。

热流方程（12.1）的解为

$$\frac{T(z,t)}{T_1}=1-\frac{h-z}{h}+\frac{2}{\pi}\sum_{n=1}^{\infty}\frac{(-1)^{n+1}}{n}\left[\frac{\beta}{n\pi}\sin\left(\frac{n\pi}{\beta}\right)\right]\exp\left(-\frac{n^2t}{\tau}\right)\sin\left(\frac{n\pi(h-z)}{h}\right) \tag{12.2}$$

式中，τ 为 $h^2/(\pi^2\kappa)$。

式（12.2）即为古地温的计算公式，由该式可得古热流的计算公式为

$$q(t)=\frac{KT_1}{h}\left\{1+2\sum_{n=1}^{\infty}\frac{\beta}{n\pi}\sin\left(\frac{n\pi}{\beta}\right)\exp\left(-\frac{n^2t}{\tau}\right)\right\} \tag{12.3}$$

式中，q 为沿 z 方向的热流值，mW/m^2；K 为岩石圈的平均热导率，W/（m · K）。

通过式（12.2）和式（12.3）的计算就可得到古地温史和古热流史。

该模型只适用于单期拉张盆地。

（二）混合模型

Falvey 和 Middleton（1981）模型认为在一维情况下，其热流方程为

$$10^{-4}\frac{\partial}{\partial Z}\left(K_t\frac{\partial T}{\partial Z}\right)-10^4\rho_f C_f\left(V_Z T\right)+10^{-2}\frac{\partial Q}{\partial Z}=10^6 c\rho\frac{\partial T}{\partial t} \tag{12.4}$$

式中，T 为古地温，℃；Z 为以沉积盆地基底为原点直至地表的垂直坐标，m；t 为沉积时间；K_t 为地下孔隙介质的热导率，μcal/(cm · s · ℃)，ρ_f、ρ 分别为孔隙流体和地下孔隙介质的密度，g/cm^3；C_f 为地下孔隙介质的比热，cal/（g · ℃）；Q 为沿 Z 方向的热流值；V_Z 为孔隙流速沿垂直方向的分量，cm/s。

$$K_t(z)=\left(K_{t_f}\right)^{\phi}\cdot\left(K_{ts}\right)^{1-\phi} \tag{12.5}$$

$$c=(1-\phi)c_s\left[1+0.769\times10^{-3}(T-T_s)\right]+\phi c_f\left[1+0.219\times10^{-3}(T-T_s)\right] \tag{12.6}$$

式中，c_f、c_s为孔隙和骨架流体的比热。

方程的边界条件：

$T=T_s$，当 $Z=Z_b$（基底至地表的距离）时；

$\frac{\partial T}{\partial Z}=0$，当 $Z=0$ 时。

用差分法解出古温度史。该模型可以适用于拉张、挤压盆地，考虑了热的传导、对流两种方式。

（三）演化动力学与古温标结合模型

Royden 和 Keen（1980）、Middleton 和 Falvey（1983）则将盆地地质成因模型和有机质热演化程度指标结合起来，拟合计算盆地的古地温。这种结合盆地演化和成熟度指标拟合计算盆地热历史的方法将是今后一个重要的研究方向。

Royden 和 Keen（1980）根据 Lopatin 的温度每增加 10℃ 而化学反应速度增加 1 倍的法则，相应提出了温度每增加 10.2℃ 而反应速度增加 1 倍的观点，并定义指标 C：

$$C=\ln\int_0^t 2^{T(t)/10.2}\mathrm{d}t \tag{12.7}$$

并设 C 和 R_o 的关系为

$$\ln R_o=A+BC \tag{12.8}$$

经 Middleton 和 Falvey（1983）研究确认，$A=-2.275$，$B=0.177$。

由式（12.7）和式（12.8）可推出 R_o 与时间、温度的关系：

$$R_o^{\alpha} = b\int_0^t \exp[cT(t)]\mathrm{d}t \tag{12.9}$$

式中，$\alpha=5.635$，$b=2.7\times10^{-6}/\text{Ma}$，$c=0.068/℃$。

因此，只要给定 $T(t)$ 即可得出 R_o。Middleton 和 Falvey（1983）利用该方法研究了澳大利亚奥特韦（Otway）盆地的热史，他们先从盆地的构造角度提出了该盆地的地质成因模式，认为盆地是由深部地壳变形作用形成的，并据此提出了盆地地温与盆地拉张变形作用之间的关系式，并据此推算出盆地热流模式。认为该盆地形成早期热流值较高，至中晚期则下降。根据推算的热流值并结合埋藏史，计算地层经历的古地温为

$$T(t, z) = T_s + q(t)\int_0^z \frac{1}{K(z)}\mathrm{d}z \tag{12.10}$$

再结合盆地地震资料计算了各地层的成熟度和热史，但上述方法应用并不广泛。因为式（12.7）~式（12.9）的 R_o 动力学模型存在明显缺陷（Sweeny and Burnham，1990）目前一般采用 EASY%R_o 动力学模型将时间、温度与有机质成熟度相联系。

（四）模型

McKenzie（1978）提出的拉伸模型是"瞬时的均匀剪切拉伸模型"（拉伸时间<20Ma），即不考虑在拉伸期的热扩散。拉伸导致整个岩石圈均匀纯剪变薄，地温梯度瞬时增高，软流圈隆升，形成裂陷盆地。但经常遇到用上述模型计算的热衰减沉降偏小。Hellinger 和 Sclater（1983）在此基础上提出了双层扩张盆地演化模式。Royden 和 Keen（1980）提出了"双层非均一的纯剪拉伸模型"，认为岩石圈在拉伸时其上部（βc）和下部（βm）受到的拉薄程度不一样，前者的大小主要控制了盆地裂陷发育的沉降量，后者则主要影响盆地的热流异常和热衰减沉降的大小。

除了上述模型，数学计算模型还有热扩张模型（Sleep and Snell，1976）、简单剪切模型（Wernicke，1985）、低角度逆冲模型（袁魏等，2014）、热对流模型（Houseman and England，1986），但这些模型应用较少。利用盆地演化模型研究古地温时，选择不同的模型可能导致不同的热历史，因此数学模型选择一定要建立在对盆地沉积、构造演化详细了解的基础之上，使模拟结果符合盆地的地质演化过程。

总之，沉积盆地古地温的恢复是一个复杂的地质问题，受地质作用的复杂性制约，很难通过纯粹的理论推导建立一个完美的数学模型。大多数确定古地温（热历史）的方法都有两方面的特点：要有一定的理论依据，更必须依赖大量实际资料的模拟与综合。这些特点都离不开地质概念及地质思维方法。由于盆地成因不同，其构造热演化过程也存在较大的区别，因而采用构造热演化方法研究盆地动态热体制，进行盆地热史重建的关键是根据盆地的有关地质、地球物理及地球化学资料，确定盆地成因类型，进而选择适当的盆地模型。

对于使用盆地演化的热动力学模型来研究热历史，由于盆地类型的差异、模型的适用范围有别，如何选择模型、如何根据盆地实际情况修正已有的模型，都有待于进一步探索。同时，古地温的恢复是一项多学科结合和交叉的技术，目前的古地温恢复方法都有不同程度的适用性。

应该指出，盆地演化过程极为复杂，而现有的盆地定量模型都经过了一定的简化，反

映的是主要的构造热作用过程。因此，构造热演化模拟提供的是盆地热演化（热流史）的区域背景，而不是模拟盆地热演化的精细过程。

二、盆地深部热体制

（一）基底热流

盆地内的热演化取决于从盆地基底输入盆地的深部热流的大小及其变化。基底热流包括两个来源：

$$Q=qr+\Delta q \tag{12.11}$$

式中，qr 为放射性元素产生的热流；q 为深部地幔热源的热流。

一般来讲，地壳放射性生热可以由下式估算：

$$qr=AD$$

式中，D 为产生放射性生热的地壳厚度；A 为单位体积的放射性生热率。

来自地幔的热源与软流圈的状态有关，一般认为，软流圈的顶面是恒温或者等温面，软流圈顶面的高度决定了热异常的大小。裂后软流圈上升所引起的地表热流的表征在下面给出。

从式（12.3）中不难看出，裂后的热流强烈依赖于拉张系数 β 的大小。对于拉张时间不超过20Ma的，可以认为是瞬时拉张。

（二）软流圈顶面高度演化

裂后软流圈的顶面高度取决于拉张系数 β 的大小，瞬时拉伸后的软流圈顶面高度（A_h）可表示为

$$A_h=L/\beta+S_t\ （均匀拉张）\qquad 或者\ A_h=t_c/\beta+（L-t_c）/\beta+S_t\ （非均匀拉张）$$

式中，L、t_c和 S_t 分别为原始岩石圈厚度、地壳厚度和裂陷期沉降量。据此，可预测不同拉张量的盆地裂陷期沉降与软流圈裂后瞬时高度的关系。

裂后的热异常是瞬时的，侵入的软流圈物质随后则冷却形成新的上地幔，软流圈的顶面可以看作随时间下降。因此，可以从裂后温度变化来确定裂后软流圈顶面的变化，已知拉伸量 β 和冷却时间 t，则有

$$A_h(t)=S_t(\beta)+E(t,\beta)+y_a(t,\beta)$$

式中，E 为裂后热衰减沉降量；y_a 为新岩石圈厚度。

若新的软流圈顶面温度为 T'_m，岩石圈顶面温度为 T_0，新的软流圈厚度为

$$y_a=\frac{L}{T_m}(T'_m-T_0)\left[1+\sum_{n=1}^{\infty}\frac{2\beta}{n\pi}\sin\left(\frac{n\pi}{\beta}\right)\exp\left(-\frac{ktn^2\pi^2}{L^2}\right)\right]^{-1} \tag{12.12}$$

取 $n=1$，则有

$$y_a=\frac{L}{T_m}（T'_m-T_0）\left[1+\frac{2\beta}{\pi}\sin\left(\frac{\pi}{\beta}\right)\exp\left(-\frac{kt\pi^2}{L^2}\right)\right]^{-1} \tag{12.13}$$

若 $T'_m=T_m$，$T_0=0$，式（12.13）可写为

$$y_a = \frac{L}{1+b_0 \exp(-t/\tau)_m}$$

式中，$b_0=\pi/\beta$，$\tau=L^2/(\pi^2\kappa)$。

可见，当冷却时间趋近无穷大时，y_a趋近于L，即恢复到原始厚度。

（三）岩石圈拉张系数

正确建立盆地深部构造-热体制的理论模型之后，如何从地层记录和现今的地壳结构中正确估算岩石圈的拉伸程度，是模型取得理想结果的前提条件。

1. *应用回剥法从地层中求取构造沉降量反演岩石圈的拉张系数*

裂谷盆地动力学模型建立了同裂陷期沉降（S_t）和裂后热衰减沉降（S_{th}）与岩石圈拉张系数β和裂后时间t的定量关系：

$$S_t=f(\beta) \text{ 和 } S_{th}=f(\beta, t)$$

如果通过识别裂后不整合面区分同裂谷期沉积和裂后沉积，分别求得裂陷期和裂后期的沉降量，则可以用$S_t=f(\beta)$和$S_{th}=f(\beta, t)$二式迭代求得拉张系数。从理论上讲，根据裂陷期和裂后期沉降计算的拉张系数值应该是相同的，但往往由于不能严格区分裂陷期和裂后期沉积，尤其是裂陷作用不是瞬时完成，而是延长一定时间或者多期进行，这样很难用两式分别正确计算拉张系数。在此情况下，可以应用回剥法从总的地层记录中求得构造沉降量，与总的理论沉降量进行比较：

$$K=T_s/[S_t(\beta)+S_{th}(\beta,t)] \tag{12.14}$$

式中，T_s为回剥所得总的构造沉降。为保证拟合的精度，可以设定K值变化于1.01～0.99。

2. *多幕式拉张系数*

如果盆地的形成经历了多次的拉张，则需要分别估算不同期的拉张系数。区分不同裂陷期的沉积层是估算多期拉张系数的前提。

当裂陷发育的期次确定，则可以用上述回剥法分别计算每一幕的拉张系数。总的拉张系数β为多幕拉张系数的乘积：

$$\beta=\beta_1\beta_2\cdots\beta_n \tag{12.15}$$

三、礼乐盆地拉张演化过程

（一）拉张开始的时间

鉴于礼乐盆地所处的地域为多国争议区，目前该区对盆地的基底年龄研究的资料匮乏，为确定盆地的拉张开始时间，本书研究采用类比南海北部陆缘办法确定。

南海北部陆缘新生代盆地的基底年龄、地层实体为拉张裂陷开始时间提供了直接约束。新生代盆地拉张裂陷必然在其基底形成之后。南海北部陆缘新生代盆地的基底以燕山期花岗岩为主，同位素年龄为130～70.5Ma（龚再升等，1997），说明拉张裂陷过程至少晚于70.5Ma。珠江口盆地新生代最老的沉积层为古新统神狐组，因此，新生代拉张裂陷开始的时间至少晚于65Ma（新生代的底界年龄）。钻井与地震解释资料揭示神狐组在北部陆缘浅水区分布极为有限，因此65Ma不能代表北部陆缘大规模伸展拉张开始的时间。无论是珠江口盆地还是琼东南盆地，始新统断陷型沉积分布广泛，表明北部陆缘在始新统已经开始强烈拉张裂陷。

华南沿海新生代盆地岩浆活动特征为拉张裂陷开始时间提供了间接约束。普遍认为，南海打开之前南海地区与华南陆缘是统一的整体（华夏地块），华南沿海广东山水、茂名等新生代裂陷盆地岩浆活动特征表明华南岩石圈在约56Ma发生大规模伸展减薄。广东茂名、三水、河源、连平-南雄等盆地在92～38Ma存在连续的火山作用，其火山岩的钕同位素分析资料 $\varepsilon_{\mathrm{Nd}}(t)$ 在56Ma时突然由负值变为正值，表明在始新世早期（约56Ma）火山作用源区从下地壳突然转向上地幔（朱炳泉等，2001）。这一重大转折事件暗示南海北部陆缘大规模伸展裂陷作用始于56Ma左右。

因此，确定礼乐盆地大规模伸展裂陷作用开始时间为56Ma左右。

（二）拉张期次

构造-热演化模拟中，拉张期次划分的主要依据是盆地的构造沉降史和沉降速率，同时考虑区域不整合面的发育。断陷最深的部位可以代表盆地拉张裂陷的整体特征，因此，针对L2测线地震剖面解释，通过回剥分析，构造沉降史重建和构造沉降量、沉降速率计算，结合盆地演化特征和区域地质背景分析，划分了盆地的拉张期次。

在构造史重建过程中，主要考虑的影响因素有沉积物压实校正、水深校正等。

沉积物压实过程中受到岩性、超压、成岩作用等因素的影响，岩性往往起主导作用。在正常的压实情况下，孔隙度和深度关系可认为服从指数分布（Allen and Allen，1990）：

$$\phi=\phi_0 \mathrm{e}^{-cy} \tag{12.16}$$

式中，ϕ 是深度为 y 时的孔隙度；ϕ_0 为表面孔隙度；c 为压实系数，ϕ_0 和 c 主要与岩性有关。压实校正时，各种岩性压实参数取值见表12.3。

表12.3　通常采用的岩石压实参数（据Sclater and Christie，1980；高红芳等，2005）

岩性	表面孔隙度（ϕ）	压实系数（c）
泥岩	0.63	0.00051
砂岩	0.49	0.00021
含泥砂岩	0.56	0.00039
灰岩	0.70	0.00071

沉积盆地水深较大时，必须对水深作校正才能得出正确的构造沉降。古水深的估计可通过沉积相分析、古生物组合等方法进行。一般来说，冲积-河流相可忽略水深计算，滨浅湖水深为0～10m，半深湖-深湖水深为10～100m或更深；滨浅海水深为0～50m，浅海水深为50～200m，半深海-深海水深大于200m。在地震剖面上大型的前积层事实上是斜坡沉积体系。通过去压实后可恢复古斜坡的形态，从而估计古水深分布。本次研究过程中，对上新世以前水深取0～200m，之后水深取现今实际水深数据。

礼乐盆地 L2 测线的构造沉降史重建结果显示：礼乐盆地始新世以来存在两期裂陷：第一期裂陷过程发生在始新世早期，时限为 56 ~ 36Ma；第二期发生在始新世晚期—渐新世早期，时限为 36 ~ 30Ma。第一期裂陷结束后没有明显的热松弛阶段，紧接着便开始第二期拉张，第二期裂陷结束时间对应于不整合面 T_7。之后为拉张后的热松弛阶段。

但自 5.2Ma 开始，礼乐盆地在深水区发生晚期快速沉降过程（图 12.8），与琼东南盆地、东海盆地等近海盆地上新世以来的快速沉降特征具有相似性（图 12.9）。该次快速沉降过程是否由拉张引起，目前存在争议。有的认为上新世以来的巨厚沉积是快速堆积的结果，与拉张无关，理由是上新世以来断层不发育；有的认为主要受地幔活动控制（李思田等，1998）。结合孙龙涛等对礼乐盆地构造特征的分析，本次模拟将其认为是巨厚沉积快速堆积的结果。

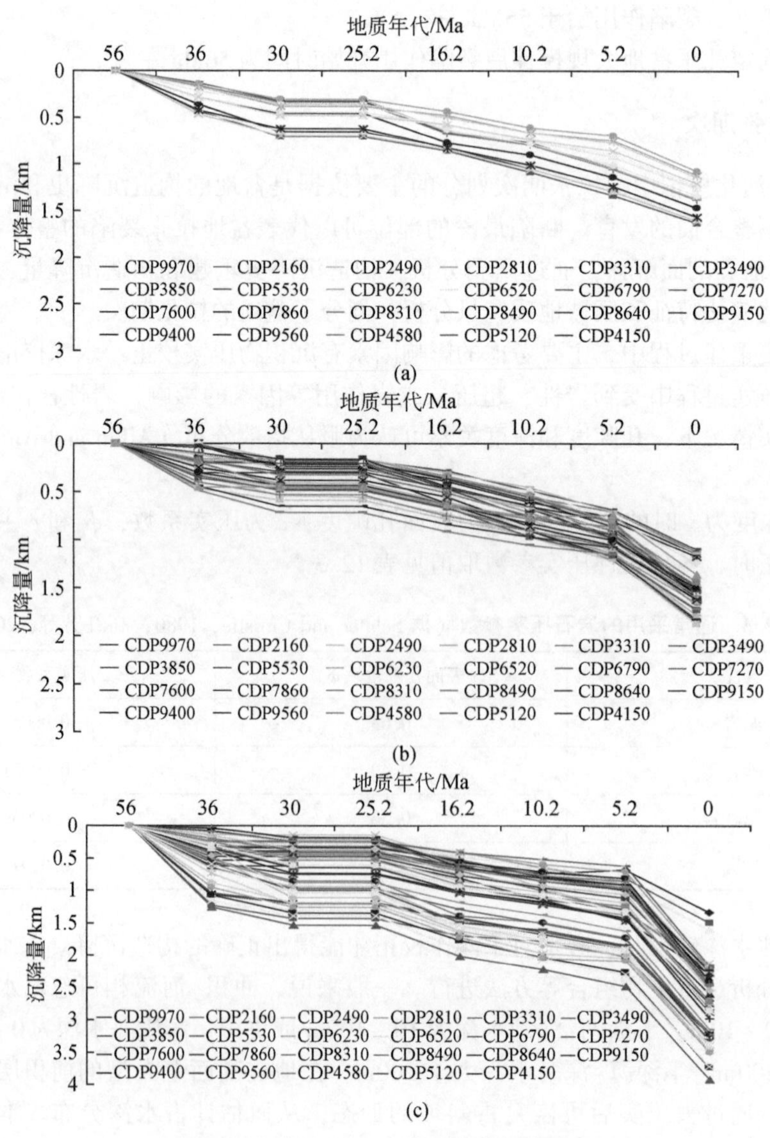

图 12.8　礼乐盆地 L2 测线构造沉降史图

（a）礼乐滩；（b）斜坡带；（c）深水区

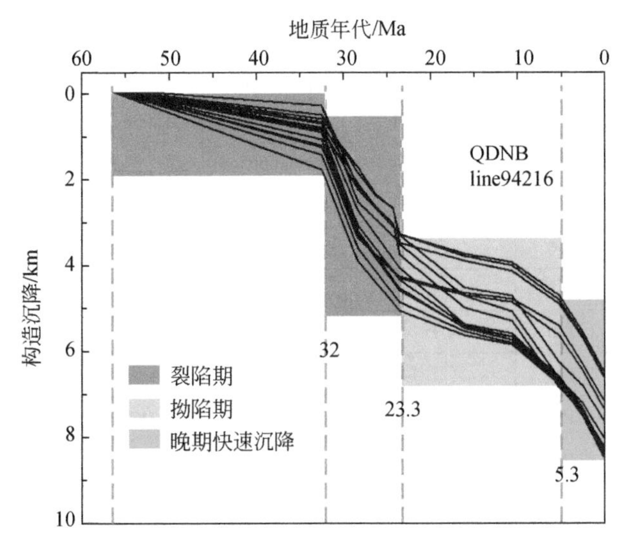

图 12.9　琼东南盆地西部构造沉降史图（据胡圣标等，2001）

四、礼乐盆地热史恢复结果

建立与盆地演化相适应的地质–地球物理模型是应用构造–热演化法研究盆地热流史最基础、最重要的工作。根据礼乐盆地演化多期拉张的特征以及拉张期次、拉张模式的特征，建立“瞬时多期拉张纯剪切模型”来恢复礼乐盆地热流史，采用中海石油有限公司北京研究中心研制的 Probas 盆地模拟软件，通过反演岩石圈厚度的演变，从而获得盆地基底热流随时间和空间的变化，进而模拟研究礼乐盆地的构造热演化史。

依据上面介绍的方法和确定的幕式拉张期次，通过数值模拟，得到了礼乐盆地各拉张期的拉张系数和盆地基底热流随时间的演化历史。

（一）拉张系数

L2 测线拉张系数计算结果见表 12.4、图 12.10。

表 12.4　礼乐盆地拉张系数

CDP	第一期	第二期	总拉张系数	CDP	第一期	第二期	总拉张系数
2000	1.051	1.146	1.204	3348	1.032	1.135	1.171
2187	1.061	1.139	1.208	3501	1.041	1.116	1.162
2427	1.065	1.130	1.203	3641	1.042	1.111	1.158
2595	1.066	1.130	1.205	3714	1.040	1.110	1.154
2710	1.060	1.132	1.200	3797	1.025	1.115	1.143
2856	1.043	1.139	1.188	3895	1.021	1.114	1.137
2957	1.023	1.150	1.176	3968	1.024	1.119	1.146
3041	1.019	1.153	1.175	4028	1.004	1.145	1.150
3222	1.021	1.150	1.174	4028	1.001	1.150	1.151

续表

CDP	第一期	第二期	总拉张系数	CDP	第一期	第二期	总拉张系数
4028	1.001	1.150	1.151	6600	1.050	1.158	1.216
4125	1.001	1.150	1.151	6605	1.035	1.157	1.197
4125	1.001	1.150	1.151	6605	1.035	1.157	1.197
4202	1.001	1.146	1.147	6674	1.023	1.146	1.172
4268	1.001	1.142	1.143	6744	1.039	1.129	1.173
4324	1.001	1.140	1.141	6809	1.053	1.123	1.183
4376	1.001	1.146	1.147	6863	1.058	1.122	1.187
4421	1.001	1.157	1.158	6871	1.067	1.134	1.210
4488	1.034	1.166	1.206	6884	1.025	1.137	1.165
4742	1.030	1.170	1.205	6884	1.025	1.137	1.165
4742	1.030	1.170	1.205	6959	1.060	1.093	1.159
4742	1.030	1.170	1.205	7018	1.056	1.094	1.155
4854	1.036	1.169	1.211	7078	1.056	1.112	1.174
4958	1.046	1.172	1.226	7118	1.051	1.126	1.183
5056	1.048	1.178	1.235	7183	1.021	1.233	1.259
5185	1.035	1.187	1.229	7241	1.068	1.174	1.254
5300	1.047	1.177	1.232	7303	1.057	1.181	1.248
5450	1.067	1.162	1.240	7303	1.057	1.181	1.248
5639	1.029	1.164	1.198	7382	1.045	1.191	1.245
5718	1.028	1.165	1.198	7477	1.036	1.221	1.265
5718	1.028	1.165	1.198	7506	1.039	1.205	1.252
5788	1.024	1.168	1.196	7506	1.039	1.205	1.252
5844	1.028	1.169	1.202	7582	1.036	1.208	1.251
5921	1.026	1.184	1.215	7677	1.034	1.216	1.257
5966	1.043	1.182	1.233	7781	1.032	1.232	1.271
6032	1.001	1.219	1.220	7916	1.035	1.226	1.269
6041	1.007	1.192	1.200	7966	1.032	1.231	1.270
6041	1.007	1.192	1.200	7974	1.033	1.228	1.269
6106	1.016	1.175	1.194	7984	1.001	1.241	1.242
6181	1.013	1.173	1.188	7988	1.001	1.241	1.242
6246	1.013	1.169	1.184	7988	1.001	1.241	1.242
6315	1.013	1.157	1.172	8030	1.001	1.237	1.238
6405	1.016	1.150	1.168	8079	1.001	1.245	1.246
6500	1.023	1.145	1.171	8131	1.001	1.239	1.240
6575	1.035	1.137	1.177	8173	1.001	1.235	1.236

续表

CDP	第一期	第二期	总拉张系数	CDP	第一期	第二期	总拉张系数
8208	1.041	1.199	1.248	9143	1.043	1.272	1.327
8210	1.041	1.199	1.248	9197	1.045	1.276	1.333
8255	1.042	1.198	1.248	9257	1.040	1.288	1.340
8290	1.049	1.196	1.255	9312	1.040	1.288	1.340
8325	1.060	1.192	1.264	9362	1.052	1.285	1.352
8360	1.077	1.189	1.281	9392	1.074	1.281	1.376
8410	1.072	1.209	1.296	9412	1.085	1.267	1.375
8455	1.141	1.206	1.376	9437	1.117	1.263	1.411
8468	1.146	1.208	1.384	9477	1.145	1.259	1.442
8484	1.134	1.198	1.359	9517	1.172	1.251	1.466
8489	1.135	1.198	1.360	9584	1.152	1.240	1.428
8489	1.135	1.198	1.360	9635	1.093	1.302	1.423
8574	1.142	1.204	1.375	9701	1.071	1.298	1.390
8645	1.159	1.189	1.378	9701	1.071	1.298	1.390
8766	1.044	1.293	1.350	9701	1.071	1.298	1.390
8789	1.027	1.273	1.307	9736	1.079	1.289	1.391
8789	1.027	1.273	1.307	9836	1.064	1.346	1.432
8868	1.012	1.278	1.293	9851	1.048	1.351	1.416
8913	1.004	1.296	1.301	9851	1.048	1.351	1.416
8958	1.006	1.294	1.302	9916	1.080	1.297	1.401
8993	1.013	1.275	1.292	9996	1.102	1.291	1.423
9033	1.021	1.266	1.293	10100	1.132	1.259	1.425
9088	1.032	1.270	1.311				

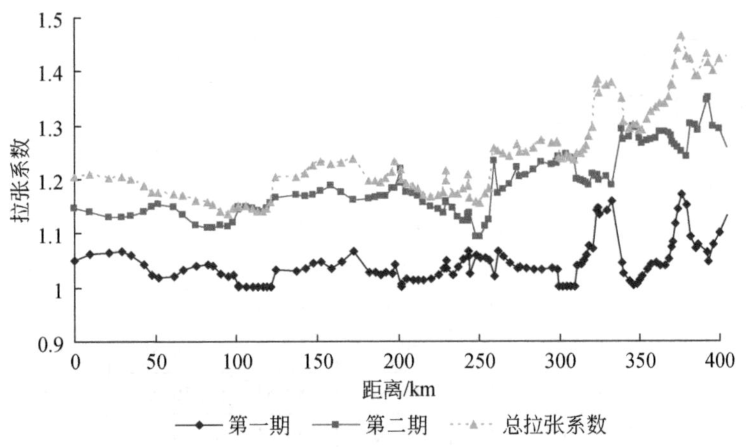

图 12.10　礼乐盆地 L2 测线拉张系数图

拉张系数计算结果说明：在L2测线上，不同构造位置的拉张程度不同，在礼乐滩上，第一期存在小幅度拉张，拉张系数在1.05左右；在深水区，拉张程度较滩上部分大，拉张系数部分地区超过1.1。第二期拉张整体与第一期拉张在空间分布上有较大差异，在礼乐滩上，拉张明显变得强烈，而在斜坡带，第二期的拉张程度较礼乐滩上拉张程度稍高，在深水区则更为强烈，部分地方拉张系数达到1.3。

（二）底部热流史

根据前面所述的构造-热演化模拟方法，对选定的L2测线地震剖面进行热史模拟，得到了南海北部陆缘深水区的热流史（表12.5）。

表12.5　南海北部陆缘深水区的热流史

CDP	56Ma	36Ma	30Ma	25Ma	16.2Ma	10.2Ma	5.2Ma	0Ma
2000	52.30	55.10	62.50	63.09	61.64	60.40	59.49	58.70
2187	52.30	55.53	62.60	63.15	61.71	60.52	59.64	58.88
2427	52.30	55.70	62.31	62.84	61.49	60.36	59.54	58.83
2595	52.30	55.74	62.36	62.89	61.53	60.40	59.58	58.86
2710	52.30	55.48	62.20	62.74	61.39	60.26	59.43	58.71
2856	52.30	54.75	61.78	62.39	61.06	59.90	59.04	58.28
2957	52.30	53.89	61.41	62.09	60.77	59.56	58.65	57.84
3041	52.30	53.71	61.37	62.07	60.74	59.52	58.59	57.78
3222	52.30	53.80	61.32	62.01	60.69	59.49	58.58	57.78
3348	52.30	54.28	61.08	61.72	60.49	59.38	58.55	57.82
3501	52.30	54.67	60.55	61.11	60.03	59.07	58.35	57.71
3641	52.30	54.71	60.34	60.89	59.86	58.93	58.24	57.64
3714	52.30	54.62	60.21	60.76	59.75	58.83	58.15	57.55
3797	52.30	53.97	59.78	60.38	59.39	58.46	57.76	57.14
3895	52.30	53.80	59.55	60.16	59.20	58.28	57.59	56.97
3968	52.30	53.93	59.93	60.55	59.52	58.56	57.83	57.19
4028	52.30	53.06	60.27	61.00	59.84	58.72	57.86	57.08
4028	52.30	52.93	60.38	61.13	59.94	58.78	57.89	57.10
4028	52.30	52.93	60.38	61.13	59.94	58.78	57.89	57.10
4125	52.30	52.93	60.38	61.13	59.94	58.78	57.89	57.10
4125	52.30	52.93	60.38	61.13	59.94	58.78	57.89	57.10
4202	52.30	52.93	60.18	60.93	59.77	58.65	57.78	57.01
4268	52.30	52.93	59.99	60.72	59.61	58.51	57.67	56.92
4324	52.30	52.93	59.89	60.62	59.53	58.45	57.62	56.87
4376	52.30	52.93	60.18	60.93	59.77	58.65	57.78	57.01
4421	52.30	52.93	60.72	61.48	60.23	59.01	58.09	57.26

续表

CDP	56Ma	36Ma	30Ma	25Ma	16.2Ma	10.2Ma	5.2Ma	0Ma
4488	52.30	54.36	62.74	63.40	61.83	60.47	59.45	58.56
4742	52.30	54.19	62.76	63.43	61.84	60.46	59.43	58.51
4742	52.30	54.19	62.76	63.43	61.84	60.46	59.43	58.51
4742	52.30	54.19	62.76	63.43	61.84	60.46	59.43	58.51
4854	52.30	54.45	62.99	63.64	62.02	60.63	59.60	58.69
4958	52.30	54.88	63.61	64.23	62.51	61.07	60.01	59.08
5056	52.30	54.97	64.02	64.63	62.82	61.32	60.23	59.27
5185	52.30	54.41	63.88	64.53	62.71	61.17	60.04	59.04
5300	52.30	54.92	63.92	64.53	62.75	61.26	60.17	59.22
5450	52.30	55.78	64.07	64.61	62.86	61.46	60.44	59.56
5639	52.30	54.15	62.40	63.08	61.56	60.23	59.23	58.35
5718	52.30	54.10	62.40	63.09	61.57	60.23	59.22	58.34
5718	52.30	54.10	62.40	63.09	61.57	60.23	59.22	58.34
5788	52.30	53.93	62.37	63.06	61.54	60.18	59.17	58.27
5844	52.30	54.10	62.61	63.29	61.73	60.36	59.33	58.43
5921	52.30	54.02	63.28	63.97	62.25	60.77	59.66	58.68
5966	52.30	54.75	63.99	64.62	62.80	61.28	60.17	59.19
6032	52.43	53.07	64.12	64.84	62.89	61.19	59.91	58.76
6041	52.44	53.34	62.96	63.70	62.01	60.50	59.37	58.35
6041	52.44	53.34	62.96	63.70	62.01	60.50	59.37	58.35
6106	52.49	53.78	62.58	63.29	61.71	60.31	59.26	58.32
6181	52.56	53.72	62.42	63.13	61.58	60.20	59.16	58.24
6246	52.66	53.82	62.34	63.05	61.52	60.16	59.14	58.24
6315	52.89	54.05	62.02	62.69	61.26	59.98	59.02	58.18
6405	53.03	54.33	61.98	62.63	61.22	59.99	59.07	58.26
6500	53.09	54.69	62.11	62.73	61.32	60.11	59.22	58.43
6575	53.11	55.23	62.28	62.85	61.46	60.29	59.43	58.68
6600	52.45	55.21	63.26	63.85	62.24	60.90	59.91	59.06
6605	52.58	54.70	62.67	63.30	61.77	60.47	59.50	58.65
6605	52.58	54.70	62.67	63.30	61.77	60.47	59.50	58.65
6674	52.80	54.39	61.81	62.45	61.09	59.88	58.99	58.20
6744	52.93	55.22	61.84	62.39	61.10	60.00	59.19	58.49
6809	52.93	55.82	62.16	62.66	61.36	60.29	59.51	58.83
6863	52.91	56.01	62.29	62.78	61.47	60.40	59.62	58.95
6871	52.57	56.05	62.91	63.42	61.97	60.80	59.94	59.21
6884	52.88	54.56	61.55	62.16	60.87	59.73	58.88	58.14

续表

CDP	56Ma	36Ma	30Ma	25Ma	16.2Ma	10.2Ma	5.2Ma	0Ma
6884	52.88	54.56	61.55	62.16	60.87	59.73	58.88	58.14
6959	52.93	56.12	60.94	61.36	60.37	59.55	58.95	58.43
7018	52.98	56.00	60.87	61.30	60.31	59.48	58.88	58.36
7078	52.91	55.92	61.70	62.17	60.99	60.01	59.29	58.68
7118	52.98	55.78	62.27	62.79	61.46	60.36	59.56	58.87
7183	52.62	54.13	66.05	66.63	64.30	62.42	61.02	59.80
7241	53.19	56.73	65.80	66.24	64.18	62.63	61.52	60.57
7303	53.25	56.31	65.75	66.22	64.13	62.54	61.39	60.41
7303	53.25	56.31	65.75	66.22	64.13	62.54	61.39	60.41
7382	53.14	55.69	65.60	66.11	64.01	62.36	61.17	60.14
7477	52.88	55.04	66.47	66.98	64.62	62.76	61.41	60.24
7506	53.06	55.35	65.97	66.49	64.27	62.52	61.26	60.16
7506	53.06	55.35	65.97	66.49	64.27	62.52	61.26	60.16
7582	53.05	55.21	65.98	66.51	64.27	62.51	61.23	60.12
7677	52.99	55.06	66.24	66.76	64.45	62.64	61.31	60.16
7781	52.80	54.79	66.78	67.29	64.83	62.90	61.50	60.27
7916	52.61	54.72	66.35	66.88	64.52	62.65	61.28	60.09
7966	52.47	54.46	66.30	66.85	64.48	62.59	61.20	59.98
7974	52.48	54.51	66.19	66.75	64.41	62.54	61.16	59.96
7984	52.30	52.93	65.04	65.73	63.56	61.71	60.32	59.07
7988	52.30	52.93	65.04	65.73	63.56	61.71	60.32	59.07
7988	52.30	52.93	65.04	65.73	63.56	61.71	60.32	59.07
8030	52.30	52.93	64.83	65.53	63.41	61.59	60.21	58.99
8079	52.30	52.93	65.26	65.93	63.72	61.83	60.42	59.15
8131	52.30	52.93	64.94	65.63	63.49	61.65	60.26	59.03
8173	52.30	52.93	64.72	65.43	63.33	61.53	60.16	58.95
8208	53.16	55.53	65.87	66.38	64.20	62.49	61.26	60.19
8210	53.16	55.53	65.87	66.38	64.20	62.49	61.26	60.19
8255	53.19	55.60	65.89	66.40	64.22	62.51	61.28	60.22
8290	53.27	55.99	66.21	66.68	64.46	62.75	61.52	60.46
8325	53.39	56.58	66.66	67.07	64.79	63.09	61.87	60.83
8360	53.42	57.34	67.30	67.64	65.27	63.55	62.34	61.32
8410	53.43	57.14	68.20	68.50	65.89	64.00	62.68	61.55
8455	52.96	59.56	70.55	70.59	67.60	65.62	64.27	63.16
8468	52.92	59.73	70.85	70.85	67.80	65.80	64.44	63.31
8484	53.25	59.55	70.11	70.18	67.31	65.40	64.11	63.03

续表

CDP	56Ma	36Ma	30Ma	25Ma	16. 2Ma	10. 2Ma	5. 2Ma	0Ma
8489	53. 23	59. 58	70. 13	70. 20	67. 32	65. 42	64. 12	63. 05
8489	53. 23	59. 58	70. 13	70. 20	67. 32	65. 42	64. 12	63. 05
8574	53. 18	59. 81	70. 72	70. 73	67. 72	65. 75	64. 42	63. 31
8645	53. 29	60. 62	70. 68	70. 66	67. 76	65. 90	64. 65	63. 62
8766	52. 33	54. 83	70. 19	70. 37	67. 09	64. 68	62. 94	61. 42
8789	52. 58	54. 35	68. 51	68. 88	65. 99	63. 77	62. 15	60. 74
8789	52. 58	54. 35	68. 51	68. 88	65. 99	63. 77	62. 15	60. 74
8868	52. 67	53. 79	68. 13	68. 55	65. 72	63. 51	61. 88	60. 45
8913	52. 62	53. 39	68. 65	69. 02	66. 05	63. 73	62. 02	60. 52
8958	52. 70	53. 56	68. 77	69. 11	66. 13	63. 81	62. 10	60. 60
8993	52. 91	54. 07	68. 34	68. 73	65. 86	63. 65	62. 03	60. 61
9033	53. 05	54. 56	68. 44	68. 81	65. 95	63. 76	62. 17	60. 79
9088	53. 10	55. 08	69. 28	69. 56	66. 52	64. 27	62. 64	61. 23
9143	53. 04	55. 50	69. 87	70. 09	66. 93	64. 62	62. 97	61. 55
9197	52. 95	55. 50	70. 08	70. 27	67. 06	64. 72	63. 05	61. 61
9257	52. 83	55. 16	70. 35	70. 52	67. 22	64. 81	63. 08	61. 59
9312	52. 83	55. 16	70. 35	70. 52	67. 22	64. 81	63. 08	61. 59
9362	52. 82	55. 67	70. 77	70. 89	67. 51	65. 09	63. 36	61. 88
9392	52. 80	56. 59	71. 62	71. 63	68. 09	65. 63	63. 90	62. 43
9412	53. 00	57. 25	71. 58	71. 58	68. 10	65. 71	64. 05	62. 64
9437	52. 88	58. 48	72. 71	72. 56	68. 87	66. 44	64. 78	63. 38
9477	52. 86	59. 62	73. 72	73. 43	69. 57	67. 11	65. 45	64. 08
9517	52. 84	60. 70	74. 41	74. 01	70. 07	67. 63	66. 00	64. 67
9584	53. 10	60. 14	73. 17	72. 94	69. 28	66. 97	65. 41	64. 13
9635	52. 52	57. 11	73. 42	73. 19	69. 21	66. 54	64. 69	63. 12
9701	52. 70	56. 36	72. 33	72. 24	68. 51	65. 93	64. 11	62. 56
9701	52. 70	56. 36	72. 33	72. 24	68. 51	65. 93	64. 11	62. 56
9701	52. 70	56. 36	72. 33	72. 24	68. 51	65. 93	64. 11	62. 56
9736	52. 85	56. 85	72. 38	72. 29	68. 57	66. 03	64. 25	62. 74
9836	52. 58	55. 94	74. 63	74. 20	69. 84	66. 91	64. 86	63. 10
9851	52. 69	55. 36	74. 23	73. 85	69. 57	66. 66	64. 59	62. 81
9851	52. 69	55. 36	74. 23	73. 85	69. 57	66. 66	64. 59	62. 81
9916	52. 76	56. 80	72. 78	72. 64	68. 81	66. 21	64. 38	62. 84
9996	52. 67	57. 64	73. 40	73. 17	69. 23	66. 62	64. 81	63. 29
10100	52. 65	58. 88	72. 90	72. 72	69. 02	66. 60	64. 95	63. 58

地震剖面的热史恢复结果表明，礼乐盆地热演化历史具有如下特征：

(1) 时间上存在两期热流升高的加热过程：第一期加热过程由拉张裂陷作用开始(56Ma) 至始新世晚期 (36Ma)，这一加热过程在盆地断陷区表现为热流缓慢升高，热流由 $52mW/m^2$ 升高到 $55mW/m^2$。第二期加热过程为始新世晚期 (36Ma) 至渐新世早期(30Ma)，这一加热过程表现为盆地基底热流快速升高特征，礼乐盆地自 30Ma 以来基底热流一直缓慢降低 (图 12.11)。

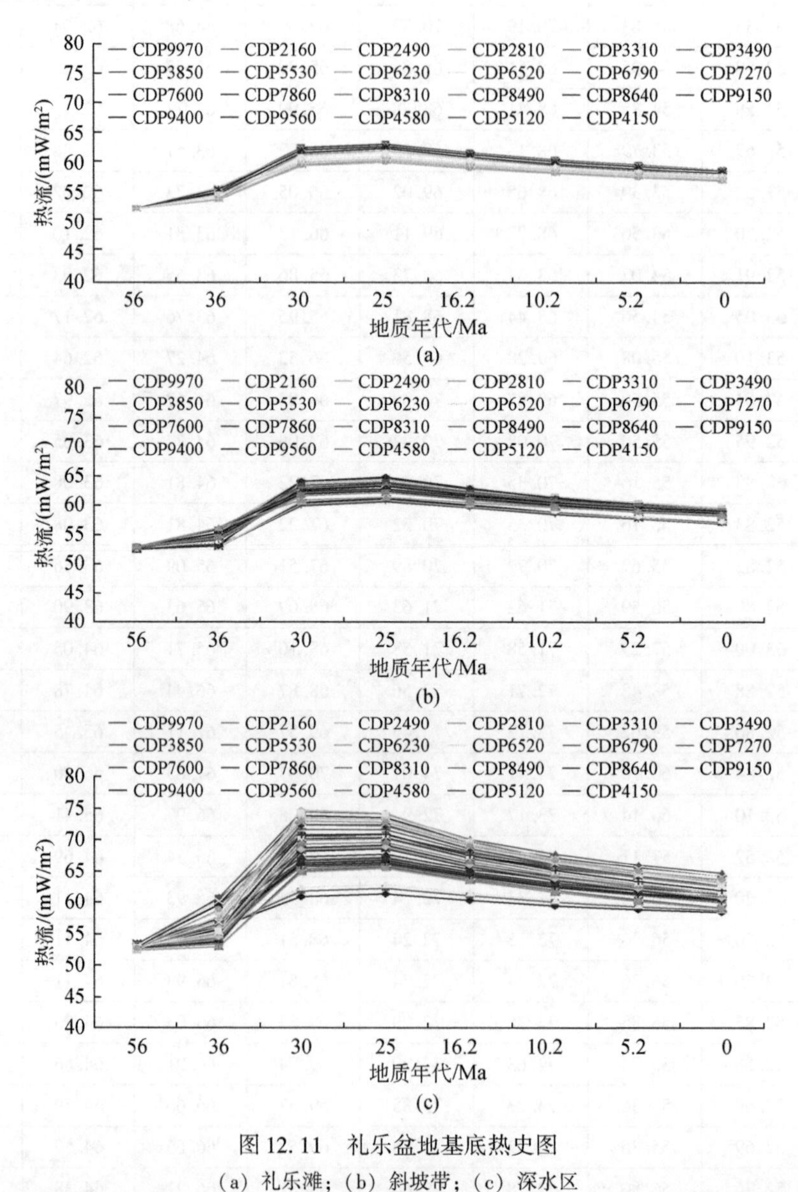

图 12.11　礼乐盆地基底热史图

(a) 礼乐滩；(b) 斜坡带；(c) 深水区

(2) 空间上加热程度不同：不同区域加热程度不同，礼乐滩、斜坡带和深水区热流升高的加热过程虽然在时间和趋势上一致，但热流升高幅度存在差异，在礼乐滩上，基底古热流由始新世末的 $55mW/m^2$ 升高到渐新世晚期的 $63mW/m^2$，而在深水区基底最高古热流可达 75mW/m^2。

（3）与南海北部陆缘盆地热流史差异：礼乐盆地热历史与南海北部陆缘盆地热流史存在差异，虽然两盆地热流最高值幅度相差不大，但从热流的变化趋势上看（图 12.12、图 12.13），两盆地热流变化趋势一致，但礼乐盆地热流升高的时间更早，在南海北部达到最高热流时期，礼乐盆地已经进入下降阶段。这与两盆地构造演化息息相关，在南海北部盆地经历第二次拉张时期（30~23.3Ma），礼乐盆地已经随南海中央海盆的张开而向南漂移，而没有进一步被拉张。

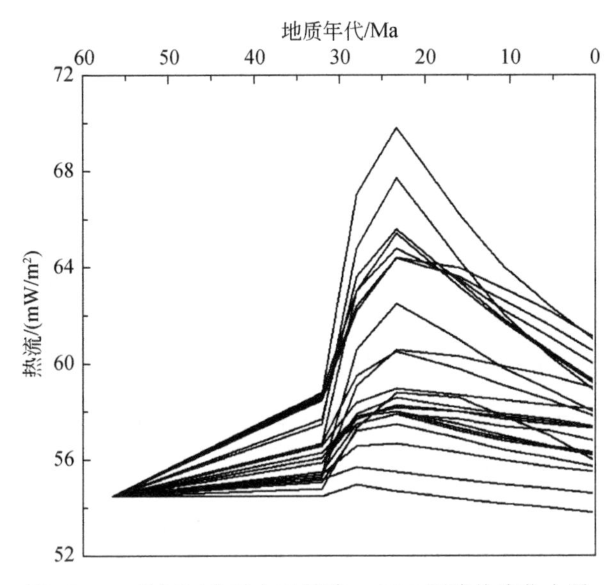

图 12.12　珠江口盆地白云凹陷 ec1530 测线热演化史图

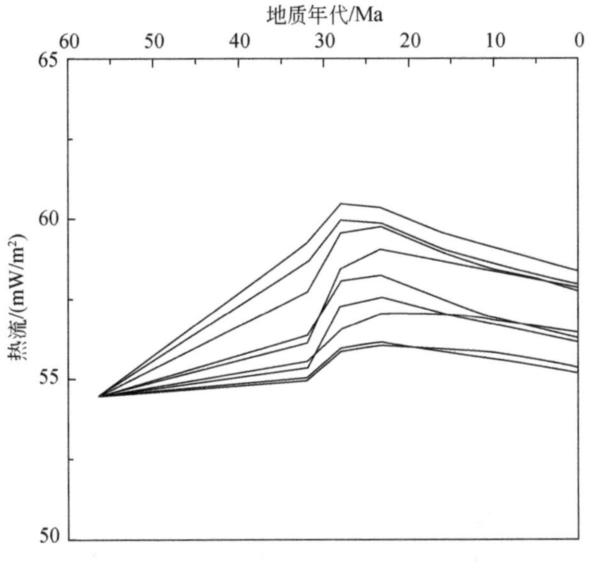

图 12.13　珠江口盆地顺德-开平凹陷 pk1392 测线热演化史图

第四节　礼乐盆地烃源岩热演化史

烃源岩热演化史，或者说烃源岩成熟度史，指烃源岩在不同地质时期的成熟度状况，它主要由地层温度史决定。地层温度史又取决于地层埋藏史和盆地热流史。在地层埋藏史和盆地热流史恢复的基础上，就可以计算地层温度史，从而正演出烃源岩的成熟度史。

本章以前述章节热史成果为前提，以礼乐盆地烃源岩为研究对象，在分析礼乐盆地烃源岩特征基础上探讨盆地烃源岩热演化情况。

一、礼乐盆地烃源岩特征

在南海南部地区沉积盆地中，烃源岩主要有古近纪湖相、海陆过渡相泥岩和新近纪海陆过渡相泥岩、含煤泥岩和海相泥岩烃源岩。在南海南部东部海域还发育白垩系烃源岩。湖相泥岩有机质类型为Ⅰ-Ⅱ型干酪根，以生油为主。海陆过渡相泥岩为Ⅱ-Ⅲ型干酪根，具有很高的产烃能力，但以生油为主，海相泥岩有机质类型为Ⅱ-Ⅲ型干酪根，以产气为主（Todd, 1977）。刘振湖（2005）曾对南海南部部分盆地烃源岩特征做过总结（表12.6）。

表12.6　南海南部主要盆地烃源岩特征（据刘振湖，2005）

盆地	地层	时代	沉积相带	岩性	干酪根类型	有机碳含量/%
曾母	Setap	$E^3-N_1^2$	海陆过渡相、海相	泥岩、碳质泥岩、煤层	Ⅱ-Ⅲ	西部0.63~0.93；东部1~21
万安	万安组—李准组	N_1^{1-2}	海陆过渡相、海相	泥岩	Ⅱ-Ⅲ	0.69~0.93
	西卫群	E_3^2	海陆过渡相、湖相	泥岩、碳质泥岩、煤层	Ⅰ-Ⅲ	0.5~2.26
文莱-沙巴	Setap	$E^3-N_1^2$	海陆过渡相、海相	泥岩、碳质泥岩、煤层	Ⅱ-Ⅲ	
礼乐滩		E_2-E_3	海相	页岩	Ⅱ-Ⅲ	0.12~1.9
		E_1		泥岩	Ⅱ-Ⅲ	0.5~1.0
		K_1	海相	页岩		0.3~1.0
北巴拉望	Pagasa	N_1^{1-2}	海相	页岩、灰岩	Ⅱ-Ⅲ	0.50~2.48
		E_2		泥岩		
		K	海陆过渡相	页岩		
湄公		E_3^3	湖相	泥岩	Ⅱ	0.60~3.0
中建南（富庆）		E_2-E_3	湖相	泥岩	Ⅱ	
		N_1^{1-2}	海陆过渡相、海相	泥页岩、煤层及碳质泥岩	Ⅱ-Ⅲ	

在礼乐盆地盆内主要发育3套烃源岩，但具有其自身特征：

晚渐新世之前，礼乐盆地位于华南大陆南缘，主要处于盆地裂陷张裂期，海水自东南侵入，主要物源区位于盆地西北部，物源较为丰富，部分具还原环境，有机碳含量较高，沉积厚度一般在2500m左右，最厚可达4000m，沉积、沉降中心较为稳定，均位于盆地南部，对盆地的油气生成起着主要控制作用；晚渐新世开始，盆地漂离华南大陆，定位于现今的南沙群岛东北部，沉积物源主要来自盆地东南部，且较为缺少，但沉降与沉积中心仍位于南部坳陷。盆地南部坳陷古新世—中始新世和渐新世以浅-半深海偏泥相和浅海砂泥相沉积为主，泥岩厚度多在400~1200m，为烃源岩发育最有利的部位。

（一）中生界

礼乐盆地中生界分布广泛、厚度较大，主要包括上侏罗统—下白垩统滨-浅海相含煤碎屑岩或半深海相页岩、上三叠统—下侏罗统三角洲-浅海相砂泥岩和中三叠统深海硅质页岩3套地层，残留厚度最大超过4000m，以Ⅲ型干酪根为主，具有中等-好的生烃潜力，其上三叠统—下侏罗统砂泥岩 R_o 高达1.0%~2.5%，成熟度高，是盆地内一套具有良好油气远景的主力烃源岩。盆地内钻井也揭示：A-1井下白垩统一块岩心为暗灰色-黑色坚硬粉砂质页岩，具有好的生烃潜力；B-1井下白垩统上部页岩段有机碳含量为0.2%~1.0%，具有中等的生气潜力；Sampaguita-1井下白垩统上部页岩段，R_o 为0.4%~1.0%，具中等-好的生烃能力。

鉴于礼乐盆地钻井所揭示的中生界烃源岩均为白垩系烃源岩，所以本次单独研究白垩系烃源岩成熟度及生、排烃特征。因上级课题所提供的地震剖面数据没有单独的白垩系地层底界，根据钻井所揭示的白垩系地层厚度，研究中对礼乐滩、斜坡带和深水区分别取白垩系厚度为700m、800m和1000m。

（二）古新统—中始新统

该套烃源岩主要分为古新统和下-中始新统两段。古新统烃源岩有机碳含量相对较低，一般小于0.5%，最大可达1.0%，以Ⅲ型干酪根为主，是盆地内的一套主要烃源岩；中-下始新统烃源岩有机碳丰度可高达1.5%~2.0%，具还原环境，干酪根类型以Ⅱ-Ⅲ型为主，具有中等-好的生油气潜力，是盆地内最有远景的一套烃源岩。

（三）下渐新统

烃源岩有机质含量少，仅局部含有一定数量的有机质，以Ⅱ型干酪根为主，有机碳含量较低，生烃能力较弱，是盆地内较差的一套烃源岩。

二、礼乐盆地烃源岩成熟度史

烃源岩成熟度史是本书的重要研究内容之一，同时烃源岩成熟度史的研究是烃源岩生、排烃史研究的基础。

在成熟度史研究过程中，选取一些有代表性的地震剖面人工井，根据前述章节计算所得对应点的热流史，结合单点地层埋藏史，利用EASY% R_o 动力学模型（Sweeny and Burnham，1990），计算一维情况下各主力烃源岩的成熟度随时间的演化历程。

按照现行行业标准，将烃源岩成熟度状态、生烃阶段和对应的镜质体反射率按表12.7分为5个阶段进行讨论。

表 12.7　烃源岩成熟度与生烃阶段划分表

项目	低成熟	成熟早期	成熟晚期	高成熟	过成熟
生烃阶段	生油早期	生油高峰	生油晚期	湿气阶段	干气阶段
R_o/%	0.5～0.7	0.7～1.0	1.0～1.3	1.3～2.0	>2.0

本次研究所选取的单点地层深度来源于 L2 测线的解释数据，构造上分布于礼乐滩、斜坡带和深水区 3 个不同区域（CDP 编号见图 12.3）。

图 12.14 是礼乐滩上单点烃源岩有机质成熟度图。从图上不难看出，礼乐滩上烃源岩底部现今成熟度分布在 0.4%～1%。最高不超过 1%，处于生油高峰阶段，有机质成熟度最高处出现在 CDP2160 和 2810 处，有机质成熟度超过 0.9%。在 CDP3850 处，有机质演化程度较低，R_o 不到 0.5%，处于未成熟阶段。

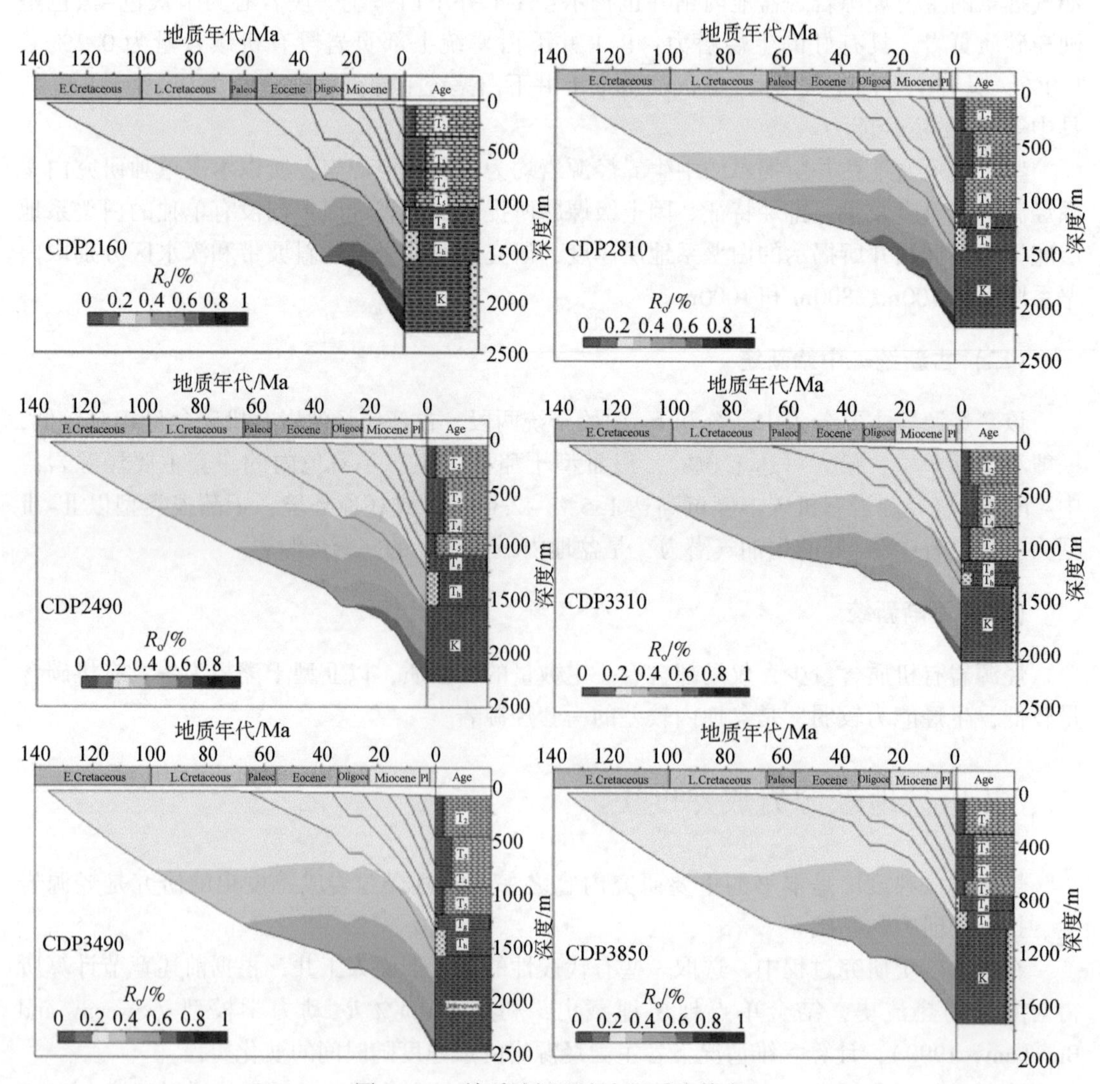

图 12.14　礼乐滩烃源岩有机质成熟度

E. Cretaceous 为早白垩世；L. Cretaceous 为晚白垩世；Paleoc 为古新世；Eocene 为始新世；Oligoce 为渐新世；Miocene 为中新世；Pl 为上新世；Age 为地质年代；Age 下方从上到下为地震反射界面代号：T_2、T_3、T_4、T_5、T_g、T_h、K（白垩纪）

礼乐盆地斜坡带烃源岩有机质成熟度状态较礼乐滩低，从所取单点来看，烃源岩底部有机质成熟度处于未成熟-低成熟-成熟早期阶段，R_o 分布于0.4%～0.8%，从浅水向深水方向，烃源岩底部有机质成熟度逐步升高（图12.15），在靠近礼乐滩的CDP4150处，底部成熟度处于未成熟-低成熟阶段，R_o 不超过0.6%，在靠近深水区的CDP6230处，底部成熟度处于低成熟阶段，R_o 为0.7%～0.8%。

礼乐盆地深水区单点有机质成熟度较礼乐滩和斜坡带成熟度高，成熟状态处于低成熟-高成熟阶段，R_o 分布范围较广，为0.6%～1.8%（图12.16）。在靠近斜坡带地方，烃源岩底部有机质成熟度处于生油早期-生油高峰阶段，R_o 大于0.6%，但小于1%；在远离斜坡带地方，如CDP9970处，烃源岩底部有机质成熟度已经达到湿气阶段，R_o 分布在1.6%～1.8%。

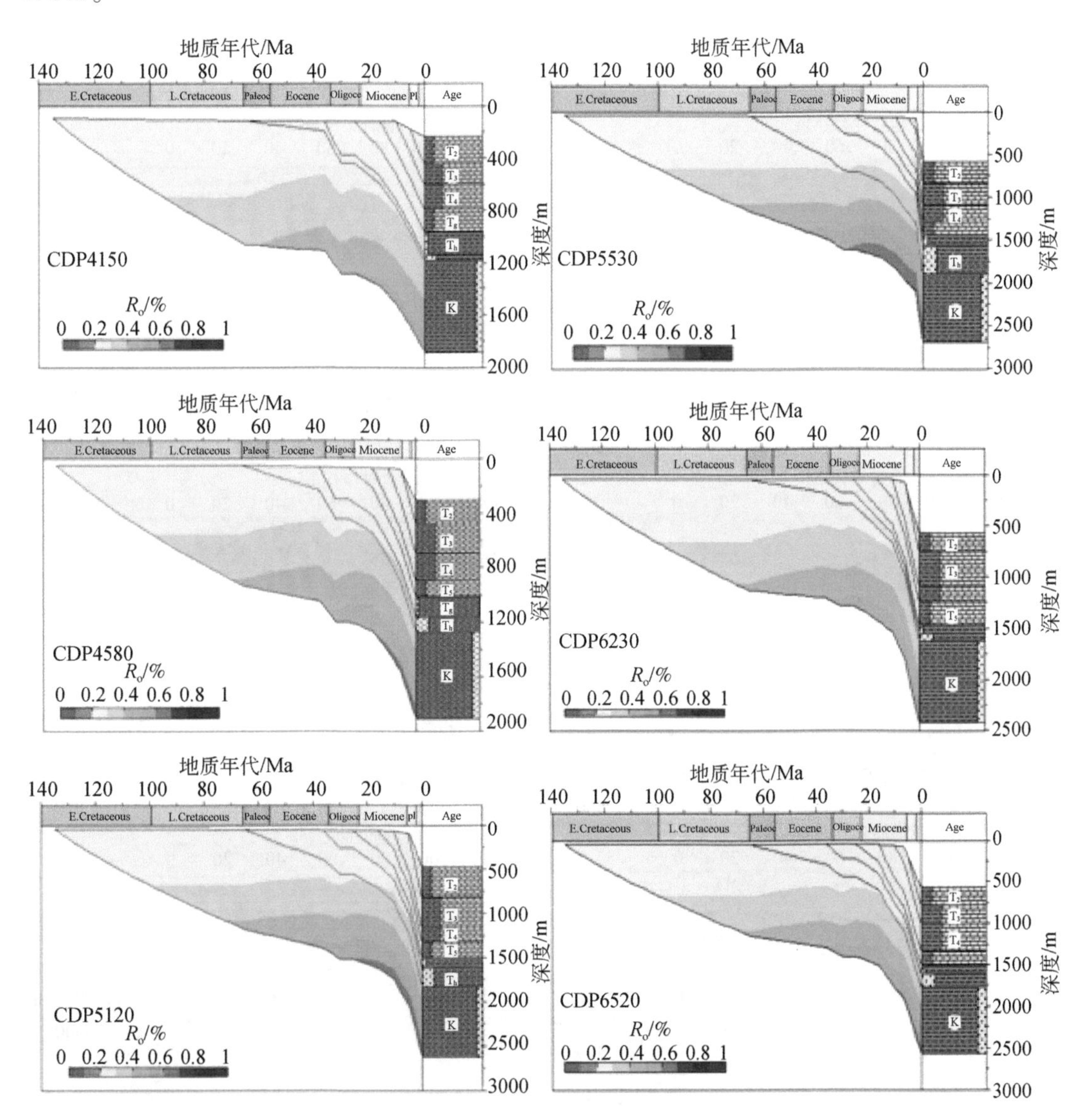

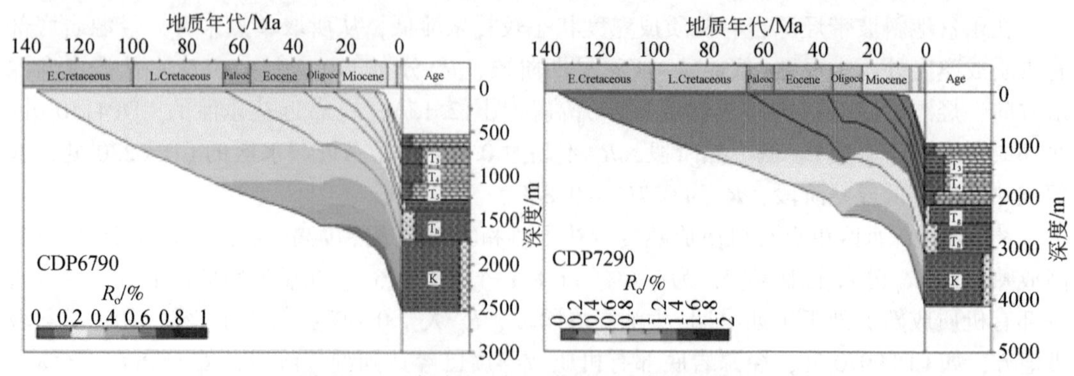

图 12.15　礼乐盆地斜坡带烃源岩有机质成熟度

E. Cretaceous 为早白垩世；L. Cretaceous 为晚白垩世；Paleoc 为古新世；Eocene 为始新世；Oligoce 为渐新世；Miocene 为中新世；Pl 为上新世；Age 为地质年代；Age 下方从上到下为地震反射界面代号：T_2、T_3、T_4、T_5、T_g、T_h、K（白垩纪）

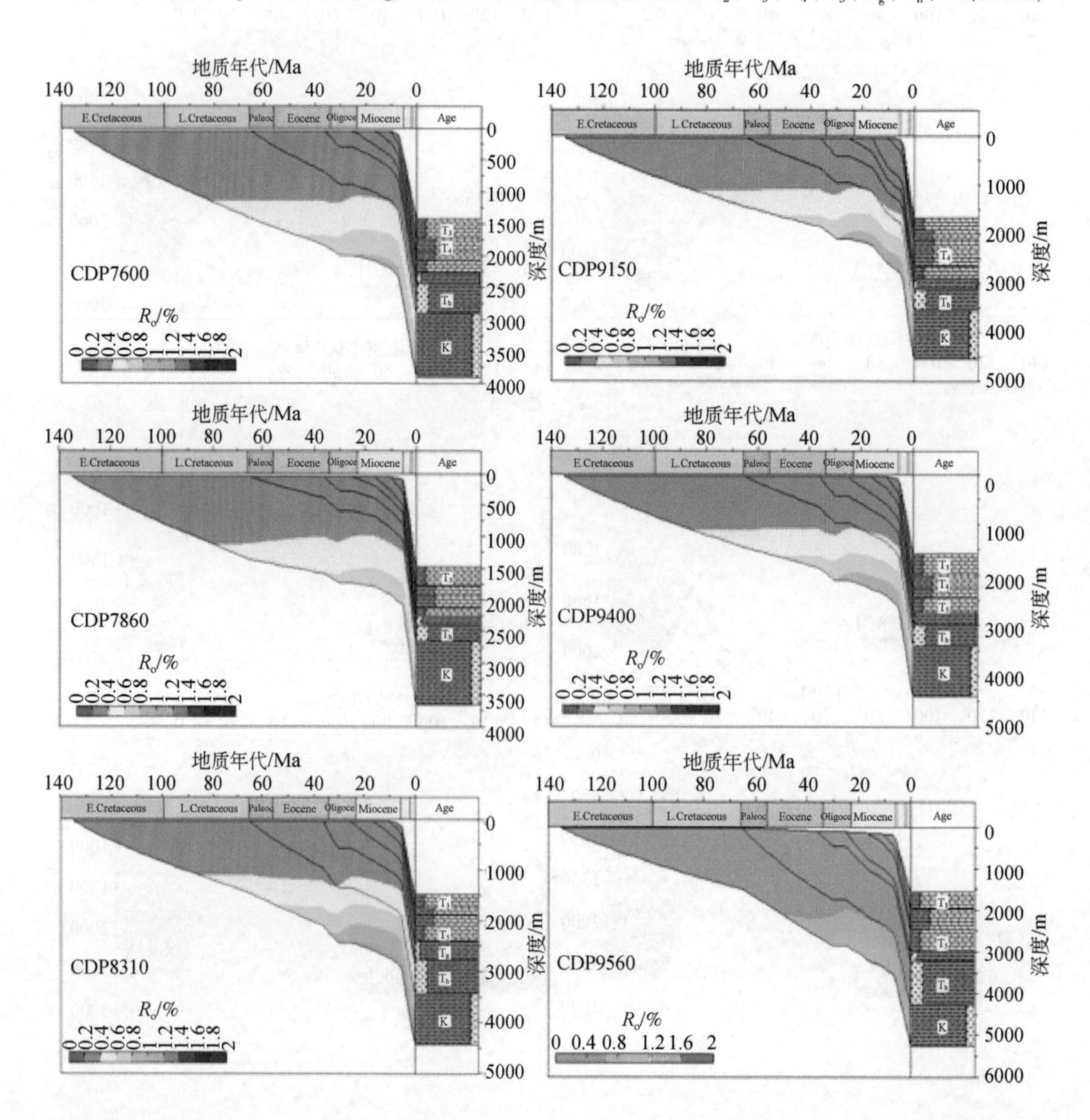

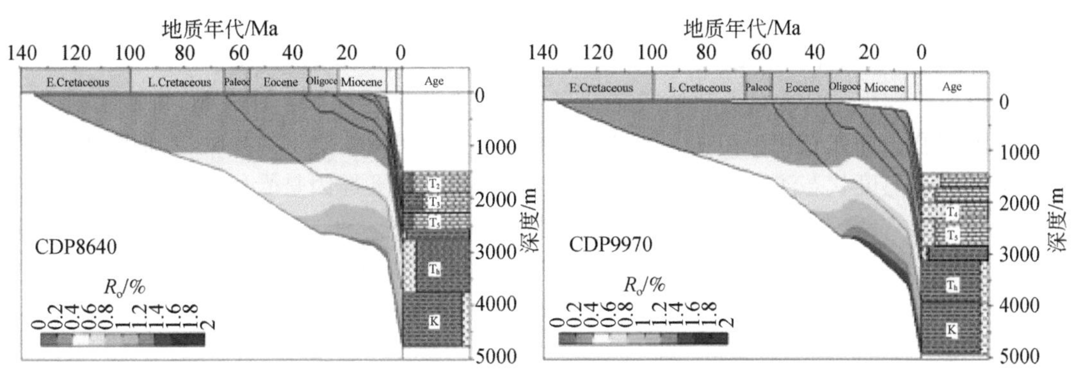

图 12.16　礼乐盆地深水区单点有机质成熟度

E. Cretaceous 为早白垩世；L. Cretaceous 为晚白垩世；Paleoc 为古新世；Eocene 为始新世；Oligoce 为渐新世；Miocene 为中新世；Pl 为上新世；Age 为地质年代；Age 下方从上到下为地震反射界面代号：T_2、T_3、T_4、T_5、T_g、T_h、K（白垩纪）

从构造区划上看，礼乐盆地深水区烃源岩有机质成熟度最高，礼乐滩上次之，成熟度最低处出现在斜坡带上。出现这种成熟分布格局的原因在于斜坡带对大地热流的折射作用（熊亮萍等，1994，1993）。

前面讨论了构造区划上烃源岩底部有机质成熟度的状态，下面讨论各套烃源岩的演化情况：

图 12.17 是礼乐盆地白垩系烃源岩底部的有机质成熟度图。从图中可以看出，白垩系烃源岩底部有机质成熟度分布范围广泛，R_o 为 0.5% ~1.8%，所有单点有机质均已经进

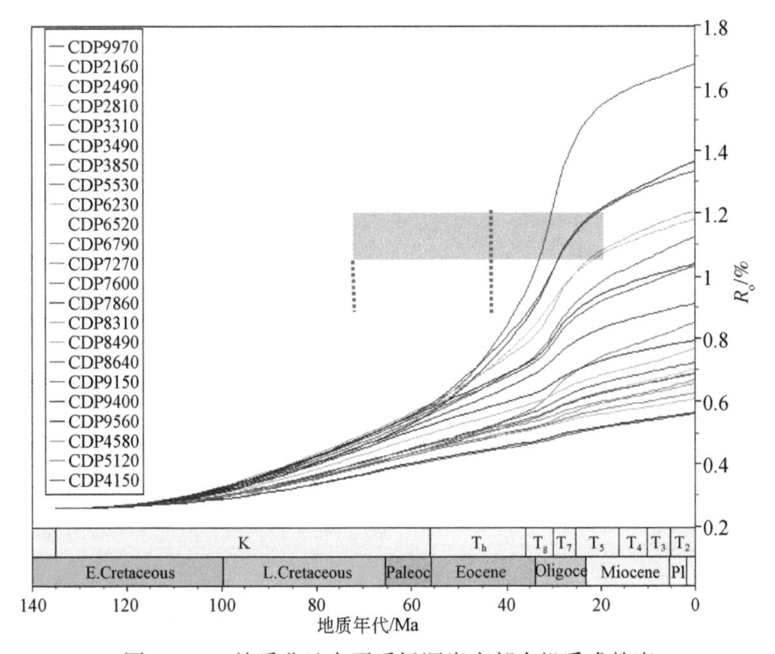

图 12.17　礼乐盆地白垩系烃源岩底部有机质成熟度

E. Cretaceous 为早白垩世；L. Cretaceous 为晚白垩世；Paleoc 为古新世；Eocene 为始新世；Oligoce 为渐新世；Miocene 为中新世；Pl 为上新世

入低成熟阶段。有机质到达低成熟阶段的时间出现在70Ma左右，出现在CDP9970处，在45Ma左右达到成熟早期，最迟进入低成熟状态的时间在25Ma左右，出现在斜坡带的CDP6790处。白垩系烃源岩有机质成熟度演化可以分为三个阶段：在30Ma左右存在明显加速成熟过程，如在CDP9970处，有机质成熟度状态从0.8%变化为1.6%；而在30Ma左右，有机质成熟度状态演化缓慢。出现这种演化特征的主要原因是受盆地底部热流影响。

礼乐盆地古新统—始新统烃源岩底部有机质成熟度处于低成熟阶段（图12.18），R_o均低于0.7%。在30Ma左右，只有部分单点古新统—始新统烃源岩底部R_o达到0.5%。

但对渐新统烃源岩而言，有机质没有成熟，R_o不到0.4%（图12.19）。

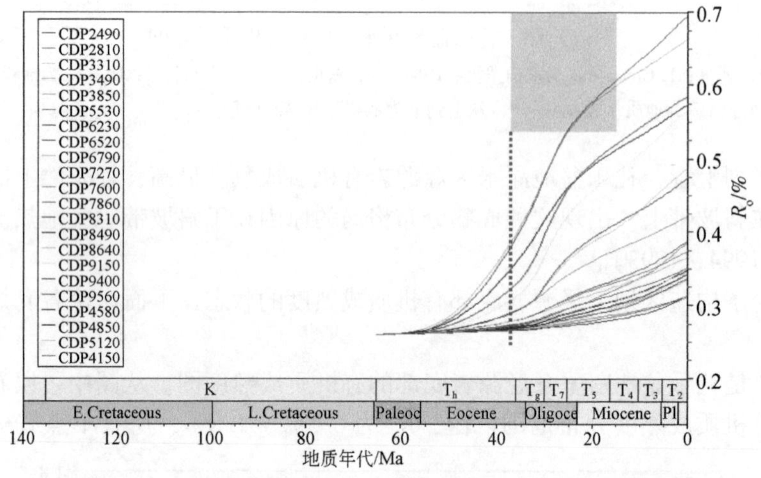

图12.18　礼乐盆地古新统—始新统烃源岩底部有机质成熟度

E. Cretaceous为早白垩世；L. Cretaceous为晚白垩世；Paleoc为古新世；Eocene为始新世；Oligoce为渐新世；Miocene为中新世；Pl为上新世

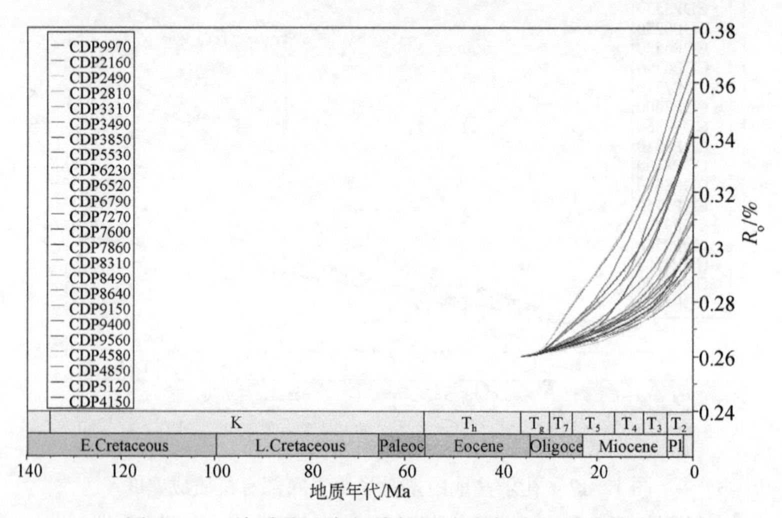

图12.19　礼乐盆地渐新统烃源岩底部有机质成熟度

E. Cretaceous为早白垩世；L. Cretaceous为晚白垩世；Paleoc为古新世；Eocene为始新世；Oligoce为渐新世；Miocene为中新世；Pl为上新世

从构造区划的烃源岩演化来看，礼乐盆地南部深水区烃源岩最有利于生烃，在深水区存在白垩系和古新统—始新统两套烃源岩达到低成熟及更高成熟状态，进入生烃早期阶段，而相对而言，礼乐滩和礼乐盆地斜坡带只有白垩系烃源岩达到低成熟状态。从不同层系烃源岩演化来看，白垩系烃源岩演化程度最好，3 个构造区划内成熟度均达到生烃阶段，局部达到湿气阶段；古新统—始新统烃源岩有机质只在深水区到达低成熟状态；而渐新统烃源岩有机质处于未成熟阶段。

三、礼乐盆地烃源岩生烃和排烃史

（一）礼乐盆地烃源岩生烃史

烃源岩中有机质向烃类转化的过程受到地层温度、时间等因素的综合作用，通常认为其基本遵循化学动力学原理，可表述为一系列平行一级反应动力学模型（Behar *et al.*，1997）：

$$X(t)=\sum X_i(t) \tag{12.17}$$

$$X_i(t)=X_{io}(1-\exp(-k_i(t)))$$

其中，

$$k_i=A_i\exp(-E_i/RT) \tag{12.18}$$

式中，$X(t)$ 为时间 t 时总的油气生成量；X_i 为第 i 个反应在时间 t 时的生成量；X_{io}为第 i 个生烃母体可生成 X_i 的最大潜力；k_i 为反应速率常数；t 为时间；E_i 为活化能；A_i 为频率因子；R 为气体常数；T 为热力学温度。根据研究区的热演化史，可以动态计算各时期生烃量。

在上述原理指导下，利用 Zetaware 软件公司提供的 Genesis 软件对 L2 测线上虚拟井点各烃源岩进行了生烃历史模拟，模拟结果显示：

1. 礼乐盆地不同烃源岩层系在不同的构造区域具有不同的生烃潜力

从构造位置来看，深水区烃源岩具有很好的生烃潜力，该区域白垩系和古新统—始新统烃源岩均存在生油，其中白垩系烃源岩有机质生油速率最高超过 12mg/g TOC/Ma（图 12.20），古新统—始新统烃源岩有机质生油速率最高超过 0.004mg/g TOC/Ma（图 12.21）；礼乐滩上生烃潜力次之，白垩系烃源岩有机质生油速率最高超过 0.15mg/g TOC/Ma（图 12.22），斜坡带生烃潜力最差，白垩系烃源岩有机质生油速率最高不超过 0.00015mg/g TOC/Ma（图 12.23），在斜坡带和礼乐滩上，古新统—始新统及以上烃源岩有机质均没有达到生烃状态。

2. 礼乐盆地烃源岩层系在不同的构造区域具有相似的生烃历史

无论是白垩系烃源岩还是古新统—始新统烃源岩，均从第二次裂谷发生时候开始加速生烃，其加速生烃过程一直持续至整个裂谷阶段。但在礼乐滩和斜坡带，在晚期区域沉降阶段还存在二次加速生烃过程，而在深水区，加速的生烃过程仅发生在第二次裂谷时期。

（二）礼乐盆地烃源岩排烃史

烃源岩排烃需要满足一定的临界条件，即需要产生足够的烃类满足有机质的吸附及形成连续相规模排烃。本书主要采用压实排烃模型，当烃源岩中烃类饱和度达到并超过临界排烃饱和度时，烃类就由烃源岩呈连续相排出（李明诚，2004）。排烃量为原始生烃量除去临界排烃饱和度所对应的烃源岩孔隙中残余烃量以及有机质吸附烃量：

$$Q_E(i) = \sum_{i=1}^{t} Q_G(i) - (Q_o(t) + Q_{AB}) \tag{12.19}$$

其中，

$$Q_o(t) = \phi_t S_o \rho_o$$

式中，$Q_G(i)$ 为总生烃量；$Q_o(t)$ 为在 t 时刻的烃源岩残余烃量；Q_{AB} 为有机质吸附烃量；ϕ_t 为 t 时刻烃源岩的孔隙度；S_o 为烃源岩临界排烃饱和度，本书取 10%；ρ_o 为 t 时刻烃类密度。Q_{AB} 为有机质吸附烃量，按照 100mg/g TOC（Pepper and Corvi，1994）与 t 时刻烃源岩残余有机碳进行计算。一般盆地为总生烃量 $\sum_{i=1}^{t} Q_G(i)$ 可以根据生烃动力学方法求出。当满足从生烃至 t 时刻，总生烃量 $\sum_{i=1}^{t} Q_G(i)$ 大于 t 时刻的烃源岩孔隙中残余烃量和吸附烃量时，烃类从烃源岩中排出。

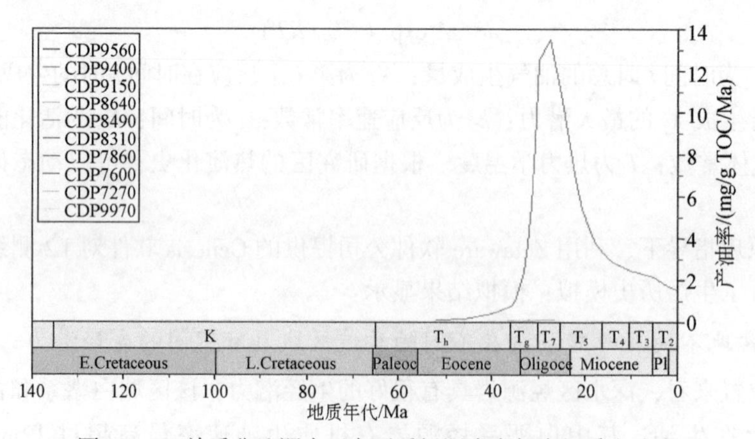

图 12.20　礼乐盆地深水区白垩系烃源岩底部有机质生油史

E. Cretaceous 为早白垩世；L. Cretaceous 为晚白垩世；Paleoc 为古新世；Eocene 为始新世；Oligoce 为渐新世；Miocene 为中新世；Pl 为上新世

模拟结果显示：在礼乐盆地各套烃源岩中，只有白垩系烃源岩存在排烃过程。白垩系烃源岩最早开始排烃时间出现在第一次裂谷过程结束时期，在第二次裂谷过程中，深水区烃源岩排烃加速，最高排烃效率超过 170mg/g TOC（图 12.24），在 T_5 沉积之前，排烃效率一直保持增加趋势，之后维持相对平稳。在礼乐滩，源岩排烃时间较深水区晚，在第二次裂谷结束之后，该处才开始排烃，排烃一直持续至现今，最高排烃效果达到 110mg/g TOC。

综上所述，通过资料收集整理、盆地热史恢复及烃源岩成熟度史模拟等一系列研究工作，“礼乐盆地热演化史与生排烃史模拟分析”专题获得了如下主要成果与认识：

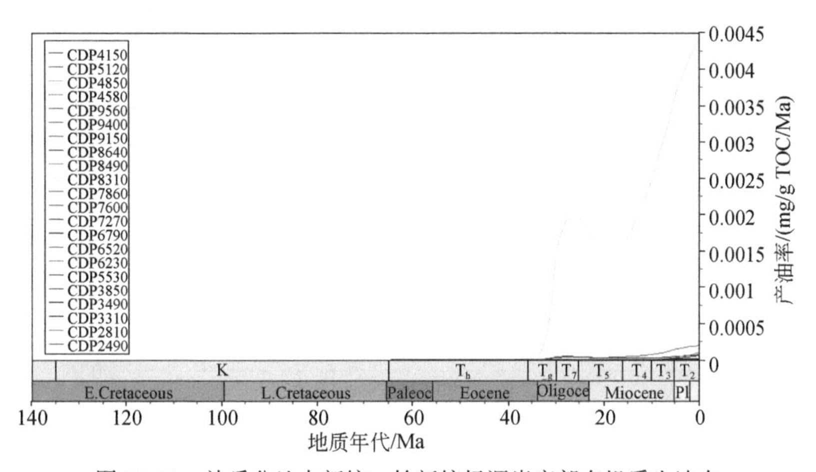

图 12.21　礼乐盆地古新统—始新统烃源岩底部有机质生油史

E. Cretaceous 为早白垩世；L. Cretaceous 为晚白垩世；Paleoc 为古新世；Eocene 为始新世；Oligoce 为渐新世；Miocene 为中新世；Pl 为上新世

礼乐盆地始新世以来存在两期裂陷：第一期裂陷过程发生在始新世早期，时限为 56～36Ma；第二期发生在始新世晚期—渐新世早期，时限为 36～30Ma。第一期裂陷结束后没有明显的热松弛阶段，紧接着便开始第二期拉张，第二期裂陷结束时间对应于不整合面 T_7，之后为拉张后的热松弛阶段。

不同构造位置的拉张程度不同，在礼乐滩上，第一期存在小幅度拉张，拉张系数在 1.05 左右；在深水区，拉张程度较滩上部分大，拉张系数部分地区超过 1.1。第二期拉张整体与第一期拉张在空间分布上有较大差异，在礼乐滩上，拉张明显变得强烈，而在斜坡带，第二期的拉张程度较礼乐滩上拉张程度稍高，在深水区则更为强烈，部分地方拉张系数达到 1.3。

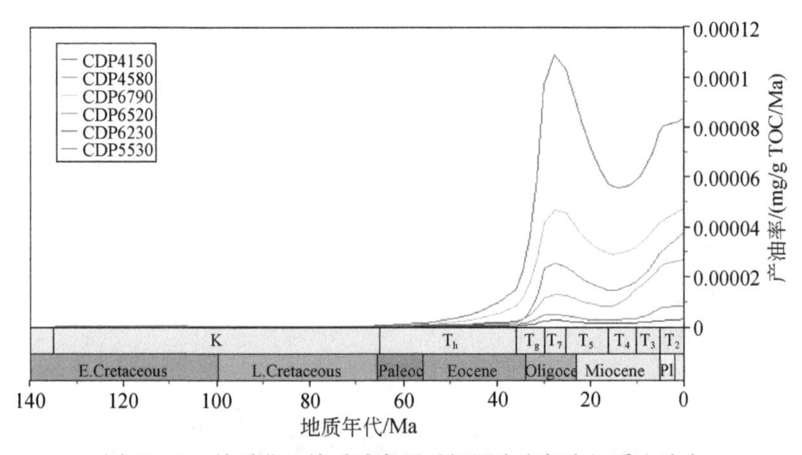

图 12.22　礼乐盆地礼乐滩白垩系烃源岩底部有机质生油史

E. Cretaceous 为早白垩世；L. Cretaceous 为晚白垩世；Paleoc 为古新世；Eocene 为始新世；Oligoce 为渐新世；Miocene 为中新世；Pl 为上新世

礼乐盆地热流具有两个特征：①时间上存在两期热流升高的加热过程，第一期加热过程由拉张裂陷作用开始至始新世晚期，这一加热过程在盆地断陷区表现为热流缓慢升高，热流由 52mW/m^2 升高到 55mW/m^2 左右。第二期加热过程为始新世晚期至渐新世早期，这一加热过程表现为盆地基底热流快速升高特征，礼乐盆地自 30Ma 以来基底热流一直缓慢降低。②空间上加热程度不同，不同区域加热程度不同，礼乐滩、斜坡带和深水区热流升高的加热过程虽然在时间和趋势上一致，但热流升高幅度存在差异，在礼乐滩上，基底古热流由始新世末的 55mW/m^2 升高到渐新世晚期的 63mW/m^2，而在深水区基底最高古热流可达 75mW/m^2。

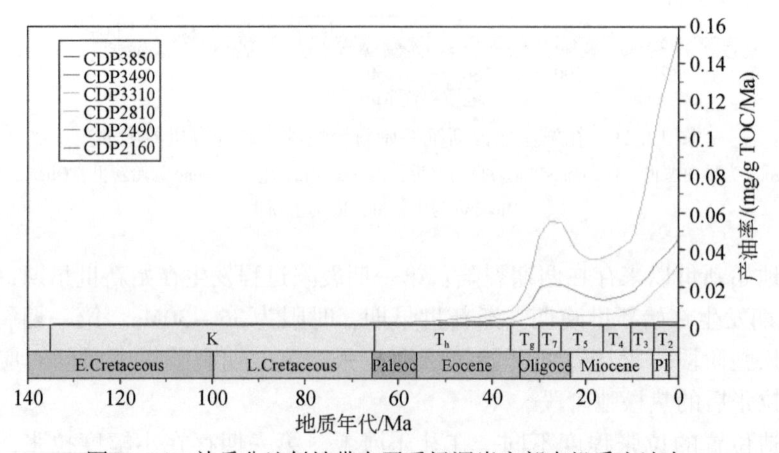

图 12.23　礼乐盆地斜坡带白垩系烃源岩底部有机质生油史

E. Cretaceous 为早白垩世；L. Cretaceous 为晚白垩世；Paleoc 为古新世；Eocene 为始新世；Oligoce 为渐新世；Miocene 为中新世；Pl 为上新世

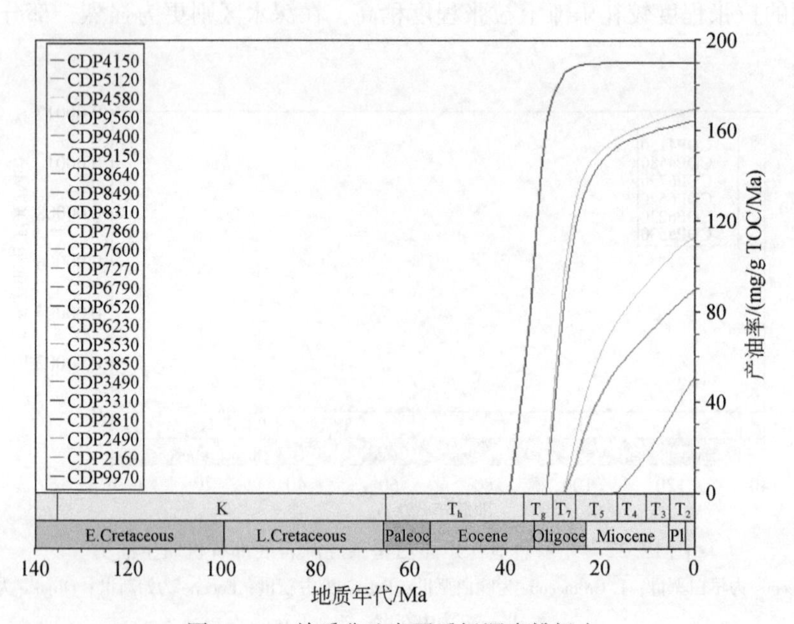

图 12.24　礼乐盆地白垩系烃源岩排烃史

E. Cretaceous 为早白垩世；L. Cretaceous 为晚白垩世；Paleoc 为古新世；Eocene 为始新世；Oligoce 为渐新世；Miocene 为中新世；Pl 为上新世

礼乐盆地烃源岩底部现今成熟度分布在0.4%～1.8%。从构造区划上看，礼乐盆地深水区烃源岩有机质成熟度最高，礼乐滩次之，成熟度最低处出现在斜坡带。

礼乐盆地不同烃源岩层系在不同的构造区域具有不同的生烃潜力，从构造位置来看，深水区烃源岩具有很好的生烃潜力，该区域白垩系和古新统—始新统烃源岩均存在生油，礼乐滩生烃潜力次之，斜坡带生烃潜力最差，在斜坡带和礼乐滩，古新统—始新统及以上烃源岩有机质均没有达到生烃状态。无论是白垩系烃源岩还是古新统—始新统烃源岩，均从第二次裂谷发生时候开始加速生烃，其加速生烃过程一直持续至整个裂谷阶段。但在礼乐滩和斜坡带，在晚期区域沉降阶段还存在二次加速生烃过程，而在深水区，加速的生烃过程仅发生在第二次裂谷时期。

在礼乐盆地各套烃源岩中，只有白垩系烃源岩存在排烃过程。白垩系烃源岩最早开始排烃出现在第一次裂谷过程结束时期，在第二次裂谷过程中，深水区烃源岩排烃加速，在T_5沉积之前，排烃效率一直保持增加趋势，之后维持相对平稳状态。在礼乐滩上，烃源岩排烃时间较深水区晚，在第二次裂谷结束之后，该处才开始排烃，排烃一直持续至现今。

第十三章　主要成果与建议

第一节　主要成果

一、对礼乐盆地区域地球物理场和地壳结构构造特征进行了深入研究

本书对2007年航次重力资料做了处理及解释，计算了各剖面重力基底埋深及莫霍面埋深，并对其起伏特征做了详细研究，对其反映的地壳结构及断裂体系特征进行了对比分析，认为整个礼乐地块表现为一个相对比较独立的部分，其北部及东北部均为深大断裂阻断，表现为显著的洋陆边界重力边缘效应，这表明其过渡带变化非常急剧；其西南及南部也存在重力梯度带，但不太明显，这表明其过渡带变化比较平缓。对其磁力异常特征的研究表明，礼乐地块磁异常与四周有较大差别，且其深源场和浅源场形态及延伸方向均不一致，这可以从另一方面佐证渐新世以来礼乐地块可能从南海北缘、中沙地块及西沙地块裂离出来的推断。

二、加深了对中生界的分布特征、构造属性及其油气资源潜力研究

采用精细速度谱处理技术，克服了由于该区地震资料采集所用地震电缆普遍较短、常规处理获得地震剖面下部的中生代地层反射模糊的不足，使中生代地层反射面貌得到改善。新试验测线显示，礼乐地区中生界埋深起伏不平，受到挤压和断裂活动影响明显，地层内部反射层状结构保持清晰。南沙海区广泛发育中生界，其地层岩相以海相为主，空间分布上的总趋势是从郑和-礼乐隆起南缘向南增厚，古水深变大，时间上至少从三叠纪开始出现深海相沉积，经历侏罗纪深-浅海相，一直发育到早白垩世的浅海相。南沙海区中生界的形成主要受中特提斯（古南海）的控制，是特提斯东延段的重要组成部分，其油气资源有较好的前景。礼乐盆地为一叠置于中生代古南海北缘被动陆缘盆地沉积岩系之上的、新生代又是由两个不同原型盆地（始新世—中新世克拉通边缘断陷盆地、上新世以来弧前盆地）叠置而成的叠置型盆地，其形成发展主要经历了中生代拗陷发育阶段和新生代裂离陆块盆地发育阶段；更进一步将新生代盆地演化分为：晚白垩世末—中始新世北裂南拗阶段；晚始新世—中中新世断拗、挤压改造阶段；晚中新世—第四纪区域沉降阶段。

三、系统分析了礼乐盆地新构造运动的基本特征

新生代的地壳运动在南海及邻域的表现是在强度上具有东强西弱，在应力性质方面为

东挤西张，或先挤后张；在时间上具有东早西晚、自东向西波动递进的特点；这些特征反映出该区新构造运动在全球构造统一构造应力场作用下的幕式运动或脉动性与多旋回性的运动特性。

四、对礼乐盆地的构造演化过程进行了物理模拟和数值模拟研究

通过物理模拟认为，礼乐盆地是在减薄岩石圈状态下发育的。海盆未张开前，礼乐地块位于华南陆缘，整个华南陆缘在新生代早、中期（距今 65 ~ 30Ma 前），处于张裂环境中，礼乐盆地、珠江口盆地等同时发育张裂构造。距今 30Ma 前，海盆裂口、洋壳开始出现，礼乐地块随南沙整体南移，张裂活动基本停止。同时，礼乐滩刚性块体的存在，对韧性下地壳的流动有一定影响，减弱了张裂作用，并且使礁体北侧断裂变得陡峭，从而推测海盆南缘众多礁体的存在，可能是南北不对称的一个原因。通过数值模拟，礼乐盆地的沉降过程可总结为：张裂发育强烈区，早期沉降速率较大，其他区域沉降速率较小；漂移阶段，整个盆地的构造沉积速率都很低，推测与向南拖曳力形成的抬升应力有关，降低了盆地的沉降作用；晚期构造沉降阶段，是整个盆地的主要沉降阶段。

五、系统进行了礼乐盆地热演化史与生排烃史模拟分析

礼乐盆地始新世以来存在两期裂陷：第一期裂陷过程发生在始新世早期，时限为 56 ~ 36Ma；第二期发生在始新世晚期—渐新世早期，时限为 36 ~ 30Ma。

礼乐盆地不同烃源岩层系在不同的构造区域具有不同的生烃潜力，从构造位置来看，深水区烃源岩具有很好的生烃潜力，该区域白垩系和古新统—始新统烃源岩均存在生油，礼乐滩生烃潜力次之，斜坡带生烃潜力最差，在斜坡带和礼乐滩，古新统—始新统及以上烃源岩有机质均没有达到生烃状态。无论是白垩系烃源岩还是古新统—始新统烃源岩，均从第二次裂谷发生时候开始加速生烃，其加速生烃过程一直持续至整个裂谷阶段。但在礼乐滩和斜坡带，在晚期区域沉降阶段还存二次加速生烃过程，而在深水区，加速的生烃过程仅发生在第二次裂谷时期。白垩系烃源岩最早开始排烃时间出现在第一次裂谷过程结束时期，在第二次裂谷过程中，深水区烃源岩排烃加速，排烃效率一直保持增加趋势，之后维持相对平稳。在礼乐滩上，在第二次裂谷结束之后，该处才开始排烃，排烃一直持续至现今。

六、系统分析了礼乐盆地的油气圈闭条件和成藏模式及有利成藏区带

油气生成和被圈闭之后，礼乐盆地基本处于区域沉降期，虽然盆地缺失区域性的封闭盖层，但局部盖层发育，构造活动尤其断裂活动作用明显减弱，这对于圈闭完整性的保存至关重要，盆地总体具有较好的圈闭条件。

礼乐盆地以低凸式油气聚集模式为主。断裂发育早期，使中生代地层翘倾旋转，并在

上盘风化剥蚀形成储层，下盘为半地堑沉积，充填湖相烃源岩；其后南海张开，礼乐盆地张裂活动减弱，差异沉降使断裂上盘处于相对高点，成为礁体发育的有利部位。礁体及断块顶部呈相对低凸起状态，多发育于沉积盆地内部，从而形成“群湖抱山”的基本构造格局。

在礼乐盆地南部坳陷的凸起区和紧邻的中部隆起西段局部地区，由于位于或紧邻有效生烃坳陷，处于油气运移的主要方向上，油气源相对充足，储集物性良好的储层和盖层均较发育，因此油气成藏远景比该盆地的其他区段好。

第二节　对未来研究的建议

一、深入研究区域地质对油气资源的控制

（一）自中生代以来的区域构造地质及其控盆机制研究

通过对南沙海区地质-地球物理-地球化学资料的综合分析，确认中生代海相地层的存在及其时空分布范围，以构造分析为主线，结合研究区周边陆区地质及古地磁资料，确认研究区中生界所处岩石圈的性质、相对于古板块构造的位置，推断古板块大地构造-岩相古地理环境，分析其与周边特提斯构造域和太平洋构造域的关系，确定特提斯域是否东延到研究区。本书对古双峰-笔架碰撞造山带、琼南古特提斯缝合带等新的古大地构造单元概念的探讨是一个很好的开端，对这些重要的大地构造单元应开展进一步的剖析，因为它们不仅关联着前人提出的海南岛九所-陵水断裂带、台湾太鲁阁韧性剪切变质带等前新生代就已存在的大地构造单元，更关联着新生代南海海盆的打开。古双峰-笔架造山带恰处于南海最早开始张裂-扩张的地方，与南海的形成必定有着密不可分的联系。要使这些关联能够清晰地呈现出来，就必须深刻解剖该缝合带的构造变形机制，既要缕清其形成过程中的构造变形特征及其与九所-陵水韧性剪切带和古双峰-笔架碰撞造山带的形成之间的关系，还要厘清该缝合带在新生代的变形特征及其与古双峰-笔架碰撞造山带的垮塌、南海的形成之间的关系。具体地说，可考虑如下方面的研究：

（1）琼南缝合带东段伸展-冲断-褶皱-推覆-伸展体系变形机制研究。冲断-褶皱-推覆体系是南海南、北陆缘前新生代基底中现存的、最近几年被识别出来了的前新生代（可能主要为中晚期中生代）形成的优势构造形迹，现已借此提出了古双峰-笔架碰撞造山带概念。无疑该造山带蕴含了研究区中生代重要的大地构造信息。应充分利用所获得的造山作用过程中形成的主要断裂构造的几何形态、产状和位移特征、活动时间、与相关的伴生/派生的断裂/褶皱的组合特征、断层相关褶皱、逆冲推覆滑脱构造等资料，筛分出前造山期伸展作用的隆-滑构造、主造山期收缩褶皱-逆冲推覆构造、后造山期的伸展垮塌构造等不同阶段的构造变形序列，分析不同阶段主要变形形迹的形成机制。

（2）琼南缝合带西段韧性剪切构造变形机制研究。造山带的构造变形通常以巨型复杂褶皱带及伴生的不同规模逆冲推覆断裂系统这一显著特征为表现。研究过程中应尽可能去

发现九所–陵水韧性剪切带一带的褶皱–冲断构造野外露头，分析褶皱–冲断构造特征和形成时代，分析区域上残存褶皱构造尤其是大型复式褶皱系（如海南岛乐东县江边村至广大坝水库晚古生代地层中发育的近东西向轴向的复式褶皱）与九所–陵水带和尖岭–吊楼构造带的构造关系、九所–陵水带与尖岭–吊楼带的构造关系。还应尽可能去发现该韧性剪切带构造片岩、片麻岩、花岗质片麻岩等构造岩的野外露头，观测这些构造岩野外尺度上的韧性变形特征，同时对其开展详尽的室内微观–超微观的变形特征观测，分析其纳米级尺度上的构造特征，测定这些构造岩的韧性变形年代和期次，分析这些韧性剪切变形的构造岩的出露机制，判断它们是否具有后造山期伸展变质核杂岩构造特征，建立该韧性剪切带的韧性变形–伸展剥露机制模式。纳米构造地质学是国际上最近兴起的地球科学发展新方向，受到了中国地质学会的十分重视。该会已于2015年底专门成立了纳米地质学专业委员会。笔者作为该专业委员会的首届委员，从该专业委员会成立之前的北京香山纳米科学专题会议到成立之时的全国纳米地球科学会议、再到去年我国首届国际纳米地质学术交流会议，亲身感受到了纳米地质学在短短三年的时间里密锣紧鼓式的发展势头。恰如我国最早开创纳米构造地质学研究的南京大学孙岩教授所指出的那样：纳米科学的新理念（paradigm）已深深地冲击着当今科学的各个门类，极大地推动了纳米科学的研究（孙岩等，2016）。纳米地质学专业委员会主任中国科学院大学琚宜文教授亦指出：在构造地质学方面从纳米级尺度研究韧性剪切带等构造特征，并试图探索地球内部是否存在纳米颗粒的滑移层已取得了新成就（琚宜文等，2016）。运用微观–超微观方法研究宏观构造的变形机制无疑是最有效的途径。九所–陵水带所在地区因风化剥蚀作用强烈，地质历史时期经受造山作用的地层现已基本风化殆尽，无法像南海北缘东部海区地震剖面那样尚能见到残留下来的前新生代地层在造山构造变形旋回中的构造形迹。要恢复和重建琼南缝合带西段的造山作用的构造变形机制，可另辟蹊径，充分运用纳米构造地质学方法对九所–陵水韧性剪切带伸展剥露出来的韧性变形构造岩进行显微–超显微级观测分析（Liu *et al.*，2017）。

（3）琼南缝合带新生代构造负反转变形机制及其对南海区域伸展–裂谷–海底扩张的诱发作用研究。结合琼南缝合带东、西两段构造变形机制的研究结果，以新生代（即后造山期）的伸展构造为基础，对比分析不同位置的地壳–岩石圈伸展作用特征，建立整个琼南缝合带的完整的造山旋回的构造变形模式，为探求南海地区东、西部之间的岩石圈伸展–裂谷–海底扩张作用的差异性的原因提供构造变形上的依据。

通过对具体大地构造单元的详细解剖，为南海地区大地构造格局的深入研究和开拓南海南部油气资源勘探新领域提供技术基础资料。

（二）中生界岩性–岩相–构造特征探测研究

南沙海域广泛发育的中生界可能具有较好的油气资源前景，但由于目前勘探程度有限，虽然对个别盆地内中生界的发育状况及其油气资源前景作了初步的推断分析，但缺少系统的评价，因此，在今后的研究工作中应重点开展对重点盆地中生界地层发育状况、沉积特征、构造特征及其油气资源前景的调查和评价方面的工作。

二、抓住重点盆地进行油气资源勘探开发

根据南沙海区的油气资源特点及相关的自然条件和特殊的边界政治经济条件，我国在南沙海域的油气、天然气水合物等矿产资源的勘探开发近期应瞄准曾母盆地、南薇盆地、北康盆地、礼乐盆地等重点海区进行油气资源勘探开发。

根据沉积相分析，北康盆地发育了古新世—中始新世的湖相泥岩、晚始新世—早渐新世近海相泥岩以及晚渐新世—中中新世的浅海-半深海相泥岩3套主要烃源岩；储层主要为中始新世—渐新世滨海相和滨浅海相碎屑岩，渐新统—中新统砂岩和中-上中新统碳酸盐岩/礁灰岩；区域盖层为上新统—第四系沉积，该地层为广泛分布的浅海-半深海相砂泥岩沉积，泥质比例较高，厚度大，分布稳定。因此，北康盆地具有较好的油气资源潜力，特别应该重视北康盆地始新世以后近海相沉积的主力烃源岩，北康盆地的勘探应该油气并举。

南薇西盆地的生储盖特征与北康盆地有较多相似之处：盆地发育了古新世—中始新世的半深湖相泥岩、晚始新世—早渐新世以及晚渐新世—中中新世的近海相泥岩3套主要烃源岩。地温梯度较高，烃源岩生烃门限较浅，烃源岩成熟较早，盆地在早渐新世末期进入生油高峰期，盆地大规模排烃期为早渐新世末—第四纪，与局部构造的形成时间相当；储层主要为中始新世—中新世滨海相和滨浅海相砂岩；区域盖层为上新世—第四纪沉积，该地层为广泛分布的浅海-半深海相砂泥岩沉积，泥岩发育，厚度大，分布稳定。南薇西盆地中部和南部隆起区由于位于有效生烃凹陷中或紧邻有效生烃凹陷，油气源充足，位于油气运移指向上，并且长期处于盆地的相对高部位，储层较发育，储集物性较好，之后由于沉降和海侵披覆了一套半深海相泥质盖层沉积，生储盖配置较好，局部构造发育，岩浆活动相对西北部弱，因此其油气远景最好。

曾母盆地的长期沉降，使得盆地烃源岩的分布极广，其中康西拗陷和南康台地区是曾母盆地的主要生烃中心。已发现的油气储层主要分布于中新统，其中上中新统（南康组）碳酸盐岩隆起和生物礁相是曾母盆地最重要的储集层，主要分布于南康台地及西部台地。另外，巴林坚地区发育大型三角洲体系，为油气藏形成提供了重要条件。

要继续加强对礼乐盆地的勘探研究工作，进行含油气系统分析。礼乐盆地主要发育了中生界、古新统—中始新统两套主力烃源岩和下渐新统一套次级烃源岩，干酪根类型以Ⅱ-Ⅲ型为主。古新统及上始新统三角洲砂岩、中生界海相砂岩、上渐新统—第四系碳酸盐岩和礁灰岩是盆地的主要储集层段。晚渐新世之前主要为一套滨、浅海-半深海相碎屑岩沉积，晚渐新世以来在盆地构造高台地上碳酸盐岩占据主导地位，低凹部位则仍然以碎屑岩沉积为主。因此，盆地缺失广泛分布的区域性泥岩盖层，但局部盖层广为发育。盆地构造活动较为强烈，早期断裂活动较强，而后期断裂和岩浆活动相对较弱，对油气的保存较为有利。盆地内广泛发育的大套中、新生代海相内主要存在三套生、储、盖组合：中生界海相碎屑岩系组合，古近系大套海相碎屑岩系组合和新近系碳酸盐岩和生物礁体组合，但以中部、下部油气组合较为良好，以下生上储、自生自储系统为主。盆地具有多种圈闭类型及较为良好的找油气条件，新生代和中生代地层（T_h之下）中圈闭显示较多，具有较好的

油气勘探前景。2002年第10期*Offshore*曾指出：斯特林能源公司获得巴拉望近海礼乐滩地区的勘探许可证，估计在礼乐滩盆地“一油气田”中赋存有1145亿m^3的天然气，并与菲律宾政府签订了60∶40的产量分成合同。这表明在礼乐滩盆地已获得了新的油气发现。因此，为了维护我国的领土资源权益，我国应该进一步加强、加快在该区的勘探工作进程。

三、加强岩石圈深部综合地球物理研究

礼乐盆地的浅层磁异常和深层磁异常在形态和延伸方向上都有比较大的差别，这表明其深部和浅部在形成时具有不同的构造背景，这是否暗示礼乐地块是渐新世以来从南海北部陆缘裂离出来后拼接在南沙地块上，这个问题值得进一步探讨。

应加强热流资料的积累，对深部热源体分布做进一步的调查研究；同时加强钻井及采样等第一手物性数据的资料积累，通过重磁转换计算磁源重力异常。

主要参考文献

蔡乾忠，刘守全，莫杰 . 2000. 寻找海相油气新领域——从南海北部残留特提斯谈起 . 中国海上油气（地质），14（3）：157-162.

曹荣龙，朱寿华 . 1990. 中国东南沿海及台湾中生代古构造体系 . 科学通报，35（2）：130-134.

车自成，刘良，罗金海 . 2002. 中国及其邻区区域大地构造学 . 北京：科学出版社，1-519.

陈长民，施和生，许仕策，等 . 2003. 珠江口盆地（东部）第三系油气藏形成条件 . 北京：科学出版社，1-266.

陈海泓，孙枢，李继亮，等 . 1994. 华南早三叠世的古地磁与大地构造 . 地质科学，29（1）：1-9.

陈汉宗，孙珍，周蒂 . 2003. 华南中生代岩相变化及海相地层时空分布 . 热带海洋学报，22（2）：74-82.

陈墨香，夏斯高，杨淑贞 . 1991. 雷州半岛局部地热异常及其形成机制 . 地质科学，（4）：369-383.

陈圣源 . 1987. 南海磁力异常图 . 见：南海地质地球物理图集 . 广州：广东地图出版社 .

丁国瑜. 2004. 新构造研究的几点回顾. 地质论评，50（3）：252-255.

丁巍伟，陈汉林，杨树锋 . 2004. 南海海盆的形成机制和构造演化探讨 . 中国地球物理学会会议论文集 .

丁巍伟，李家彪，李军 . 2010. 南海北部陆坡海底峡谷形成机制探讨 . 海洋学研究，28（1）：26-31.

杜云空 . 2013. 南海北缘前新生代基底构造特征及其对深水盆地的意义 . 中国科学院南海海洋研究所硕士学位论文 .

杜云空，刘海龄，谈晓冬，等 . 2013. 海南岛晚古生代- 中生代古地磁新结果及其对南海北缘大地构造的意义 . 海洋地质与第四纪地质，33（6）：93-103.

樊开意，钱光华 . 1998. 南沙海城新生代地层划分与对比 . 中国海上油气（地质），12（6）：370-376.

方中，徐士进，陈克荣，等 . 1993. 海南岛石碌群中的双峰火山岩 Sm-Nd 同位素特征兼论石碌铁矿成矿背景 . 地球化学，22（4）：326-336.

冯晓杰，张川燕，王春修，等 . 2001. 东海陆架和台西南盆地中生界及其油气勘探潜力 . 中国海上油气（地质），15（5）：306-310.

符国祥 . 1995. 海南岛中生代红色盆地地层 . 地层学杂志，19（2）：115-122.

付璐露，沈忠悦，贺丽，等 . 2010. 海南岛白垩纪古地磁结果及其构造地质意义 . 地质学报，84（2）：183-194.

高红芳，曾祥辉，刘振湖，等 . 2005. 南海礼乐盆地沉降史模拟及构造演化特征分析 . 大地构造与成矿学，29（3）：385-390.

葛建党 . 2000. 珠江口盆地东部地区中生代地质特征/构造演化及油气勘探前景分析 . 见：中国科学院南海海洋研究所边缘海地质与古环境开放室 . 边缘海形成演化/资源与古环境学术研讨会论文摘要汇编.

龚铭，李唐根，吴亚军 . 2001. 南沙海域构造特征与盆地演化 . 北京：中国地质大学出版社 .

龚再升，李思田，谢泰俊，等 . 1997. 南海北部大陆边缘盆地分析与油气聚集 . 北京：科学出版社，1-510.

广东省地质矿产局 . 1988. 广东省区域地质志 . 北京：地质出版社，1-941.

广东省地质矿产局 . 1996. 广东省岩石地层 . 武汉：中国地质大学出版社，98-171.

郭令智，施央申，马瑞士 . 1983. 西太平洋中、新生代活动大陆边缘和岛弧构造的形成及演化 . 地质学报，（1）：11-21.

郭令智，钟志洪，王良书，等 . 2001. 莺歌海盆地周边区域构造演化 . 高校地质学报，7（1）：1-12.

郝沪军，林鹤鸣，杨梦雄，等 . 2001. 潮汕拗陷中生界——油气勘探新领域 . 中国海上油气（地质），15（3）：157-163.

郝沪军，施和生，张向涛，等 . 2009. 潮汕坳陷中生界及其石油地质条件——基于 LF35-1-1 探索井钻探结果的讨论 . 中国海上油气，21（3）：151-156.
何春荪 . 1985. 台湾地质概论 . 台湾地质图说明书 . 台北：地质调查所，1-164.
何丽娟 . 2000. 沉积盆地构造热演化模拟的研究进展 . 地球科学进展，15（6）：661-665.
何丽娟 . 2002. 岩石圈流变性对拉张盆地构造热演化历史的影响 . 地球物理学报，45（1）：49-55.
何丽娟，熊亮萍，汪集旸 . 1995. 沉积盆地多期拉张模拟中拉张系数的计算 . 科学通报，40（24）：2261-2263.
何丽娟，熊亮萍，汪集旸 . 1998. 拉张盆地构造热演化模拟的影响因素 . 地质科学，33（2）：125-131.
何丽娟，熊亮萍，汪集旸，等 . 2000. 莺歌海盆地构造热演化模拟研究 . 中国科学（D 辑），30（4）：415-419.
胡宁，张仁杰，冯少南 . 2001. 海南岛泥盆纪地层的发现及泥盆-石炭系界线划分 . 湖北地矿，（4）：23-30.
胡宁，张仁杰，冯少南 . 2002. 海南岛泥盆-石炭系界线研究 . 地质科学，37（3）：313-319.
胡圣标，张容燕，周礼成 . 1998. 油气盆地热史恢复方法 . 勘探家，3（4）：52-54.
胡圣标，何丽娟，汪集旸 . 2001. 中国大陆地区大地热流数据汇编（第三版）. 地球物理学报，44（5）：611-626.
黄慈流 . 2002. 南海北部及邻区中生代地质构造特征与特提斯洋的关系 . 台北：海峡两岸第 5 届台湾邻近海域海洋科学研讨会论文集，191-192.
黄汲清，任纪舜，姜春发，等 . 1980. 中国大地构造及其演化 . 北京：科学出版社，1-124.
江为为，宋海滨，郝天珧 . 2001. 南海北部陆架西区盆地地质、地球物理场特征及其深部构造 . 地球物理学进展，16（3）：1-11.
姜绍仁，周效中 . 1993. 南沙群岛海域构造地层及构造运动 . 热带海洋，12（4）：55-62.
姜绍仁，周效中，叶秀开，等 . 1996. 中新生代沉积盆地构造地层分析 . 见：夏戡原等 . 南沙群岛及其邻近海区地质地球物理与油气资源 . 北京：科学出版社，113-119.
金庆焕 . 1989. 南海地质与油气资源 . 北京：地质出版社，1-417.
金庆焕，李唐根 . 2000. 南沙海域区域地质构造 . 海洋地质与第四纪地质，20（1）：1-8.
金翔龙，吕文正，柯长志，等. 1989. 南海地球科学研究报告. 东海海洋，7（4）：1-92.
琚宜文，孙岩，万泉，等 . 2016. 纳米地质学：地学领域革命性挑战 . 矿物岩石地球化学通报，35（1）：1-20.
李德生，杜永林 . 1983. 中国沿海大陆架新生代含油气盆地的地质特征 . 海洋学报，5（6）：766-775.
李明诚 . 2004. 油气运移基础理论与油气勘探 . 地球科学——中国地质大学学报，29（4）：379-383.
李鹏春，赵中贤，张翠梅，等 . 2011. 南沙海域礼乐盆地沉积过程和演化 . 地球科学——中国地质大学学报，36（5）：837-844.
李思田，杨士恭，吴冲龙 . 1990. 中国东部及邻区中新生代裂陷作用的大地构造背景 . 武汉：中国地质大学出版社 .
李思田，林畅松，张启明，等 . 1998. 南海北部大陆边缘盆地幕式裂陷的动力过程及 10Ma 以来的构造事件 . 科学通报，43（8）：797-810.
李文成，严俊嵩，王力飞，等 . 2003. 礼乐盆地中生界初探 . 南海地质研究，（3）：102-107.
李献华，周汉文，丁式江，等 . 2000a. 海南岛“邦溪-晨星蛇绿岩片”的时代及其构造意义——Sm-Nd 同位素制约 . 岩石学报，16（3）：425-432.
李献华，周汉文，丁式江，等 . 2000b. 海南岛洋中脊型变质基性岩：古特提斯洋壳的残片 . 科学通报，45（1）：84-89.

李兆麟，梁德华．1991. 南海海山玄武岩形成件研究．矿物学报，11（4）：325-333.

梁德华，李扬．1991. 南海宪北海山玄武岩中超镁铁岩包体．南海地质研究，(4)：122-133.

刘光鼎．1992. 中国海区及邻域地质地球物理特征. 北京：科学出版社.

刘光鼎．1990. 中国海大地构造演化．石油与天然气地质，(1)：23-29.

刘光勋．1995. 新构造学研究趋势的展望. 地学前缘，2（2)：203-211.

刘光鼎，宋海斌，张福勤．1999. 中国近海前新生代残留盆地初探．地球物理学进展，14（3)：1-7.

刘海龄．1989. 中、新生代华南陆缘的地体离散与珠江口盆地的属性．中国科学院南海海洋研究所硕士学位论文．

刘海龄．1996. 南沙地质构造演化．见：中国科学院南沙综合科学考察队，夏戡原等．南沙群岛及其邻近海区地质地球物理与油气资源．北京：科学出版社，187-191.

刘海龄．1999a. 南沙超壳层块边界断裂的运动学与动力学特征．热带海洋，18（4)：8-16.

刘海龄．1999b. 南沙地块断裂构造系统与岩石圈动力学研究．南京大学博士学位论文．

刘海龄．1999c. 南沙西部海域伸–缩型右旋走滑双重构造系统及其动力学过程．海洋地质与第四纪地质，19（3)：11-17.

刘海龄．2002. 南海及邻区地层对比．见：刘昭蜀等．南海地质．北京：科学出版社，233-254.

刘海龄，杨树康，刘昭蜀，等．1991. 中、新生代华南陆缘离散地块的基本特征及其演化过程．热带海洋，10（3)：37-43.

刘海龄，杨树康，周蒂，等．1998. 南沙北部伸展构造的基本特征及其动力学意义．高校地质学报，4（1)：64-72.

刘海龄，孙岩，郭令智，等．2001. 南沙微板块边界的动力学演化．海洋学报，23（5)：95-103.

刘海龄，郭令智，孙岩，等．2002a. 南沙地块断裂构造系统与岩石圈动力学研究．北京：科学出版社，1-123.

刘海龄，阎贫，施小斌，等．2002b. 南沙微板块的层块构造特征．中国地质，29（4)：374-381.

刘海龄，杨恬，吴世敏，等．2003. 南海西北部新生代沉积基底构造属性与演化．见：李家彪，高抒主编. 中国边缘海形成演化系列研究丛书第二卷．北京：海洋出版社，80-91.

刘海龄，阎贫，张伯友，等．2004a. 南海前新生代基底与东特提斯构造域．海洋地质与第四纪地质，24（1)：15-28.

刘海龄，阎贫，张伯友，等．2004b. 南沙板内新生代沉积基底构造特征及其控盆机制．海洋通报，23（6)：38-48.

刘海龄，杨恬，朱淑芬，等．2004c. 南海西北部新生代沉积基底构造演化．海洋学报，26（3)：54-67.

刘海龄，阎贫，刘迎春，等．2006. 南海北缘琼南缝合带的存在．科学通报，51（增刊Ⅱ)：92-101.

刘海龄，谢国发，阎贫，等．2007. 南沙海区中生界岩相分布及构造特征．海洋与湖沼，38（3)：272-278.

刘海龄，郑红波，王彦林，等．2010. 南沙微板块在冈瓦纳大陆裂解和亚洲大陆增生过程中的作用．杭州：973“南海大陆边缘”第四次学术讨论会．

刘振湖．2005. 南海南沙海域沉积盆地与油气分布．大地构造与成矿学，29（3)：410-417.

龙文国，汪迎平．2000. 琼西长坡–王五盆地鹿母湾组孢粉化石的发现及其意义．华南地质与矿产，(4)：28-35.

卢欣祥．1998. 秦岭花岗岩揭示的造山过程——秦岭花岗岩研究进展．地球科学进展，13（2)：213-214.

吕修亚，阎贫，陈洁，等．2009. 折射方法在南海北部潮汕拗陷中生界地层研究中的应用．热带海洋学报，28（1)：43-47.

骆惠仲．1991. 台湾浅滩的形成宇演化．见：骆惠仲．闽南–台湾浅滩渔场上升流区生态学研究．北京：

科学出版社，19-25.
闵慧，任建业，高金耀，等 . 2010. 南海北部古俯冲带的位置及其对南海扩张的控制 . 大地构造与成矿学，34（4）：599-605.
庞雄，陈长民，邵磊，等 . 2007. 白云运动：南海北部渐新统—中新统重大地质事件及其意义 . 地质论评，53（2）：145-151.
漆家福，杨桥，童亨茂，等 . 1997. 构造因素对半地堑盆地的层序充填的影响 . 地球科学——中国地质大学学报，22（6）：603-608.
谯汉生 . 1980. 南海第三纪海浸旋回及其含油性 . 石油勘探与开发，（6）：9-11.
秦蕴珊，赵一阳，何丽蓉，等 . 1987. 东海地质 . 北京：科学出版社，266-283.
丘元禧，张伯友 . 2000. 华南古特提斯东延问题的探讨 . 中国区域地质，19（2）：175-180.
邱燕，温宁 . 2004. 南海北部边缘东部海域中生界及油气勘探意义 . 地质通报，23（2）：142-146.
邱燕，陈国能，刘方兰，等 . 2008. 南海西南海盆花岗岩的发现及其构造意义 . 地质通报，27（12）：2104-2107.
饶春涛 . 1994. 珠江口盆地地热特征 . 南海东部石油，1：10-18.
饶春涛，李平鲁 . 1991. 珠江口盆地热流研究 . 中国海上油气（地质），5（6）：7-18.
单家增，李继亮，肖文交 . 1999. 陆-陆碰撞造山带动力学成因机制的物理模拟实验 . 地学前缘，6（4）：397-406.
邵磊，尤洪庆，郝沪军，等 . 2007. 南海东北部中生界岩石学特征及沉积环境 . 地质论评，53（2）：164-169.
邵磊，庞雄，乔培军，等 . 2008. 珠江口盆地的沉积充填与珠江的形成演变 . 沉积学报，26（2）：179-185.
施小斌，周蒂，陈汉宗，等 . 1999. “实验 3”号船南沙群岛海域岩石拖网实践 . 南海研究与开发，（2）：60-65.
宋海斌，郝天珧，江为为，等 . 2002. 南海地球物理场特征与基底断裂体系研究 . 北京：中国科学院地质与地球物理研究所 2002 学术年会，161.
苏达权，刘祖惠，陈雪，等 . 1990. 礼乐滩及其领域的重力场特征及解释 . 1990 年中国地球物理学会第六届学术年会论文集 .
苏乃容，曾麟，李平鲁 . 1995. 珠江口盆地东部中生代凹陷地质特征 . 中国海上油气（地质），9（4）：228-236.
孙嘉诗 . 1987. 西沙基底形成时代的商榷 . 海洋地质与第四纪地质，7（4）：5-6.
孙龙涛，孙珍，周蒂，等 . 2008. 南沙海区礼乐盆地沉积地层与构造特征分析 . 大地构造与成矿学，32（2）：151-158.
孙龙涛，孙珍，詹文欢，等 . 2010. 南沙海域礼乐盆地油气资源潜力 . 地球科学——中国地质大学学报，35（1）：137-145.
孙怡 . 2006. 垦东—埕岛构造带构造物理模拟实验 . 油气地质与采收率，13（2）：8-10.
孙岩，琚宜文，陆现彩，等 . 2016. 从纳米层次重新认识变形的地质体 . 矿物岩石地球化学通报，35（1）：52-59.
孙珍，钟志洪，周蒂，等 . 2003. 红河断裂带的新生代变形机制及莺歌海盆地的实验证据 . 热带海洋学报，22（2）：1-9.
孙珍，Keep M，周蒂 . 2006a. 南海形成演化的三维物理模拟研究 . 北京：中国地球物理学会会议论文集 .
孙珍，钟志洪，周蒂，等 . 2006b. 南海的发育机制研究：相似模拟证据 . 中国科学（地球科学），36（9）：797-810.

孙珍，孙龙涛，周蒂，等. 2009. 南海岩石圈破裂方式与扩张过程的三维物理模拟. 地球科学——中国地质大学学报，34（3）：1-13.
唐红峰. 1999. 海南岛晨星玄武岩地球化学特征及其构造环境含义. 大地构造与成矿学，23（4）：12-21.
唐鑫. 1980. 南海板块构造格局及其成因. 石油勘探与开发，（1）：1-15.
万玲，吴能友，曾维军，等. 2004. 南沙及其邻近海域地壳结构特征. 南海地质研究，（1）：1-9.
万天丰. 2004. 论中国大陆复杂和混杂的碰撞带构造. 地学前缘，11（3）：207-220.
汪啸风，马大铨，蒋大海. 1991a. 海南岛地质（二），岩浆岩. 北京：地质出版社，140-271.
汪啸风，马大铨，蒋大海. 1991b. 海南岛地质（三），构造地质. 北京：地质出版社，3-80.
汪啸风，马大铨，蒋大海，等. 1992. 海南岛地质（一），地层古生物. 北京：地质出版社.
王崇友，何希贤. 1979. 西沙群岛西永 1 井碳酸盐岩地层于微体古生物的初步研究. 石油实验地质，（1）：37-38.
王大英，云平. 1999. 海南乐东地区晚三叠世 A 型花岗岩基本特征. 广东地质，14（4）：21-29.
王家林，张新兵，吴健生，等. 2002. 珠江口盆地基底结构的综合地球物理研究. 热带海洋学报，21（2）：13-22.
王平，夏戡原，黄慈流. 2000. 南海东北部中生代海相地层的分布及其地质地球物理特征. 热带海洋，19（4）：28-35.
王贤觉，吴明清，梁德华，等. 1984. 南海玄武岩的某些地球化学特征. 地球化学，（4）：332-339.
魏春生. 2000. A 型花岗岩成因模式及其地球动力学意义. 地学前缘，7（1）：238.
吴朝华. 2012. 南沙中生代海相残余型盆地的结构构造特征及油气意义. 中国科学院南海海洋研究所硕士学位论文.
吴朝华，赵美松，刘海龄. 2011. 南沙中部海域沉积地层特征及构造成因. 地球科学——中国地质大学学报，36（5）：851-860.
吴浩若. 1999. 放射虫硅质岩对华南古地理的启示. 古地理学报，1（2）：28-35.
吴进民，杨木壮. 1991. 南海西南部地震层序的时代分析. 南海地质研究，（4）：16-29.
吴能友，曾维军，宋海斌，等. 2003. 南海区域构造沉降特征. 海洋地质与第四纪地质，23（1）：55-65.
吴时国，刘文灿. 2004. 东亚大陆边缘的俯冲带构造. 地学前缘，11（3）：15-22.
吴世敏，周蒂，刘海龄. 2004. 南沙地块构造格局及其演化特征. 大地构造与成矿学，28（1）：23-28.
吴招才，高金耀，李家彪，等. 2011. 南海北部磁异常特征及对前新生代构造的指示. 地球物理学报，54（12）：3292-3302.
夏邦栋，于津海，方中，等. 1991a. 海南岛石炭纪双峰式火山岩及其板块构造背景. 岩石学报，（1）：54-62.
夏邦栋，施光宇，方中，等. 1991b. 海南岛晚古生代裂谷作用. 地质学报，（2）：103-115.
夏斌，崔学军，谢建华，等. 2004. 关于南海构造演化动力学机制研究的一点思考. 大地构造与成矿学，28（3）：221-227.
夏戡原. 1996. 南沙群岛及其邻近海区地质地球物理与油气资源. 北京：科学出版社.
夏戡原，黄慈流. 2000. 南海中生代特提斯期沉积盆地的发现与找寻中生代含油气盆地的前景. 地学前缘，7（3）：227-238.
夏戡原，黄慈流，黄志明. 2004. 南海及邻区中生代（晚三叠世—白垩纪）地层分布特征及含油气性对比. 中国海上油气，16（2）：73-83.
谢才富，张开明，莫照先. 1999. 琼东乐来地区侵入岩岩石谱系单位的地质特征及同位素年代学研究. 华南地质与矿产，（1）：26-37.
熊亮萍，胡圣标，汪集旸. 1993. 中国东南地区实测热流值. 地球物理学报，36（6）：784-790.

熊亮萍，胡圣标，汪缉安.1994. 中国东南地区岩石热导率值的分析. 岩石学报，10（3）：323-329.
徐行，施小斌，罗贤虎，等.2006a. 南海北部海底地热测量的数据处理方法. 现代地质，20（3）：457-464.
徐行，施小斌，罗贤虎，等.2006b. 南海西沙海槽地区的海底热流测量. 海洋地质与第四纪地质，6（4）：51-58.
许德如，陈广浩，夏斌，等.2003. 海南岛几个重大基础地质问题评述. 地质科技情报，22（4）：37-44.
许德如，肖勇，夏斌，等.2009. 海南石碌铁矿床成矿模式与找矿预测. 北京：地质出版社.
鄢全树，石学法，王昆山，等.2008. 南沙微地块花岗质岩石 LA-ICPMS 锆石 U-Pb 定年及其地质意义. 地质学报，82（8）：1057-1067.
阎贫，刘海龄.2002. 南海北部陆缘地壳结构探测结果分析. 热带海洋学报，21（2）：3-8.
阎贫，刘海龄，邓辉.2005. 南沙地区下第三系沉积特征及其与含油气性的关系. 大地构造与成矿学，29（3）：391-402.
颜佳新，周蒂.2002. 南海及周边部分地区特提斯构造遗迹：问题与思考. 热带海洋学报，21（2）：43-49.
杨静，冯晓杰，范迎风，等.2003. 南海东北部中晚中生代构造、古地理背景及油气远景分析. 中国海上油气，17（2）：89-92.
杨树春，仝志刚，郝建荣，等.2009. 南海南部礼乐盆地构造热演化研究. 大地构造与成矿学，33（3）：360-365.
杨树峰.1984. 论板块构造花岗岩带的形成机理. 南京大学博士学位论文.
杨树峰.1987. 成对花岗岩带和板块构造. 北京：科学出版社.
杨树锋，虞子冶，郭令智，等.1989. 海南岛的地体划分、古地磁研究及其板块构造意义. 南京大学学报（地球科学），1（1-2）：38-46.
杨树康，刘海龄.1994. 南沙地体的演化及其与东亚离散陆缘的关系. 见：施央申等. 现代地质学研究文集（下）. 南京：南京大学出版社，154-162.
杨树康，魏常兴，刘海龄.1991. 东亚陆缘性质与南沙地体构造演化. 见：中国科学院南沙综合科学考察队. 南沙群岛及其邻近海区地质地球物理及岛礁研究论文集（一）. 北京：海洋出版社，140-152.
杨兆宇.1991. 东海几个地质问题的讨论. 见：地质矿产部石油地质研究所. 石油与天然气地质文集（三）. 北京：地质出版社，1-17.
姚伯初.1995. 中南—礼乐断裂的特征及其构造意义. 南海地质研究，（7）：1-14.
姚伯初.1998a. 南海北部陆缘的地壳结构及构造意义. 海洋地质与第四纪地质，18（2）：1-16.
姚伯初.1998b. 南海新生代的构造演化与沉积盆地. 南海地质研究，（10）：1-17.
姚伯初，刘振湖.2006. 南沙海域沉积盆地及油气资源分布. 中国海上油气，18（3）：150-160.
姚伯初，曾维军，陈艺中，等.1994a. 南海西沙海槽，一条古缝合线. 海洋地质与第四纪地质，14（1）：1-9.
姚伯初，曾维军，Hayes D E，等.1994b. 中美合作调研南海地质专报. 武汉：中国地质大学出版社，1-204.
姚伯初，万玲，刘振湖.2004. 南海海域新生代沉积盆地构造演化的动力学特征及其油气资源. 地球科学——中国地质大学学报，9（5）：543-549.
姚伯初，张莉，韦振权，等.2011. 华南东部中生代构造特征及沉积盆地. 海洋地质与第四纪地质，31（3）：47-60.
姚永坚，姜玉坤，曾祥辉.2002. 南沙海域新生代构造运动特征. 中国海上油气，16（2）：113-124.
姚永坚，夏斌，徐行.2005. 南海南部海域主要沉积盆地构造演化特征. 南海地质研究，（1）：1-11.

姚永坚，吴能友，夏斌，等. 2008. 南海南部海域曾母盆地油气地质特征. 中国地质，35（3）：503-513.
叶和飞，罗建宁，李永铁，等. 2000. 特提斯构造域与油气勘探. 沉积与特提斯地质，20（1）：1-27.
殷鸿福，吴顺宝，杜远生，等. 1999. 华南是特提斯多岛洋体系的一部分. 地球科学——中国地质大学学报，24（1）：1-12.
袁魏，方石，孙求实，等. 2014. 沉积盆地热史研究综述. 当代化工，43（5）：728-731.
曾庆銮，袁春林，韩真民，等. 1992. 海南岛三亚地区基础地质研究. 武汉：中国地质大学出版社，1-174.
曾维军. 1991. 广州-巴拉望地学断面综合研究. 见：地质矿产部广州海洋地质调查局情报研究室编. 南海地质研究（3）. 北京：中国地质大学出版社，39-64.
曾祥辉，姚永坚，易海. 2001. 南沙中部海域油气地质条件分析与评价. 南海地质研究，（13）：62-71.
詹美珍，詹文欢，姚衍桃，等. 2007. 礼乐滩及其邻域活动断裂分析. 工程地质学报，15（增刊）：7-11.
詹文欢. 1993. 南海及邻区现代构造应力场与形成演化. 北京：科学出版社.
詹文欢. 1995. 南海南部活动断裂与灾害性地质初步研究. 海洋地质与第四纪地质，15（3）：1-9.
詹文欢，詹美珍，孙杰，等. 2007. 南沙群岛礼乐滩海域工程地质环境分析. 工程地质学报，15（增刊）：433-437.
张伯友，赵振华，石满全. 1997. 岑西二叠纪岛弧型玄武岩的首次厘定及大地构造意义——两广交界古特提斯构造带的重要证据. 科学通报，42（4）：413-417.
张殿广，詹文欢，姚衍桃，等. 2009. 南沙海槽断裂带活动性初步分析. 海洋通报，28（6）：70-77.
张光学，杨木壮. 1999. 南海万安盆地的构造样式与构造圈闭. 热带海洋，18（1）：1-6.
张伙带，谈晓冬. 2011. 海南岛早白垩世红层磁组构和古地磁新结果. 地球物理学报，54（12）：3246-3257.
张健，石耀霖. 2004. 南海中央海盆热结构及其地球动力学意义. 中国科学院研究生院学报，21（3）：407-412.
张健，宋海斌. 2001. 南海北部大陆架盆地热结构. 地质力学学报，7（3）：238-244.
张健，汪集旸. 2000. 南海北部大陆边缘深部地热特征. 科学通报，45（10）：1095-1100.
张莉，李文成，曾祥辉. 2003. 礼乐盆地地层发育特征及其与油气的关系. 石油实验地质，25（5）：469-472.
张勤文，黄怀曾. 1982. 中国东部中、新生代构造-岩浆活化史. 地质学报，（2）：111-122.
张松举. 2003. 南沙海域油气勘查信息专报. 广州海洋地质调查局.
张小文，覃海灿，傅杨荣. 2007. 海南定安富文金矿床矿石特征. 地球科学与环境学报，29（1）：26-29.
张毅祥. 2002. 南海北部磁静区及其地质意义. 台北：海峡两岸第5届台湾邻近海域海洋科学研讨会论文集，146-147.
张毅祥，邓传明，赵岩，等. 1996. 磁异常特征. 见：夏戡原，等. 南沙群岛及其邻近海区地质地球物理与油气资源. 北京：科学出版社，65-83.
赵俊峰. 2009. 南海北部海盆三分量磁测结果分析. 热带海洋学报，28（4）：54-58.
赵俊峰，张毅祥. 2008. 南海东北部磁静区深部构造及成因模式. 上海国土资源，29（3）：4-7.
赵俊峰，施小斌，丘学林，等. 2010. 南海东北部居里面特征及其石油地质意义. 热带海洋学报，29（1）：126-131.
赵美松. 2012. 南海北部陆缘中生代中晚期构造格局. 中国科学院南海海洋研究所硕士学位论文.
赵美松，刘海龄，吴朝华. 2012. 南海南北陆缘中生代地层-构造特征及碰撞造山. 地球物理学进展，27（4）：1454-1464.
郑之逊. 1993. 南海南部海域第三系沉积盆地大石油地质概况. 国外海上油气，4（3）：124.

中国科学院南海海洋研究所海洋地质构造研究室 . 1988. 南海地质构造与陆缘扩张 . 北京：科学出版社，1-398.
钟大赉，等 . 1998. 滇川西部古特提斯造山带 . 北京：科学出版社，1-231.
钟广建，王嘹亮 . 1995. 廷贾断裂特征及其与油气的关系 . 南海地质研究，（7）：53-58.
钟建强 . 1997. 南沙群岛含油气盆地的前新生代基底及与北部陆缘的关系 . 中国海上油气，11（2）：124-130.
周蒂. 2002. 台西南盆地和北港隆起的中生代及其沉积环境. 热带海洋学报，21（2）：50-56.
周蒂，施小斌，陈汉宗，等 . 2002. 南沙岛礁区中西部海底岩石拖网和发现早第三纪半深海沉积的地质意义 . 热带海洋学报，21（2）：32-42.
周蒂，吴世敏，陈汉宗 . 2005. 南沙海区及邻区构造演化动力学的若干问题 . 大地构造与成矿学，29（3）：339-345.
周蒂，王万银，庞雄，等 . 2006. 地球物理资料所揭示的南海东北部中生代俯冲增生带 . 中国科学（地球科学），36（3）：209-218.
周建勋，漆家福 . 1999. 曲折边界斜向裂陷伸展的砂箱实验模拟 . 地球科学——中国地质大学学报，24（6）：630-634.
周建勋，徐凤银，曹爱锋，等 . 2006. 柴达木盆地北缘反 S 形褶皱冲断带变形机制的物理模拟研究 . 地质科学，41（2）：202-207.
周效中，姜绍仁 . 1994. 礼乐滩-珠江口地震剖面构造地层解释及对比 . 见：中国科学院南沙综合科学考察队 . 南沙群岛及其邻近海区地质地球物理及岛礁论文集（二）. 北京：科学出版社，8-15.
周效中，魏常兴，夏戡原 . 1991. 礼乐滩及其邻近海区地层划分对比 . 见：中国科学院南沙综合科学考察队 . 南沙群岛及其邻近海区地质地球物理及岛礁研究论文（一）. 青岛：海洋出版社，81-92.
周永胜，李建国，王绳祖. 2000. 用物理模拟研究地幔上隆与大陆裂陷伸展. 地质力学学报，6（1）：22-32.
朱炳泉，常向阳，胡跃国，等 . 2001. 56Ma：华南岩石圈伸展和南海张开的重要转折时间 . 矿物岩石地球化学通报，20（4）：251-252.
邹和平 . 1993. 试谈南海海盆地壳属性问题——由南海海盆及其邻区玄武岩的比较研究进行讨论 . 大地构造与成矿学，17（4）：293-303.
Hashimoto W. 1984. 菲律宾地质发展史 . 杨广泰译 . 南海周缘地质，（1）：1-141.
Aitchison J C. 1994. Early Cretaceous（Pre–Albian）radiolarians from blocks in Ayer complex mélange，eastern Sabah，Malaysia，with comments on their regional tectonic significance and the origins of enveloping mélanges. Journal of Southeast Asian Earth Sciences，9（3）：255-262.
Allemand P，Brun J P. 1991. Width of continental rifts and rheological layering of the lithosphere. Tectonophysics，188：63-69.
Allen A，Allen R. 1990. Basin Analysis：Principles and Applications. Okford：Blackwell Publishing Company.
Almasco J N，Rodolfo K，Fuller M，*et al.* 2000. Paleomagnetism of palawan，philippines. Journal of Asian Earth Sciences，18：369-389.
Anderson R N，Langseth M G，Hayes D E，et al. 1978. Heat flow，thermal conductivity，geothermal gradient. In：Hayes D E（ed.）. Geophysical Atlas of the East and Southeast Asian Seas，Map Chart Series MC-25. Geological Society of America，Boulder，CO.
Athy L F. 1930. Density，porosity and compactation of sedimentary rocks. AAPG Bulletin，14：1-24.
Batchelor R A，Bodwen P. 1985. Petrogenetic interpretation of granitoids series using multicationic parameters. Chemical Geology，48：43-45.

Behar T N, Dugich- Djordjevic M M, Li Y X, *et al.* 1997. Neurotrophins stimulate chemotaxis of embryonic cortical neurons. European Journal of Neuroscience, 9 (12): 2561-2570.

Bellon H, Rangin C. 1991. Geochemistry and isotopic dating of the Cenozoic volcanic arc sequences around the Celebes and Sulu seas. ODP scientific Results, Leg 124.

Bernard L, Walter W. 1994. Subsidence analysis in the Paris Basin: a key to Northwest European intracontinental basins. Basin Research, 6: 159-177.

Briais A, Patriat P, Tapponnier P. 1993. Updated interpretation of magnetic anomalies and seafloor spreading stages in the South China Sea: implications for the Tertiary tectonics of Southeast Asia. Journal of Geophysical Research Solid Earth, 98 (B4): 6299-6328.

Brun J P. 1999. Narrow rifts versus wide rifts: inferences for the mechanics of rifting from laboratory experiments. Philosophical Transactions: Mathematical, Physical and Engineering Sciences, 357 (1753): 695-712.

Callot J P, Geoffroy, Aubourg L, *et al.* 2001. Magma flow derections of shallow dykes from the East Greenland volcanic volcanic margin inferred from magnetic fabric studies. Tectonophysics, 335: 313-329.

Carter N L, Tsenn M C. 1987. Flow properties of the continental lithosphere. Tectonophysics, 136: 27-63.

Cassinis G. 1930. Sur l' adaption d' une formule internationale pour la pensanteur normale. Bulletin Géodésique, No. 26.

Cochran J R. 1983. Amodel for the development of the Red Sea. AAPG Bulletin, 67 (1): 41-69.

Corti G, Manetti P. 2006. Asymmetric rifts due to asymmetric Mohos: an experimental approach. Earth and Planetary Science Letters, 245: 315-329.

Corti G, Bonini M, Conticelli S, *et al.* 2003. Analogue modeling of continental extension: a review focused on the relations between the pattems of deformation and the presence of magma. Earth Science Reviews, 63 (3-4): 169-247.

Davy P, Cobbold P R. 1991. Experiments on shortening of a 4-layer model of the continental lithosphere. Tectonophysics, 188 (1): 1-25.

Demaison G. 1984. The generative basin concept. In: Demaison G, Murris R J (eds.). Petroleum Geochemistry and Basin Evaluation. AAPG Memoir, 35: 1-14.

Dooley T, McClay K. 1997. Analog modeling of pull-apart basins. AAPG Bulletin, 81: 1804-1826.

Dunbar J A, Sawyer D S. 1989a. Patterns of continental extension along the conjugate margins of the central and north Atlantic Oceans and Labrador Sea. Tectonics, 8: 1059-1077.

Dunbar J A, Sawyer D S. 1989b. How pre-existing weaknesses control the style of continental breakup. Journal of Geophysical Research Atmospheres, 94 (B6): 7278-7292.

Egan S S. 1992. The flexural iostatic response of the lithosphere to extensional tectonics. Tectonophysics, 202: 291-308.

Falvey D A, Middleton M F. 1981. Passive continental margins: evidence for a pre-breakup deep crustal metamorphic subsidence mechanism. 26th International Geological Congress, 4: 103-114.

Fernandez M, Ranalli G. 1998. The role of rheology in extensional basin formation modelling. Tectonophysics, 282: 129-145.

Fisher R A. 1953. Dispersion on a sphere. Proceedings of the Royal Society A, 217 (1130): 295-305.

Fontaine H, David P, Pardede R, *et al.* 1983. The Jurassic in Southeast Asia. United Nations ESCAP, CCOP Technical Bulletin, 16: 3-30.

Franke D, Barckhausen U, Heyde I, *et al.* 2008. Seismic images of a collision zone offshore NW Sabah/

Borneo. Marine and Petroleum Geology, 25 (7): 606-624.

Hall R, van Hattum M W A, Spakman W. 2008. Impact of India- Asia collision on SE Asia: the record in Borneo. Tectonophysics, 451: 366-389.

Hamilton W. 1979. Tectonics of the Indonesian Region. USGS Publications Warehouse, 345.

Haq B U, Hardenbol J, Vail P R. 1987. Chronology of fluctuating sea- levels since the Triassic. Science, 235: 1156- 1167.

Hayes D E, Spangler S N, Buhl P, *et al.* 1995. Throughgoing crustal faults along the northern margic of the South China Sea and their role in crustal extension. Journal of Geophysical Research, 100 (B11): 22435-22446.

He L, Xiong L, Wang J. 2002. Heat flow and thermal modeling of the Yinggehai Basin, South China Sea. Tectonophysics, 351: 245-253.

Hedbery K, Peterson S H, Ryan R R, *et al.* 1966. On the structure of gaseous XeF6. The Journal of Chemical Physics, 44 (4): 1726.

Hellinger S J, Sclater J G. 1983. Some comments on the two layer extensional models for the evolution of sedimentary basins. Journal of Geophysical Ressearch Atmospheres, 88 (B10): 8251-8270.

Hinz K, Schlüter H U. 1985. Geology of the Dangerous Grounds, South China Sea, and the continental margin off southwest Palawan: Results of Sonne cruises SO-23 and SO-27. Energy, 10: 282-288.

Hirooka K. 1990. Paleomagnetic Studies of Pre-Cretaceous Rocks in Japan. In: Ichikawa K, *et al* (eds.) . Pre-Cretaceous Terranes of Japan. Osaka Nippon Insatsu Shuppan Co Ltd, 401-406.

Holloway N H. 1982. North palawan block, philippines-its relation to asian mainland and role in evolution of South China Sea. AAPG Bulletin, 66 (9): 1355-1383.

Houseman G, England G. 1986. Adynamical modle of lithosphere extension and sedimentary basin formation. Journal Geophysics Research, 91: 719-728.

Hsu K J, Li J L, Chen H H, *et al.* 1990. Tectonics of South China: key to understanding West Pacific Geology. Tectonophysics, 183: 9-39.

Huang J Q, Chen B W. 1987. The evolution of the Tethys in China and adjacent regions. Beijing: Geological Publishing House, 1-187.

Hutchison C S. 1996. The "Rajang accretionary prism" and "Lupar Line" problem of Borneo. In: Hall R, Blundell D J (eds.) . Tectonic evolution of SE Asia: Geological Society [London] Special Publication, 106: 247-261.

Hutchison C S. 2004. Marginal basin evolution: the southern South China Sea. Marine and Petroleum Geology, 21: 1129-1148.

Ichikawa K. 1990. Pre-Cretaceous Terranes of Japan. In: Ichikaw A K, *et al* (eds) . Pre-Cretaceous Terranes of Japan. Osaka, Nippon Insatsu Shuppan Co. Ltd, 1-12.

Isser D R, Beaumont C A. 1989. Finite element model of the subsidence and thermal evolution of extensional basins: application to the labrader continental margin. In: Thermal History of the Sedimentary Basins. New York: Springer-Verlag, 239-268.

Jarvis G T, McKenzie D. 1980. Sedimentary basin formation with finite extension rate. Earth and planetary Science Letters, (48): 42-52.

Jasin B. 1996. Late Jurassic to Early Cretaceous radiolara from chert blocks in the Lubok Antu mélanges. Journal of Southeast Asian Earth Sciences, UK, Pergamon, 13 (1): 1-11.

Jessop A M, Hobart M A, Sclater J G. 1976. The world heat-flow data collection. Que. , Canada, Geothermal Series, 5: 125.

Jiang S, Zhou X. 1997. The seismic sequence, geotectonics and petroleum geology in Nansha region. In: Saxena N (ed.). Recent advances in Marine Science and Technology, 96.

Karner G O, Steckler M S, Thorne J A. 1983. Long term thermomechanical properities of the lithosphere. Nature, 304: 250-252.

Keen C E, Dehler S A. 1993. Stretching and subsidence: rifting of conjugate margins in the North Atlantic region. Tectonics, (12): 1219-1229.

Kirschvink J L. 1980. The least-squares line and plane and the analysis of paleomagnetic data. Geophysica Journal of the Royal Astronomical Society, 62: 699-718.

Kudrass H R, Wiedicke M, Cepek P, *et al.* 1986. Mesozoic and Cenozoic rocks dredged from the South China Sea (Reed Bank area) and Sulu Sea and their Significance for plate tectonic reconstructions. Marine and Petroleum Geology, 3: 19-30.

Kusznir N J, Ziegler P A. 1992. The mechanics of continental extension and sedimentary basin formation: A simple-shear/pure-shear flexural cantilever model. Tectonophysics, 215: 117- 131.

Kusznir N J, Marsden G, Egan S S. 1991. Flexural- cantilever simple- shear/pure- shear model of continental lithosphere extension: applications to the Jeanne d' Arc Basin, Grand Banks and Viking Graben, North Sea. In: Roberts A M, *et al.* (des.). The Geometry of Normal Faults. Geol Soc London, Special Publication, 5 (6): 41-60.

Lee T Y, Lawer L A. 1995. Cenozoic plate reconstruction of Southeast Asia. Tectonophysics, 251: 85-138.

Li Y, Ali J R, Chan L S, *et al.* 2005. New and revised set of Cretaceous paleomagnetic poles from Hong Kong: implication for the development of southeast China. Journal of Asian Earth Sciences, 24: 481-493.

Li Z X, Metcalfe I, Wang X F. 1995. Vertical- axis block rotations in southwestern China since the Cretaceous: New paleomagnetic results from Hainan Island. Geophysical Research Letters, 22 (22): 3071-3074.

Liu H L. 2008. The tectonic evolution of basement in South China Sea since Late Paleozoic era. For the 33rd International Geological Congress, Session: ASI-07 (Oslo, Norway).

Liu H L. 2009. Did Tethyan Tectonic Realms Stop in South China Sea Area? The First International Symposium on the Petroleum and other Geological Resources in the Tethys Realm (Cairo).

Liu H L, Sun Y, Guo L Z, *et al.* 1999. On the boundary faults' kinematic characteristics and dynamic process of Nansha ultra-crust layer-block. Acta Geologica Sinica (English edition), 73 (4): 452-463.

Liu H L, Zhang B Y, Sun Y, *et al.* 2001. Tectonic evolution of the tethys in the area of East Guangxi, West Guangdong Province to the Nansha Waters of China. Gondwana Research, 4 (4): 688.

Liu H L, Yan P, Liu Y C, *et al.* 2004a. The Pre-Cenozoic basements of the South China Sea area: implication to East Tethys. Gondwana Research, 7 (4): 1336-1338.

Liu H L, Yan P, Zhang B Y, *et al.* 2004b. Role of the wanna fault system in the Western Nansha Islands (Southern South China Sea) Waters Area. Journal of Asian Earth Sciences, 23 (2): 221-233.

Liu H L, Yan P, Liu Y C, *et al.* 2006. On existence of Qiongnan Suture in northern margin of South China Sea. Chinese Science Bulletin, 51 (Supplement Ⅱ): 107-120.

Liu H L, Zheng H B, Wang Y L, *et al.* 2011. Basement of the South China Sea Area: Tracing the Tethyan Realm. Acta Geologica Sinica-English Edition, 85 (3): 537-655.

Liu H L, Zhu R W, Shen B Y, *et al.* 2017. First Discovering of Nanoscale Tectonics in Western of Qiongnan Paleo-Tethyan Suture Zone in North Margin of South China Sea and Its Geotectonic Significance. Journal of Nanoscience and Nanotechnology (www. aspbs. com/jnn) ——A Special Issue on Nanogeoscience, 17 (9): 6411-6422.

Liu Y Y, Morinaga H. 1999. Cretaceous paleomagnetic results from Hainan Island in south China supporting the extrusion model of Southeast Asia. Tectophysics, 301 (1-2): 133-144.

Lyatsky H V. 1994. Formation of non- compressional sedimenary basins on continental crust. Limitations on models. Journal of Petroleum Geology, 17: 301-316.

Mart Y, Dauteuil O. 2000. Analogue experiments of propagation of oblique rifts. Tectonophysics, 316 (1): 121-132.

McKenzie D. 1978. Some remarks on the development of sedimentary basins. Earth and Planetary Sience Letters, (40): 25-32.

Metcalfe I. 1996. Gondwanaland dispersion, Asian accretion and evolution of eastern Tethys. Journal of African Earth Sciences, 43: 605-623.

Metcalfe I, Sherggold I H, Li Z X. 1993. IGCP 321 Gondwana dispersion and Asian accretion: fieldwork on Hainan Island. Episodes, 16: 443-447.

Middleton M F, Falvey D A. 1983. Maturation modeling in Otway Bsain, Australia. AAPG, 67 (2): 271-279.

Morel P, Irving E. 1981. Paleomagnetism and the evolution of Pangea. Journal of Geophysical Research, 86 (B3): 1858-1872.

Nissen S S, Hayes D E, Yao B. 1995. Gravity, heat flow, and seismic constraints on the processes of crustal extension: Northern margin of the South China Sea. Journal of Geophysical Research, 100 (B11): 22447-22483.

Northrup C J, Royden L H, Burchfied B C. 1995. Motion of the Pacific plate relation to Eurasia and its potential relation to Cenozoic extesion along the eastern margin of Eurasia. Geology, 23: 719-722.

Pepper A S, Corvi P J. 1994. Simple models of petroleum formation, Part Ⅰ: Oil and gas generation. Marine and Petroleum Geology, 12 (3): 291-319.

Pettingill H S, Weimer P. 2002. World wide deep water exploration and production: Past, present, and future. The Leading Edge, 21: 371-376.

Pitman W C, Andrews J A. 1985. Subsidence and thermal history of small pull-apart basins. Strike- Slip Deformation, Basin Formation and Sedimentation, 37: 45-49.

Pubellier M, Cobbold P R. 1996. Analogue models for the transpressional docking of volcanic arcs in the Western Pacific. Tectonophysics, 253: 33-52.

Qian Y P, Niu X P, Yao B C, *et al.* 1995. Geothermal pattern beneath the continental margin in the northern part of the South China Sea. CCOP/TB, 25: 89-104.

Ranalli G. 1997. Rheology of the lithosphere in space and time. Orogeny through time. Geological Society Special Publications, 121: 19-37.

Ranalli G, Murphy D C. 1987. Rheological stratification of the lithosphere. Tectonophysics, 132 (4): 281-295.

Roberts A M, Kusznir N J, Yielding G, *et al.* 1998. 2D flexural backstripping of extensional basins: the need for a sideways glance. Petroleum Geoscience, 4: 327-338.

Rowley D B, Sahagian D. 1986. Depth-dependent stretching: A different approach. Geology, (14): 32-65.

Royden L, Keen C E. 1980. Rifting processes and thermal evolution of the continental margin of the eastern Canada determined from subsidence curves. Earth and planetary Science Letters, (51): 343-361.

Ru K, Pigott J D. 1986. Episodic rifting and subsidence in the South China Sea. AAPG Bulletin, 70 (9): 1136-1155.

Ruby W W, Hubbert M K. 1960. Role of fluid pressure in the mechanics of overthrust faulting, Ⅱ, overthrust belt in geosynclinal area of western Wyoming in light of fluid pressure hypothesis. Geological Society of America

Bulletin, 60: 167-205.

Rutherford K J, Qurehi M K. 1981. Geothermal gradient map of Southeast Asia. Southeast Asia Petroleum Exploration Society and Indonesia Petroleum Association, 51.

Sales A O, Jacobsen E C, Morado Jr A A, *et al*. 1997. The petroleum potential of deep-water northwest Palawan Block GSEC. Journal of Asian Earth Science, 15 (2/3): 217-240.

Schluter H U, Hinz K, Block M. 1996. Tectono-stratigraphic terranes and detachment faulting of the South China Sea and Sulu Sea. Marine Geology, 130 (1-2): 39-78.

Sclater J G, Christie P A F. 1980. Continental stretching: an explanation of the post Mid-Cretaceous subsidence of the central North Sea basin. Journal of Geophysical Research Atmospheres, 85 (B7): 3711-3739.

Shi X B, Qiu X, Xia K Y, Zhou D. 2003. Characteristics of surface heat flow in the South China Sea. Journal of Asian Earth Sciences, 22: 265-277.

Shyu C T, Hsu S K, Liu C S. 1998. Heat flows off Southwest Taiwan: measurements over mud diapirs and estimated from bottom simulating reflectors. TAO, 9 (4): 795-812.

Sleep N H, Snell N S. 1976. Thermal contraction and flexure of midcontinent and Atlantic marginal basins. Geophysical Journal International, 45 (1): 125-154.

Sluijk D, Nederlof M H. 1984. Worldwide geological experience as a systematic basis for prospect appraisal. In: Demaison G, Murris R J (eds.) . Petroleum Geochemistry and Basin Evaluation. AAPG (Tulsa) Memoir, 35: 15-26.

Sweeny J J, Burnham A K. 1990. Evaluation of simple model of vitrinite reflectance based on chemical kinetics. AAPG Bulletin, 10: 1559-1570.

Tapponnier P, Peltzer G, Armijo R. 1986. On the mechanics of the collision between India and Asia. Geological Society, London, Special Publications, 19 (1): 113-157.

Tapponnier P. 1982. Propagating extrusion tectonics in Asia: New insights from simple experiments with plasticine. Geology, 10 (12): 611-616.

Taylor B, Hayes D E. 1980. The tectonic evolution of theSouth China Sea Basin. In: Hayes D E (ed.). The tectonic and geologic evolution of Southeast Asian Seas and Islands. Geophys Monogr Set, 23. AGU, Washington, D C, 189-104.

Taylor B, Hayes D E. 1983. Origin and history of the South China Sea basin. Washington D C American Geophysica Union Geophysica Monograph, 27: 23-56.

Thomas L, Wong H K. 1999. Neotectonic regime on the passive continental margin of the northern South China Sea. Tectonophysics, 311: 113-138.

Todd S K. 1977. Feeding ecology of humpback whales (Megaptera novaengliae) in the Northwest Athlantic: Evidence from 13C and 15N stable isotopes. Ph. D thesis, Memorial Universitu of Newfoundland, St. John's, Newfoundland, 184.

Turcotte D L. 1977. Lithospheric instability. In: Talwani M, Pitman W C I (eds.) . Island Arcs, Deep Sea Trenches, and Back-Arc Basins, Maurice Ewing Series. AGU, Washington, D C, 63-69.

Ulmishek G F, Klemme H D. 1990. Depositional controls, distribution, and effectiveness of World' s petroleum source rocks. U S Geological Survey Bulletin, 1931: 59.

Versfelt J, Rosendahl B R. 1989. Relationships between pre-rift structure and rift architecture in Lakes Tanganyika and Malawj, east Africa. Nature, 337: 354-357.

Wang J, He L, Xiong L. 1998. Temperature field of the Yinggehai-Qiongdongnan basin and its relationship with oil and gas migration and accumulation. Beijing: Institute of Geology, Chinese Academy of Sciences, 74.

Wang Y L, Qiu Y, Yan P, *et al.* 2016. Seismic evidence for Mesozoic strata in the northern Nansha waters, South China Sea. Tectonophysics, 677-678: 190-198.

Watanable T, Langseth M G, Anderson R N. 1977. Heat flow in back-arc basins of the western Pacific. Island Arcs, Deep Sea Trenches and Back-Arc Basins. Maurice Ewing, Series I. American Geophysics Union, 137-167.

Watts A B. 1982. Tectonic subsidence, flexure and globall changes of sea level. Nature, 297: 469-474.

Watts A B, Ryan W B F. 1976. Flexure of the lithosphere and continental margin basins. Tectonophysics, 36: 25-44.

Watts A B, Thorne J A. 1984. Tectonics, global changes in sea level and their relationship to stratigraphical sequences at the US Atlantic continental margin. Marine and Petroleum Geology, 1 (4): 319-339.

Wernicke B. 1985. Uniform-sense normal simple-shear of the continental lithosphere. Canadian Journal of Earth Sciences, 22 (1): 108-125.

White R S, McKenzie D. 1989. Magmatism at rift zones: The genereation of volcanic continental margins and flood basalts. Journal of Geophysical Research, 94 (B6): 7685-7729.

Willett S D, Chapman D S, Neugebauer H J A. 1985. Thermomechanical model of continental lithosphere. Nature, 314: 520-523.

Williams H H. 1997. Play concepts-northwest Palawan, Philippines. Journal of Asian Earth Science, 15 (2/3): 251-273.

Xia K Y, Xia S G, Chen Z R, *et al.* 1995. Geothermal characteristics of the South China Sea. In: Gupta M L, Yamano M (eds.). Terrestrial Heat Flow and Geothermal Energy in Asia. New Delhi: Oxford & IBH Publishing Co. Pvt. Ltd, 113-128.

Xu D R, Xia B, Li P C, *et al.* 2007. Protolith natures and U-Pb sensitive high mass-resolution ion microprobe (SHRIMP) zircon ages of the metabasites in Hainan Island, South China: Implications for geodynamic evolution since the late Precambrian. Island Arc, 16: 575-597.

Yan P, Liu H L. 2004. Tectonic-stratigraphic division and blind fold structures in Nansha Waters, South China Sea. Journal of Asian Earth Sciences, 24: 337-348.

Yan P, Zhou D, Liu Z. 2001. A crustal structure profile across the northern continental margin of the South China Sea. Tectonophysics, 338 (1): 1-21.

Yan P, Wang Y, Liu H. 2008. Post-spreading transpressive faults in the South China Sea Basin. Tectonophysics, 450 (1-4): 70-78.

Yao Y J, Liu H L, Yang C P, *et al.* 2012. Characteristics and evolution of Cenozoic sediments in the Liyue Basin, SE South China Sea. Journal of Asian Earth Sciences, 60: 114-129.

Zhou D, Ke Ru, Chen H Z. 1995. Kinematics of Cenozoic extension on the South China Sea continental margin and its implications for the tectonic evolution of the region. Tectonophysics, 251: 161-177.

Zhu Z M, Morinaga H, Gui R J, *et al.* 2006. Paleomagnetic constraints on the extent of the stable body of the South China Block since the Cretaceous: New data from the Yuanma Basin, China. Earth and Planetary Science Letters, 248 (1-2): 533-544.

Ziegler P A, Cloetingh S. 2004. Dynamic processes controlling evolution of rifted basins. Earth-Science Reviews, 64: 1-50.

Zoback M L, Zoback M D. 1989. Global patterns of tectonic stress. Nature, 341: 291-298.

